"十二五"普通高等教育本科国家级规划教材

高校建筑环境与能源应用工程学科专业指导委员会规划推荐教材

建筑环境测试技术

（第三版）

方修睦　主编

方修睦　姜永成　张建利　编著

肖曰嵘　主审

中国建筑工业出版社

图书在版编目（CIP）数据

建筑环境测试技术/方修睦主编.—3版.—北京：中国建筑
工业出版社，2016.8（2023.8重印）
"十二五"普通高等教育本科国家级规划教材. 高校建筑环境
与能源应用工程学科专业指导委员会规划推荐教材
ISBN 978-7-112-19691-3

Ⅰ.①建… Ⅱ.①方… Ⅲ.①建筑物-环境管理-测试技术-
高等学校-教材 Ⅳ.①TU-856

中国版本图书馆 CIP 数据核字（2016）第 196702 号

本书为"十二五"普通高等教育本科国家级规划教材，也是高校建筑环境与能源
应用工程学科专业指导委员会规划推荐教材。

本书在保留第二版教材特色的基础上，充分考虑"大土木"特点，以测试技术为
主线，以学习、掌握测试技术的相关理论、方法为目标，进行章节的划分及内容编
写。全书分为测试技术基础、测量仪表和测试技术三篇，共计 13 章。本书不仅详细
阐述了测试技术的基本理论，介绍了国内外最新的测试技术、测量设备和研究成果，
还介绍了如何根据测试目标，利用所学的测试理论、测量仪表进行测试方案设计，强
化了测试技术在本专业的应用。书后附形式多样的思考题与习题。

本书系统性强，取材新，信息量大，内容通俗易懂，阐述简明扼要。

本书可作为建筑环境与能源应用工程专业教材，亦可供函授、夜大同类专业以及
建筑技术科学类专业使用。同时也可供从事环境监测、供热通风空调、建筑给水排
水、燃气供应等公共设施系统的研究生以及设计、制造、安装和运行人员参考。

* * *

责任编辑：齐庆梅
责任校对：王宇枢　刘梦然

"十二五"普通高等教育本科国家级规划教材
高校建筑环境与能源应用工程学科专业指导委员会规划推荐教材

建筑环境测试技术
（第三版）
方修睦　主编
方修睦　姜永成　张建利　编著
肖曰嵘　主审

*

中国建筑工业出版社出版、发行（北京海淀三里河路 9 号）
各地新华书店、建筑书店经销
北京鸿文瀚海文化传媒有限公司制版
廊坊市海涛印刷有限公司印刷

*

开本：787 毫米×1092 毫米　1/16　印张：26　字数：641 千字
2016 年 12 月第三版　　2023 年 9 月第三十七次印刷
定价：48.00 元
ISBN 978-7-112-19691-3
（28802）

第 三 版 前 言

本版教材在保留了第二版教材特色的基础上有下述变化：

1. 根据测试技术的最新研究成果和本专业新的规范，对第二版中的内容进行了调整，以反映测试技术的新进展及符合新版规范的要求。

2. 根据本专业的发展需要，新增加了下述内容：

（1）为适应科学及工程技术发展的需要，使学生正确理解测量不确定度的概念，正确掌握测量不确定度的表示与评定方法，本次修订增加了"测量不确定度的概念及评定方法"、"测量不确定度的合成和扩展不确定度"以及"测量不确定度的报告和评定实例"三节内容。

（2）光纤测温是对传统测温方法的扩展和提高，可供本专业领域在多种复杂环境下应用，本次修订增加了"光纤温度计"一节。

（3）智能变送器和网络技术的发展，产生了网络系统与现场仪表的通信要求，为满足现代测试技术的发展需求，本次修订增加了"现场总线仪表"一节。

（4）强化了建筑环境测试技术一章的内容，本次修订增加了"除尘器基本性能测量技术"一节。

3. 为便于学生自学，对难度较大的习题，增加了解题提示。

在本书编写过程中，得到了本学科专业指导委员会的一贯支持和鼓励，得到了中国建筑工业出版社的支持，使得本教材成为"十二五"普通高等教育本科国家级规划教材。中国建筑工业出版社的齐庆梅编辑对第三版的修订给予了很大的支持。兄弟院校的有关老师对本书的第二版提出了很多建设性的意见及建议，在此一并向他们表示衷心感谢。

为方便任课教师制作电子课件，我们制作了包括本书中公式、图表等内容的素材库，可发送邮件至 *jiangongshe@163.com* 免费索取。

由于时间仓促和编者水平有限，错误和不妥之处在所难免，敬请读者及兄弟院校使用本书的师生给予批评指正。

哈尔滨工业大学

方修睦　姜永成　张建利

第 二 版 前 言

建筑环境测试技术这门课程是在专业目录调整之后所确立的一门技术基础课。专业目录的调整，赋予了建筑环境与设备工程专业新的内涵。为了适应新的专业要求，2002 年出版了《建筑环境测试技术》第一版教材。随着教学改革的深入，建筑环境与设备工程专业课程设置逐步合理，课程内容逐步完善，各门课程之间的交叉相对稳定。专业内函及外延所需要的知识支撑，突破了第一版所涉及的内容。以现代科技为特征的传感器技术、计算机测量技术和通信技术为基础的现代测试技术发展迅速，丰富了建筑环境测量的方法和手段。日益庞大的工程系统和人类对居住环境及舒适度需求增加，需要相应的测试技术予以保证。为满足这一需求，本版教材有下述变化：

1. 在保留第一版教材特色的基础上，充分考虑"大土木"特点，以测试技术为主线，以学习、掌握测试技术的相关理论、方法为目标，进行章节的划分及内容的编写。全书分为测试技术基础、测量仪表和测试技术三篇。在测试技术基础这一篇，主要介绍测试技术的基本概念、测试系统的组成以及测量误差和数据处理。在测量仪表这一篇，主要介绍了本专业所涉及的传感器与相应的仪表，重点介绍仪表的基本原理、选择应用及校准方法。在测试技术这一篇，主要介绍了自动化测量系统以及数据采集系统的构成、组建方法及建筑环境与设备工程专业测试技术。

2. 根据本专业的最新规范，对第一版中内容进行了调整，补充了适合本专业应用的国内外最新的测试技术、测量设备和研究成果，如集成型温度传感器、红外测温仪、V形锥流量计等；增加了空气中有害物质——甲醛的测量、苯及总挥发性有机化合物（TVOC）的测量、空气含尘浓度及生物微粒的测量；增加了建筑光环境测量和交流电电量测量。

3. 拓展了与测试系统相关的内容，增加了基于现代传感器技术和存储技术的数据采集系统构成、组建方法及相关技术；通过建筑环境测试技术一章，介绍了如何根据测试目标，利用所学的测试理论、测量仪表进行测试方案设计，强化了测试技术在本专业的应用。

4. 增加了形式多样的思考题与习题。

本书按照 48 学时编写，所设立的三篇既相对独立又相互联系，各校在使用中，可视实际的教学时数及教学安排取舍。本书可作为高等工科院校建筑环境与设备工程专业本科的"建筑环境测试技术"课程的教材，亦可供函授、夜大同类专业使用。同时也可作为相关专业研究生及工程技术人员设计、施工和运行管理时的参考用书。

本书由哈尔滨工业大学张建利（第 1、2、12 章）、姜永成（第 3、4、5、6、11 章）和方修睦（第 7、8、9、10、13 章）编著。方修睦主编，清华大学肖曰嵘教授主审。

在本书编写过程中，得到了本学科专业指导委员会的一贯支持和鼓励。中国建筑工业出版社的齐庆梅编辑对第二版大纲研讨会给予了很大的支持，并做了大量的组织工作。很多兄弟院校的有关老师对本书的第二版大纲提出了很多建设性的意见及建议（恕不一一列名），在此一并向他们表示衷心感谢。

为方便任课教师制作电子课件，我们制作了包括本书中公式、图表等内容的素材库，可发送邮件至 *jiangongshe@163.com* 免费索取。

由于时间仓促和编者水平有限，错误和不妥之处在所难免，敬请读者及兄弟院校使用本书的师生给予批评指正。

哈尔滨工业大学

方修睦　姜永成　张建利

2008 年 3 月于哈尔滨

第 一 版 前 言

"建筑环境测试技术"课程是面向建筑环境与设备工程专业本科生的一门技术基础课。它涉及供热通风空调、建筑给水排水、燃气供应等公共设施系统及建筑环境中的试验技术、计量技术及非电量电测技术等领域的知识,是设计、安装、运行管理及科学研究必不可少的重要手段。

为适应当前提出的拓宽专业口径、扩大学生知识面,调整学生知识结构的高等工程教育目标,本书在编写中注意融入现代新技术成果和应用经验,力求扩大本教材向读者提供的信息量。注意了从测量系统出发,介绍各类传感器及二次仪表,强调了对测试仪表的原理、选择、应用及标定方法的介绍。特别加强了以现代科技为特征的传感器技术及计算机技术的介绍。为方便教学,在教材的写法上,力求通过基本公式讲授基本原理,通过便于理解的原理示意图或简单实用的结构图讲授测量装置。

本书可作为高等工科院校建筑环境与设备工程专业本科的"建筑环境测试技术"课的教材,亦可供函授、夜大同类专业使用。

本书由哈尔滨工业大学方修睦(第七、八、九、十、十三章)、姜永成(第三、四、五、六、十一章)和张建利(第一、二、十二、十三章)编写。方修睦主编,清华大学肖曰嵘教授主审。

由于时间仓促和编者水平有限,错误和不妥之处在所难免,敬请读者不吝指教,并提出建议,以期再版时质量有较大提高。

哈尔滨工业大学

方修睦　姜永成　张建利

2002 年 5 月于哈尔滨

目　　录

第1篇 测试技术基础

测量是人们认识和改造世界必不可少的重要手段，它是以确定被测物属性量值为目的的一组操作。通过测量和试验能使人们对事物获得定性或定量的概念，从而发现客观事物的规律性。广义地讲，测量是对被测量进行检出、变换、分析、处理、判断、控制等的综合认识过程。

测试技术是对生产过程和运动对象实施定性检查和定量测量的技术。测试技术涉及传感器、试验设计、模型理论、信号加工与处理、误差理论、控制工程和参数估计等内容。需要根据误差理论、根据检测对象特性和检测的具体问题，合理设计、科学组建检测系统，正确使用各种检测工具、设备和检测方法，正确地进行测量并对测试结果进行正确处理分析。

本篇以学习、掌握检测技术和检测系统的相关基础理论、方法为目标，重点介绍测试技术的基本知识，测量误差和数据处理的基本概念、理论及方法。

第 1 章　测试技术的基本知识

测试技术是人们认识客观事物的重要方法，是从客观事物中取得有关信息的认识过程。其特点是广博的理论性和丰富的实践性，随着现代科学技术的发展而发展。本章主要介绍计量、测量、测试、测试技术的基本概念、测量方法及分类、测量仪表概况、测试系统的基本构成以及测试技术的国内外发展情况。

1.1　测试技术的基本概念

测试技术涉及传感器、试验设计、模型理论、信号加工与处理、误差理论、控制工程和参数估计等内容。本节主要对测试的基本概念、测试技术的作用和任务、测试技术的内容和特点以及测试技术的发展加以介绍。

1.1.1　基本概念

1. 测量

人们通过对客观事物大量的观察和测量，形成了定性和定量的认识，通过归纳、整理建立起了各种定理和定律，而后又要通过测量来验证这些认识、定理和定律是否符合实际情况，经过如此反复实践，逐步认识事物的客观规律，并用以解释和改造世界。俄罗斯科学家门捷列夫(П. N. Meнneлeeв)在论述测量的意义时曾说过："没有测量，就没有科学"，"测量是认识自然界的主要工具"。英国科学家库克(A. H. Cook)也认为："测量是技术生命的神经系统"。这些话都极为精辟地阐明了测量的重要意义[1]。历史事实也已证明：科学的进步，生产的发展，与测量理论、技术、手段的发展和进步是相互依赖、相互促进的。测量技术水平是一定历史时期内一个国家的科学技术水平的一面"镜子"。正如特尔曼(F. E. Telmen)教授所说："科学和技术的发展是与测量技术并行进步相互匹配的。事实上，可以说，评价一个国家的科技状态，最快捷的办法就是审视那里所进行的测量以及由测量所累积的数据是如何被利用的。"

因此可以说，测量是人认识和改造世界的一种不可缺少和替代的手段。它是以确定被测物属性量值为目的的一组操作。通过测量和试验能使人们对事物获得定性或定量的概念，并发现客观事物的规律性。广义地讲，测量是对被测量进行检出、变换分析处理、判断、控制等的综合认识过程。据国际通用计量学基本名词推荐：测量是以确定量值为目的的一组操作，这种操作就是测量中的比较过程——将被测参数的量值与作为单位的标准量进行比较，比出的倍数即为测量结果。

2. 误差公理

在科学试验和工程实践中，由于客观条件的限制以及在测量工作中人的主观因素的影响，都会使测量结果与实际值不同，也即测量误差客观存在于一切科学试验与工程实践中，没有误差的测量是不存在的，这就是所谓的误差公理。对测量误差的控制就成为衡量测量技术水平以至科技水平的重要标志之一。研究误差的目的，就是要根据误差产生的原因、性质及规律，在一定测量条件下尽量减小误差，保证测量值有一定的可信度，将误差控制在允许的范围之内。

3. 计量

计量和测量是互有联系又有区别的两个概念。测量是通过实验手段对客观事物取得定量信息的过程，也就是利用实验手段把待测量直接或间接地与另一个同类已知量进行比较，从而得到待测量值的过程。测量过程中所使用的器具和仪器就直接或间接地体现了已知量。测量结果的准确与否，与所采用的测量方法、实际操作和作为比较标准的已知量的准确程度都有着密切的关系。因此，体现已知量在测量过程中作为比较标准的各类量具、仪器仪表，必须定期进行检验和校准，以保证测量结果的准确性、可靠性和统一性，这个过程称为计量。计量的定义不完全统一，目前较为一致的意见是："计量是利用技术和法制手段实现单位统一和量值准确可靠的测量。"计量可看作测量的特殊形式，在计量过程中，认为所使用的量具和仪器是标准的，用它们来校准、检定受检量具和仪器设备，以衡量和保证使用受检量具仪器进行测量时所获得测量结果的可靠性。

4. 测试

测试是测量和试验的全称，有时把较复杂的测量称为测试。

5. 检测

检测是意义更为广泛的测量，是检验和测量的统称。具体到工程检测技术，则是对研究对象、生产过程实施定性检查和定量测量的技术。也就是根据检测的具体问题、误差理论及对象的特性，来合理设计、科学组建检测系统，正确地进行测量。检验是由测量来实现的，它常常需要分辨出参数量值所归属的某一范围带，以此来判别被测参数是否合格或某一现象是否存在。

1.1.2　测试技术的作用和任务

从测试技术的定义中可以看出，人类在研究未知世界的过程中是离不开测试技术的。最早人类只能依靠自身的感觉器官（听觉、视觉、嗅觉、味觉、触觉）和简陋的器具去考察自然现象，指导生产活动。随着科学技术的发展，人类获取信息的能力，达到了新的高度和广度。当今的时代是以新材料、新能源开发、计算机技术、信息工程、自动控制技术、激光、生物技术等为主要标志的时代，各个学科之间相互渗透、相互促进、协调发展，测试技术和数据处理等已日益为人们所重视。在建筑环境工程领域，通过对有关物理量（如温度、湿度、压力、压差、流量、热量、噪声等）的测量，不仅能够对建筑材料、建筑热工产品的质量提供客观的评价，对系统运行的实时监测调度，而且还能够为生产、科研提供可靠的数据和反馈信息，成为探索、开发、创造新材料、新产品和实现系统优化运行的一种重要手段。

测试技术的主要任务体现在以下几个方面：

1）对建筑节能材料、建筑热工产品等的性能进行检定，以确保产品质量达到预定的标准。例如对建筑节能墙体的热工性能测试；散热器的热工性能测试；空调机组、新风机组的热工性能测试等。通过测试一方面可以防止不合格的材料、产品流入市场；另一方面可以通过测试发现材料、产品的缺陷，分析出原因，加以改正。通过测试可以给出材料、产品的性能参数作为系统设计、施工的依据。

2）对运行参数进行监测或控制，以保证系统正常运行。为保证建筑环境与能源应用工程专业涉及的集中供热系统、燃气输配系统、室内给水系统、空调系统等能安全、可靠地运行，必须对与这些系统运行条件有关的量进行实时在线监测，以指导系统的正常运行。

3）许多复杂系统仅凭已有的理论公式或经验公式进行计算是不够的，利用测试技术可以积累大量的系统实际运行参数的数据，通过对数据的分析研究，可以发现系统运行中存在的问题、改进的方法及建立系统的最优运行方案。例如对供热系统、空调系统的整个运行数据进行分析可以找出改进的优化运行方案；对建筑物的运行参数进行分析可以评价节能建筑的节能效果。

4）在许多科学研究领域中，测试技术占有很重要的地位，如土木工程、建筑环境工程、电子工程、气象学、地震学、海洋学的研究都是和测试技术分不开的。至于人造地球卫星的发射与回收、宇宙空间的探测、航天工程等尖端技术的科学研究则更是与测试技术紧密相关的。因此，测试技术是科学技术发展中一项重要的基础性技术。

1.1.3 测试技术的内容和特点

测试技术是人们认识客观事物的重要方法，是从客观事物中取得有关信息的认识过程。在这个过程中，借助于专门的仪器设备，通过正确的试验及相应的数学处理，可求得所研究对象的有关信息。

研究对象的有关信息有些是可以直接检测的。例如，温度的变化可以引起温度敏感元件(如：热敏电阻)阻值的变化，其阻值的变化量是可以直接测量的。可是，对于有些研究对象，它的某些参数的测量就不那么容易。对于这样的对象，必须首先根据被测参数的特性选择相应的传感器，并设计一个正确的测试系统，通过对传感器获取的信号进行加工、处理才能获得所研究对象的正确参数。例如：散热器在标准流量下散热量的测量。有些复杂对象的动态特性则只有通过对它的激励和系统响应的测试才能求得。

从广义角度来讲，测试技术涉及传感器、试验设计、模型理论、信号加工与处理、误差理论、控制工程和参数估计等内容。从狭义的角度来讲，测试技术则是指在一定的激励方式下，信号的测量、数据的处理、数据的记录乃至显示等内容。本书主要介绍测试技术中的基本知识、基本理论、传感器和仪表以及基本测试技能。

基本知识主要是指计量、测量、测试、误差的概念；测试系统的基本构成；测试技术的国内外发展情况。

基本理论主要是指测量理论、误差理论、测试系统理论。

传感器和仪表主要是指本专业所涉及的传感器与相应的仪表的原理、选择应用及校准方法。

基本测试技能主要包括根据测试对象正确构思测试系统，合理选择各类传感器、组建测试系统，对测试结果进行正确处理分析。

如果所测试的信号不随时间变化，或相对观察时间而言，其变化非常缓慢，则称这种测试是静态的。如果所测试的信号变化较快，这种测试则属于动态测试。测试技术既涉及静态测试也涉及动态测试。由于动态测试系统与静态测试系统的差别，因此在传感器的选择、测试系统的构建及数据的处理方法等方面应采用不同的方法，在建筑环境测试技术中所涉及的大部分是静态测试技术，随着建筑环境测试技术的发展，动态测试技术的应用也在逐年增多。

1.1.4　测试技术的发展

测试技术是随着现代科学技术的发展而迅速发展起来的一门新兴学科。现代科学技术的发展离不开测试技术，而且不断对测试技术提出新的要求。另一方面，现代测试方法和测试系统的出现、不断完善及提高又是科学技术发展的结果，两者是互相促进的。可以说，采用先进的测试技术是科学技术现代化的重要标志之一，也是科学技术现代化必不可少的条件。反过来，测试技术的水平又在一定程度上反映了科学技术的发展水平。科学技术的发展，使测试技术达到了一个新的水平，其主要标志有以下几个方面。

1. 传感器技术水平的提高

由于物理学、化学、半导体材料学、微电子学及加工工艺等方面的新成就，使传感器向着灵敏度高、精确度高、测量范围大、智能化程度高、环境适应性好等方向发展。已经研制成功很多可以检测压力、温度、湿度、热、光和磁等物理量和气体化学成分的智能传感器。光导纤维不仅可以用作信号的传输，而且可作为传感器。微电子技术的发展已能将某些电路乃至微处理器和传感、测量部分做成一个整体，使传感器本身具有检测、放大、判断和一定的信号处理功能。可以说传感器的小型化与智能化已经成为当代科学技术发展的标志，也是测试技术发展的明显趋势。

2. 测试方法的推进

随着光电、超声波、射线、微波等技术的发展，使得非接触式测量技术得到发展。随着光纤、光放大器等光元件的发展，使信号的传输和处理不再局限于电信号，出现了采用光的测量方法。随着超低功耗电子器件的发展，电池供电的超低功耗仪表的出现，使得离线式测试系统得到了广泛的应用。

3. 测试系统的智能化

计算机技术的普及与发展使测试技术发生了根本变化。计算机技术在测试技术中的应用突出地表现在整个测试工作可在计算机的控制下，自动按照给定的试验程序进行，直接给出测试结果，构成了自动测试系统。其他诸如波形存储、数据采集、非线性校正和系统误差的消除、数字滤波、参数估计等方面也都是计算机技术在测试领域中应用的重要成果。

测试技术已经成为自动控制系统中一个重要组成部分。宇宙空间站的建立，航天飞机的发射和返回，人造地球卫星的发射和回收，都是自动控制技术的重要成果。生产过程自动化已经成为当今工业生产实现高精度、高效率的重要手段。而一切自动控制过程都离不开测试技术，利用测试得到的信息，自动调整整个运行状态，使生产、控制过程在预定的理想状态下进行。实现"以信息流控制物质和能量流"的自动控制过程。

4. 测试系统的广泛应用

随着科学技术的发展，测试技术应用的领域不断扩大。可以说，它涉及所有几何量和物理量，诸如力、位移、速度、硬度、流量、流速、时间、频率、温度、热量、电声、噪声、超声、光度、光谱、色度、激光、电学、磁学等等。在生物工程领域，目前已经研制出用于将检测分析物的生物分子或细胞的结果转换成电信号的换能器，可以用来探测生物的奥秘。

1.2　测量方法及分类

1.2.1　测量

测量是以同性质的标准量与被测量比较，并确定被测量相对标准量的倍数（标准量应该是国际上或国家所公认和性能稳定的）。测量的定义也可用公式来表示：

$$L = X/U \tag{1.2.1}$$

式中　X——被测量；

　　　U——标准量（测量单位）；

　　　L——比值，又称测量值。

由式(1.2.1)可见 L 的大小随选用的标准量的大小而定。为了正确反映测量结果，常需在测量值的后面标明标准量 U 的单位。例如长度的被测量为 X，标准量 U 的单位采用国际单位制——米，测量的读数为 $L(\mathrm{m})$。

测量过程中的关键在于被测量和标准量的比较。有些被测量与标准量是能直接进行比较而得到被测量的量值，例如用天平测量物体的重量。但被测量和标准量能直接比较的情况并不多。大多数被测量和标准量都需要变换到双方都便于比较的某一个中间量，才能进行比较，例如用水银温度计测量水温时，水温被变换成玻璃管内水银柱的高度，而温度的标准量被变换为玻璃管上的刻度，两者的比较被变换成为玻璃管内水银柱的高度的比较。这种变换并不是唯一的，例如用热电阻测量水温时，水温被变换成电阻值，而温度的标准量被变换为电阻的刻度值，温度的比较变换成电阻值的比较。

通过变换可以实现测量，变换也是实现测量的核心，一个新的变换对应着一个新的测量元件、一个新的测量方法的产生。

1.2.2　测量方法分类

一个物理量的测量，可以通过不同的方法实现。测量方法的选择正确与否，直接关系到测量结果的可信赖程度，也关系到测量工作的经济性和可行性。不当或错误的测量方法，除了得不到正确的测量结果外，甚至会损坏测量仪器和被测量设备。有了先进精密的测量仪器设备，并不等于就一定能获得准确的测量结果。必须根据不同的测量对象、测量要求及测量条件，选择正确的测量方法、合适的测量仪器及构造测量系统，进行正确操作，才能得到理想的测量结果。

从不同的角度出发可以对测量方法进行不同的分类：

按测量的手段分类：直接测量法、间接测量法、组合测量法；

按测量方式分类：偏差式测量法、零位式测量法、微差式测量法；

按测量敏感元件是否与被测介质接触分类：接触式测量法、非接触式测量法；

按被测对象参数变化快慢分类：静态测量、动态测量；

按测量系统是否向被测对象施加能量分类：主动式测量法、被动式测量法；

按测量数据是否需要实时处理分类：在线测量、离线测量；

按对测量精度的要求分类：精密测量、工程测量；

按测量时测量者对测量过程的干预程度分类：自动测量、非自动测量；

按被测量与测量结果获取地点的关系分类：本地（原位）测量、远地测量（遥测）；

按被测量的属性分类：电量测量和非电量测量。

由于测量方法的分类形式较多，下面仅就几种常见的分类方法加以介绍。

1.2.3　测量方法

1. 测量手段不同的测量方法

1) 直接测量：它是指直接从测量仪表的读数获取被测量量值的方法，比如用压力表测量管道水压，用欧姆表测量电阻阻值等。直接测量的特点是不需要对被测量与其他实测的量进行函数关系的辅助运算，因此测量过程简单迅速，是工程测量中广泛应用的测量方法。

2) 间接测量：它是利用直接测量的量与被测量之间的函数关系（可以是公式、曲线或表格等）间接得到被测量的量值的测量方法。例如需要测量电阻 R 上消耗的直流功率 P，可以通过直接测量电压 U，电流 I，而后根据函数关系 $P=UI$，经过计算，间接获得功率 P。间接测量费时费事，常在下列情况下使用：直接测量不方便、间接测量的结果较直接测量更为准确或缺少直接测量仪器等。

3) 组合测量：当某项测量结果需用多个未知参数表达时，可通过改变测量条件进行多次测量，根据测量量与未知参数间的函数关系列出方程组并求解，进而得到未知量，这种测量方法称为组合测量。一个典型的例子是电阻器电阻温度系数的测量。已知电阻器阻值 R_t 与温度 t 间满足关系

$$R_t = R_{20} + \alpha(t-20) + \beta(t-20)^2 \tag{1.2.2}$$

式中　R_{20}——$t=20℃$ 时的电阻值，一般为已知量；

　　α、β——电阻的温度系数；

　　t——环境温度。

为了获得 α、β 值，可以在两个不同的温度 t_1、t_2 下（t_1、t_2 可由温度计直接测得）测得相应的两个电阻值 R_{t1}、R_{t2}，代入式（1.2.2）得到联立方程：

$$\begin{cases} R_{t1} = R_{20} + \alpha(t_1-20) + \beta(t_1-20)^2 \\ R_{t2} = R_{20} + \alpha(t_2-20) + \beta(t_2-20)^2 \end{cases} \tag{1.2.3}$$

求解联立方程（1.2.3），就可以得到值 α、β。如果 R_{20} 未知，显然可在三个不同的温度下，分别测得 R_{t1}、R_{t2}、R_{t3}，列出由三个方程构成的方程组并求解，进而得到 R_{20}、α、β。

2. 测量方式不同的测量方法

1) 偏差式测量法：在测量过程中，用仪器仪表指针的位移（偏差）表示被测量大小的测量方法，称为偏差式测量法。例如使用万用表测量电压，使用水银温度计测量温度等。由于是从仪表刻度上直接读取被测量，包括大小和单位，因此这种方法也叫直读法。用这种方法测量时，作为计量标准的实物并不装在仪表内直接参与测量，而是事先用标准量具对仪表读数、刻度进行校准，实际测量时根据指针偏转大小确定被测量量值。这种方法的显著优点是简单方便，在工程测量中被广泛采用。

2) 零位式测量法：零位式测量法又称作零示法或平衡式测量法。测量时用被测量与标准量相比较（因此也把这种方法叫做比较测量法），用指零仪表（零示器）指示被测量与标

准量相等(平衡),从而获得被测量。利用惠斯登电桥测量电阻是这种方法的一个典型例子,如图 1.2.1。当电桥平衡时,可以得到

$$R_x = \frac{R_1}{R_2} \cdot R_4 \qquad (1.2.4)$$

通常是先大致调整比率 R_1/R_2,再调整标准电阻 R_4,直至电桥平衡,充当零示器的检流计 PA 指示为零,此时即可根据式(1.2.4)由比率和 R_4 得到被测电阻 R_x 值。

只要零示器的灵敏度足够高,零位式测量法的测量准确度几乎等于标准量的准确度,因而测量准确度很高,这是它的主要优点,常应用在实验室作为精密测量的一种方法。但由于测量过程中为了获得平衡状态,需要进行反复调节,即使采用一些自动平衡技术,测量速度仍然较慢,这是这种方法的一个不足。

3) 微差式测量法:偏差式测量法和零位式测量法相结合,构成微差式测量法。它通过测量待测量与标准量之差(通常该差值很小)来得到待测量量值,如图 1.2.2 所示。

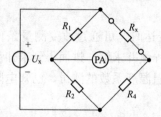

图 1.2.1 惠斯登电桥测量电阻示意图

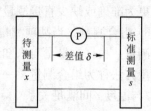

图 1.2.2 微差式测量法示意图

图中 Ⓟ 为量程不大但灵敏度很高的偏差式仪表,它指示的是待测量 x 与标准量 s 之间的差值:$\delta = x - s$,即 $x = s + \delta$。可以证明,只要 δ 足够小,这种方法的测量准确度基本上取决于标准量的准确度。而和零位式测量法相比,它又可以省去反复调节标准量大小以求平衡的步骤。因此,它兼有偏差式测量法的测量速度快和零位式测量法测量准确度高的优点。微差式测量法除在实验室中用作精密测量外,还广泛地应用在生产过程参数的测量上。

3. 在线式与离线式测量方法

测量系统状态数据的目的是为了应用。一类应用要求测量数据必须是实时的,即测量、数据存储、数据处理及数据应用是在同一个采样周期内完成,例如:锅炉的炉膛负压控制中的负压测量数据,空调房间温、湿度控制系统中的温、湿度测量数据,集中供热调度系统中的压力、压差、温度、流量等测量数据,这些数据如果失去实时性,将没有任何意义,因此应采用在线式测量方法。另一类应用则对测量数据没有实时应用的要求,一般情况下是在每一个采样周期内进行测量及存储数据,数据处理及数据应用在今后的某一时间进行,例如:对建筑物供热效果评价中的温度测量数据,节能墙体测试中的温度、热流测量数据,这些数据只是用于事后分析,不需要实时处理,因此可采用离线式测量方法。

1.2.4 测量方法的选择原则

在选择测量方法时,要综合考虑下列主要因素:①被测量本身的特性;②所要求的测量准确度;③测量环境;④现有测量设备等。在此基础上,选择合适的测量仪器和正确的测量方法。正确可靠的测量结果的获得,要依据测量方法和测量仪器的正确选择、正确操作和测量数据的正确处理。否则,即便使用价值昂贵的精密仪器设备,也不一定能够得到

准确的结果，甚至可能损坏测量仪器和被测设备。

【例 1.2.1】　图 1.2.3 表示的是用电压表测量具有高内阻电压源电压的一个例子。不难看到，电压表内阻的大小将直接影响到测量结果，这种影响通常叫做电压表的负载效应。图中虚线框内表示放大器输出端等效电路，R_v 表示测量用电压表内阻。

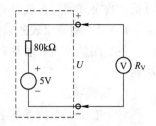

图 1.2.3　电压表内阻的影响

【解】　忽略其他因素，不难算出：当用内阻 $R_v = 10M\Omega$ 的数字电压表测量时，电压为

$$U = 5 \times \frac{10 \times 10^3}{80 + 10 \times 10^3} = 4.96V$$

相对误差
$$\gamma = \frac{4.96 - 5}{5} \times 100\% = -0.8\%$$

而改用内阻 $R_v = 120k\Omega$ 的万用表电压档测量时，电压为

$$U = 5 \times \frac{120}{80 + 120} = 3V$$

相对误差
$$\gamma = \frac{3 - 5}{5} \times 100\% = -40\%$$

可见，这种情况下应选用内阻尽可能大的电压表，否则造成的仪器误差是很大的。有时测量仪表负载效应的存在，会过大地改变被测电路的工作状态，此时的测量结果将失去实际意义。

不应认为，只有使用精密的测量仪器，才能获得准确的测量结果。实际上，有时选择一种好的正确的测量方法，即便使用极为普通的设备，也同样可以得到相当令人满意的测量结果。在设计采用热电阻作为敏感元件的温度测量仪表中，对上述问题要特别加以注意。

1.3　测量仪表概述

测量仪表是将被测量转换成可供直接观察的指示值或等效信息的器具，包括各类指示仪器、比较仪器、记录仪器、传感器和变送器等。利用电子技术对各种待测量进行测量的设备，统称为电子测量仪表。为了正确地选择测量方法、测量仪表及评价测量结果，本节将对测量仪表的概况，包括它的组成、主要功能、主要性能指标和分类作一些概括介绍。

1.3.1　测量仪表的类型

测量仪表有模拟式与数字式两大类。所谓模拟式测量仪表是对连续变化的被测物理量（模拟量）直接进行连续测量、显示或记录的仪表，例如玻璃水银温度计、电子式热电阻温度测量记录仪等，模拟式测量仪表仍在被广泛应用。数字式测量仪表是将被测的模拟量首先转换成数字量再对数字量进行处理的仪表。它将被测的连续的物理量通过各种传感器和变送器变换成直流电压或频率信号后，再进行量化处理变成数字量，然后再进行对数字量的处理（编码、传输、显示、存储及打印）。相对于模拟式测量仪表，数字式测量仪表具有测量精度高、测量速度快、读数客观、易于实现自动化测量及与计算机连接等优点。由此可见，数字式测量仪表具有广泛的应用领域及发展前景。

1.3.2 测量仪表的功能

各类测量仪表一般具有物理量的变换、信号的传输和测量结果的显示等三种最基本的功能。

1. 变换功能

对于电压、电流等电学量的测量，是通过测量各种电效应来达到目的的。比如作为模拟式仪表最基本构成单元的动圈式检流计（电流表），就是将流过线圈的电流强度，转化成与之成正比的扭矩而使仪表指针偏转初始位置一个角度。根据角度偏转大小（这可通过刻度盘上的刻度获得）得到被测电流的大小，这就是一种很基本的变换功能。对非电量测量，更须将各种非电物理量如压力、温度、湿度、物质成分等，通过各种对之敏感的敏感元件（通常称为传感器），转换成与之相关的电压、电流等，而后再通过对电压、电流的测量，得到被测物理量的大小。随着测量技术的发展和需要，现在往往将传感器、放大电路及其他有关部分构成独立的单元电路，将被测量转换成模拟的或数字的标准电信号，送往测量和处理装置，这样的单元电路常称为变送器，是现代测量系统中极为重要的组成部分。

2. 传输功能

在遥测遥控等系统中，现场测量结果经变送器处理后，需经较长距离的传输才能送到测量中心控制室。不管采用有线的还是无线的方式，传输过程中造成的信号失真和外干扰等问题都会存在。因此，现代测量技术和测量仪表必须认真对待测量信息的传输问题。

3. 显示功能

测量结果必须以某种方式显示出来才有意义。因此，任何测量仪器都必须具备显示功能。比如模拟式仪表通过指针在仪表度盘上显示测量结果，数字式仪表通过数码管、液晶或阴极射线管显示测量结果。除此而外，一些先进的仪表，如智能仪表等还具有数据记录、处理及自检、自校、报警提示等功能。

1.3.3 测量仪表的主要性能指标

从获得的测量结果的角度评价测量仪表的性能，主要包括以下几个方面。

1. 精度

精度是指测量仪表的读数或测量结果与被测量真值相一致的程度。对精度目前还没有一个公认的定量的数学表达式，因此常作为一个笼统的概念来使用，其含义是：精度高，表明误差小；精度低，表明误差大。因此，精度不仅用来评价测量仪器的性能，也是评定测量结果最主要最基本的指标。精度又可用精密度、正确度和准确度三个指标加以表征。

1) 精密度(δ)：精密度说明仪表指示值的分散性，表示在同一测量条件下对同一被测量进行多次测量时，得到的测量结果的分散程度。它反映了随机误差的影响，精密度高，意味着随机误差小，测量结果的重复性好。比如某压力表的精密度为 0.001MPa，即表示用它对同一压力进行测量时，得到的各次测量值的分散程度不大于 0.001MPa。

2) 正确度(ε)：正确度说明仪表指示值与真值的接近程度。所谓真值是指待测量在特定状态下所具有的真实值的大小。正确度反映了系统误差（例如仪表中放大器的零点漂移等）的影响。正确度高则说明系统误差小，比如某温度表的正确度是 0.2℃，则表明用该温度表测量温度时的指示值与真值之差不大于 0.2℃。

3) 准确度(τ)：准确度是精密度和正确度的综合反映。准确度高，说明精密度和正确度都高，也就意味着系统误差和随机误差都小，因而最终测量结果的可信赖度也高。

在具体的测量实践中，可能会有这样的情况：正确度较高而精密度较低，或者情况相反，相当精密但欠正确。当然理想的情况是既正确又精密，即测量结果准确度高。要获得理想的结果，应满足三个方面的条件：即性能优良的测量仪表、正确的测量方法和正确细心的测量操作。为了加深对精密度、正确度和准确度三个概念的理解，可以以射击打靶为例加以比喻。图 1.3.1 中，以靶心比作被测量真值，以靶上的弹着点表示测量结果。其中图(a)弹着点分散而偏斜，对应测量中既不精密也不正确，即准确度很低。图(b)弹着点仍较分散，但总体而言大致都围绕靶心，属于正确而欠精密。图(c)弹着点密集但明显偏向一方，属于精密度高而正确度差。图(d)弹着点相互很接近且都围绕靶心，属于既精密又正确因而准确度很高的情况。

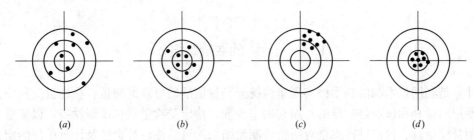

图 1.3.1　用射击比喻测量

2. 稳定度

稳定度也称稳定误差，是指在规定的时间区间，其他外界条件恒定不变的情况下，仪表示值变化的大小。造成这种示值变化的原因主要是仪器内部各元器件的特性、参数不稳定和老化等因素。稳定度可用示值绝对变化量与时间一起表示。例如某数字温度表的稳定度为 $(0.008\%T_m + 0.003T_x)/(8h)$，其含义是在 8h 内，测量同一温度，在外界条件维持不变的情况下，温度表的示值可能在 $0.008\%T_m + 0.003T_x$ 的上下波动，其中 T_m 为该量程满度值，T_x 为示值。

3. 输入电阻

前面曾提到测量仪表的输入电阻对测量结果的影响。像电压表等类仪表，测量时并接于待测电路两端(图 1.2.3)。不难看出，测量仪表的接入改变了被测电路的阻抗特性，这种现象称为负载效应。为了减小测量仪表对待测电路的影响，提高测量精度，通常对这类测量仪表的输入阻抗都有一定要求。仪表的输入阻抗一般用输入电阻 R_i 表示。例如用于测量温度(四线制热电阻法)的电压表输入阻抗为 $R_i = 10M\Omega$。

4. 灵敏度

灵敏度表示测量仪表对被测量变化的敏感程度，一般定义为测量仪表指示值(指针的偏转角度、数码的变化等)增量 Δy 与被测量增量 Δx 之比。灵敏度的另一种表述方式叫作分辨力或分辨率，定义为测量仪表所能区分的被测量的最小变化量，在数字式仪表中经常使用。例如数字式温度表的分辨力为 $0.1℃$，表示该数字式温度表上最末位跳变 1 个字时，对应的温度变化量为 $0.1℃$，即这种数字式温度表能区分出最小为 $0.1℃$ 温度变化。可见，分辨力的值愈小，其灵敏度愈高。由于各种干扰和人的感觉器官的分辨能力等因素，不必也不应该苛求仪器有过高的灵敏度。否则，将导致测量仪器过高的成本以及实际测量操作的困难，通常规定分辨力为允许绝对误差的 1/3 即可。

5. 线性度

线性度是测量仪表输入输出特性之一，表示仪表的输出量（示值）随输入量（被测量）变化的规律。若仪表的输出为 y，输入为 x，两者关系用函数 $y=f(x)$ 表示，如果 $y=f(x)$ 为 $y-x$ 平面上过原点的直线，则称之为线性刻度特性，否则称为非线性刻度特性。

6. 动态特性

测量仪表的动态特性表示仪表的输出响应随输入变化的能力。例如模拟电压表由于动圈式表头指针惯性、轴承摩擦、空气阻尼等因素的作用，使得仪表的指针不能瞬间稳定在固定值上。

最后指出，上述测量仪表的几个特性是就一般而论，并非所有仪表都用上述特性加以考核。

1.4 计量的基本概念

计量是利用技术和法制手段实现单位统一和量值准确可靠的测量。在计量过程中，认为所使用的量具和仪器是标准的，用它们来校准、检定受检量具和仪器设备，以衡量和保证使用受检量具、仪器进行测量时所获得测量结果的可靠性。计量涉及计量单位的定义和转换；量值的传递和保证量值统一所必须采取的措施、规程和法制等[1,2]。

1.4.1 单位制

任何测量都要有一个统一的体现计量单位的量作为标准，这样的量称作计量标准。计量单位是有明确定义和名称并令其数值为 1 的固定的量，例如长度单位 1 米（m），时间单位 1 秒（s）等。计量单位必须以严格的科学理论为依据进行定义。法定计量单位是国家以法令形式规定使用的计量单位，是统一计量单位制和单位量值的依据和基础，因而具有统一性、权威性和法制性。1984 年 2 月 27 日国务院在发布《关于在我国统一实行法定计量单位的命令》时指出：我国的计量单位一律采用《中华人民共和国法定计量单位》。我国法定计量单位以国际单位制（SI）为基础，并包括 10 个我国国家选定的非国际单位制单位，如时间（分、时、天）、平面角（秒、分、度）、长度（海里）、质量（吨）和体积（升）等。在国际单位制中，分为基本单位、导出单位和辅助单位。基本单位是那些可以彼此独立地加以规定的物理量单位，共 7 个，分别是长度单位米（m）、时间单位秒（s）、质量单位千克（kg）、电流单位安培（A）、热力学温度单位开尔文（K）、发光强度单位坎德拉（cd）和物质的量单位摩尔（mol）。由基本单位通过定义、定律及其他函数关系派生出来的单位称为导出单位，例如力的单位牛顿（N）定义为"使质量为 1 千克的物体产生加速度为 1 米每秒 2 次方的力"，即 $1N=1kg \cdot m/s^2$。在电学量中，除电流外，其他物理量的单位都是导出单位，如，频率的单位为赫兹（Hz），定义为"周期为 1 秒的周期现象的频率"，即 $1Hz=1s$；能量（功）的单位焦耳（J）定义为"1 牛顿的力使作用点在力的方向上移动 1 米所做的功"，即 $1J=1N \cdot m$；功率的单位瓦（W）定义为"1 秒内产生 1 焦耳能量的功率"，即 $1W=1J/s$；电荷量库仑（C）定义为"1 安培的电流在 1 秒内所传送的电荷量"，即 $1C=1A \cdot s$；电位电压的单位伏特（V）定义为"在载有 1 安培恒定电流导线的两点间消耗 1 瓦的功率"，即 $1V=1W/A$；电阻的单位欧姆（Ω）定义为"导体两点间的电阻，当该两点间加上 1 伏恒定电压时，导体内产生 1 安培的电流"，即 $1\Omega = 1V/A$，等等。国际上把既可作为基本单位又可作为导出单位的单位单独列为一类，叫做辅助单位。国际单位制中包括两个辅助单位，分别是平面角的单位弧度（rad）和立体角的单位球面角（sr）。

由基本单位、辅助单位和导出单位构成的完整体系，称为单位制。单位制随基本单位的选择而不同。例如，在确定厘米、克、秒为基本单位后，速度单位为厘米每秒（cm/s）；密度单位为克立方厘米（g/cm^3）；力的单位为达因（dyn）等构成一个体系，称为厘米克秒制。而国际单位制就是由前面列举的 7 个基本单位、2 个辅助单位及 19 个具有专门名称的导出单位构成的一种单位制，国际上规定以拉丁字母 SI 作为国际单位制的简称。

1.4.2　计量基准

基准是指用当代最先进的科学技术和工艺水平，以最高的准确度和稳定性建立起来的专门用以规定、保持和复现物理量计量单位的特殊量具或仪器装置等。根据基准的地位、性质和用途，基准通常又分为主基准、副基准和工作基准，也分别称作一级、二级和三级基准（附录 1）。

1. 主基准

主基准也称作原始基准，是用来复现和保存计量单位，具有现代科学技术所能达到的最高准确度的计量器具，经国家鉴定批准，作为统一全国计量单位量值的最高依据。因此主基准也叫国家基准。

2. 副基准

通过直接或间接与国家基准比对，确定其量值并经国家鉴定批准的计量器具。它在全国作为复现计量单位的副基准，其地位仅次于国家基准，平时用来代替国家基准使用或验证国家基准的变化。

3. 工作基准

经与主基准或副基准校准或比对，并经国家鉴定批准，实际用以检定下属计量标准的计量器具。它在全国作为复现计量单位的地位仅在主基准和副基准之下。设置工作基准的目的是不使主基准或副基准因频繁使用而丧失原有的准确度。

应当了解，基准本身并不一定刚好等于一个计量单位。例如铯-133 原子频率基准所复现的时间值不是 1s，而是 $(919261770)^{-1}s$，氪 86 长度基准复现的长度值不是 1m，而是 $(1650763.73)^{-1}m$，标准电池复现的电压值是 1.0186V，不是 1V 等。

1.4.3　量值的传递与跟踪、检定与比对

1. 量值的传递与跟踪中涉及的几个相关的概念

（1）计量器具

复现量值或将被测量转换成可直接观测的指示值或等效信息的量具、仪器、装置。

（2）计量标准器具

准确度低于计量基准，用于检定计量标准或工作计量器具的计量器具。它可按其准确度等级分类，如 1 级、2 级、3 级、4 级、5 级标准砝码。标准器具按其法律地位可分为三类：

1）社会公用计量标准指县以上地方政府计量部门建立的，作为统一本地区量值的依据，并对社会实施计量监督具有公证作用的各项计量标准。

2）部门使用的计量标准是省级以上政府有关主管部门组织建立的统一本部门量值依

据的各项计量标准。

3）企事业单位使用的计量标准是企业、事业单位组织建立的作为本单位量值依据的各项计量标准。

（3）工作计量器具

工作岗位上使用，不用于进行量值传递而是直接用来测量被测对象量值的计量器具。

（4）比对

在规定条件下，对相同准确度等级的同类基准、标准或工作计量器具之间的量值进行比较，其目的是考核量值的一致性。

（5）检定

是用高一等级准确度的计量器具对低一等级的计量器具进行比较，以达到全面评定被检计量器具的计量性能是否合格的目的。一般要求计量标准的准确度为被检者的 $1/10\sim 1/3$。

（6）校准

校准是指被校的计量器具与高一等级的计量标准相比较，以确定被校计量器具的示值误差（有时也包括确定被校器具的其他计量性能）的全部工作。一般而言，检定要比校准包括的内容更广泛。

2. 量值的传递与跟踪

量值的传递与跟踪是把一个物理量单位通过各级基准、标准及相应的辅助手段准确地传递到日常工作中所使用的测量仪器、量具，以保证量值统一的全过程。

如前所述，测量就是利用实验手段，借助各种测量仪器、量具（它们作为和未知量比较的标准），获得未知量量值的过程。显然，为了保证测量结果的统一、准确、可靠，必须要求作为比较标准的准确、统一、可靠。因此，测量仪器、量具在制造完毕时，必须按规定等级的标准（工作标准）进行校准，该标准又要定期地用更高等级的标准进行检定，一直到国家级工作基准，如此逐级进行（附录1）。同样，测量仪器、量具在使用过程中也要按法定规程（包括检定方法，检定设备，检定步骤，以及对受检仪器、量具给出误差的方式等），定期由上级计量部门进行检定，并发给检定合格证书。没有合格证书或证书失效（比如超过有效期）者，该仪器的精度指标及测量结果只能作为参考。检定、比对和校准是各级计量部门的重要业务活动，主要是通过这些业务活动和国家有关法令、法规的执行，将全国各地区、各部门、各行业、各单位都纳入法律规定的完整计量体系中，从而保证现代社会中的生产、科研、贸易、日常生活等各个环节的顺利运行和健康发展。

思 考 题 与 习 题

1. 测量和计量的相同点和不同点是什么？
2. 测量的重要意义主要体现在哪些方面？
3. 计量的重要意义主要体现在哪些方面？
4. 研究误差的目的是什么？
5. 测试和测量是什么样的关系？
6. 结合自己的专业，举例说明测试技术的作用主要体现在哪些方面？
7. 举例说明各种不同测量方法的实际应用。
8. 深入理解测量仪表的精度和灵敏度的定义？两者的区别？

9. 精密度、正确度、准确度三者的不同含义是什么？

10. 结合例 1.2.1(图 1.2.3)，深入理解在实际测量过程中，仪表输入电阻(输入阻抗)选择的重要性。

11. 说明计量系统中单位制的概念。

12. 深入理解由基本单位、辅助单位和导出单位构成的完整计量体系。

13. 说明主基准、副基准、工作基准的各自用途。

主要参考文献

［1］　张永瑞，刘振起，杨林耀等编著. 电子测量技术基础. 西安：西安电子科技大学出版社，2000.

［2］　周渭，于建国，刘海霞编著. 测试与计量技术基础. 西安：西安电子科技大学出版社，2004.

第2章　测量误差和测量不确定度

人们进行测量的目的，通常是为了获得尽可能接近真值的测量结果，如果测量误差超出一定限度，测量工作及由测量结果所得出的结论就失去了意义。在科学研究及现代生产中，错误的测量结果有时还会使研究工作误入歧途甚至带来灾难性后果。因此，人们不得不认真对待测量误差，研究误差产生的原因，误差的性质，减小误差的方法以及对测量结果的处理方法。

一个完整的测量结果不仅要给出被测量值的估值，而且要给出其不确定性指标，这就是测量不确定度的思想。测量不确定度是评价测量结果质量高低的一个重要指标，不确定度愈小，测量水平愈高，测量的质量愈高，可信赖程度愈高，使用价值愈高。

本章主要介绍测量误差、数据处理及测量不确定度的基本内容。

2.1　测　量　误　差[1]

在实际测量中，由于测量器具不准确，测量手段不完善，环境影响，测量操作不熟练及工作疏忽等因素，都会导致测量结果与被测量真值不同。测量仪器仪表的测得值与被测量真值之间的差异，称为测量误差。测量误差的存在具有必然性和普遍性，人们只能根据需要和可能，将其限制在一定范围内而不可能完全加以消除。

2.1.1　误差

1. 真值 A_0

一个物理量在一定条件下所呈现的客观大小或真实数值称作它的真值。要想得到真值，必须利用理想的量具或测量仪器进行无误差的测量。由此可推断，物理量的真值实际上是无法测得的。这首先因为，"理想"量具或测量仪器即测量过程的参考比较标准（或叫计量标准）只是一个纯理论值，其次，在测量过程中由于各种主观、客观因素的影响，做到无误差的测量也是不可能的。

2. 指定值 A_s

由于绝对真值是不可知的，所以一般由国家设立各种尽可能维持不变的实物标准（或基准），以法令的形式指定其所体现的量值作为计量单位的指定值。例如指定国家计量局保存的铂铱合金圆柱体质量原器的质量为 1kg，指定国家天文台保存的铯钟组所产生的特定条件下铯—133 原子基态的两个超精细能级之间跃迁所对应的辐射的 9192631770 个周期的持续时间为 1s 等。国际上通过互相比对保持一定程度的一致。指定值也叫约定真值，一般就用来代替真值。

3. 实际值 A

实际测量中，不可能都直接与国家基准相比对，所以国家通过一系列的各级实物计量标准构成量值传递网，把国家基准所体现的计量单位逐级比较传递到日常工作仪器或量具上去(附录 1)。在每一级的比较中，都以上一级标准所体现的值当作准确无误的值，通常称为实际值，也叫做相对真值，比如如果更高一级测量器具的误差为本级测量器具误差的 1/10～1/3，就可以认为更高一级测量器具的测得值(示值)为真值。在后面的叙述中，不再对实际值和真值加以区别。

4. 标称值

测量器具上标定的数值称为标称值。如标准砝码上标出的 1kg，标准电阻上标出的 1Ω，标准电池上标出来的电动势 1.0186V 等。由于制造和测量精度不够以及环境等因素的影响，标称值并不一定等于它的真值或实际值。为此，在标出测量器具的标称值时，通常还要标出它的误差范围或准确度等级，例如某电阻标称值为 1kΩ，误差 ±1%，即意味着该电阻的实际值在 990～1010Ω 之间。

5. 示值

由测量器具指示的被测量量值称为测量器具的示值，也称测量器具的测得值或测量值，它包括数值和单位。一般地说，示值与测量仪表的读数有区别，读数是仪器刻度盘上直接读到的数字。例如以 100 分度表示 50mA 的电流表，当指针指在刻度盘上的 50 处时，读数是 50，而值是 25mA。为便于核查测量结果，在记录测量数据时，一般应记录仪表量程、读数和示值(当然还要记载测量方法，连接图，测量环境，测量用仪器及编号，测量者姓名及测量日期等)，对于数字显示仪表，通常示值和读数是统一的。

6. 测量误差

在实际测量中，由于测量器具不准确，测量手段不完善，环境影响，测量操作不熟练及工作疏忽等因素，都会导致测量结果与被测量真值不同。测量仪器的测得值与被测量真值之间的差异，称为测量误差。测量误差的存在具有必然性和普遍性，人们只能根据需要和可能，将其限制在一定范围内，而不可能完全加以消除。人们进行测量的目的，通常是为了获得尽可能接近真值的测量结果，如果测量误差超出一定限度，由测量结果得出的结论将失去意义，错误的测量结果还会使研究工作误入歧途。因此，人们不得不认真对待测量误差，研究误差的产生原因、误差的性质、减小误差的方法及对测量结果的处理等。

7. 单次测量和多次测量

单次(一次)测量是用测量仪器对待测量进行一次测量的过程。显然，为了得知某一量的大小，必须至少进行一次测量。在测量精度要求不高的场合，可以只进行单次测量。单次测量不能反映测量结果的精密度，一般只能给出一个量的大致概念和规律。

多次测量是用测量仪器对同一被测量进行多次重复测量的过程。依靠多次测量可以观察测量结果一致性的好坏即精密度。通常要求较高的精密测量都须进行多次测量，如仪表的比对校准等。

8. 等精度测量和非等精度测量

在保持测量条件不变的情况下对同一被测量进行的多次测量过程称作等精度测量。这里所说的测量条件包括所有对测量结果产生影响的客观和主观因素，如测量中使用的仪器、方法、测量环境，操作者的操作步骤和细心程度等。等精度测量的测量结果具有同样的可靠性。

如果在同一被测量的多次重复测量中，不是所有测量条件都维持不变(比如，改变了测量方法，或更换了测量仪器，或改变了连接方式，或测量环境发生了变化，或前后不是一个操作者，或同一操作者按不同的过程进行操作，或操作过程中由于疲劳等原因而影响了细心专致程度等），这样的测量称为非等精度测量或不等精度测量。等精度测量和非等精度测量在测量实践中都存在，相比较而言，等精度测量意义更为普遍，有时为了验证某些结果或结论，研究新的测量方法、检定不同的测量仪器时也要进行非等精度测量。

2.1.2 误差的表示方法

1. 绝对误差

绝对误差定义为

$$\Delta x = x - A_0 \tag{2.1.1}$$

式中 Δx 为绝对误差，x 为测得值，A_0 为被测量真值。前面已提到，真值 A_0 一般无法得到，所以用实际值 A 代替 A_0。因而绝对误差更有实际意义的定义是

$$\Delta x = x - A \tag{2.1.2}$$

对于绝对误差，应注意下面几个特点：

1）绝对误差是有单位的量，其单位与测得值和实际值相同。

2）绝对误差是有符号的量，其符号表示出测量值与实际值的大小关系，若测得值较实际值大，则绝对误差为正值，反之为负值。

3）测得值与被测量实际值间的偏离程度和方向通过绝对误差来体现。但仅用绝对误差，通常不能说明测量的质量。例如，人体体温在 37℃ 左右，若测量绝对误差为 $\Delta x = \pm 2℃$，这样的测量质量是不会令人满意的；而如果测量大体在 1400℃ 左右炉窑的炉温，绝对误差能保持 $\pm 2℃$，那这样的测量精度就相当令人满意了。因此，为了表明测量结果的准确程度，一种方法是将测得值与绝对误差一起列出，如上面的例子可写成 37$\pm$2℃ 和 1400$\pm$2℃，另一种方法就是用相对误差来表示。

4）对于信号源、稳压电源等供给量仪器，绝对误差定义为

$$\Delta x = A - x \tag{2.1.3}$$

式中 A 为实际值，x 为供给量的指示值（标称值）。如果没有特殊说明，本书中涉及的绝对误差，按式(2.1.2)定义计算。

与绝对误差的绝对值相等但符号相反的值称为修正值，一般用符号 c 表示

$$c = -\Delta x = A - x \tag{2.1.4}$$

测量仪器的修正值，可通过检定，由上一级标准给出，它可以是表格、曲线或函数表达式等形式。利用修正值和仪器示值，可得到被测量的实际值

$$A = x + c \tag{2.1.5}$$

例如由某温度表测得的温度示值为 120.1℃，查该温度表检定证书，得知该温度表在 120.18℃ 及其附近的修正值为 $-0.1℃$，那么被测温度的实际值为

$$A = 120.1 + (-0.1) = 120.0℃$$

智能仪器的优点之一就是可利用内部的微处理器，存贮和处理修正值，直接给出经过修正的实际值。

2. 相对误差

相对误差用来说明测量精度的高低，又可分为：

1）实际相对误差：实际相对误差定义为

$$\gamma_A = \frac{\Delta x}{A} \times 100\% \tag{2.1.6}$$

2）示值相对误差：示值相对误差也叫标称相对误差，定义为

$$\gamma_x = \frac{\Delta x}{x} \times 100\% \tag{2.1.7}$$

如果测量误差不大，可用示值相对误差 γ_x 代替实际误差 γ_A，但若 γ_x 和 γ_A 相差较大，两者应加以区别。

3）满度（或引用）相对误差

满度相对误差定义为仪器量程内最大绝对误差 Δx_m 与仪器满度值（量程上限值 x_m）的百分比值

$$\gamma_m = \frac{\Delta x_m}{x_m} \times 100\% \tag{2.1.8}$$

满度相对误差也叫作满度误差和引用误差。由式（2.1.8）可以看出，通过满度误差实际上给出了仪表各量程内绝对误差的最大值

$$\Delta x_m = \gamma_m \cdot x_m \tag{2.1.9}$$

我国的大部分仪表的准确度等级 S 就是按满度误差 γ_m 分级的，按 γ_m 大小依次划分成 0.1、0.2、0.5、1.0、1.5、2.5 及 5.0 等，比如某电压表 $S=0.5$，即表明它的准确度等级为 0.5 级，它的满度误差不超过 0.5 级，它的满度误差不超过 0.5%，即 $|\gamma_m| \leqslant$ 0.5%（习惯上也写成 $\gamma_m = \pm 0.5\%$）。

【例 2.1.1】　某电压表 $S=1.5$，试算出它在 0～100V 量程中的最大绝对误差。

【解】　在 0～100V 量程内上限值 $x_m=100V$，由式（2.1.9），得到

$$\Delta x_m = \gamma_m \cdot x_m = \pm \frac{1.5}{100} \times 100 = \pm 1.5V$$

一般讲，测量仪器在同一量程不同示值处的绝对误差实际上未必处处相等，但对使用者来讲，在没有修正值可资利用的情况下，只能按最坏情况处理，即认为仪器在同一量程各处的绝对误差是个常数且等于 Δx_m，人们把这种处理称为误差的整量化。由式（2.1.7）和式（2.1.9）可以看出，为了减小测量中的示值误差，在进行量程选择时应尽可能使示值能接近满度值，一般以示值不小于满度值的 2/3 为宜。

【例 2.1.2】　某 1.0 级压力表，满度值 $x_m=1.00MPa$，求测量值分别为 $x_1=1.00MPa$，$x_2=0.80MPa$，$x_3=0.20MPa$ 时的绝对误差和示值相对误差。

【解】　由式（2.1.9）得绝对误差

$$\Delta x_m = \gamma_m \cdot x_m = \pm \frac{1}{100} \times 1.00 = \pm 0.01MPa$$

前已叙述，绝对误差是随测量值改变的。

而测得值分别为 1.00MPa、0.80MPa、0.20MPa 时的示值相对误差各不相同，分别为

$$\gamma_{x1} = \frac{\Delta x}{x_1} \times 100\% = \frac{\Delta x_m}{x_1} \times 100\% = \frac{\pm 0.01}{1.00} \times 100\% = \pm 1\%$$

$$\gamma_{x2} = \frac{\Delta x}{x_2} \times 100\% = \frac{\Delta x_m}{x_2} \times 100\% = \frac{\pm 0.01}{0.80} \times 100\% = \pm 1.25\%$$

$$\gamma_{x3} = \frac{\Delta x}{x_3} \times 100\% = \frac{\Delta x_m}{x_3} \times 100\% = \frac{\pm 0.01}{0.20} \times 100\% = \pm 5\%$$

可见在同一量程内，测得值越小，示值相对误差越大。由此我们应当注意到，测量中所用仪表的准确度并不是测量结果的准确度，只有在示值与满度值相同时，二者才相等（不考虑其他因素造成的误差，仅考虑仪器误差）。否则测得值的准确度数值将低于仪表的准确度等级。

【例 2.1.3】 要测量 100℃ 的温度，现有 0.5 级、测量范围为 0～300℃ 和 1.0 级、测量范围为 0～100℃ 的两种温度计，试分析各自产生的示值误差。

【解】 对 0.5 级温度计，可能产生的最大绝对误差

$$\Delta x_{m1} = \gamma_{m1} \cdot x_{m1} = \pm \frac{s_1}{100} \cdot x_{m1} = \pm \frac{0.5}{100} \times 300 = \pm 1.5℃$$

按照误差整量化原则，认为该量程内绝对误差 $\Delta x_1 = \Delta x_{m1} = \pm 1.5℃$，因此示值相对误差

$$\gamma_{x_1} = \frac{\Delta x_1}{x_1} \times 100\% = \frac{\pm 1.5}{100} \times 100\% = \pm 1.5\%$$

同样可算出用 1.0 级温度计可能产生的绝对误差和示值相对误差

$$\Delta x_2 = \Delta x_{m2} = \gamma_{m2} \cdot x_{m2} = \pm \frac{1.0}{100} \times 10 = 1.0℃$$

$$\gamma_{x2} = \frac{\Delta x_2}{x_2} \times 100\% = \frac{\pm 1.0}{100} \times 100\% = \pm 1.0\%$$

可见用 1.0 级低量程温度计测量所产生的示值相对误差反而小一些，因此选 1.0 级温度计较为合适。

在实际测量操作时，一般应先在大量程下，测得被测量的大致数值，而后选择合适的量程再行测量，以尽可能减小相对误差。

2.2　测量误差的来源

为了减小测量误差，提高测量结果的准确度，须明确测量误差的主要来源，以便估算测量误差并采取相应措施减小测量误差。

2.2.1　仪器误差

仪器误差又称设备误差，是由于设计、制造、装配、检定等的不完善以及仪器使用过程中元器件老化、机械部件磨损、疲劳等因素而使测量仪器设备带有的误差。仪器误差还可细分为：读数误差、校准误差、刻度误差、数字式仪表的量化误差（±1 个字误差）；仪器内部噪声引起的内部噪声误差；元器件疲劳、老化及周围环境变化造成的稳定误差；仪器响应的滞后现象造成的动态误差；探头等辅助设备带来的其他方面的误差。

减小仪器误差的主要途径是根据具体测量任务，正确地选择测量方法和使用测量仪器，包括要检查所使用的仪器是否具备出厂合格证及检定合格证，在额定工作条件下按使用要求进行操作等。量化误差是数字仪器特有的一种误差，减小由它带给测量结果准确度的影响的办法是设法使显示器显示尽可能多的有效数字。

2.2.2　人身误差

人身误差主要指由于测量者感官的分辨能力、视觉疲劳、固有习惯等而对测量实验中的现象与结果判断不准确而造成的误差。比如温度计刻度值的读取等，都很容易产生误差。

减小人身误差的主要途径有：提高测量者的操作技能和工作责任心；采用更合适的测

量方法；采用数字式显示的客观读数以避免指针式仪表的读数视差等。

2.2.3　影响误差

影响误差是指各种环境因素与要求条件不一致而造成的误差。最主要的影响因素是环境温度、电源电压和电磁干扰等。当环境条件符合要求时，影响误差通常可不予考虑。但在精密测量及计量中，需根据测量现场的温度、湿度、电源电压等影响数值求出各项影响误差，以便根据需要作进一步的数据处理。

2.2.4　方法误差

顾名思义，方法误差是所使用的测量方法不当，或对测量设备操作使用不当，或测量所依据的理论不严格，或对测量计算公式不适当简化等原因而造成的误差，方法误差也称作理论误差。方法误差通常以系统误差（主要是恒值系统误差）的形式表现出来。因为产生的原因是由于方法、理论、公式不当或过于简化等造成，因而在掌握了具体原因及有关量值后，原则上都可以通过理论分析和计算或改变测量方法来加以消除或修正。对于内部带有微处理器的智能仪器，要做到这一点是不难的。

2.3　误差的分类

虽然产生误差的原因多种多样，但按误差的基本性质和特点，误差可分为三种：即系统误差、随机误差和粗大误差。

2.3.1　系统误差

在多次等精度测量同一恒定量值时，误差的绝对值和符号保持不变，或当条件改变时按某种规律变化的误差，称为系统误差，简称系差。如果系差的大小、符号不变而保持恒定，则称为恒定系差，否则称为变值系差。变值系差又可分为累进性系差、周期性系差和按复杂规律变化的系差。图2.3.1描述了几种不同系差的变化规律：直线 a 表示恒定系差；直线 b 属变值系差中累进性系差，这里表示系差递增的情况，也有递减系差；曲线 c 表示周期性系差，在整个测量过程中，系差值成周期性变化；曲线 d 属于按复杂规律变化的系差。

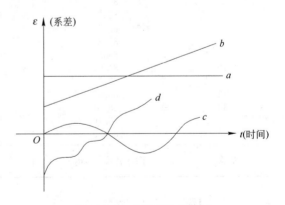

图 2.3.1　系统误差的特征

系统误差的主要特点是，只要测量条件不变，误差即为确切的数值，用多次测量取平均值的办法不能改变或消除系差，而当条件改变时，误差也随之遵循某种确定的规律而变化，具有可重复性。归纳起来，产生系统误差的主要原因有：

1) 测量仪器设计原理及制作上的缺陷。例如刻度偏差，刻度盘或指针安装偏心，使用过程中零点漂移，安放位置不当等。

2) 测量时的环境条件如温度、湿度及电源电压等与仪器使用要求不一致等。

3) 采用近似的测量方法或近似的计算公式等。

4) 测量人员估计读数时习惯偏于某一方向等原因所引起的误差。

系统误差体现了测量的正确度，系统误差小，表明测量的正确度高。

2.3.2　随机误差

随机误差又称偶然误差，是指对同一恒定量值进行多次等精度测量时，其绝对值和符号无规则变化的误差。

就单次测量而言，随机误差没有规律，其大小和方向完全不可预定，但当测量次数足够多时，其总体服从统计学规律，多数情况下接近正态分布(2.4 节)。

随机误差的特点是，在多次测量中误差绝对值的波动有一定的界限，即具有有界性；当测量次数足够多时，正负误差出现的机会几乎相同，即具有对称性；同时随机误差的算术平均值趋于零，即具有抵偿性。由于随机误差的上述特点，可以通过对多次测量取平均值的办法，来减小随机误差对测量结果的影响，或者用其他数理统计的办法对随机误差加以处理。

表 2.3.1 是对某温度进行 15 次等精度测量的结果。表中 T_i 为第 i 次测得值，$\overline{T}$ 为算得的算术平均值，$v_i = T_i - \overline{T}$ 定义为残差(见 2.4.2)，由于温度的真值 T 无法测得，我们用 $\overline{T}$ 代替 T。为了更直观地考察测量值的分布规律，用图 2.3.2 表示测量结果的分布情况，图中小黑点代表各次测量值。

测量结果及数据处理表　　　　　　　　　　　　表 2.3.1

N_0	T_i(℃)	$v_i = T_i - \overline{T}$	v_i^2
1	85.30	+0.09	0.0081
2	85.71	+0.50	0.25
3	84.70	−0.51	0.2601
4	84.94	−0.27	0.0729
5	85.63	+0.42	0.1764
6	85.24	+0.03	0.009
7	85.63	+0.15	0.0225
8	85.86	−0.35	0.1225
9	85.21	0.00	0.00
10	84.97	−0.24	0.0576
11	85.19	−0.02	0.004
12	85.35	+0.14	0.0196
13	85.21	0.00	0.00
14	85.16	−0.05	0.0025
15	85.32	+0.11	0.0121
计算值	$\overline{T}=\Sigma T_i/15=85.21$	$\Sigma v_i=0$	$\Sigma v_i^2=1.0163$

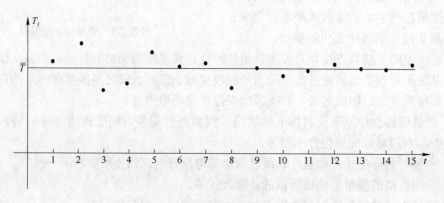

图 2.3.2　温度测量值的随机误差

由表 2.3.1 和图 2.3.2 可以看出以下几点：

1）正误差出现了 7 次，负误差出现了 6 次，两者基本相等，正负误差出现的概率基本相等，反映了随机误差的对称性。

2）误差的绝对值介于(0，0.1)、(0.1，0.2)、(0.2，0.3)、(0.3，0.4)、(0.4，0.5)区间，大于 0.5 的个数分别为 6 个、3 个、2 个、1 个、2 个和 1 个，反映了绝对值小的随机误差出现的概率大，绝对值大的随机误差出现的概率小。

3）$\Sigma v_i = 0$，正负误差之和为零，反映了随机误差的抵偿性。

4）所有随机误差的绝对值都没有超过某一界限，反映了随机误差的有界性。

这虽然仅是一个例子，但也基本反映出随机误差的一般特性。

产生随机误差的主要原因包括：

1）测量仪器元器件产生噪声，零部件配合的不稳定、摩擦、接触不良等。

2）温度及电源电压的无规则波动，电磁干扰，地基振动等。

3）测量人员感觉器官的无规则变化而造成的读数不稳定等。

随机误差体现了多次测量的精密度，随机误差小，则精密度高。

2.3.3　粗大误差

在一定的测量条件下，测得值明显地偏离实际值所形成的误差称为粗大误差，也称为疏失误差，简称粗差。

确认含有粗差的测得值称为坏值，应当剔除不用，因为坏值不能反映被测量的真实数值。

产生粗差的主要原因包括：

1）测量方法不当或错误。例如用大量程的流量计测量小流量。

2）测量操作疏忽和失误。例如未按规程操作，读错读数或单位，或记录及计算错误等。

3）测量条件的突然变化。例如电源电压突然增高或降低，雷电干扰，机械冲击等引起测量仪器示值的剧烈变化等。这类变化虽然也带有随机性，但由于它造成的示值明显偏离实际值，因此将其列入粗差范畴。

上述对误差按其性质进行的划分，具有相对性，某些情况可互相转化。例如较大的系差或随机误差可视为粗差；当电磁干扰引起的误差数值较小时，可按随机误差取平均值的办法加以处理，而当其影响较大又有规律可循时，可按系统误差引入修正值的办法加以处理。

最后指出，除粗差较易判断和处理外，在任何一次测量中，系统误差和随机误差一般都是同时存在的，需根据各自对测量结果的影响程度，作不同的具体处理：

1）系统误差远大于随机误差的影响，此时可基本上按纯粹系差处理，而忽略随机误差。

2）系差极小或已得到修正，此时基本上可按纯粹随机误差处理。

3）系差和随机误差相差不多，二者均不可忽略，此时应分别按不同的办法来处理。然后估计其最终的综合影响。

2.4 随机误差分析

随机误差是在测量过程中，因存在许多随机因素对测量结果造成影响，使测量值带有大小和方向都难于预测的测量误差。对测量数据中的系统误差进行处理后，仍会残留微小的系统误差，这些微小的系统误差已具有随机误差的性质，因而也可把这种残留的系统误差当作随机误差来考虑。研究随机误差不仅是为了能对测量结果中的随机误差作出科学的评定，而且是为了能够指导我们合理地设计测量方案，减小随机误差对测量结果的影响，充分发挥现有仪表的测量精度，从而对测量所得数据进行正确处理，使测量达到预期的目的。如前所述，多次等精度测量时产生的随机误差及测量值服从统计学规律。本节从工程应用角度，利用概率论与数理统计的一些基本结论，介绍随机误差的表征及对含有随机误差的测量数据的处理方法。

2.4.1 随机误差的定义

在相同条件下，多次重复测量同一个物理量时，以不可预定的方式变化的测量误差的分量称为随机误差，也称为偶然误差。

随机误差决定了测量结果的"精密"程度。随机误差是由尚未被认识和控制的规律或因素所导致的。也就是说，随机误差的出现具有随机的性质，因此不能修正，也不能完全消除，只能根据其本身存在的规律，用增加计量次数及相应的数据处理的方法，加以减小和限制。要想得出正确的测量结果，必须经过多次重复测量得到测量值，发现它所遵循的统计规律，借助概率论和数理统计学的原理来进行研究及处理。因此概率论和数理统计学是研究随机误差的理论基础。

2.4.2 测量值的数学期望和标准差

1. 数学期望

设对被测量 x 进行 n 次等精度测量，得到 n 个测量值

$$x_1, \ x_2, \ \cdots, \ x_n$$

由于随机误差的存在，这些测量值也是随机变量，定义 n 个测量值（随机变量）的算术平均值为

$$\bar{x} = \frac{1}{n} \sum_{i=1}^{n} x_i \tag{2.4.1}$$

式中 $\bar{x}$——也称作样本平均值。

当测量次数 $n \to \infty$ 时，样本平均值 $\bar{x}$ 的极限定义为测量值的数学期望

$$E_x = \lim_{n \to \infty} \left(\frac{1}{n} \sum_{i=1}^{n} x_i \right) \tag{2.4.2}$$

式中 E_x——也称作总体平均值。

假设上面的测量值中不含系统误差和粗大误差，则第 i 次测量得到的测量值 x_i 与真值 A（前已叙述，由于真值 A_0 一般无法得知，通常以实际值 A 代替）间的绝对误差就等于随机误差

$$\Delta x_i = \delta_i = x_i - A \tag{2.4.3}$$

式中 Δx_i、δ_i——分别表示绝对误差和随机误差。

随机误差的算术平均值

$$\bar{\delta} = \frac{1}{n} \sum_{i=1}^{n} \delta_i = \frac{1}{n} \sum_{i=1}^{n} (x_i - A)$$

$$= \frac{1}{n} \sum_{i=1}^{n} x_i - \frac{1}{n} \sum_{i=1}^{n} A$$

$$= \frac{1}{n} \sum_{i=1}^{n} x_i - A$$

当 $n \rightarrow \infty$ 时，上式中第一项即为测量值的数学期望 E_x，所以

$$\bar{\delta} = E_x - A \tag{2.4.4}$$

由于随机误差的补偿性，当测量次数 n 趋于无限大时，$\bar{\delta}$ 趋于零：

$$\bar{\delta} = \lim_{n \rightarrow \infty} \left(\frac{1}{n} \sum_{i=1}^{n} \delta_i \right) = 0 \tag{2.4.5}$$

即随机误差的数学期望值等于零。由式(2.4.4)和式(2.4.5)得

$$E_x = A \tag{2.4.6}$$

即测量值的数学期望等于被测量真值 A。

实际上不可能做到无限次的测量，对于有限次测量，当测量次数足够多时近似认为

$$\bar{\delta} = \frac{1}{n} \sum_{i=1}^{n} \delta_i \approx 0$$

$$\bar{x} \approx E_x = A$$

由上述分析可知，在实际测量工作中，当消除了系统误差，剔除了粗大误差后，虽然有随机误差存在，但多次测得值的算术平均值很接近被测量真值，因此就将它作为最后测量结果，并称之为被测量的最佳估值或最可信赖值。

2. 剩余误差

当进行有限次测量时，各个测量值与算术平均值之差，定义为剩余误差或残差：

$$v_i = x_i - \bar{x} \tag{2.4.7}$$

对上式两边分别求和，有

$$\sum_{i=1}^{n} v_i = \sum_{i=1}^{n} x_i - n\bar{x} = \sum_{i=1}^{n} x_i - n \times \frac{1}{n} \sum_{i=1}^{n} x_i = 0$$

上式表明，残差的代数和等于零，这一性质可用来检验计算的算术平均值是否正确。当 $n \rightarrow \infty$ 时，$\bar{x} \rightarrow E_x$，此时残差即等于随机误差 δ_i。

3. 方差与标准差

随机误差反映了实际测量的精密度即测量值的分散程度。由于随机误差的补偿性，因此利用它的算术平均值无法估计测量的精密度，应使用方差进行描述。方差定义为 $n \rightarrow \infty$ 时测量值与期望值之差的平方的统计平均值，即

$$\sigma^2 = \lim_{n \rightarrow \infty} \frac{1}{n} \sum_{i=1}^{n} (x_i - E_x)^2 \tag{2.4.8}$$

因为随机误差 $\delta_i = x_i - E_x$，故

$$\sigma^2 = \lim_{n \rightarrow \infty} \frac{1}{n} \sum_{i=1}^{n} \delta_i^2 \tag{2.4.9}$$

式中 σ^2 称为测量值的样本方差，简称方差。式中 δ_i 取平方的目的是，不论 δ_i 是正负，其平方总是正的，相加的和不会等于零，从而可以用来描述随机误差的分散程度。这样在计算过程中应不必考虑 δ_i 的符号，从而带来方便。求和再平均后，使个别较大的误差在式中占的比例也较大，使得方差对较大的随机误差反映较灵敏。

由于在测量数据处理过程中 δ_i 都带有单位(mA，V，MPa 等)，因而方差 σ^2 的单位是相应单位的平方，使用不便。为了与随机误差 δ_i 单位一致，将式(2.4.9)两边开方得

$$\sigma = \sqrt{\lim_{n \to \infty} \frac{1}{n} \sum_{i=1}^{n} \delta_i^2} \tag{2.4.10}$$

式中 σ 定义为测量值的标准误差或均方根误差，也称标准偏差，简称标准差。反映了测量的精密度，σ 值小表示精密度高，测得值集中，σ 值大表示精密度低，测得值分散。

2.4.3 误差正态分布定律

随机误差的大小、符号虽然显得杂乱无章，事先无法确定，但当进行大量等精度测量时，随机误差服从统计规律。理论和测量实践都证明，测量值 x_i 与随机误差 δ_i 都按一定的概率出现。在大多数情况下，测量值在其期望值上出现的概率最大，随着对期望值偏离的增大，出现的概率急剧减小。表现在随机误差上，等于零的随机误差出现的概率最大，随着随机误差绝对值的加大，出现的概率急剧减小。测量值和随机误差的这种统计分布规律，称为正态分布，如图 2.4.1、图 2.4.2 所示。

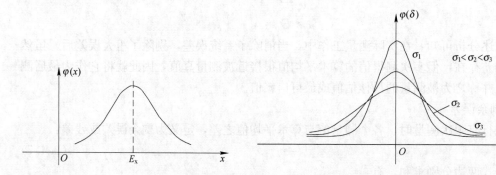

图 2.4.1 x_i 的正态分布曲线   图 2.4.2 δ_i 的正态分布曲线

设测量值 x_i 在 x 到 $x+\mathrm{d}x$ 范围内出现的概率为 p，它正比于 $\mathrm{d}x$，并与 x 值有关，即

$$p\{x < x_i < x + \mathrm{d}x\} = \varphi(x)\mathrm{d}x \tag{2.4.11}$$

式中 $\varphi(x)$ 定义为测量值 x_i 的分布密度函数或概率分布函数，显然

$$p\{-\infty < x_i < \infty\} = \int_{-\infty}^{\infty} \varphi(x)\mathrm{d}x = 1 \tag{2.4.12}$$

对于正态分布的 x_i，其概率密度函数为

$$\varphi(x) = \frac{1}{\sigma\sqrt{2\pi}} \cdot e^{\frac{(x-E_x)^2}{2\sigma^2}} \tag{2.4.13}$$

同样，对于正态分布的随机误差 δ_i，有

$$\varphi(\delta) = \frac{1}{\sigma\sqrt{2\pi}} \cdot e^{\frac{\delta^2}{2\sigma^2}} \tag{2.4.14}$$

由图 2.4.2 可以看到如下特征：

1) σ 愈小，$\varphi(\delta)$ 愈大，说明绝对值小的随机误差出现的概率大；相反，绝对值大的随机误差出现的概率小，随着 σ 的加大 $\varphi(\delta)$ 很快趋于零，即超过一定界限的随机误差实际上几乎不出现(随机误差的有界性)。

2) 大小相等符号相反的误差出现的概率相等(随机误差的对称性和补偿性)。

3) σ 愈小，正态分布曲线愈尖锐，表明测得值愈越集中，精密度高，反之 σ 愈大，曲线愈平坦，表明测得值分散，精密度越低。

正态分布又称高斯分布，在误差理论中占有重要的地位。由众多相互独立的且随机微小变化的干扰因素所造成的随机误差，大多遵从正态分布，限于篇幅，本书下面仅讨论正态分布情况。

2.4.4　随机误差的表达形式

1. 剩余误差(v)表达形式

由式(2.4.7)，把 n 次有限测量所得测量值的算术平均值作真值求得的绝对误差，称为剩余误差，简称残差。

$$v_i = x_i - \bar{x} \tag{2.4.15}$$

式中　v_i——第 i 个测量值的残差；

　　　x_i——第 i 次测量得到的测量值，$i=1,2,\cdots,n$；

　　　$\bar{x}$——n 次测量值的算术平均值。

因为剩余误差 v_i 可以用测量值算出，所以在误差计算中经常使用。

2. 最大绝对误差(U)表达形式

因为通过测量不能得到真实值，所以严格地讲，也就无法求得绝对误差(真差)。若能找到一个界限值 U，并能做出判断：

$$U \geqslant |x_i - x_0| \tag{2.4.16}$$

式中　x_0——被测量的实际值。

则称 U 为最大绝对误差，习惯上也把最大绝对误差简称为最大误差。

3. 标准偏差(δ)表达形式

对一固定量进行 n 次测量，各次测量绝对误差平方的算术平均值，再开方所得的数值，即为标准偏差，也称为标准差。根据其数学运算关系也称均方根差。

$$\sigma = \sqrt{\frac{1}{n}\sum_{i=1}^{n}(x_i - x_0)^2} = \sqrt{\frac{1}{n}\sum_{i=1}^{n}(\Delta x)^2} \quad n \to \infty \tag{2.4.17}$$

标准偏差是每个测量值的函数。对一组测量值中的大、小误差反映都比较灵敏，是表示测量精度的比较好的方式。

标准差所表征的是一个被测量的 n 次测量所得结果的分散性，因此称为测量列中单次测量的标准差。其几何意义是正态分布曲线上的拐点的横坐标。通过查正态积分表可知，测得值的误差不超过 $\pm\sigma$ 的概率为 68%。

式(2.4.17)给出的只是标准偏差的理论计算公式，在实际应用中，如何根据理论上的定义来求得标准偏差，在后面将作较为详细的介绍。

4. 算术平均误差(θ)表达形式

算术平均误差也称为平均误差。在对一固定量进行多次测量时，为了表示这种多次测量的测量误差，可以用算术平均误差 θ 来表示。

算术平均误差是多次测量全部随机误差绝对值的算术平均值，可以表示为

$$\theta = \frac{|\delta_1| + |\delta_2| + \cdots + |\delta_n|}{n} = \frac{1}{n}\sum_{i=1}^{n}|\delta_i| \tag{2.4.18}$$

其中 $\delta_i = x_i - x_0$

算术平均误差与标准差有如下关系：

根据概率论的知识，θ 实际上就是 $|\delta_1|$，$|\delta_2|$，$\cdots$，$|\delta_n|$ 在 $n \to \infty$ 时的数学期望。对于连续的随机变量，则有

$$\theta = \int_{-\infty}^{+\infty} |\delta| f(\delta) \mathrm{d}\delta$$

因为正态分布曲线是左右两边对称的，而且对于右半部分，随机误差的绝对值与随机误差本身的数值相等，即

$$|\delta| = \delta \quad \delta \geqslant 0$$

因此，上述积分只需对右半部分进行计算，而将结果乘以 2，同时以 δ 代替 $|\delta|$，得

$$\theta = \int_{-\infty}^{+\infty} |\delta| f(\delta) \mathrm{d}\delta$$

$$= 2\int_{0}^{+\infty} \delta f(\delta) \mathrm{d}\delta$$

$$= \frac{2}{\sigma\sqrt{2\pi}} \int_{0}^{+\infty} \delta \cdot \mathrm{e}^{-\delta^2/(2\sigma^2)} \mathrm{d}\delta$$

$$= -\frac{2\sigma}{\sqrt{2\pi}} \int_{0}^{+\infty} \mathrm{d}\mathrm{e}^{-\delta^2/(2\sigma^2)}$$

$$= -\frac{2\sigma}{\sqrt{2\pi}} \mathrm{e}^{-\delta^2/(2\sigma^2)} \Big|_{0}^{\infty}$$

$$= \sqrt{\frac{2}{\pi}}\sigma = 0.7979\sigma$$

所以

$$\theta = 0.7979\sigma \approx \frac{4}{5}\sigma$$

算术平均误差的几何意义是正态分布曲线左半或右半面积重心的横坐标。通过查正态分布积分表可知，测量值的误差不超出 $\pm\theta$ 的置信概率为 57.62%。算术平均误差这种误差形式的缺点是无法体现各次计量值之间的离散情况，因为不管离散大小，都可能有相同的平均误差。

5. 或然误差(ρ)表达形式

或然误差又称概率误差，是根据误差出现的概率来定义的。在一组测量中，若不计误差的正负号，则误差大于 ρ 的测得值与误差小于 ρ 的测得值将各占一半，ρ 便称为或然误差。如果考虑测量误差的正负号，或然误差 ρ 同样可以把带有正误差的测量值及带有负误差的测量值，按测量误差大小被 $+\rho$ 和 $-\rho$ 等分，即

$$p(|\delta \leqslant \rho|) = \frac{1}{2}$$

或

$$\int_{-\rho}^{+\rho} f(\delta) \mathrm{d}\delta = \frac{1}{2}$$

将一组 n 个测量值的残差分别取绝对值按大小依次排列，如果 n 为奇数，则取中间的测量值；如果 n 为偶数，则取最靠近中间的两个数的平均值作为或然误差，因此或然误差又称为中值误差。

或然误差与标准差有如下关系：根据或然误差的定义，有

$$\int_{-\rho}^{+\rho} f(\delta) \mathrm{d}\delta = \frac{1}{2}$$

由于正态分布具有对称性，因此

$$\int_{-\rho}^{+\rho} f(\delta) \mathrm{d}\delta = 2\int_{0}^{+\rho} f(\delta) \mathrm{d}\delta = \frac{1}{2}$$

则

$$\int_{0}^{+\rho} f(\delta) \mathrm{d}\delta = \frac{1}{4}$$

查正态分布积分表，可得

$$\frac{\rho}{\sigma} = 0.674489$$

$$\rho = 0.674489\sigma \approx \frac{2}{3}\sigma$$

根据或然误差的定义，或然误差的几何意义是在 $-\rho \sim +\rho$ 范围内，正态分布曲线与横坐标所组成的面积为总面积的一半。因此，与或然误差 $\pm\rho$ 相应的置信概率为 50%。

6. 极限误差($\delta_{\lim}$)表达形式

对于服从正态分布的随机误差常用三倍标准差作为极限误差，记为

$$\delta_{\lim} = 3\sigma \tag{2.4.19}$$

对于正态分布的随机误差，可以算出随机误差落在 $[-\sigma, +\sigma]$ 区间的概率为

$$p\{|\delta_i| \leqslant \sigma\} = \int_{-\sigma}^{\sigma} \frac{1}{\sigma \cdot \sqrt{2\pi}} \cdot \mathrm{e}^{-\frac{\delta^2}{2\sigma^2}} \cdot \mathrm{d}\sigma = 0.683$$

该结果的含义可理解为，在进行大量等精度测量时，随机误差 δ_i 落在 $[-\sigma, +\sigma]$ 区间的测量值的数目占测量总数目的 68.3%，或者说，测量落在 $[E_x - \sigma, E_x + \sigma]$ 区间（该区间在概率论中称为置信区间）内的概率（在概率论中称为置信概率）为 0.683。

同样可以求得随机误差落在 $[-3\sigma, +3\sigma]$ 区间的概率为

$$p\{|\delta_i| \leqslant 3\sigma\} = \int_{-3\sigma}^{3\sigma} \frac{1}{\sigma \cdot \sqrt{2\pi}} \cdot \mathrm{e}^{-\frac{\delta^2}{2\sigma^2}} \cdot \mathrm{d}\sigma = 0.997$$

即当测得值 x_i 的置信区间为 $[E_x - 3\sigma, E_x + 3\sigma]$ 时的置信概率为 0.997。由此可见，随机误差绝对值大于 3σ 的概率（可能性）仅为 0.003 或 0.3%，实际上出现的可能性极小，因此定义：

$$\Delta = 3\sigma \tag{2.4.20}$$

为极限误差，也称作随机不确定度。如果在测量次数较多的等精度测量中，出现了 $|\delta_i| > \Delta = 3\sigma$ 的情况（由于 $\delta_i = x_i - E_x = x_i - A$，$E_x$ 或 A 无法求得，就以 $\bar{x}$ 代替，此时随机误差 δ_i 以残差 $v_i = x_i - \bar{x}$ 代替），则必须予以仔细考虑，通常将 $|v_i| \approx |\delta_i| > 3\sigma$ 的测得值判为坏值，应予以删除。另外，按照 $|v_i| > 3\sigma$ 来判断坏值是在进行大量等精度测量、测量数据属于正态分布的前提下得出的，通常将这个原则称为莱特准则，该准则的使用比

较方便。

极限误差 $\delta_{\lim}$ 与最大绝对误差 U 是有所区别的，最大绝对误差的定义是绝对不会超过的意思，而极限误差 $\delta_{\lim}$ 的定义说明测量误差还有可能超过 $\delta_{\lim}$，只是概率很小。

7. 极差(R)表达形式

一个测量序列中的最大值与最小值之差的绝对值称为极差。记作

$$R=|x_{\max}-x_{\min}|$$

极差只用到了两个测量数据，大多数的中间信息没有利用，而且没有反映测量次数的影响。

评价一个测量序列的精度，可以用极限误差 $\delta_{\lim}$、标准偏差 σ、算术平均误差 θ、或然误差 ρ 等参数作为置信限，对同一测量序列若按置信限的大小进行排列，则有

$$\delta_{\lim}>\sigma>\theta>\rho$$

相应的置信概率为

$$99.73\%>68\%>57.62\%>50\%$$

对于不同测量序列，比较其精度时，应取相同置信概率所对应的精度参数［例如取极限误差($\delta_{\lim}$)3σ］进行比较，数值大的精度低，数值小的精度高。

2.4.5　标准偏差的计算

在精度参数 $\delta_{\lim}$、σ、θ、ρ 的计算中，标准偏差 σ 的计算是最基本的，计算出了 σ 其他精度参数也就很容易求出来了。

下面介绍几种计算标准偏差的方法。以下用 $\hat{\sigma}$ 表示标准偏差的估计值。

1. 计算 $\hat{\sigma}$ 的极差法

极差法的计算公式如下：

$$\hat{\sigma}=\frac{R}{d}=\frac{|x_{\max}-x_{\min}|}{d}$$

其中 d 为转换因子，它随测量次数 n 不同而异。这种计算方法因为有现成数据表（表2.4.1)可查，因此十分简单。

极 差 系 数 表 表 2.4.1

n	2	3	4	5	6	7	8	9	10
d	1.14	1.91	2.24	2.48	2.67	2.83	2.96	3.08	3.19

2. 标准偏差 σ 的极大似然估计

已知 σ^2 的极大似然估计为

$$\hat{\sigma}=\frac{1}{n}\sum_{i=1}^{n}(x_i-\bar{x})^2=\frac{1}{n}\sum_{i=1}^{n}v_i^2$$

根据极大似然法的性质 $\hat{\sigma}=\sqrt{\hat{\sigma}^2}$，标准偏差 σ 的极大似然估计为

$$\hat{\sigma}=\sqrt{\hat{\sigma}^2}=\sqrt{\frac{1}{n}\sum_{i=1}^{n}(x_i-\bar{x})^2}=\sqrt{\frac{1}{n}\sum_{i=1}^{n}v_i^2}$$

可以证明标准偏差的极大似然估计是有偏估计。

3. 用贝塞尔公式计算

根据概率论，已知样本方差为

$$S_\sigma^2 = \frac{1}{n-1}\sum_{i=1}^{n}(x_i - \overline{x})^2 = \frac{1}{n-1}\sum_{i=1}^{n}v_i^2$$

若用样本的标准偏差 S_σ 作为标准偏差 σ 的估计，则有

$$\hat{\sigma} = S_\sigma = \sqrt{\frac{1}{n-1}\sum_{i=1}^{n}(x_i - \overline{x})^2} = \sqrt{\frac{1}{n-1}\sum_{i=1}^{n}v_i^2} \qquad (2.4.21)$$

式中 $n>1$ 。

这就是著名的且非常具有实用价值的贝塞尔（Bessel）公式，在计算标准偏差时经常应用。尽管样本方差 S_σ^2 是标准偏差平方 σ^2 的无偏估计，即 $E(S_\sigma^2)=\sigma^2$，但是样本的标准偏差 S_σ 不是标准偏差 σ 的无偏估计，因为 $E(S_\sigma)\neq\sigma$。

当 $n=1$ 时，式(2.4.21) $x_i=x_1$，$\overline{x}=x_1$ 故有

$$\hat{\sigma} = \sqrt{\frac{(x_1-x_1)^2}{1-1}} = \frac{0}{0}$$

不定。说明对某一量仅测量一次，其标准差 $\hat{\sigma}$ 是无法用贝塞尔公式确定的。这也说明贝塞尔公式只有 $n>1$ 才有意义。但若测量前，已知测量仪器的标准差 $\hat{\sigma}$，且这次测量条件和确定测量仪器标准差时的测量条件相近，则使用该仪器做一次测量也就知道其标准差为 $\hat{\sigma}$ 了。如测前不知道，就必须用统计的方法定出 $\hat{\sigma}$，初定 $\hat{\sigma}$ 时，测量次数最好不小于 6。标准差的最佳估计值还可以用下式求出

$$\hat{\sigma} = \sqrt{\frac{1}{n-1}\left[\sum_{i=1}^{n}x_i^2 - n\overline{x}^2\right]}$$

这是贝塞尔公式的另一种表达形式。$\hat{\sigma}$ 有时简称标准差估计值。

4. 标准偏差 σ 的无偏估计

标准偏差 σ 的无偏估计是

$$\hat{\sigma}' = \sqrt{\frac{n-1}{2}}\frac{\Gamma\left(\dfrac{n-1}{2}\right)}{\Gamma\left(\dfrac{n}{2}\right)}S_\sigma$$

令

$$k_\sigma = \sqrt{\frac{n-1}{2}}\frac{\Gamma\left(\dfrac{n-1}{2}\right)}{\Gamma\left(\dfrac{n}{2}\right)}$$

则

$$\hat{\sigma}' = k_\sigma\hat{\sigma}$$

根据贝塞尔公式求得的 $\hat{\sigma}$，乘以修正系数 k_σ，即可得到标准偏差 σ 的无偏估计。

2.4.6 算术平均值的标准差 $\sigma_{\overline{x}}$ 和标准差的标准差 σ_σ

1. 算术平均值的标准差 $\sigma_{\overline{x}}$

算术平均值的标准差 $\sigma_{\overline{x}}$ 在多次测量的测量列中，是以算术平均值作为测量结果的，因此必须进一步研究算术平均值精度的评定标准。

如果在相同条件下对同一量值作多组重复的等精度测量，则每组测量列都有一个算术平均值。由于随机误差的存在，各个测量列的算术平均值也不相同，它们围绕着被测量的

真值有一定的分散性。这种分散性说明了算术平均值的不可靠性，而算术平均值的标准差 $\sigma_{\bar{x}}$ 则是表征同一被测量的各个独立测量列算术平均值分散性的参数，可以作为算术平均值精度的评定标准。

已知算术平均值 $\bar{x}$ 为

$$\bar{x} = \frac{x_1 + x_2 + \cdots + x_n}{n} \qquad (2.4.22)$$

测量列的各个测得值是服从相同正态分布的随机变量，因此随机变量 $\bar{x}$ 的分布就是 n 个正态分布的合成。根据概率论原理可知，正态分布和的分布仍为正态分布，且其方差为各正态分布的方差和。

对式(2.4.22)取方差，有

$$D(\bar{x}) = \frac{1}{n^2}[D(x_1) + D(x_2) + \cdots + D(x_n)]$$

且

$$D(x_1) = D(x_2) = \cdots D(x_n) = \sigma^2$$

因此

$$D(\bar{x}) = \frac{1}{n^2}(n\sigma^2) = \frac{\sigma^2}{n}$$

即

$$\sigma_{\bar{x}} = \frac{\sigma}{\sqrt{n}} = \sqrt{\frac{1}{n(n-1)}\sum_{i=1}^{n}v_i^2}$$

根据以上分析，可以得出两点结论：

1) 在 n 次测量的等精度测量列中，算术平均值的标准差为单次测量标准差的 $1/\sqrt{n}$ 倍。测量次数越大，算术平均值越接近被测量的真值，测量精度也越高。

2) n 次重复测量的算术平均值服从以真值为中心，以 δ^2/n 为方差的正态分布，因此算术平均值 $\bar{x}$ 的分布范围是单次测量测得值 x_i 的分布范围的 $1/\sqrt{n}$，即其测量精度提高了 $\sqrt{n}$ 倍。

可以证明，在一般情况下，测量次数 n 等于 10 或 12 就足够了。要提高测量结果 $\sigma_{\bar{x}}$ 的精密度，不能单靠无限地增加测量次数，而应在增加测量次数的同时，减小标准偏差，也就是说要改善测量方法，采用精度较高的仪表。

2. 标准差的标准差 σ_σ

当测量次数 n 有限，并用贝赛尔公式对标准偏差进行估计时，其估计量 $\hat{\sigma}$ 本身也是一个随机变量。因此，对于估计量 $\hat{\sigma}$ 同样也存在一个估计的精度。我们同样可以用估计量 $\hat{\sigma}$ 的标准偏差 σ_σ 来表征估计量 $\hat{\sigma}$ 的精密度，即

$$\sigma_\sigma = \frac{\sigma}{\sqrt{2n}}$$

或者

$$\sigma_\sigma = \frac{\sigma}{\sqrt{2(n-1)}}$$

当 $n=8$ 时，

$$\sigma_\sigma = \frac{\sigma}{\sqrt{2n}} = \frac{1}{4}\sigma$$

当 $n=100$ 时，

$$\sigma_\sigma = \frac{\sigma}{\sqrt{2n}} \approx \frac{1}{14}\sigma$$

由上述计算可以得出两个结论：

1) 当 n 较大时，所求出的标准差比 n 较小时求出的更可靠。这是因为 n 大，σ_σ 小，说明估计值 $\hat{\sigma}$ 密集在标准偏差周围的比较多。

2) 总的来说，估计值 $\hat{\sigma}$ 并不精密，因此，用贝赛尔公式求出的标准偏差的有效数字最多取两位。

2.4.7　有限次测量结果的表达

如果在相同条件下对同一被测量分成 m 组，每组重复 n 次，则每组测得值都有一个平均值 $\bar{x}$。由于随机误差的存在，这些算术平均值也不相同，而是围绕真值有一定的分散性，即算术平均值与真值之间也存在着随机误差。我们用 $\sigma_{\bar{x}}$ 来表示算术平均值的标准差，由概率论中方差运算法则可以求出 $\sigma_{\bar{x}} = \sigma/\sqrt{n}$。

同样定义 $\Delta_{\bar{x}} = 3\sigma_{\bar{x}}$ 为算术平均值的极限误差，$\bar{x}$ 与真值间的误差超过这一范围的概率极小，因此，测量结果可以表示为

$$
\begin{aligned}
x &= 算术平均值 \pm 算术平均值的极限误差 \\
&= \bar{x} \pm \Delta_{\bar{x}} \\
&= \bar{x} \pm 3\sigma_{\bar{x}}
\end{aligned}
$$

在有限次测量中，以 $\hat{\sigma}_{\bar{x}}$ 表示算术平均值标准差的最佳估值，有

$$\hat{\sigma}_{\bar{x}} = \hat{\sigma}/\sqrt{n} \tag{2.4.23}$$

因为实际测量中 n 只能是有限值，所以有时就将 $\hat{\sigma}$ 和 $\hat{\sigma}_{\bar{x}}$ 叫做测量值的标准差和测量平均值的标准差，从而将式(2.4.21)和式(2.4.23)直接写成

$$\sigma = \sqrt{\frac{1}{n-1}\sum_{i=1}^{n}v_i^2} \tag{2.4.24}$$

$$\sigma_{\bar{x}} = \sigma/\sqrt{n} \tag{2.4.25}$$

由于实际上只可能做到有限次等精度测量，因而我们分别用式(2.4.24)和式(2.4.25)来计算测得值的标准差和算术平均值的标准差，如前所述，实际上是两种标准差的最佳估值。由式(2.4.25)可以看到，算术平均值的标准差随测量次数 n 的增大而减小，但减小速度要比 n 的增长慢得多，即仅靠单纯增加测量次数来减小标准差收益不大，因而实际测量中 n 的取值并不很大，一般在 $10\sim20$ 之间。

对于精密测量，常需进行多次等精度测量，在基本消除系统误差并从测量结果中剔除坏值后，测量结果的处理可按下述步骤进行：

(1) 列出测量数据表；

(2) 计算算术平均值 $\bar{x}$，残差 v_i 及 v_i^2；

(3) 按式(2.4.24)、式(2.4.25)计算 σ 和 $\sigma_{\bar{x}}$；

(4) 给出最终测量结果表达式：

$$x = \bar{x} \pm 3\sigma_{\bar{x}}$$

【例 2.4.1】　用温度表对某一温度测量 10 次，设已消除系统误差及粗大误差，测得数据及有关计算值参见表 2.4.2，试给出最终测量结果表达式。

测量数据及数据处理表　　　　　　　　表 2.4.2

n	x_i(℃)	$v_i = x_i - \bar{x}$	v_i^2
1	75.01	−0.035	0.001225
2	75.04	−0.005	0.000025
3	75.07	+0.025	0.00625
4	75.00	−0.045	0.002025
5	75.03	−0.015	0.00225
6	75.09	+0.045	0.002025
7	75.06	−0.015	0.00225
8	75.02	−0.025	0.00625
9	75.08	+0.035	0.01225
10	75.05	+0.005	0.00025
计算值	$\bar{x} = 75.04$	$\Sigma v_i = 0$	$\Sigma v_i^2 = 0.00825$

【解】

计算得到 $\Sigma v_i = 0$，表示 $\bar{x}$ 的计算正确。进一步计算得到：

$$\sigma = \sqrt{\frac{1}{n-1}\sum_{i=1}^{n} v_i^2} = \sqrt{\frac{1}{10-1}\sum_{i=1}^{10} v_i^2} \approx 0.030$$

$$\sigma_{\bar{x}} = \sigma/\sqrt{n} = 0.030/\sqrt{10} \approx 9.5 \times 10^{-3}$$

因此该温度的最终测量结果为

$$x = 75.04 \pm 0.028℃$$

2.5　系 统 误 差 分 析

根据系统误差在多次等精度测量同一恒定量值时，其误差的绝对值和符号保持不变，或当条件改变时，其误差按某种规律变化的特点，使得判断系统误差、找出系统误差产生的根源、采取措施消弱系统误差的影响成为可能。

2.5.1　系统误差的特性

排除粗差后，测量误差等于随机误差 δ_i 和系统误差 ε_i 的代数和

$$\Delta x_i = \varepsilon_i + \delta_i = x_i - A \tag{2.5.1}$$

假设进行 n 次等精度测量，并设系差为恒值系差或变化非常缓慢，即 $\varepsilon_i = \varepsilon$，则 Δx_i 的算术平均值为

$$\frac{1}{n}\sum_{i=1}^{n} \Delta x_i = \bar{x} - A = \varepsilon + \frac{1}{n}\sum_{i=1}^{n} \delta_i \tag{2.5.2}$$

当 n 足够大时，由于随机误差的抵偿性，δ_i 的算术平均值趋于零，于是由式(2.5.2)得到

$$\varepsilon = \bar{x} - A = \frac{1}{n}\sum_{i=1}^{n} \Delta x_i \tag{2.5.3}$$

可见当系差与随机误差同时存在时，若测量次数足够多，则各次测量绝对误差的算术

平均值等于系差 ε。这说明测量结果的准确度不仅与随机误差有关，更与系统误差有关。由于系差不易被发现，所以更需重视，由于它不具备抵偿性，所以取平均值对它无效，又由于系差产生的原因复杂，因此处理起来比随机误差还要困难。消弱或消除系差的影响，必须仔细分析其产生的原因，根据所研究问题的特殊规律，依赖测量者的学识、经验，采取不同的处理方法。

2.5.2　系统误差的判断

实际测量中产生系统误差的原因多种多样，系统误差的表现形式也不尽相同，但仍有一些办法可用来发现和判断系统误差。

1. 理论分析法

凡属由于测量方法或测量原理引入的系差，不难通过对测量方法的定性定量分析发现系差，甚至计算出系差的大小。例 1.2.1 中用内阻不高的电压表测量高内阻电源电压就是一例。

2. 校准和比对法

当怀疑测量结果可能会有系差时，可用准确度更高的测量仪器进行重复测量以发现系差。测量仪器定期进行校准或检定并在检定证书中给出修正值，目的就是发现和减小使用被检仪器进行测量时的系统误差。

也可以采用多台同型号仪器进行比对，观察比对结果以发现系差，但这种方法通常不能察觉和衡量理论误差。

3. 改变测量条件法

系差常与测量条件有关，如果能改变测量条件，比如更换测量人员、测量环境、测量方法等，根据对分组测量数据的比较，有可能发现系差。

上述 2、3 两种方法都属于实验对比法，一般用来发现恒值系差。

4. 剩余误差观察法

剩余误差观察法是根据测量数据数列各个剩余误差的大小、符号的变化规律，以判断有无系差及系差类型。

为了直观表达，通常将剩余误差制成曲线，如图 2.5.1 所示，其中图 (a) 表示剩余误差 v_i 大体上正负相同，无明显变化规律，可以认为不存在系差；图 (b) 呈现线性递增规律，可认为存在累进性系差；图 (c) 中 v_i 大小和符号大体呈现周期性，可认为存在周期性系差；图 (d) 变化规律复杂，大体上可认为同时存在线性递增的累进性系统误差和周期性系统误差。剩余误差法主要用来发现变值系统误差。

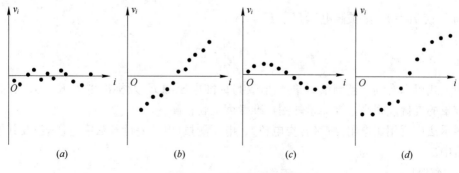

图 2.5.1　系统误差的判断

2.5.3　消除系统误差产生的根源

产生系统误差的原因很多，如果能找出并消除产生系差的根源或采取措施防止其影响，那将是解决问题最根本的办法。要减小系统误差请注意以下几个方面。

1）采用的测量方法和依据的原理正确，后面我们将专门讨论能有效消弱系统误差的测量技术与方法。

2）选用的仪器仪表类型正确，准确度满足测量要求。

3）测量仪器应定期检定、校准，测量前要正确调节零点，应按操作规程正确使用仪器。尤其对于精密测量，测量环境的影响不能忽视，必要时应采取稳压、恒温、电磁屏蔽等措施。

4）条件许可时，可尽量采用数字显示仪器代替指针式仪器，以减小由于刻度不准及分辨力不高等因素带来的系统误差。

5）提高测量人员的学识水平、操作技能，去除一些不良习惯，尽量消除带来系统误差的主观原因。

2.5.4　消弱系统误差的典型测量技术

1. 零示法

零示法是在测量中，把待测量与已知标准量相比较，当二者的效应互相抵消时，零示器示值为零，此时已知标准量的数值就是被测量的数值。零示法原理如图 2.5.2 所示，图中 X 为被测量，S 为同类可调节已知标准量，P 为零示器。零示器的种类有光电检流计、电流表、电压表等，只要零示器的灵敏度足够高，测量的准确度基本上等于标准量的准确度，而与零示器的准确度无关，从而可消除由于零示器不准所带来的系统误差。

电位差计是采用零示法的典型例子，图 2.5.3 是电位差计的原理图。其中 E_s 为标准电压源，R_s 为标准电阻，U_x 为待测电压，P 为零示器，一般用检流计。

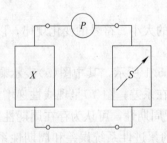

图 2.5.2　零示法原理图

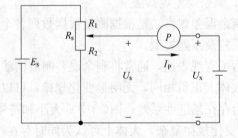

图 2.5.3　电位差计原理图

调 R_s 使 $I_P = 0$，则被测电压 $U_x = U_s$，即

$$U_x = \frac{R_2}{R_s} \cdot E_s$$

由上式可以看到，被测量 U_x 的数值仅与标准电压源 E_s 及标准电阻 R_2、R_s 有关，只要标准量的准确度很高，被测量的测量准确度也就很高。

零示法广泛用于电阻测量（各类电桥）、电压测量（电位差计及数字电压表）及其他参数的测量中。

2. 替代法

替代法又称置换法。它是在测量条件不变的情况下，用一标准已知量去替代待测量，通过调整标准量而使仪器的示值不变，于是标准量的值即等于被测量值。由于替代前后整个测量系统及仪器示值均未改变，因此测量中的恒定系差对测量结果不产生影响，测量准确度主要取决于标准已知量的准确度及指示器灵敏度。

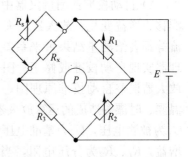

图 2.5.4　替代法测量电阻

图 2.5.4 是替代法在精密电阻电桥中的应用实例。首先接入未知电阻 R_x 调节电桥使之平衡，此时有

$$R_x = R_1 \cdot R_3 / R_2$$

由于 R_1、R_2、R_3 都有误差，若利用它们的标称值来计算 R_x，则 R_x 也带有误差，即

$$R_s + \Delta R_s = (R_1 + \Delta R_1)(R_3 + \Delta R_3)/(R_2 + \Delta R_2) \tag{2.5.4}$$

进一步计算，得到

$$\frac{\Delta R_x}{R_x} \approx \frac{\Delta R_1}{R_1} + \frac{\Delta R_3}{R_3} - \frac{\Delta R_2}{R_2}$$

为了消除上述误差，现用可变标准电阻 R_s 代替 R_x，并在保持 R_1、R_2、R_3 不变的情形下通过调节 R_s 使电桥重新平衡，因而得到

$$R_s + \Delta R_s = (R_1 + \Delta R_1)(R_3 + \Delta R_3)/(R_2 + \Delta R_2) \tag{2.5.5}$$

比较式(2.5.4)、式(2.5.5)，得到

$$R_x + \Delta R_x = R_s + \Delta R_s$$

可见测量误差 ΔR_x 仅决定于标准电阻的误差 ΔR_s，而与 R_1、R_2、R_3 的误差无关。

上面介绍的几种测试技术，主要用来消弱恒定系差。关于累进性系差和同期性系差的消除技术，可参考有关资料。

2.5.5　消弱系统误差的其他方法

1. 利用修正值或修正因数加以消除

根据测量仪器检定书中给出的校正曲线、校正数据或利用说明书中的校正公式对测得值进行修正，是实际测量中常用的办法，这种方法原则上适用于任何形式的系差。

2. 随机化处理

所谓随机化处理，是指利用同一类型测量仪器的系统误差具有随机特性的特点，对同一被测量用多台仪器进行测量，取各台仪器测量值的平均值作为测量结果。通常这种方法并不多用，首先费时较多，其次需要多台同类型仪器，这往往是做不到的。

3. 智能仪器中系统误差的消除

在智能仪器中，可利用微处理器的计算控制功能，消弱或消除仪器的系统误差。利用微处理器消弱系差的方法很多，下面介绍两种常用的方法。

1) 直流零位校准：这种方法的原理和实现都比较简单，首先测量输入端短路时的直流零电压（输入端直流短路时的输出电压），并将测得的数据存贮到校准数据存贮器中，而后进行实际测量，并将测得值与存贮的直流零电压数值相减，从而得到测量结果。这种方法在数字表中得到广泛应用。

2) 自动校准：测量仪器中模拟电路部分的漂移、增益变化、放大器的失调电压和失调电流等都会给测量结果带来系差，可以利用微处理器实现自动校准或修正。图 2.5.5 是一运算放大器误差自动校准原理图。图中 ε 表示由于温漂、时漂等造成的运算放大器等效失调电压，U_x 为被测电压，U_s 为基准电压，A_0 为运放开环增益，R_1、R_2 为分压电阻，当开关 K 接于 U_x 处时，运放输出

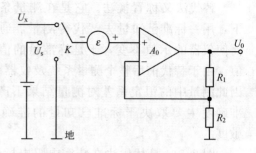

图 2.5.5　运放的自动校准原理

$$U_0 = A_0 \left[(U_x + \varepsilon) - U_0 \frac{R_2}{R_1 + R_2} \right] \tag{2.5.6}$$

设 $P = (R_1 + R_2)/R_2$，上式得

$$U_0 = \frac{P \cdot U_x}{1 + P/A_0} + \frac{P \cdot \varepsilon}{1 + P/A_0} \tag{2.5.7}$$

若想得到理想稳定的闭环放大倍数，比如 1(或 10)，必须使 $P = 1$(或 $P = 10$)以及 $\varepsilon \to 0$ 和 $A_0 \to \infty$。实际上 $A_0 \to \infty$ 不可能做到，而由于温漂等因素，$\varepsilon \to 0$ 和 P 始终保持 1(或始终保持 10)也难以实现。此时，可以利用微处理器软件实现定时修正：通过程序控制输入端开关依次接通 U_x、U_s 和地，分别得到输出电压 U_{ox}、U_{os}、U_{oz} 并加以存贮。

$$U_{ox} = \frac{P \cdot U_x}{1 + P/A_0} + \frac{P \cdot \varepsilon}{1 + P/A_0} \tag{2.5.8}$$

$$U_{os} = \frac{P \cdot U_s}{1 + P/A_0} + \frac{P \cdot \varepsilon}{1 + P/A_0} \tag{2.5.9}$$

$$U_{oz} = \frac{P \cdot \varepsilon}{1 + P/A_0} \tag{2.5.10}$$

由上述三式得到

$$U_x = \frac{U_{ox} - U_{oz}}{U_{os} - U_{oz}} \cdot U_s \tag{2.5.11}$$

这就是最后结果，与式(2.5.7)相比，式(2.5.11)中不含 P、ε、A_0 等，因而就不会受这些因素变化的影响而带来误差。

2.6　间接测量的误差传递与分配

　　间接测量是利用直接测量的量与被测量之间的函数关系间接得到被测量的量值的测量方法。掌握间接测量的误差传递规律，在设计测量系统时，合理地分配间接测量的误差，有利于保证整个测量系统满足测量精度要求。

2.6.1　间接测量的误差传递

　　在间接测量时，例如测量导线电阻率 ρ，需首先测量导线电阻 R，导线长度 l，和导线直径 d，然后按公式 $\rho = \dfrac{4l}{\pi d^2 R}$ 计算出 ρ。式中 R，l，d 为直接测量量，ρ 为间接测量量。又如测量供热量时，供热量 $Q = G(T_1 - T_2)$，G、T_1、T_2 为直接测量量，Q 为间接测量

量。在已知每一个直接测量量误差的情况下，怎样求间接测量量的误差，就是误差传递中要解决的问题。

1. 间接测量的绝对误差

通常，间接测量量 y 与直接测量量 x_1，x_2，$\cdots$，x_n 有如下关系

$$y=f(x_1,\ x_2,\ \cdots,\ x_n)=f(x_i) \tag{2.6.1}$$

令 Δx_i 为 x_i 的误差，Δy 为 y 的误差，则

$$y+\Delta y=f(x_1+\Delta x_1,\ x_2+\Delta x_2,\ \ldots,\ x_n+\Delta x_n)$$

将上式按泰勒(Taylor)级数展开得

$$y+\Delta y=f(x_1,\ x_2,\ \cdots,\ x_n)+\frac{\partial y}{\partial x_1}\Delta x_1+\frac{\partial y}{\partial x_2}\Delta x_2+\cdots+\frac{\partial y}{\partial x_n}\Delta x_n+\rho(\Delta x_1,\ \Delta x_2,\ \cdots,\ \Delta x_n)$$

略去高阶项，就能够得到间接测量的绝对误差：

$$\Delta y=\frac{\partial y}{\partial x_1}\Delta x_1+\frac{\partial y}{\partial x_2}\Delta x_2+\cdots+\frac{\partial y}{\partial x_n}\Delta x_n$$

$$=\sum_{i=1}^{n}\frac{\partial y}{\partial x_i}\Delta x_i \tag{2.6.2}$$

也可以通过对式(2.6.1)取全微分来得到间接测量的绝对误差公式：

$$\mathrm{d}y=\frac{\partial f}{\partial x_1}\mathrm{d}x_1+\frac{\partial f}{\partial x_2}\mathrm{d}x_2+\cdots+\frac{\partial f}{\partial x_n}\mathrm{d}x_n$$

若已知各个直接测量值的误差为 Δx_i，由于这些误差值都比较小，可以用各直接测量量 x_i 的误差 Δx_i 来代替 $\mathrm{d}x_i$，也可得到间接测量的绝对误差：

$$\Delta y=\frac{\partial y}{\partial x_1}\Delta x_1+\frac{\partial y}{\partial x_2}\Delta x_2+\cdots+\frac{\partial y}{\partial x_n}\Delta x_n=\sum_{i=1}^{n}\frac{\partial y}{\partial x_i}\Delta x_i$$

上式也称为间接测量误差传递公式，式中 $\partial y/\partial x_i(i=1,\ 2,\ \cdots,\ n)$ 为误差传递系数。

2. 间接测量的相对误差

利用间接测量的绝对误差的计算公式可得间接测量的相对误差：

$$\frac{\Delta y}{y}=\sum_{i=1}^{n}\frac{\partial y}{\partial x_i}\cdot\frac{\Delta x_i}{y} \tag{2.6.3}$$

3. 间接测量的标准差

标准差是随机误差常用的一种误差表示方法，设 $y=f(x_1,\ x_2,\ \cdots,\ x_n)=f(x_i)$ 中的 x_i 只含有随机误差，并分别对各直接测量量 x_i 进行 m 次等精度测量，结果有

$$y_1=f(x_{11},\ x_{21},\ \cdots,\ x_{n1})$$
$$y_2=f(x_{12},\ x_{22},\ \cdots,\ x_{n2})$$
$$\vdots$$
$$y_m=f(x_{1m},\ x_{2m},\ \cdots,\ x_{nm})$$

令 Δx_{ik} 为 x_{ik} 的误差，Δy_k 为 y_k 的误差，则对于第 k 次测量有

$$y_k+\Delta y_k=f(x_{1k}+\Delta x_{1k},\ x_{2k}+\Delta x_{2k},\ \cdots,\ x_{nk}+\Delta x_{nk})$$

将上式按泰勒级数展开并略去高阶项，可得

$$\Delta y_k=\frac{\partial y}{\partial x_1}\Delta x_{1k}+\frac{\partial y}{\partial x_2}\Delta x_{2k}+\cdots+\frac{\partial y}{\partial x_n}\Delta x_{nk}=\sum_{i=1}^{n}\frac{\partial y}{\partial x_i}\Delta x_{ik}$$

将上式两边取平方，得

$$(\Delta y_k)^2 = \left(\frac{\partial y}{\partial x_1}\Delta x_{1k} + \frac{\partial y}{\partial x_2}\Delta x_{2k} + \cdots + \frac{\partial y}{\partial x_n}\Delta x_{nk}\right)^2$$

$$= \sum_{i=1}^{n}\left(\frac{\partial y}{\partial x_i}\right)^2 (\Delta x_{ik})^2 + 2\sum_{1\leqslant i<j}^{n}\left(\frac{\partial f}{\partial x_i}\cdot\frac{\partial f}{\partial x_j}\Delta x_{ik}\Delta x_{jk}\right)$$

将 m 次测量得到的上述处理结果相加，得

$$\sum_{k=1}^{m}(\Delta y_k)^2 = \sum_{k=1}^{m}\sum_{i=1}^{n}\left(\frac{\partial f}{\partial x_i}\right)^2(\Delta x_{ik})^2 + 2\sum_{k=1}^{m}\sum_{1\leqslant i<j}^{n}\left(\frac{\partial f}{\partial x_i}\cdot\frac{\partial f}{\partial x_j}\Delta x_{ik}\Delta x_{jk}\right)$$

将上式两边各项除以 m，得

$$\frac{1}{m}\sum_{k=1}^{m}(\Delta y_k)^2 = \frac{1}{m}\sum_{k=1}^{m}\sum_{i=1}^{n}\left(\frac{\partial f}{\partial x_i}\right)^2(\Delta x_{ik})^2 + \frac{2}{m}\sum_{k=1}^{m}\sum_{1\leqslant i<j}^{n}\left(\frac{\partial f}{\partial x_i}\cdot\frac{\partial f}{\partial x_j}\Delta x_{ik}\Delta x_{jk}\right)$$

$$= \sum_{i=1}^{n}\left(\frac{\partial f}{\partial x_i}\right)^2\left(\frac{1}{m}\sum_{k=1}^{m}(\Delta x_{ik})^2\right) + 2\sum_{1\leqslant i<j}^{n}\left[\frac{\partial f}{\partial x_i}\cdot\frac{\partial f}{\partial x_j}\frac{\sum_{k=1}^{m}\Delta x_{ik}\Delta x_{jk}}{m}\right]$$

根据标准差的定义，有

$$\sigma_y = \sqrt{\frac{1}{m}\sum_{k=1}^{m}(\Delta y_k)^2}$$

$$\sigma_{x_i} = \sqrt{\frac{1}{m}\sum_{k=1}^{m}(\Delta x_{ik})^2}$$

代入上式得

$$\sigma_y{}^2 = \sum_{i=1}^{n}\left(\frac{\partial f}{\partial x_i}\right)^2\sigma_{x_i}^2 + 2\sum_{1\leqslant i<j}^{n}\left[\frac{\partial f}{\partial x_i}\cdot\frac{\partial f}{\partial x_j}\frac{\sum_{k=1}^{m}\Delta x_{ik}\Delta x_{jk}}{m}\right] \tag{2.6.4}$$

当 m 足够大时，$\sum_{k=1}^{m}\Delta x_{ik}\Delta x_{jk}/m$ 就是随机变量 x_i 和 x_j 的协方差。写成一般形式，即

$$\frac{\sum_{k=1}^{m}\Delta x_{ik}\Delta x_{jk}}{m} \approx E\{[x_i - E(x_i)][x_j - E(x_j)]\} = \mathrm{cov}(x_i, x_j)$$

定义相关系数为

$$\rho_{ij} = \frac{\mathrm{cov}(x_i,\ x_j)}{\sigma_{x_i}\sigma_{y_j}}$$

代入式(2.6.4)，有

$$\sigma_y{}^2 = \sum_{i=1}^{n}\left(\frac{\partial f}{\partial x_i}\right)^2\sigma_{x_i}^2 + 2\sum_{1\leqslant i<j}^{n}\left[\frac{\partial f}{\partial x_i}\cdot\frac{\partial f}{\partial x_j}\rho_{ij}\sigma_{x_i}\sigma_{x_j}\right]$$

若各测量值的随机误差是相互独立的，且当 m 足够大时，相关系数应该为零，得到间接测量的标准差计算公式：

$$\sigma_y^2 = \sum_{i=1}^{n}\left(\frac{\partial f}{\partial x_i}\right)^2\sigma_{x_i}^2$$

即

$$\sigma_y = \sqrt{\sum_{i=1}^{n}\left(\frac{\partial f}{\partial x_i}\right)^2\sigma_{x_i}^2} \tag{2.6.5}$$

上式也称为间接测量的标准差的传递公式。同样，$\partial y/\partial x_i$ 也称为标准差的传递系数。

4. 间接测量的误差传递公式

如果对各直接测量量 x_1，x_2，$\cdots$，x_n 各进行了 m 次等精度测量，可以求出 x_1，x_2，$\cdots$，x_n 的 n 个标准差的最佳估值 $\hat{\sigma}_{x_1}$，$\hat{\sigma}_{x_2}$，$\cdots$，$\hat{\sigma}_{x_n}$，通过式(2.6.5)可以求出间接测量量 y 的标准差的最佳估值 $\hat{\sigma}_y$ 为

$$\hat{\sigma}_y = \sqrt{\left(\frac{\partial f}{\partial x_1}\right)^2 \hat{\sigma}_{x_1}^2 + \left(\frac{\partial f}{\partial x_2}\right)^2 \hat{\sigma}_{x_2}^2 + \cdots + \left(\frac{\partial f}{\partial x_n}\right)^2 \hat{\sigma}_{x_n}^2} \tag{2.6.6}$$

取 y 的极限误差 $\Delta y = 3\hat{\sigma}_y$，有

绝对误差形式表示

$$\Delta y = 3\hat{\sigma}_y = 3\sqrt{\left(\frac{\partial f}{\partial x_1}\right)^2 \hat{\sigma}_{x_1}^2 + \left(\frac{\partial f}{\partial x_2}\right)^2 \hat{\sigma}_{x_2}^2 + \cdots + \left(\frac{\partial f}{\partial x_n}\right)^2 \hat{\sigma}_{x_n}^2}$$

$$= \sqrt{\left(\frac{\partial f}{\partial x_1}\right)^2 (3\hat{\sigma}_{x_1})^2 + \left(\frac{\partial f}{\partial x_2}\right)^2 (3\hat{\sigma}_{x_2})^2 + \cdots + \left(\frac{\partial f}{\partial x_n}\right)^2 (3\hat{\sigma}_{x_n})^2} \tag{2.6.7}$$

相对误差形式表示

$$\frac{\Delta y}{y} = \sqrt{\left(\frac{\partial f}{\partial x_1}\right)^2 \left(\frac{3\hat{\sigma}_{x_1}}{y}\right)^2 + \left(\frac{\partial f}{\partial x_2}\right)^2 \left(\frac{3\hat{\sigma}_{x_2}}{y}\right)^2 + \cdots + \left(\frac{\partial f}{\partial x_n}\right)^2 \left(\frac{3\hat{\sigma}_{x_n}}{y}\right)^2} \tag{2.6.8}$$

上式为对直接测量量进行等精度多次测量时，求间接测量量的误差传递公式。

2.6.2　常用函数的误差传递

1. 和差函数的误差传递

设

$$y = x_1 \pm x_2$$
$$y + \Delta y = (x_1 + \Delta x_1) \pm (x_2 + \Delta x_2)$$

两式相减得绝对误差

$$\Delta y = \Delta x_1 \pm \Delta x_2$$

当 Δx_1、Δx_2 符号不能确定时，有

$$\Delta y = \pm(|\Delta x_1| + |\Delta x_2|)$$

相对误差

$$\gamma_y = \frac{\Delta y}{y} = \frac{\Delta x_1 \pm \Delta x_2}{x_1 \pm x_2}$$

或者写成

$$\gamma_y = \frac{\Delta x_1 \cdot x_1}{(x_1 \pm x_2)x_1} \pm \frac{\Delta x_2 \cdot x_2}{(x_1 \pm x_2)x_2}$$

$$= \frac{x_1}{x_1 \pm x_2}\gamma_{x1} \pm \frac{x_2}{x_1 \pm x_2}\gamma_{x2} \tag{2.6.9}$$

对于和函数，由式(2.6.9)得

$$\gamma_y = \pm\left(\frac{x_1}{x_1 + x_2}|\gamma_{x1}| + \frac{x_2}{x_1 + x_2}|\gamma_{x2}|\right) \tag{2.6.10}$$

对于差函数

$$\gamma_y = \pm\left(\frac{x_1}{x_1 - x_2}|\gamma_{x1}| + \frac{x_2}{x_1 - x_2}|\gamma_{x2}|\right) \tag{2.6.11}$$

由式(2.6.11)可见，对于差函数，当测得值 x_1、x_2 较接近时，可能造成较大的误差，

见例 2.6.2。

【例 2.6.1】　已知，电阻 $R_1 = 1\text{k}\Omega$，$R_2 = 2\text{k}\Omega$，相对误差均为 $\pm 5\%$，求串联后总的相对误差。

【解】　串联后电阻

$$R = R_1 + R_2$$

由式(2.6.10)得串联后电阻的相对误差

$$\gamma_R = \pm \left(\frac{R_1}{R_1 + R_2} |\gamma_{R_1}| + \frac{R_2}{R_1 + R_2} |\gamma_{R_2}| \right)$$

$$= \pm \left(\frac{1}{3} \times 5\% + \frac{2}{3} \times 5\% \right)$$

$$= \pm 5\%$$

可见相对误差相同的电阻串联后总电阻的相对误差与单个电阻相同。

【例 2.6.2】　用温度表测量散热器进、出口水温差。温度表满量程为 100℃，准确度为 $\pm 1\%$，测得进口水温 T_1 为 65℃、出口水温 T_2 为 60℃，试计算温差 $T = T_1 - T_2$ 的相对误差。

【解】　温度表的最大绝对误差为 $\pm 1\% \times 100℃ = \pm 1℃$

进口水温 T_1 的最大相对误差为 $\pm 1℃/65℃ \approx \pm 1.5\%$

出口水温 T_2 的最大相对误差为 $\pm 1℃/60℃ \approx \pm 1.7\%$

由式(2.6.11)，温差 $T = T_1 - T_2$ 的相对误差为：

$$\pm \left(\frac{65}{65-60} |\pm 1.5\%| + \frac{60}{65-60} |\pm 1.7\%| \right) = \pm 39.9\%$$

虽然所用温度表的准确度为 $\pm 1\%$，但最终测量结果的相对误差却很大，这是由于 T_1、T_2 比较接近的缘故，应改变测量方法，选择合适的温差表直接测量温差。

2. 积函数的误差传递

设 $y = x_1 \cdot x_2$，绝对误差为

$$\Delta y = \sum_{i=1}^{n} \frac{\partial y}{\partial x} \Delta x_i = \frac{\partial (x_1 \cdot x_2)}{\partial x_1} \cdot \Delta x_1 + \frac{\partial (x_1 \cdot x_2)}{\partial x_2} \cdot \Delta x_2$$

$$= x_2 \cdot \Delta x_1 + x_1 \cdot \Delta x_2$$

相对误差为

$$\gamma_y = \frac{\Delta y}{y} = \frac{x_2 \cdot \Delta x_1 + x_1 \cdot \Delta x_2}{x_1 \cdot x_2} = \frac{\Delta x_1}{x_1} + \frac{\Delta x_2}{x_2} = \gamma_{x_1} + \gamma_{x_2}$$

若 γ_{x_1}、γ_{x_2} 都有正负号，则

$$\gamma_y = \pm (|\gamma_{x1}| + |\gamma_{x_2}|) \tag{2.6.12}$$

3. 商函数的误差传递

设 $y = \dfrac{x_1}{x_2}$，x_1、x_2 绝对误差分别为 Δx_1、Δx_2，绝对误差

$$\Delta y = \frac{\partial \left(\dfrac{x_1}{x_2} \right)}{\partial x_1} \Delta x_1 + \frac{\partial \left(\dfrac{x_1}{x_2} \right)}{\partial x_2} \Delta x_2$$

$$= \frac{1}{x_2} \Delta x_1 + \left(-\frac{x_1}{x_2^2} \right) \Delta x_2$$

相对误差为

$$\gamma_y = \frac{\Delta y}{y} = \frac{\Delta x_1}{x_1} - \frac{\Delta x_2}{x_2} = \gamma_{x_1} - \gamma_{x_2}$$

若 γ_{x_1}、γ_{x_2} 都带有正负号，则

$$\gamma_y = \pm(|\gamma_{x_1}| + |\gamma_{x_2}|) \tag{2.6.13}$$

4. 幂函数的误差传递

设 $y = kx_1^m \cdot x_2^n$，k，m，n 为常数，将积函数的合成误差公式略加推广得

$$\gamma_y = m\gamma_{x_1} + n\gamma_{x_2}$$

当 γ_{x_1}、γ_{x_2} 带有正负号时

$$\gamma_y = \pm(|m\gamma_{x_1}| + |n\gamma_{x_2}|) \tag{2.6.14}$$

【例 2.6.3】 电流流过电阻产生的热量 $Q = 0.24I^2Rt$，若已知 $\gamma_I = \pm2\%$，$\gamma_R = \pm1\%$，$\gamma_t = \pm0.5\%$，求 γ_Q。

【解】 直接引用式(2.6.12)、式(2.6.14)的结论，有

$$\begin{aligned}
\gamma_Q &= \pm(|2\gamma_I| + |\gamma_R| + |\gamma_t|) \\
&= \pm(2\times2\% + 1\% + 0.5\%) \\
&= \pm5.5\%
\end{aligned}$$

2.6.3 间接测量的误差分配

在设计测量系统时，常常需要根据技术要求中规定的允许误差来作方案选择的分析，既要作误差分析又要作误差分配，以便对各个元件及仪表提出适当的要求，从而保证整个测量系统满足测量精度要求。

误差分配是在已知要求的总误差的前提下，合理分配各误差分量的问题。当规定了间接测量结果的误差不能超过某一规定值时，可利用误差传递公式求出各直接测量量的误差允许值，从而满足间接测量量误差的要求。同时，可根据各直接测量量允许误差的大小来选择合适的测量仪表。

设间接测量量 y 与各直接测量量 x_1，x_2，$\cdots$，x_n 之间有如下关系：

$$y = f(x_1, x_2, \cdots, x_n)$$

根据标准差传递公式(2.6.6)，间接测量量的标准差为

$$\hat{\sigma}_y = \sqrt{\left(\frac{\partial f}{\partial x_1}\right)^2 \hat{\sigma}_{x_1}^2 + \left(\frac{\partial f}{\partial x_2}\right)^2 \hat{\sigma}_{x_2}^2 + \cdots + \left(\frac{\partial f}{\partial x_n}\right)^2 \hat{\sigma}_{x_n}^2}$$

现假设 $\hat{\sigma}_y$ 已给定，要求确定 $\hat{\sigma}_{x_1}$，$\hat{\sigma}_{x_2}$，$\cdots$，$\hat{\sigma}_{x_n}$。

显然，上述方程其解是不确定的。下面介绍按等作用原则分配误差方法。

等作用原则认为，各个局部误差对总误差的影响相等，也就是可将总允许误差平均分配给各分项误差。令

$$\frac{\partial f}{\partial x_1}\hat{\sigma}_{x_1} = \frac{\partial f}{\partial x_2}\hat{\sigma}_{x_2} = \cdots = \frac{\partial f}{\partial x_n}\hat{\sigma}_{x_n}$$

从而

$$\hat{\sigma}_y = \sqrt{n}\left(\frac{\partial f}{\partial x_i}\right)\hat{\sigma}_{x_i} \quad (i=1, 2, \cdots, n)$$

$$\hat{\sigma}_{x_i} = \frac{1}{\partial f/\partial x_i} \cdot \frac{\hat{\sigma}_y}{\sqrt{n}}$$
(2.6.15)

上式还可以用极限误差表示：

$$l_{x_i} = \frac{1}{\partial f/\partial x_i} \cdot \frac{l_y}{\sqrt{n}}$$
(2.6.16)

式中　　l_{x_i}——各分项误差的极限误差；

　　　　l_y——给定的总误差的极限误差。

如果各个直接测量量的误差满足式(2.6.15)或式(2.6.16)，则所得的间接误差不会超过允许误差的给定值。

按等作用原理分配误差可能会出现不合理情况。这是因为计算出来的各个局部误差都相等，对于其中有的测量量要保证它的测量误差不超过允许范围是比较容易实现的，而对于其中另外的测量量由于要求的测量误差太小，势必要采用昂贵的高准确度仪表，或者技术上很难实现。

由 $\hat{\sigma}_{x_i} = \frac{1}{\partial f/\partial x_i} \cdot \frac{\hat{\sigma}_y}{\sqrt{n}}$ 可见，各局部误差一定时，与之相应的测量误差是与误差传递系数成反比的。所以各个局部误差相等时，各个测量量的误差并不相等，有时可能相差很大。因此，按等作用原理分配的误差，必须根据具体情况进行适当的调整。对于测量中难以保证的误差项适当扩大允许的误差值，对于测量中容易保证的误差项尽可能减小误差值。

【例 2.6.4】 设计一个简单的散热器热工性能试验装置，利用下式计算散热量：

$$Q = L\rho c(t_1 - t_2)$$

式中　　L——体积流量；

　　　　ρ——水的密度；

　　　　c——比热；

　t_1，t_2——散热器进出口水温。

设计工况为：$t_1 - t_2 = 25℃$，$L = 50\text{L/h}$。

水温最高不超过 $100℃$，要求散热量的测量误差不大于 10%，需如何进行误差分配及选择测量仪表[2]。

【解】

(1) 根据标准差传递公式，写出相对误差关系式。

由散热量的计算公式可知，这是一个间接测量问题，直接测量量为热水流量 L、进口水温 t_1 和出口水温 t_2。为简单起见，设 L、t_1 及 t_2 相互独立且为正态分布，ρ、c 均为常数且误差为 0。

根据标准差传递公式(2.6.6)可以写出

$$\hat{\sigma}_Q^2 = \left(\frac{\partial Q}{\partial L}\right)^2 \hat{\sigma}_L^2 + \left(\frac{\partial Q}{\partial t_1}\right)^2 \hat{\sigma}_{t_1}^2 + \left(\frac{\partial Q}{\partial t_2}\right)^2 \hat{\sigma}_{t_2}^2$$

依正态分布可写成误差限 ΔQ（取 $\Delta Q = 3\hat{\sigma}_Q$，$\Delta L = 3\hat{\sigma}_L$，$\Delta t_1 = 3\hat{\sigma}_{t_1}$，$\Delta t_2 = 3\hat{\sigma}_{t_2}$）的传递

公式，两边同除以 Q^2，则为

$$\left(\frac{\Delta Q}{Q}\right)^2 = \left(\frac{\Delta L}{L}\right)^2 + \left(\frac{\Delta t_1}{t_1-t_2}\right)^2 + \left(\frac{\Delta t_2}{t_1-t_2}\right)^2 = \left(\frac{\Delta L}{L}\right)^2 + \frac{\Delta t_1^2 + \Delta t_2^2}{(t_1-t_2)^2}$$

（2）按误差等作用原则进行误差分配

由题意已知，要求测量的总误差

$$\left|\frac{\Delta Q}{Q}\right| \leqslant 10\%$$

按误差等作用原则，令

$$D^2 = \left(\frac{\Delta L}{L}\right)^2 = \frac{\Delta t_1^2 + \Delta t_2^2}{(t_1-t_2)^2}$$

有

$$\sqrt{D^2 + D^2} = \sqrt{2D^2} \leqslant 10\%$$

$$D \leqslant 7.1\%$$

以此为选择仪表的根据。

（3）选择测量仪表

现有量程为 40～400L/h，精度为 1.5 级的浮子流量计，可用于水流量的测量，还有 0～100℃，允许误差为 ±1℃ 的玻璃水银温度计，可用于水温测量。下面分析可能的测量误差。

流量测量　上述浮子流量计的最大测量误差为

$$\Delta L_{\max} = 400 \times 1.5\% = 6\text{L/h}$$

在设计工况下，流量为 50L/h 时，相对误差的最大值为

$$\frac{\Delta L_{\max}}{l} = \frac{6}{50} = 12\%$$

可见，已超出了按误差等作用原则给出的初选指标 $D \leqslant 7.1\%$。

温度测量　在设计工况规定的温差 $t_1 - t_2 = 25℃$ 时，温差测量的相对误差为

$$\sqrt{\frac{\Delta t_1^2 + \Delta t_2^2}{(t_1-t_2)^2}} = \sqrt{\frac{(1)^2 + (1)^2}{(25)^2}} = 5.7\%$$

没有超出初选指标的要求。如果采用上述两种仪表的话，可计算出总测量误差为 13%，不能满足要求。

重新选择流量测量仪表，选用量程为 40～400L/h，精度为 1.0 级的浮子流量计。计算如下

流量测量的最大误差为

$$\Delta L_{\max} = 400 \times 1.0\% = 4\text{L/h}$$

相对误差的最大值为

$$\frac{\Delta L_{\max}}{l} = \frac{4}{50} = 8\%$$

虽然比初选指标略高，但由于温度误差指标还有一定的余量，也有可能满足总的测量要求。将上述结果复核，则

$$\frac{\Delta Q}{Q} = \sqrt{\left(\frac{\Delta L}{L}\right)^2 + \frac{\Delta t_1^2 + \Delta t_2^2}{(t_1-t_2)^2}} = \sqrt{(0.08) + (0.057)^2} = 0.098$$

符合设计要求。

2.7 误差的合成

实际测量中，误差的来源是多方面的，可能同时存在随机误差、系统误差和粗大误差。当粗大误差剔除后，决定测量准确度的是系统误差和随机误差。测量的准确度是用总误差来度量的，由多个不同类型的单项误差求测量中总误差是误差合成问题。

在间接测量时，以电桥法测电阻为例（参见图 2.5.4），若要测电阻 R_x，由于 $R_x = R_1 \cdot R_3 / R_2$，因此 R_x 的误差与 R_1、R_2、R_3 的误差都有关，这样就产生了两类问题，一是如果知道了 R_1、R_2、R_3 的误差，如何计算 R_x 的误差？二是如果对 R_x 的总的测量误差提出要求，如何决定 R_1、R_2、R_3 的可容许的分项误差？前一类问题我们称为间接测量的误差传递问题，后一类问题称为间接测量的误差分配问题。

2.7.1 随机误差的合成

若测量结果中有 k 个彼此独立的随机误差，各个误差互不相关，各单次测量误差的标准方差分别为 σ_1、σ_2、σ_3、$\cdots$、σ_k，则 k 个独立随机误差的综合效应是它们的方和根，即综合后误差的标准差 σ 为

$$\sigma = \sqrt{\sum_{i=1}^{k} \sigma_i^2} \tag{2.7.1}$$

在计算综合误差时，经常用极限误差合成。只要测量次数足够多，可按正态分布来处理，极限误差 l_i 为

$$l_i = 3\sigma_i$$

合成的极限误差 l 为

$$l = \sqrt{\sum_{i=1}^{k} l_i^2} \tag{2.7.2}$$

若测量次数较少，用 t 分布按给定的置信水平求极限误差更合适，可参见相关书籍。

2.7.2 系统误差的合成

1) 代数合成法：已知各系统误差的分量 ε_1，ε_2，$\cdots$，ε_m 的大小及符号，可采用各分量的代数和求得总系统误 ε，即

$$\varepsilon = \varepsilon_1 + \varepsilon_2 + \cdots + \varepsilon_m = \sum_{j=1}^{m} \varepsilon_j \tag{2.7.3}$$

2) 绝对值合成法：在测量中只能估计出各系统误差分量 ε_1，ε_2，$\cdots$，ε_m 的数值大小，但不能确定其符号时，可采用最保守的合成方法，绝对值合成法。

$$\varepsilon = \pm (|\varepsilon_1| + |\varepsilon_2| + |\varepsilon_3| + \ldots + |\varepsilon_m|) = \pm \sum_{j=1}^{m} |\varepsilon_j| \tag{2.7.4}$$

对于 $m > 10$ 的情况，绝对值合成法对误差的估计往往偏大。

3) 方和根合成法：在测量中只能估计出各系统误差分量 ε_1，ε_2，$\cdots$，ε_m 的数值大小，但不能确定其符号时，且测量中系统误差的分量比较多（m 较大，$m > 10$）时，各分量最大值同时出现的概率是不大的，它们之间可以抵消一部分。因此，如果仍按绝对值合成法计算总的系统误差 ε，显然对误差的估计偏大。此种情况可采用方和根合成法，即

$$\varepsilon=\pm\sqrt{\varepsilon_1^2+\varepsilon_2^2+\cdots+\varepsilon_m^2}=\pm\sqrt{\sum_{j=1}^m \varepsilon_j^2} \tag{2.7.5}$$

应当指出的是：当系统误差纯属于定值系统误差（大小及符号确定）时，可直接采用与定值系统误差大小相等，符号相反的量去修正测量结果，修正后此项误差就不存在了。

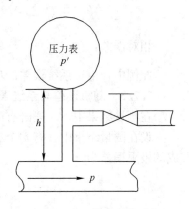

图 2.7.1　管道流体压力测量示意图

【例 2.7.1】　如图 2.7.1，使用弹簧管压力表测量某给水管路中的压力，试计算系统误差。已知压力表的准确度等级为 0.5 级，量程为 0～600kPa，表盘刻度分度值为 2kPa，压力表位置高出管道为 h（$h=0.05$m）。测量时压力表指示 300kPa，读数时指针来回摆动 ±1 个格。压力表使用条件基本符合要求，但环境温度偏离标准值（20℃），当时环境温度为 30℃，每偏离 1℃ 造成的附加误差为仪表基本误差的 4%。

【解】　系统误差由仪表基本误差、环境造成的附加误差、位置误差和读数误差组成。

（1）仪表基本误差

仪表基本误差为

$$\Delta p_1=\pm(0.5\%\times600)=\pm3.0\text{kPa}$$

（2）环境造成的附加误差

环境温度造成的附加误差为

$$\Delta p_2=\pm(\Delta p_1\times4\%\times\Delta t)=\pm(3.0\times4\%\times10)=\pm1.2\text{kPa}$$

（3）位置误差

由于压力表没有安装在管路的同一水平面上，而是高出管道 h 的地方，为了消除这个误差，对读数进行修正（可调整压力表机械零点）。管路中的实际压力值 p 为

$$p=p'+\rho hg$$

式中　ρ——被测液体密度取 $\rho\approx1000\text{kg/m}^3$；

　　　g——重力加速度，取 $g\approx10\text{N/kg}$。所以可求得位置误差为

$$\Delta p_3=p'-p=-\rho hg=-0.05\times1000\times10\text{Pa}=-0.5\text{kPa}$$

（4）读数误差

读数误差为

$$\Delta p_4=\pm2.0\text{kPa}$$

（5）系统误差

根据各分项误差，可求得总的系统误差 Δp。

按代数及绝对值合成法，得

$$\Delta p=\pm[3+1.2-0.5+2]=\pm5.7\text{kPa}$$

相对误差：
$$\frac{\Delta p}{p}\times100\%=\pm\frac{5.7}{300}=\pm2.0\%$$

如果按方和根合成法，得

$$\Delta p = \pm \sqrt{\sum_{i=1}^{n} \Delta p_i^2} = \pm \sqrt{3.0^2 + 1.2^2 + 0.5^2 + 2.0^2} = \pm 3.8 \text{kPa}$$

相对误差：
$$\frac{\Delta p}{p} \times 100\% = \pm \frac{3.8}{300} = \pm 1.3\%$$

此例中，由于系统误差的项数不多，为安全起见最好采用代数及绝对值合成法。

2.7.3 随机误差与系统误差的合成

在测量结果中，一般既有随机误差又有系统误差，其综合误差如下：

设在测量结果中，有 k 个独立的随机误差，用极限误差表示为：l_1，l_2，$\cdots$，l_k，合成的极限误差为

$$l = \pm \sqrt{\sum_{i=1}^{k} l_i^2}$$

设在测量结果中，有 m 个确定的系统误差，其值分别为 ε_1，ε_2，$\cdots$，ε_m，合成误差为

$$\varepsilon = \sum_{j=1}^{m} \varepsilon_j \quad [\text{或应用其他合成公式}(2.7.4)\text{、式}(2.7.5)]$$

则测量结果的综合误差为

$$\Delta = \varepsilon \pm l \quad (\text{或} \Delta = \pm(|\varepsilon| + |l|)) \tag{2.7.6}$$

上式给出了随机误差和系统误差的合成的一般结果，读者应用时应结合具体问题灵活使用。

2.8 测量不确定度的概念及评定方法

随着生产的发展、科技的进步及国际交流的加强，测量数据对准确性和可靠性提出了更高的要求，测量数据质量高低需要在国际上进行评价和承认，测量不确定度的应用在我国受到越来越高的重视。广大工程技术人员都应该正确理解测量不确定度的概念，正确掌握测量不确定度的表示与评定方法，以适应科学及工程技术发展的需要。

2.8.1 测量不确定度定义

测量不确定度是指测量结果变化的不确定，是表征被测量的真值在某个量值范围的一个估计，是测量结果含有的一个参数，用以表示被测量值的分散性[4]。这种测量不确定度的定义表明，一个完整的测量结果应包含被测量值的估计与分散性参数两部分。例如被测量 Y 的测量结果为 $y \pm U$，其中 y 是被测量值的估计值，它具有的测量不确定度为 U。显然，在测量不确定度的定义下，被测量的测量结果所表示的并非为一个确定的值，而是一个区间。

对于一个实际测量过程，影响测量结果的精度有多方面因素，因此测量不确定度一般包含若干个分量，各不确定度分量不论其性质如何，皆可用两类方法进行评定，即 A 类评定和 B 类评定。其中一些分量由一系列观测数据的统计分析来评定，称为 A 类评定；另一些的分量不是用一些观测数据的统计分析法，而是基于经验或者其他信息所认定的概率分布来评定，称为 B 类评定。用标准差表征的不确定度，称为标准不确定度。测量误差的概率分布不同，标准差的确定方法也不同，实际应用中采用了两种不同的评定方法，

A 类评定方法和 B 类评定方法。

1980 年国际计量局 BIPM 的实验不确定度表示建议书 INC-1 描述了不确定度评定方法统一的轮廓，1993 年 ISO、BIPM 等的《测量不确定度指南》是不确定度评价方法的统一的权威文献。评价过程首先需建模，找出影响被测量的各不确定度来源；对各不确定度来源进行两类（A 类或 B 类）标准不确定度评定，评定时要给出标准不确定度及相应的自由度。标准不确定度评定是合成标准不确定度和扩展不确定度的依据；最后给出不确定度报告。不确定度的评价过程如图 2.8.1 所示。

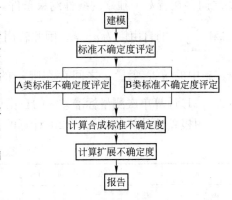

图 2.8.1　不确定度的评价过程

2.8.2　测量不确定度与误差[4]

测量不确定度和误差是误差理论中的两个重要概念，它们具有相同点，都是评价测量结果质量高低的重要指标，都可作为测量结果的精度评定参数。但它们又有明显的区别，必须正确认识与区分。

按误差的定义式(2.1.1)，误差是测量结果与真值之差，它以真值或实际值为中心；而测量不确定度是以被测量的估计值为中心，因此误差是一个理想的概念，一般不能准确获得，难以定量；而测量不确定度是反映人们对测量认识不足的程度，是可以定量评定的。

误差按自身特征和性质分为系统误差、随机误差和粗大误差，并可采取不同的措施减少或者消除各类误差对测量结果的影响，但由于各类误差之间并不存在绝对的界限，故在分类判别和误差计算时不易准确把握；测量不确定度不按性质分类，而是按评定方法分为 A 类评定和 B 类评定，两类评定方法不分优劣，按实际情况的可能性加以选用。

不确定度与误差有区别，也有联系。误差是不确定度的基础，研究不确定度首先需研究误差，只有对误差的性质、分布规律、相互联系及对测量结果的误差传递关系等有了充分的认识和了解，才能更好地估计各不确定度分量，正确得到测量结果的不确定度。用测量不确定度来代替误差表示测量结果，易于理解、便与评定，具有合理性和实用性。但测量不确定度的内容不能包罗更不能代替误差理论的所有内容，如传统的误差分析与数据处理等均不能被取代。客观地说，不确定度是对经典误差理论的一个补充，是现代误差理论的内容之一，但它也有待进一步研究、完善和发展。

2.8.3　标准不确定度的 A 类评定

A 类评定是采用统计特性进行评定，当测量结果服从正态分布时，采用 A 类评定，A 类评定的指标有两个，标准不确定度 u 和自由度 γ。标准不确定度 u 等同于由系列观测值获得的标准差 σ，即 $u=\sigma$。标准差 σ 可以采用 2.4 介绍的方法求得，如贝塞尔法、极差法等。

对 A 类评定的标准不确定度，其自由度 γ 即为标准差 σ 的自由度。由于标准差 σ 的计算方法不同，其自由度也不同，可根据相应的计算方法确定其不同的自由度。

根据概率论与数理统计所定义的自由度，在 n 个变量 ν_i 的平方和 $\sum\limits_{i=1}^{n}\nu_i^2$ 中，如果 n 个 ν_i 之间存在着 k 个独立的线性约束条件，即 n 个变量中独立变量的个数仅为 $n-k$，则称平方和 $\sum\limits_{i=1}^{n}\nu_i^2$ 的自由度为 $n-k$。因此若用贝赛尔公式(2.4.21)计算单次测量标准差的估计值 σ，式中的 n 个变量 ν_i 之间存在唯一的线性约束条件 $\sum\limits_{i=1}^{n}\nu_i=0$，因此，用贝赛尔公式 (2.4.21)计算单次测量标准差 σ 的自由度 $\gamma = n-1$。

由极差法计算公式(2.4.20)计算的标准差 σ 的自由度如表 2.8.1 所示。

极差法的自由度表　　　　　　　　　　　　　　表 2.8.1

n	2	3	4	5	6	7	8	9	10	15	20
极差法(γ)	0.9	1.8	2.7	3.6	4.5	5.3	6.0	6.8	7.5	10.5	13.1

2.8.4　标准不确定度的 B 类评定

B 类评定不是采用统计特性评定，而是采用其他方法。误差分为随机误差、系统误差(包括确定性系统误差和不确定性系统误差)及粗大误差，在剔除了粗大误差和确定性系统误差后，只剩下了随机误差和不确定性系统误差。服从正态分布的随机误差的标准不确定度可以采用 A 类评定。由于非正态分布的标准不确定度的确定采用统计方法比较困难，不确定性系统误差又不符合统计规律，因此 B 类评定适合针对含有非正态分布随机误差或不确定系统误差的测量结果的不确定度评定。实际应用中，由于含有非正态分布随机误差或不确定系统误差的测量过程的大量存在，使得 B 类评定在不确定度评定中占有重要地位。

设被测量的估计值为 x，其标准不确定度 B 类评定是借助于影响 x 的尽可能多的信息进行全面科学判定的。这些信息可能是：已有的测量数据；有关测量仪表的原理知识；仪表说明书；鉴定证书、检定证书、相关报告提供的数据等。为了合理使用信息，正确进行标准不确定度的 B 类评定，要求具有对测量原理的透彻了解及丰富的测试经验。

常见的 B 类评定法如下：

(1) 倍数法

采用某种精度较高的计量器具得到被测量的测量值 x，如砝码、量块等，其不确定度取自计量器具的说明书、检定证书、使用手册等资料。如果与计量器具有关的资料给出的不确定度为 U，可计算得到测量值 x 的标准不确定度的 B 类评定为

$$u=\frac{U}{k} \tag{2.8.1}$$

式中 k 为标准不确定度的倍数，其值可由计量器具的有关资料来确定。

【例 2.8.1】　由某校准证书可知，标称值 1kg 的标准砝码的质量 m 为 1000.000325g，该值的不确定度按三倍标准差计算为 $240\mu g$，求该砝码质量的标准不确定度[4]。

【解】　已知测量的不确定度 $U=240\mu g$，$k=3$，故该砝码质量的标准不确定度为

$$u=\frac{U}{k}=\frac{240\mu g}{3}=80\mu g$$

(2) 正态分布法

当测量 x 受到多个独立因素影响，且影响值大小相近，则可假设为正态分布，可按对正态分布的处理方法进行处理，取置信概率 P 的分布区间半宽 $a(a=t\sigma)$ 来确定标准不确定度，即

$$u=\frac{a}{t} \tag{2.8.2}$$

式中 t 的数值可由附录 2 中的正态分布积分表查得。

【例 2.8.2】　由某校准证书可知，标称值 10Ω 的标准电阻器 R 在 $20℃$ 时为 $100.000742\Omega\pm129\mu\Omega(P=99\%)$，求该电阻的标准不确定度。

【解】　设误差服从正态分布，由已知条件，置信概率 $P=0.99$ 的分布区间半宽 $a=129\mu\Omega$，即该电阻值在 $20℃$ 时位于 $100.000742\Omega-129\mu\Omega$ 至 $100.000742\Omega+129\mu\Omega$ 区间的概率为 99%，查附录 2 中正态分布积分表得 $t=2.60$，由公式(2.8.2)计算得该电阻的标准不确定度为

$$u=\frac{a}{t}=\frac{129\mu\Omega}{2.60}\approx49.61\mu\Omega$$

（3）均匀分布法

若根据有关信息，已知估计值 x 落在区间 $(x-a,x+a)$ 内的概率为 1，且在区间内各处出现的机会相等，则 x 服从均匀分布，其标准不确定度为[4]

$$u=\frac{a}{\sqrt{3}} \tag{2.8.3}$$

【例 2.8.3】　由手册查得纯铜在温度 $20℃$ 时的线膨胀系数 $\alpha=16.52\times10^{-6}/℃$，并且已知该系数 α 的误差范围为 $\pm0.4\times10^{-6}/℃$，求膨胀系数 α 的标准不确定度。

【解】　根据手册提供的信息可以认为 α 的值以等概率位于区间 $(16.52-0.4)\times10^{-6}/℃$ 至 $(16.52+0.4)\times10^{-6}/℃$ 内，α 位于该区间的概率为 1，不可能位于此区间之外，故 α 服从均匀分布，其区间半宽 $a=0.4\times10^{-6}/℃$，由公式(2.8.3)计算得纯铜在温度 $20℃$ 的线膨胀系数 α 的标准不确定度为

$$u=\frac{a}{\sqrt{3}}=\frac{0.4\times10^{-6}}{\sqrt{3}}=0.23\times10^{-6}/℃$$

对 B 类评定的标准不确定度 u，设它的标准差为 σ_u，它的相对标准差为 σ_u/u，标准不确定度 u 的自由度定义为

$$\gamma=\frac{1}{2\left(\dfrac{\sigma_u}{u}\right)^2} \tag{2.8.4}$$

例如，当 $\sigma_u/u=0.5$ 时，则 u 的自由度 $\gamma=2$；当 $\sigma_u/u=0.25$ 时，则 u 的自由度 $\gamma=8$；当 $\sigma_u/u=0.1$ 时，则 u 的自由度 $\gamma=50$；当 $\sigma_u/u=0$ 时，则 u 的自由度 $\gamma=\infty$，即 u 的评定非常可靠。表 2.8.2 给出了标准不确定度 B 类评定时不同的相对标准差所对应的自由度。

一般情况下，u 的自由度可按如下情况选取：

1）按检定证书评估的标准不确定度 u，可估计其 $\sigma_u/u\geqslant35\%$，则 $\gamma\geqslant4$。

2）按鉴定证书评估的标准不确定度 u，可估计其 $\sigma_u/u\geqslant20\%$，则 $\gamma\geqslant13$。

3）按非直接、仅为同类质量评估的标准不确定度 u，或按主观经验评估的标准不确定度 u，其可靠性并不高，仅可估计其 $\sigma_u/u=50\%$，则 $\gamma=2$。

4) 有些可靠性很高的标准不确定度 u 评估(国际、国家计量部门给出的评估),可设 $\gamma=\infty$。

标准不确定度 B 类评定时不同的相对标准差所对应的自由度　　　表 2.8.2

σ_u/u	0.71	0.50	0.41	0.35	0.32	0.29	0.27	0.25	0.24	0.22	0.18	0.16	0.10	0.07
γ	1	2	3	4	5	6	7	8	9	10	15	20	50	100

不确定度评定(A 类评定、B 类评定)提供了两方面的信息,一是测量误差的取值范围,二是测量误差处于该范围内的概率。由此可见,标准不确定度 u 也是一个随机变量,它本身也具有不确定性。u 的标准差为 σ_u,σ_u 描述了 u 的分散程度(不确定程度),σ_u 越小说明 u 的不确定程度越小,u 的值越可信。用 u 的相对标准差 σ_u/u 也能描述 u 的不确定程度。又由式(2.8.4)可知,u 的自由度 γ 与 σ_u/u 的平方成反比,σ_u/u 越小,则 γ 越大,也就是说自由度 γ 越大,u 的值越可信。一般用自由度 γ(而不是直接用 σ_u 或 σ_u/u)作为描述不确定度的不确定性的指标。对于 A 类评定,确定不确定度的独立变量个数越多(如测量次数足够多),则计算得到的自由度 γ 越大。对于 B 类评定,考虑的影响因素越全面,给出的 σ_u 的级别越高(国际、国家计量部门给出的),则计算得到的自由度 γ 越大。总而言之,独立变量个数越多,考虑的影响因素越全面,给出的 σ_u 的级别越高,得到的自由度 γ 越大,自由度数值越大,不确定度的确定性越大,不确定度的可信性越强。

2.9　测量不确定度的合成和扩展不确定度

得到各标准不确定度分量后,需要将各分量合成以得到被测量的合成标准不确定度。在实际的测量中,绝大部分测量均要求给出测量结果的扩展不确定度。这里在讨论测量不确定度合成的基础上,介绍扩展不确定度。

2.9.1　标准不确定度的合成

一般情况下被测量 Y 是由 n 个分量 X_1, X_2, ..., X_n 确定的,设 Y 的估计值为 y,y 的标准不确定度为 u_y,n 个分量 X_1, X_2, ..., X_n 的测量值为 x_1, x_2, ..., x_n,测量值的标准不确定度为 u_{x_1}, u_{x_2}, ..., u_{x_n}。y 的标准不确定度用各标准不确定度分量合成后所得的合成标准不确定度表示。为了求得合成标准不确定度,首先需进行建模,即分析各影响分量与 y 的关系,然后对各影响分量的不确定度进行评定,最后计算合成标准不确定度。如在间接测量中,被测量 Y 的估计值 y 与 n 个测量值 x_1, x_2, ..., x_n 有如下函数关系

$$y=f(x_1, x_2, \cdots, x_n) \tag{2.9.1}$$

则 y 的标准不确定度为

$$u_y=\sqrt{\sum_{i=1}^n\left(\frac{\partial f}{\partial x_i}u_{x_i}\right)^2+2\sum_{1\leqslant i<j}^n\frac{\partial f}{\partial x_i}\frac{\partial f}{\partial x_j}\rho_{ij}u_{x_i}u_{x_j}} \tag{2.9.2}$$

式中　$\partial f/\partial x_i$——各分量标准不确定度 u_{x_i} 的传播系数;

ρ_{ij}——任意两个分量标准不确定度的相关系数。

若任意两个分量标准不确定度相互独立时,即 $\rho_{ij}=0$,则合成标准不确定度可表示为

$$u_y = \sqrt{\sum_{i=1}^{n} \left(\frac{\partial f}{\partial x_i} u_{x_i} \right)^2} \tag{2.9.3}$$

若定义标准不确定度分量为

$$u_i = \left| \frac{\partial f}{\partial x_i} \right| u_{x_i} \tag{2.9.4}$$

则合成标准不确定度又可表示为

$$u_y = \sqrt{\sum_{i=1}^{n} u_i^2} \tag{2.9.5}$$

2.9.2　自由度的合成

合成不确定度与各不确定度分量都有各自的不确定性，描述这种不确定性的指标是各自的自由度。不确定度的大小取决于各自不确定度的相对误差，而不确定度的相对误差又取决于各自的不确定度的标准差，因此可以通过标准不确定度的合成关系，来推导自由度的合成关系。

设 $\rho_{ij} = 0$，式(2.9.5)给出了合成不确定度 u_y 与各不确定度分量 u_i 之间的关系，合成不确定度的标准差 σ_{u_y} 应按式(2.9.6)的关系进行合成。

$$\sigma_{u_y} = \sqrt{\sum_{i=1}^{n} \left(\frac{\partial u_y}{\partial u_i} \sigma_{u_i} \right)^2} \tag{2.9.6}$$

式中　σ_{u_i}——各不确定度分量 u_i 的标准差；

$\partial u_y / \partial u_i$——各不确定度分量 u_i 的传播系数。

由式(2.9.5)和式(2.9.6)可得

$$(u_y \sigma_{u_y})^2 = \sum_{i=1}^{n} (u_i \sigma_{u_i})^2 \tag{2.9.7}$$

由式(2.9.7)和式(2.8.4)，可得

$$\gamma_{u_y} = \frac{u_y^4}{\sum_{i=1}^{n} \dfrac{u_i^4}{\gamma_{u_i}}} \tag{2.9.8}$$

式中　γ_{u_y}——u_y 的自由度；

γ_{u_i}——各不确定度分量 u_i 的自由度。

如果自由度是以标准不确定度 u_{x_i} 的形式给出，则自由度的合成公式应根据式(2.9.3)推导得到

$$\gamma_{u_y} = \frac{u_y^4}{\sum_{i=1}^{n} \dfrac{1}{\gamma_{u_{x_i}}} \left(\dfrac{\partial f}{\partial x_i} u_{x_i} \right)^4} \tag{2.9.9}$$

式中　γ_{u_y}——u_y 的自由度；

$\gamma_{u_{x_i}}$——各标准不确定度 u_{x_i} 的自由度。

对比式(2.9.8)、式(2.9.9)和式(2.9.4)可知，不确定度分量的自由度 γ_{u_i} 与标准不确定度的自由度 $\gamma_{u_{x_i}}$ 相等，$\gamma_{u_i} = \gamma_{u_{x_i}}$。

2.9.3　扩展不确定度

不确定度的处理(不确定度的传播及合成问题)都是基于标准不确定度的，合成标准不

确定度 u_y 可表示测量结果的不确定度，但仅用标准不确定度来表达测量结果的精度是不适宜的，因为被测量 Y 落入由其表示的测量结果 $y \pm u_y$ 的概率仅为 68%。不能满足科学研究及工程应用的要求。实际上测量结果的表示要用到扩展不确定度的概念，用被测量的估值 y 和它的扩展不确定度来表示最终的测量结果。它既给出了被测量的估值，也给出了满足一定概率要求的估值区间。

扩展不确定度由合成标准不确定度 u_y 乘以包含因子 k 得到，记为 U，即

$$U = ku_y \tag{2.9.10}$$

用扩展不确定度 U 作为测量不确定度，测量结果可以表示为

$$Y = y \pm U \tag{2.9.11}$$

包含因子 k 由 t 分布的临界值 $t_P(\gamma)$ 给出，即

$$k = t_P(\gamma) \tag{2.9.12}$$

式中，γ 为合成标准不确定度 u_y 的自由度。

根据给定的置信概率 P 和自由度 γ 查 t 分布表，可得到 $t_P(\gamma)$ 的值。$y \pm U$（或 $y \pm t_P(\gamma)u_y$）即给出了真值 Y 的估计值 y，又给出了真值 Y 落入 $y \pm U$（或 $y \pm t_P(\gamma)u_y$）的概率 P。当各标准不确定度分量 u_i 相互独立时，合成标准不确定度的自由度可由式(2.9.8)计算，当各标准不确定度 u_{x_i} 相互独立时，合成标准不确定度的自由度可由式(2.9.9)计算。

当由于缺少资料，难以按式(2.9.8)或式(2.9.9)确定自由度时，k 值也无法根据给定的置信概率 P 查 t 分布表确定，为了求得扩展不确定度，一般情况下可取包含因子 $k = 2 \sim 3$。

2.10 测量不确定度的报告和评定实例

当给出完整的测量结果时，一般应报告其测量不确定度。本节在给出不确定度报告的基本内容及表示方法的基础上，通过实例介绍了测量不确定度评定实例。

2.10.1 测量不确定度的报告及表示

一般情况下应根据具体测量要求给出相应的不确定度报告，不确定度报告的内容可多可少。最简单的不确定度报告只给出测量值的估值和扩展不确定度，即只给出测量结果。随着对测量精度要求的提高，相应的不确定度报告的内容也随之增多。

1. 报告的基本内容

当测量不确定度用合成标准不确定表示时，应给出合成标准不确定度 u_y 及其自由度 γ_{u_y}。

当测量不确定度用扩展不确定度表示时，除给出扩展不确定度 U 外，还应该说明它计算时所依据的合成标准不确定度 u_y、自由度 γ_{u_y}、置信概率 P 和包含因子 k。

为了提高测量结果的实用价值，在不确定度报告中，应尽可能提供更详细的信息。如：给出原始观测数据；描述被测估计值及不确定度评定的方法；列出所有的不确定度分量、自由度及相关系数，并说明它们是如何获得的等等。

2. 测量结果的表示

1) 当不确定度用合成标准不确定度表示时，可用下列几种方式之一表示测量结果。

例如报告的被测量 Y 的标称值为 $100g$ 的标准砝码，其测量的估计值 $y=100.02147g$，对应的合成标准不确定度 $u_y=0.35mg$，自由度 $\gamma=9$，则测量结果可用下列几种方法表示：

　　a.　$y=100.02147g$，$u_y=0.35mg$，$\gamma=9$

　　b.　$Y=(100.02147\pm0.00035)g$，$\gamma=9$

　　2）当不确定度是用扩展不确定度 U 表示时，应按下列方式表示测量结果。

　　例如报告上述的标称值为 $100g$ 的标准砝码，其测量结果为

$$Y=y\pm U=(100.02147\pm0.00079)g$$

其中，扩展不确定度 $U=ku_y=0.00079g$，是由合成标准不确定度 $u_y=0.35mg$ 和包含因子 $k=2.26$ 确定的，k 是依据置信概率 $p=0.95$ 和自由度 $\gamma=9$，并由 t 分布表查得的。

　　这里必须注意，扩展不确定度的表示方法与标准不确定度表示形式 b 相同，容易混淆。因此，当用扩展不确定度表示测量结果时，应给出相应的说明。

　　3）不确定度也可以用相对不确定度形式报告

　　例如报告上述的标称值为 $100g$ 的标准砝码，$u_y=0.35mg$，$\gamma=9$，其测量结果可表示为

$$y=100.02147g，\quad u_y=0.00035\%，\quad \gamma=9$$

　　4）最后报告的合成标准不确定度或扩展不确定度，其有效数字一般不超过两位，不确定度的数值与被测量值的估计值末位对齐。

2.10.2　不确定度评定实例

获得测量结果后，可按照下述步骤评定与表示测量不确定度：

　　1）建模，即研究测量原理，给出输入量与输出量之间的数学关系表达式，分析测量不确定度的来源，列出对测量结果影响显著的不确定度分量。

　　2）评定标准不确定度分量，并给出其数值 u_i 和自由度 γ_{u_i}。

　　3）分析所有不确定度分量的相关性，确定各相关系数 ρ_{ij}。

　　4）求测量结果的合成标准不确定度 u_y 和自由度 γ_{u_y}。

　　5）若需要给出扩展不确定度，则将合成标准不确定度 u_y 乘以包含因子 k，得扩展不确定度 $U=ku_y$。

　　6）给出不确定度的最后报告，以规定的方式报告被测量的估计值 y 及合成标准不确定度 u_y 或扩展不确定度 U。

　　下面通过两个实例介绍测量不确定度具体评定方法。

　　[实例 1]　水银温度计示值修正值测量结果的不确定度评定

　　1. 测量概述

　　1）测量依据：《工作用玻璃液体温度计检定规程》JJG 130—2004

　　2）环境条件：温度：$15\sim35℃$，相对湿度：小于 85% RH

　　3）测量标准：二等标准水银温度计

$$0℃：\quad U_{95}\leqslant0.03℃\quad k=2$$
$$40℃：\quad U_{95}\leqslant0.03℃\quad k=2$$
$$180℃：\quad U_{95}\leqslant0.05℃\quad k=2$$

　　4）被测对象：水银温度计，其技术指标见表 2.10.1。

工作用水银温度计技术指标 （单位:℃） 表 2.10.1

感温液体	温度计上限或下限所在的温度范围	分度值		
		0.1	1	2
		全浸温度计示值最大允许误差		
水银	−30~100	±0.2	±1.0	±2.0
	100~200	±0.4	±1.5	±2.0
	100~200	±0.6	±1.5	±2.0

5) 测量过程：用比较法将标准器与被检温度计同置于恒温槽中，待示值稳定后，按标准温度计→被检温度计→被检温度计→标准温度计的顺序读取温度计值。每支温度计读数 2 次，求算术平均值，然后计算出示值修正值。

6) 数学模型：输出量(修正值)Δt 与输入量 T、d、t 的数学关系式为

$$\Delta t = T + d - t$$

式中 Δt——水银温度计的示值修正值(℃)；

T——二等标准水银温度计的读数(℃)；

d——二等标准水银温度计在温度点上的示值修正值(℃)；

t——水银温度计的读数(℃)。

2. 输入量的标准不确定度评定

(1) 输入量 T 的标准不确定度 u_T 的评定

标准不确定度 u_T 由四个标准不确定度分项构成。

1) 二等标准水银温度计的示值估读引入的标准不确定度 u_{T1}。采用 B 类评定，二等标准水银温度计的示值估读引入的不确定度的半区间为分度值 0.1℃ 的 1/10 的一半，即 0.005℃，按均匀分布处理，则 $k=\sqrt{3}$

$$u_{T1}=0.005/\sqrt{3}=0.003℃$$

估计其相对标准差为 20%，则自由度 $\gamma_{u_{T1}}=12.5$。

2) 二等水银温度计读数时视线不垂直引入的标准不确定度 u_{T2}。采用 B 类评定，二等标准水银温度计读数误差范围为：±0.005℃，则不确定度区间半宽为 0.005℃，按反正弦分布处理，则 k 取 $\sqrt{2}$

$$u_{T2}=0.005/\sqrt{2}=0.004℃$$

估计其相对标准差为 20%，则自由度 $\gamma_{u_{T2}}=12.5$。

3) 恒温槽温度场不均匀性引入的不确定度 u_{T3}。采用 B 类评定，根据恒温槽的温度场均匀度指标，我们可以算出其引入的不确定度。恒温槽的最大温差为 0.01℃，则不确定度区间半宽为 0.005℃，认为其是均匀分布，则 $k=\sqrt{3}$

$$u_{T3}=0.005/\sqrt{3}=0.003℃$$

估计其相对标准差为 20%，则自由度 $\gamma_{u_{T3}}=12.5$。

4) 恒温槽温度场波动引入的不确定度 u_{T4}。采用 B 类评定，根据恒温槽的温度场波动指标，我们可以算出其引入的不确定度。恒温槽的最大温度场波动均不大于为 0.04℃/

10min，则不确定度区间半宽为 0.02℃，认为其是均匀分布，则 $k=\sqrt{3}$

$$u_{T4}=0.002/\sqrt{3}=0.012℃$$

估计其相对标准差为 20%，则自由度 $\gamma_{u_{T4}}=12.5$。

5）输入量 T 的标准不确定度 u_T

根据 $u_T=\sqrt{u_{T1}^2+u_{T2}^2+u_{T3}^2+u_{T4}^2}$

$$\gamma_{u_T}=\frac{u_T^4}{\sum\limits_{i=1}^4\dfrac{u_{Ti}^4}{\gamma_{u_{Ti}}}}$$

算得 $u_T=0.013℃$，$\gamma_{u_T}=16$。

（2）输入量 d 的标准不确定度 u_d 的评定

由修正值引入的标准不确定度采用 B 类评定。由上级检定部门知 0℃时 $U_{95}=0.03℃$；（0~100）℃时 $U_{95}=0.03℃$；180℃时 $U_{95}=0.05℃$。包含因子 $k=2$，则有

$$0℃时\quad u_d=0.03/2=0.015℃$$
$$40℃时\quad u_d=0.03/2=0.015℃$$
$$180℃时\quad u_d=0.05/2=0.025℃$$

估计其相对标准差为 10%，则 $\gamma_d=50$。

（3）输入量 t 的标准不确定度 u_t 的评定

标准不确定度 u_t 由四个标准不确定度分项构成。

1）测量重复性引入的标准不确定度 u_{t1}：该项不确定度采用 A 类标准不确定度评定，将二等标准水银温度计和一支分度值为 1℃的被检水银温度计同时以全浸方式放入恒定温度为 0℃的酒精恒温槽中，进行 10 次重复性测量，数据如下：0.1℃、0.2℃、0.1℃、0.3℃、0.1℃、0.2℃、0.3℃、0.1℃、0.2℃、0.2℃。10 次测量的平均值为 0.18℃。

单次实验标准差为 $\sigma=\sqrt{\dfrac{1}{n-1}\sum\limits_{i=1}^n(t_i-\bar t)^2}=0.079℃$

检定时读取两次算得平均值，所以 $u_{t1}=\sigma/\sqrt{2}$，则有

$$0℃\quad u_{t1}=0.079/\sqrt{2}=0.056℃$$

同样算得 40℃与 180℃的重复性测量标准不确定度如下：

$$40℃\quad u_{t1}=0.082/\sqrt{2}=0.058℃$$
$$180℃\quad u_{t1}=0.116/\sqrt{2}=0.082℃$$

自由度 $\gamma_{u_{t1}}=n-1=9$

2）估读误差引入的不确定度 u_{t2} 的评定：水银温度计示值估读到分度值的 1/10 即 0.1℃，引入的不确定度的半区间为其一半，即为 0.05℃，认为其服从均匀分布 $k=\sqrt{3}$，则有

$u_{t2}=0.05/\sqrt{3}=0.029℃$，小于测量重复性引入的不确定度，所以只采用测量重复性的不确定度。

3）被检水银温度计读数时视线不垂直引入的标准不确定度 u_{t3} 的评定，采用 B 类评定，被检水银温度计读数时由于视线不垂直产生读数误差的范围为 ±0.1℃，则不确定度区

间半宽为 $0.1℃$，按反正弦分布处理，则 k 取 $\sqrt{2}$，$u_{t3}=0.1/\sqrt{2}=0.070℃$，估计其相对标准差为 20%，则 $\gamma_{u_{t3}}=12.5$。

4) 输入量 t 的标准不确定度 u_t 的计算如下：

根据 $u_t=\sqrt{u_{t1}^2+u_{t3}^2}$，$\gamma_{u_t}=\dfrac{u_t^4}{\dfrac{u_{t1}^4}{\gamma_{u_{t1}}}+\dfrac{u_{t3}^4}{\gamma_{u_{t3}}}}$

算得标准不确定度及自由度如下：

$$0℃ \quad u_t=0.089℃ \quad \gamma_{u_t}=20$$
$$40℃ \quad u_t=0.091℃ \quad \gamma_{u_t}=21$$
$$180℃ \quad u_t=0.108℃ \quad \gamma_{u_t}=19$$

3. 合成标准不确定度 $u_{\Delta t}$ 的计算

(1) 传播系数

数学模型 $\qquad \Delta t=T+d-t$

传播系数 $\qquad c_1=\dfrac{\partial \Delta t}{\partial T}=1 \quad c_2=\dfrac{\partial \Delta t}{\partial d}=1 \quad c_3=\dfrac{\partial \Delta t}{\partial t}=-1$

自由度汇总于表 2.10.2，标准不确定度汇总于表 2.10.3。

自由度汇总表　　　　　　　　表 2.10.2

温度点	0℃	40℃	180℃
γ_T	16	16	16
γ_d	50	50	50
γ_t	20	21	19

标准不确定度汇总表 （单位：℃）　　　　　表 2.10.3

标准不确定度分量	不确定度来源	标准不确定度			c_i	$\lvert c_i \rvert u(x_i)$		
		0℃	40℃	180℃		0℃	40℃	180℃
u_T	1. 标准器示值估读 2. 标准器读数视线不垂直 3. 温场不均匀性 4. 温场稳定性	0.013	0.013	0.013	1	0.013	0.013	0.013
u_d	标准器引入不确定度	0.015	0.015	0.025	1	0.015	0.015	0.025
u_t	1. 被检温度计重复性 2. 被检温度计示值估读 3. 被检温度计读数视线不垂直	0.089	0.091	0.108	-1	0.089	0.091	0.108

(2) 合成标准不确定度的计算

输入量 T、d、t 彼此相互独立，所以合成标准不确定度可按下式得到

$$u_{\Delta t}=\sqrt{(c_1 u_T)^2+(c_2 u_d)^2+(c_3 u_t)^2}$$

计算合成标准不确定度如下：

$0℃$：$u_{\Delta t}=0.091℃$；　 $40℃$：$u_{\Delta t}=0.093℃$；　 $180℃$：$u_{\Delta t}=0.112℃$

（3）合成标准不确定度的自由度计算

根据

$$\gamma_{u_{\Delta t}} = \frac{u_{\Delta t}^4}{\dfrac{(c_1 u_T)^4}{\gamma_{u_T}} + \dfrac{(c_2 u_d)^4}{\gamma_{u_d}} + \dfrac{(c_3 u_t)^4}{\gamma_{u_t}}}$$

算得自由度如下：

$$0℃ \quad \gamma_{u_{\Delta t}} = 22，取整为 20$$
$$40℃ \quad \gamma_{u_{\Delta t}} = 23，取整为 20$$
$$180℃ \quad \gamma_{u_{\Delta t}} = 22，取整为 20$$

4. 扩展不确定度的评定

取置信概率 $p = 95\%$，按自由度，查 t 分布表得到，

$$k_p = t_{95}(20) = 2.09$$
$$U_{95} = t_{95}(\gamma_{u_{\Delta t}}) \times u_{\Delta t}$$

计算结果如下：

$$0℃： \quad U_{95} = 0.19℃；\quad 40℃：\quad U_{95} = 0.19℃ \quad 180℃：\quad U_{95} = 0.23℃$$

5. 测量不确定的报告与表示

工作用水银温度计示值修正值的扩展不确定度为：

$$0℃： \quad U_{95} = 0.19℃ \quad \gamma_{u_{\Delta t}} = 20$$
$$40℃： \quad U_{95} = 0.19℃ \quad \gamma_{u_{\Delta t}} = 20$$
$$180℃： \quad U_{95} = 0.23℃ \quad \gamma_{u_{\Delta t}} = 20$$

[实例 2]　湿度计检定的不确定度[4]

1. 检定方法

用精密露点仪作为湿度计检定的标准器，由恒温恒湿试验箱提供稳定的湿度场，采取比较法对湿度计进行检定。当试验箱的温度为 20℃、相对湿度为 60％RH 时，精密露点仪的示值为 59.10％RH，被检湿度计的 10 次测量数据见表 2.10.4。

湿度计测量数据　　　　　　　　　　　　　　　　　　　　表 2.10.4

n	1	2	3	4	5	6	7	8	9	10
F_i（％RH）	59.4	59.4	59.8	59.7	59.7	60.5	59.6	59.7	60.6	60.8

计算 10 测量数据的平均值 $\overline{F} = 59.92％RH$，则被检湿度计的误差

$$\Delta F = (59.92 - 59.10)％RH = 0.82％RH$$

对应湿度计在该点示值的修正值为 $-0.82％RH$。

2. 标准不确定度评定

（1）湿度计的测量重复性引起的标准不确定度分量为 u_1，u_1 采用 A 类评定方法评定。单次测量的标准差为

$$\sigma = \sqrt{\frac{\sum_{i=1}^{10}(F_i - \overline{F})^2}{10 - 1}} = 0.305％RH$$

则湿度计的测量重复性引起的标准不确定度分量 $u_1 = \dfrac{\sigma}{\sqrt{n}} = 0.096％RH$，自由度 $\gamma_{u_1} = 10 -$

$1=9$。

(2) 精密露点仪的示值误差引起的标准不确定度分量为 u_2，u_2 采用 B 类评定方法评定。u_2 由精密露点仪的鉴定证书给出，露点仪的示值误差按 3 倍标准差计算为 $\pm 1\%\text{RH}$，其相对标准差为 10%，则按式(2.8.1)计算标准不确定度分量 $u_2 = \dfrac{1\%\text{RH}}{3} = 0.333\%\text{RH}$，自由度 $\gamma_{u_2} = \dfrac{1}{2(10\%)^2} = 50$。

(3) 试验箱湿度场不均匀引起的标准不确定度分量。试验箱湿度场不均匀引起的标准不确定度分量为 u_3，u_3 采用 B 类评定方法评定。由试验箱说明书，在试验箱有效工作区域内，湿度场的不均匀性小于 $\pm 0.5\%\text{RH}$，相对标准差为 20%，按均匀分布。可计算标准不确定度分量 $u_3 = \dfrac{0.5\%\text{RH}}{\sqrt{3}} = 0.289\%\text{RH}$，自由度 $\gamma_{u_3} = \dfrac{1}{2(20\%)^2} = 12.5$。

(4) 试验箱的稳定度引起的标准不确定度分量 u_4。u_4 采用 B 类评定方法评定。在检定过程中，试验箱的稳定度不超过 $\pm 0.3\%\text{RH}$，相对标准差为 20%，按均匀分布，可计算标准不确定度分量 $u_3 = \dfrac{0.3\%\text{RH}}{\sqrt{3}} = 0.173\%\text{RH}$，自由度 $\gamma_{u_3} = \dfrac{1}{2(20\%)^2} = 12.5$。

3. 标准不确定度合成

上述标准不确定度分量互不相关，彼此独立，相关系数为零；标准不确定度传递系数均为 1，故合成标准不确定度为

$$u_y = \sqrt{u_1^2 + u_2^2 + u_3^2 + u_4^2} = \sqrt{0.096^2 + 0.333^2 + 0.289^2 + 0.173^2} = 0.483\%\text{RH}$$

自由度为

$$\gamma_{u_y} = \frac{u_y}{\sum\limits_{i=1}^{4} \dfrac{u_i^4}{\gamma_{u_i}}} = \frac{0.483}{\dfrac{0.096^4}{9} + \dfrac{0.333^4}{50} + \dfrac{0.289^4}{12.5} + \dfrac{0.173^4}{12.5}} = 61.5$$

取置信概率 $P = 0.95\%$，查 t 分布表得包含因子 $k = t_{0.95}(61.5) = 2$，则扩展不确定度为

$$U = k u_y = 2 \times 0.483 = 0.966 \approx 0.97\%\text{RH}$$

4. 不确定度报告

湿度计在该点检定的扩展不确定度 $U = 0.97\%\text{RH}$，是由合成标准不确定度 $u_y = 0.483\%\text{RH}$ 及包含因子 $k = 2$ 确定的，对应的置信概率 $P = 95\%$，自由度 $\gamma_{u_y} = 61.5$。

2.11 测量数据的处理

所谓测量数据的处理，就是从测量所得到的原始数据中求出被测量的最佳估计值，并计算其精确程度。必要时还要把测量数据绘制成曲线或归纳成经验公式，以便得出正确结论。本节扼要叙述有效数字和等精度测量结果的处理。

2.11.1　有效数字的处理

1. 有效数字

由于含有误差，所以测量数据及由测量数据计算出来的算术平均值等都是近似值。通常从误差的观点来定义近似值的有效数字。若末位数字是个位，则包含的绝对误差值不大于 0.5，若末位是十位，则包含的绝对误差值不大于 5，对于其绝对误差不大于末位数字一半的数，从它左边第一个不为零的数字起，到右面最后一个数字（包括零）止，都叫做有效数字。

3.1416	五位有效数字，	极限误差≤0.00005
3.142	四位有效数字，	极限误差≤0.0005
8700	四位有效数字，	极限误差≤0.5
$87×10^2$	二位有效数字，	极限误差≤$0.5×10^2$
0.087	二位有效数字，	极限误差≤0.0005
0.807	三位有效数字，	极限误差≤0.0005

由上述几个数字例可以看出，位于数字中间和末尾的 0（零）都是有效数字，而位于第一个非零数字前面的 0，都不是有效数字。

数字末尾的"0"很重要，如写成 20.80 表示测量结果准确到百分位，最大绝对误差不大于 0.005，而若写成 20.8，则表示测量结果准确到十分位，最大绝对误差不大于 0.05，因此上面两个测量值分别在（20.80－0.005）～（20.80＋0.005）和（20.8－0.05）～（20.8＋0.05）间，可见最末一位是欠准确的估计值，称为欠准数字。决定有效数字位数的标准是误差，多写则夸大了测量准确度，少写则带来附加误差。例如，如果某电流的测量结果写成 1000mA，四位有效数字，表示测量准确度或绝对误差不大于 0.5mA。而如果将其写成 1A，则为一位有效数字，表示绝对误差不大于 0.5A，显然后面的写法和前者含义不同，但如果写成 1.000A，仍为四位有效数字，绝对误差不大于 0.0005A 等于 0.5mA，含义与第一种写法相同。

2. 多余数字的舍入规则

对测量结果中的多余数字，应按下面的舍入规则进行：以保留数字的末位为单位，它后面的数字若大于 0.5 个单位，末位进 1；小于 0.5 个单位，末位不变。恰为 0.5 个单位，则末位为奇数时加 1，末位为偶数时不变，即使末位凑成偶数。简单概括为"小于 5 舍，大于 5 入，等于 5 时采取偶数法则"。

【例 2.11.1】　将下列数字保留到小数点后一位：12.34，12.36，12.35，12.45。

【解】　　12.34→12.3　　　（4＜5，舍去）

　　　　　12.36→12.4　　　（6＞5，进一）

　　　　　12.35→12.4　　　（3 是奇数，5 入）

　　　　　12.45→12.4　　　（4 是偶数，5 舍）

所以采用这样的舍入法则，是出于减小计算误差的考虑。由［例 2.11.1］可见，每个数字经舍入后，末位是欠准数字，末位之前是准确数字，最大舍入误差是末位的一半。因此当测量结果未注明误差时，就认为最末一位数字有"0.5"误差，称此为"0.5 误差法则"。

3. 有效数字的运算规则

当需要对几个测量数据进行运算时，要考虑有效数字保留多少位的问题，以便不使运算过于麻烦而又能正确反映测量的精确度。保留的位数原则上取决于各数中精度最差的那一项。

1) 加法运算：以小数点后位数最少的为准（各项无小数点则以有效位数最少者为准），其余各数可多取一位。例如：

$$\begin{array}{r} 10.2838 \\ 15.03 \\ +\ \ 8.69547 \\ \hline 34.00927 \approx 34.01 \end{array} \qquad \rightarrow \begin{array}{r} 10.28 \\ 15.03 \\ +\ \ 8.70 \\ \hline 34.01 \end{array}$$

2) 减法运算：当相减两数相差甚远时，原则同加法运算；当两数很接近时，有可能造成很大的相对误差，因此第一要尽量避免导致相近两数相减的测量方法，第二在运算中多一些有效数字。

3) 乘除法运算：以有效数字位数最少的数为准，其余参与运算的数字及结果中的有效数字位数与之相等。

例如：

$$\frac{517.43 \times 0.28}{4.08} = \frac{144.8804}{4.08} \approx 35.5$$

$$\frac{517.43 \times 0.28}{4.08} \approx \frac{520 \times 0.28}{4.1} \approx 35.51 \approx 35.5 \approx 36$$

为了保证必要的精度，参与乘除法运算的各数及最终运算结果也可以比有效数字位数最少者多保留一位有效数字。例如上面例子中的 517.43 和 4.08 各保留至 517 和 4.08，结果为 35.5。

4) 乘方、开方运算：运算结果比原数多保留一位有效数字。

例如：

$$(27.8)^2 \approx 772.8 \qquad (115)^2 \approx 1.322 \times 10^4$$

$$\sqrt{9.4} \approx 3.07 \qquad \sqrt{265} \approx 16.28$$

2.11.2 等精度测量结果的处理

当对某一量进行等精度测量时，测量值中可能含有系统误差、随机误差和疏失误差，为了给出正确合理的结果，应按下述基本步骤对测得的数据进行处理。

1) 利用修正值等办法，对测得值进行修正，将已减弱恒值系差影响的各数据 x_i 依次列成表格（例 2.11.2 中的表 2.11.1）。

2) 求出算术平均值 $\bar{x} = \dfrac{1}{n}\sum_{i=1}^{n} x_i$。

3) 列出残差 $v_i = x_i - \bar{x}$，并验证 $\sum_{i=1}^{n} v_i = 0$。

4) 列出 v_i^2，按贝塞尔公式计算标准偏差（实际上是标准偏差 σ 的最佳估计值 $\hat{\sigma}$）：

$$\sigma = \sqrt{\frac{1}{n-1}\sum_{i=1}^{n} v_i^2}$$

5) 按 $|v_i| > 3\sigma$ 的原则，检查和剔除粗差。如果存在坏值，应当剔除不用，而后从 2)

开始重新计算，直到所有 $|v_i| \leqslant 3\sigma$ 为止。

6) 判断有无系统误差。如有系差应查明原因，修正或消除系差后重新测量。

7) 算出算术平均值的标准偏差(实际上是其最佳估计值):

$$\sigma_{\bar{x}} = \sigma / \sqrt{n}$$

8) 写出最后结果的表达式，即

$$A = \bar{x} \pm 3\sigma_{\bar{x}}$$

【例 2.11.2】　对某温度进行了 16 次等精度测量；测量数据 x_i 中已计入修正值，列于表 2.11.1。要求给出包括误差 (即不确定度)在内的测量结果表达式。

测量结果及数据处理表　　　　　　　　　　　　表 2.11.1

n	x_i	v_i	v_i'	$(v_i')^2$
1	205.30	0.00	0.09	0.0081
2	204.94	−0.36	−0.27	0.0729
3	205.63	+0.33	+0.42	0.1764
4	205.24	−0.06	+0.03	0.0009
5	206.65	+1.35	—	
6	204.97	−0.33	−0.24	0.0576
7	205.36	+0.06	+0.15	0.0025
8	205.16	−0.14	−0.05	0.0025
9	205.71	+0.41	+0.50	0.25
10	204.70	−0.60	−0.51	0.2601
11	204.86	−0.44	−0.35	0.1225
12	205.35	+0.05	+0.14	0.0196
13	205.21	−0.09	0.00	0.0000
14	205.19	−0.11	−0.02	0.0004
15	205.21	−0.09	0.00	0.0000
16	205.32	+0.02	+0.11	0.0121
计算值		$\Sigma v_i = 0$	$\Sigma v_i' = 0$	

【解】　(1) 求出算术平均值 $\bar{x} = 205.30℃$;

(2) 计算 v_i，并列于表中;

(3) 计算标准差(估计值):

$$\sigma = \sqrt{\frac{1}{n-1}\sum_{i=1}^{n} v_i^2} = 0.4434$$

(4) 按着 $\Delta = 3\sigma$ 判断有无 $|v_i| > 3\sigma = 1.3302$，查表中第 5 个数据 $v_i = 1.35 > 3\sigma$，应将此对应 $x_i = 206.65$ 视为坏值加以剔除，现剩下 15 个数据;

(5) 重新计算剩余 15 个数据的平均值:

$$\bar{x}' = 205.21℃$$

(6) 重新计算各残差 v_i' 列于表中;

(7) 重新计算标准差:

$$\sigma' = \sqrt{\frac{1}{14}\sum_{i=1}^{n} v_i'^2} = 0.27$$

(8) 按着 $\Delta' = 3\sigma'$ 再判有无坏值，$3\sigma' = 0.81$，各 $|v_i'|$ 均小于 Δ'，则认为剩余 15 个数据中不再含有坏值；

(9) 对 v_i' 作图，判断有无变值系差，如图 2.11.1 所示，从图中可见无明显累进性或周期性系差；

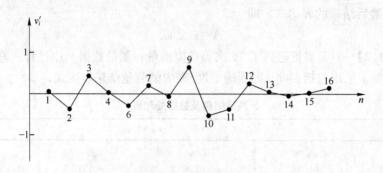

图 2.11.1　v_i' 的变化情况

(10) 计算算术平均值标准差(估计值)：
$$\sigma_{\bar{x}} = \sigma' / \sqrt{15} = 0.27 / \sqrt{15} \approx 0.07$$

(11) 写出测量结果表达式：
$$x = \bar{x}' \pm 3\sigma_{\bar{x}} = 205.2 \pm 0.2 \text{℃}$$

2.12　最小二乘法

最小二乘法是对测量数据进行处理的一种方法，它给出了数据处理的一条准则，即在最小二乘意义下获得的结果(或最佳值)应使残差平方和最小。基于这一准则所建立的一套理论和方法为测量数据的处理提供了一种有力的工具。现代矩阵理论的发展及电子计算机的广泛应用，为这一方法提供了新的理论工具和得力的数据处理手段，成为回归分析、数理统计等方面的理论基础之一。作为数据处理手段，最小二乘法在测量曲线的拟合、方差分析与回归分析及其他科学实验的数据处理等方面均获得了广泛的应用。

2.12.1　最小二乘法原理[3]

最小二乘法是指测量结果的最佳值(用 x_0 表示)，应使测量值(用 x_i 表示)与最佳值之差的平方和为最小，即

$$\sum_{i=1}^{n} p_i (x_i - x_0)^2 = \sum_{i=1}^{n} p_i v_i^2 = \min \qquad (2.12.1)$$

这就是最小二乘法的基本原理。

对于等精度测量，最佳值是使所有测量值的误差的平方和最小的值。因此，对于等精度测量的一系列测量值来说，它们的算术平均值就是最佳值，各测量值与算术平均值之差的平方和最小。

对于不等精度独立计量，测量结果的最佳值是各测量值与算术平均值之差的加权平均值，这与最小二乘法原理一致。

2.12.2　线性经验公式的最小二乘法拟合

在科学研究中会经常遇到寻求表征两个量的线性经验公式的拟合问题，最小二乘法是

求线性经验公式中常用的方法，由于两个量在一个小范围总可以认为是线性的，因而求线性经验公式的方法有着广泛的应用。

若两个量 x、y 间有线性关系：

$$y = ax + b \qquad (2.12.2)$$

当对它们进行独立等精度测得 $n(n \geqslant 2)$ 对数据 (x_1, y_1)，(x_2, y_2)，$\cdots$，(x_n, y_n) 时，由于测量误差的存在，不可能使所求直线穿过所有数据点，由于各偏差的平方均为正数，若平方和为最小，即这些偏差均最小，最佳直线便是尽可能靠近这些点的直线。因此利用最小二乘法原理，使各测量点到直线纵坐标的差 $y_i - (ax_i + b) = v_i$ 的平方和最小，从而解出 a 和 b。

由误差方程

$$\begin{cases} y_1 - (ax_1 + b) = v_1 \\ y_2 - (ax_2 + b) = v_2 \\ \quad\vdots \\ y_n - (ax_n + b) = v_n \end{cases} \qquad (2.12.3)$$

各等式两边平方，得

$$\begin{cases} v_1^2 = y_1^2 + a^2 x_1^2 + b^2 + 2abx_1 - 2by_1 - 2ax_1 y_1 \\ v_2^2 = y_2^2 + a^2 x_2^2 + b^2 + 2abx_2 - 2by_2 - 2ax_2 y_2 \\ \quad\vdots \\ v_n^2 = y_n^2 + a^2 x_n^2 + b^2 + 2abx_n - 2by_n - 2ax_n y_n \end{cases}$$

将以上 n 个式子左边和右边分别相加，得

$$\sum_{i=1}^{n} v_i^2 = \sum_{i=1}^{n} y_i^2 + a^2 \sum_{i=1}^{n} x_i^2 + nb^2 + 2ab \sum_{i=1}^{n} x_i - 2b \sum_{i=1}^{n} y_i - 2a \sum_{i=1}^{n} x_i y_i$$

令 $V = \sum_{i=1}^{n} v_i^2$，根据最小二乘法原理，要使 $V = \min$，则 a 和 b 必须满足

$$\begin{cases} \dfrac{\partial V}{\partial a} = 2a \sum_{i=1}^{n} x_i^2 + 2b \sum_{i=1}^{n} x_i - 2 \sum_{i=1}^{n} x_i y_i = 0 \\ \dfrac{\partial V}{\partial b} = 2nb + 2a \sum_{i=1}^{n} x_i - 2 \sum_{i=1}^{n} y_i = 0 \end{cases}$$

化简后得到方程组

$$\begin{cases} a \sum_{i=1}^{n} x_i^2 + b \sum_{i=1}^{n} x_i = \sum_{i=1}^{n} x_i y_i \\ nb + a \sum_{i=1}^{n} x_i = \sum_{i=1}^{n} y_i \end{cases}$$

解方程组，得

$$b = \frac{1}{n} \left(\sum_{i=1}^{n} y_i - a \sum_{i=1}^{n} x_i \right) = \bar{y} - a\bar{x} \qquad (2.12.4)$$

$$a = \frac{n \sum_{i=1}^{n} x_i y_i - \sum_{i=1}^{n} x_i \sum_{i=1}^{n} y_i}{n \sum_{i=1}^{n} x_i^2 - \left(\sum_{i=1}^{n} x_i \right)^2} = \frac{\sum_{i=1}^{n} x_i y_i - n(\bar{x}\,\bar{y})}{\sum_{i=1}^{n} x_i^2 - n(\bar{x})^2} \qquad (2.12.5)$$

其中 $\bar{x} = \dfrac{1}{n}\sum\limits_{i=1}^{n} x_i$，$\bar{y} = \dfrac{1}{n}\sum\limits_{i=1}^{n} y_i$ 是全部测量点的点系中心(或平均点)。

从上面的分析结果可以看出用最小二乘法求出的直线一定通过全部测量点的点系中心 $(\bar{x}，\bar{y})$这一点。

2.12.3 幂级数多项式的最小二乘法拟合

前面我们讨论了用最小二乘法拟合直线，在这里，将讨论更一般的情形。如果用直线不能很好地拟合数据，可以构思一个更复杂的函数，改变函数的系数使之能够更好地拟合测量数据。对于这种数据的拟合，最有用的函数是幂级数多项式。

设已知一组数据$(x_1，y_1)$，$(x_2，y_2)$，$\cdots$，$(x_m，y_m)$，要用通常的 $n(n<m-1)$ 次多项式

$$p_n(x) = a_0 + a_1 x + a_2 x^2 + \cdots + a_n x^n \tag{2.12.6}$$

去近似它。下面要解决的问题就是应该如何选择 a_1，a_2，$\cdots$，a_n，使 $p_n(x)$能较好地拟合已知测量数据。按最小二乘法，应该选择 a_0，a_1，$\cdots a_n$，使得

$$Q(a_0，a_1，\cdots，a_n) = \sum_{i=1}^{m}[y_i - p_n(x)]^2 \tag{2.12.7}$$

取最小。求 Q 对 a_0，a_1，$\cdots a_n$ 的偏导数，并令其等于零，得到

$$\frac{\partial Q}{\partial a_k} = -2\sum_{i=1}^{m}[y_i - (a_0 + a_1 x_i + \cdots + a_n x_i^m)]x_i^k = 0 \quad k = 0, 1, \cdots, n$$

进一步可以将上式写成

$$\sum_{i=1}^{m} y_i x_i^k = a_0 \sum_{i=1}^{m} x_i^k + a_1 \sum_{i=1}^{m} x_i^{k+1} + \cdots a_n \sum_{i=1}^{m} a_i^{k+n} \quad k = 0, 1, \cdots, n$$

引入记号

$$s_k = \sum_{i=1}^{m} x_i^k$$

和

$$u_k = \sum_{i=1}^{m} y_i x_i^k$$

则上述方程组可以写为

$$\begin{cases} s_0 a_0 + s_1 a_1 + \cdots + s_n a_n = u_0 \\ s_1 a_0 + s_2 a_1 + \cdots + s_{n+1} a_n = u_1 \\ \quad\quad\quad \vdots \\ s_n a_0 + s_{n+1} a_1 + \cdots + s_{2n} a_n = u_n \end{cases}$$

令

$$S = \begin{bmatrix} s_0 & s_1 & \cdots & s_n \\ s_1 & s_2 & \cdots & s_{n+1} \\ \vdots & \vdots & & \vdots \\ s_n & s_{n+1} & \cdots & s_{2n} \end{bmatrix} \quad A = \begin{bmatrix} a_0 \\ a_1 \\ \vdots \\ a_n \end{bmatrix} \quad U = \begin{bmatrix} u_0 \\ u_1 \\ \vdots \\ u_n \end{bmatrix}$$

则方程组可以写成矩阵形式：

$$SA = U \tag{2.12.8}$$

它的系数行列式是

$$\det(S)=\begin{vmatrix} s_0 & s_1 & \cdots & s_n \\ s_1 & s_2 & \cdots & s_{n+1} \\ \vdots & \vdots & & \vdots \\ s_n & s_{n+1} & \cdots & s_{2n} \end{vmatrix}$$

由 $s_i(i=0,1,\cdots,2n)$ 的定义及行列式的性质可以知，当 x_1，x_2，$\cdots x_m$ 互异时，det $(S)\neq 0$，式(2.12.8)有唯一解，a_0，a_1，$\cdots$，a_n 满足

$$A=S^{-1}U \tag{2.12.9}$$

且它们使 $Q(a_0,a_1,\cdots,a_n)$ 取极小值。

对于不等精度测量，要用加权和

$$\sum_{i=1}^{m}p_i[y_i-p_n(x_i)]^2 \tag{2.12.10}$$

代替式(2.12.7)取最小值。其中 $p_i(p_i>0)$ 为不等精度测量所得数据的权值。

【例 2.12.1】　试应用最小二乘法，用二次多项式拟合表 2.12.1 中的数据。

测　量　数　据　　　　　　　　　　　　　　表 2.12.1

i	1	2	3	4	5
x	0.2	0.5	0.7	0.85	1
y	1.221	1.649	2.014	2.340	2.718

【解】　设 y 关于 x 的二次多项式为

$$y=a_2x^2+a_1x+a_0$$

按最小二乘法，可得关于参数 a_0、a_1 和 a_2 的方程组：

$$\begin{cases} a_0\sum_{i=1}^{5}x_i^0+a_1\sum_{i=1}^{5}x_i+a_2\sum_{i=1}^{5}x_i^2=\sum_{i=1}^{5}y_i \\ a_0\sum_{i=1}^{5}x_i+a_1\sum_{i=1}^{5}x_i^2+a_2\sum_{i=1}^{5}x_i^3=\sum_{i=1}^{5}x_iy_i \\ a_0\sum_{i=1}^{5}x_i^2+a_1\sum_{i=1}^{5}x_i^3+a_2\sum_{i=1}^{5}x_i^4=\sum_{i=1}^{5}x_i^2y_i \end{cases}$$

计算的中间结果列于表 2.12.2 中。

计　算　中　间　结　果　　　　　　　　　　表 2.12.2

i	x^0	x^1	x^2	x^3	x^4	y	xy	x^2y
1	1	0.2	0.04	0.008	0.002	1.221	0.244	0.049
2	1	0.5	0.25	0.125	0.063	1.649	0.824	0.412
3	1	0.7	0.49	0.343	0.240	2.014	1.410	0.987
4	1	0.85	0.723	0.614	0.522	2.340	1.989	1.690
5	1	1	1	1	1	2.178	2.718	2.178
Σ	5	3.250	2.503	2.090	1.826	9.942	7.185	5.857

将表 2.12.2 计算结果代入方程组，得

$$\begin{cases} 5a_0+3.250a_1+2.503a_2=9.942 \\ 3.250a_0+2.503a_1+2.090a_2=7.185 \\ 2.503a_0+2.090a_1+1.826a_2=5.857 \end{cases}$$

得

$$a_2=0.928, \quad a_1=0.751, \quad a_0=1.036$$

因此 y 关于 x 的二次多项式为

$$y=0.928x^2+0.751x+1.036$$

2.12.4　两种常用非线性模型的最小二乘法拟合

利用观测值或测量数据去确定一个经验公式 $p_n(x)=a_0+a_1x+a_2x^2+\cdots+a_nx^n$ 时，需要确定的参数是 a_0，a_1，$\cdots$，a_n，且 $p_n(x)$ 是 a_0，a_1，$\cdots$，a_n 的线性函数。但是有时在利用观测值或测量数据去确定一个经验公式时，要确定的函数往往和待定参数之间不具有线性形式的关系，这样求解参数的问题就变得很复杂。然而，常常可以通过变量替换使其线性化。下面，介绍两种常用非线性模型的线性化方法。

1. 函数类型1

$$s=pt^q \tag{2.12.11}$$

用 $s=pt^q$ 去近似一个由一组观测数据所描绘的曲线，其中 p 和 q 是两个待定的参数。显然 s 已经不是 p 和 q 的线性函数，若将式(2.12.11)两端取自然对数，可得

$$\ln s=\ln p+q\ln t \tag{2.12.12}$$

记 $\ln s=y$，$\ln t=x$，$\ln p=a_0$，$q=a_1$

则式(2.12.12)变为

$$y=a_0+a_1x \tag{2.12.13}$$

其系数 a_0 和 a_1 可以用最小二乘法求得，然后根据

$$\begin{cases} p=e^{a_0} \\ q=a_1 \end{cases} \tag{2.12.14}$$

即可得到 p 和 q 这两个参数。

2. 函数类型2

$$s=Ae^{Ct} \tag{2.12.15}$$

用 $s=Ae^{Ct}$ 去近似一组给定测量实验数据时，其中 A 和 C 是待定的参数。对于这种非线性函数，可以在式(2.12.15)两端取自然对数，得到

$$\ln s=\ln A+Ct \tag{2.12.16}$$

记 $\ln s=y$，$t=x$，$\ln A=a_0$，$C=a_1$，则式(2.12.16)变为

$$y=a_0+a_1x \tag{2.12.17}$$

再用最小二乘法求出系数 a_0 和 a_1，从而求出 A 和 C。

2.12.5　一般线性参数最小二乘法

在实际测量数据的曲线拟合过程中，遇到的大量问题，往往不只是单一自变量和两个待定参数的曲线拟合(线性经验公式)，要拟合的函数中常常有多个自变量和多个待定的参数。最小二乘法可以用于线性参数的处理，也可以用于非线性参数的处理。由于实际中大量的测量问题属于线性的，而非线性参数借助于级数展开的方法可以在某一区域近似地化成线性的形式，因此，线性参数的最小二乘问题是最小二乘法所研究的基本内容。下面将

讨论应用最小二乘法求解具有多个自变量的一般线性模型的参数。

假设被测量 y 和 n 个参数 a_0，a_1，$\cdots$，a_n 之间呈如下的线性关系：

$$y = a_1 x_1 + a_2 x_2 + \cdots + a_n x_n = \sum_{i=1}^{n} a_i x_i \qquad (2.12.18)$$

一般情况下，可以令 $x_1 \equiv 1$。因此，一般线性模型实际有 $n-1$ 个自变量和 n 个要求解的参数。

假定进行了 $m(m>n)$ 次等精度测量，则有

$$\begin{cases} y_1 = x_{11}a_1 + x_{12}a_2 + \cdots + x_{1n}a_n = \sum_{i=1}^{n} x_{1i}a_i \\ y_2 = x_{21}a_1 + x_{22}a_2 + \cdots + x_{2n}a_n = \sum_{i=1}^{n} x_{2i}a_i \\ \qquad\qquad \vdots \\ y_m = x_{m1}a_1 + x_{m2}a_2 + \cdots + x_{mn}a_n = \sum_{i=1}^{n} x_{mi}a_i \end{cases} \qquad (2.12.19)$$

用 l 表示 y 的实际测量值，则相应的误差方程组为

$$\begin{cases} l_1 - y_1 = l_1 - (x_{11}a_1 + x_{12}a_2 + \cdots + x_{1n}a_n) = v_1 \\ l_2 - y_2 = l_2 - (x_{21}a_1 + x_{22}a_2 + \cdots + x_{2n}a_n) = v_2 \\ \qquad\qquad \vdots \\ l_m - y_m = l_m - (x_{m1}a_1 + x_{m2}a_2 + \cdots + x_{mn}a_n) = v_m \end{cases} \qquad (2.12.20)$$

误差方程组的矩阵形式为

$$\begin{bmatrix} l_1 \\ l_2 \\ \vdots \\ l_m \end{bmatrix} - \begin{bmatrix} x_{11} & x_{12} & \cdots & x_{1n} \\ x_{21} & x_{22} & \cdots & x_{2n} \\ \vdots & \vdots & & \vdots \\ x_{m1} & x_{m2} & \cdots & x_{mn} \end{bmatrix} \begin{bmatrix} a_1 \\ a_2 \\ \vdots \\ a_n \end{bmatrix} = \begin{bmatrix} v_1 \\ v_2 \\ \vdots \\ v_m \end{bmatrix} \qquad (2.12.21)$$

即

$$L - XA = V \qquad (2.12.22)$$

其中 $X = \begin{bmatrix} x_{11} & x_{12} & \cdots & x_{1n} \\ x_{21} & x_{22} & \cdots & x_{2n} \\ \vdots & \vdots & & \vdots \\ x_{m1} & x_{m2} & \cdots & x_{mn} \end{bmatrix}$ 为系数矩阵，$A = \begin{bmatrix} a_1 \\ a_2 \\ \vdots \\ a_n \end{bmatrix}$ 为待求参数矩阵，$L = \begin{bmatrix} l_1 \\ l_2 \\ \vdots \\ l_m \end{bmatrix}$ 为

实测值矩阵，$V = \begin{bmatrix} v_1 \\ v_2 \\ \vdots \\ v_m \end{bmatrix}$ 为残余误差矩阵。

为了获得更可靠的结果，测量次数 m 总要多于未知参数的个数 n，即所得误差方程的数目总是要多于未知数的数目。因而直接用一般解代数方程的方法是无法求解这些未知参数的。最小二乘法可将误差方程转化为有确定解的代数方程组，使其方程式数目正好等于未知参数的个数，从而可求解出这些未知参数。这个有确定解的代数方程组称为最小二乘

法的正规方程。

根据最小二乘法原理，残余误差平方和最小，即

$$\sum_{i=1}^{m} v_i^2 = \min \qquad (2.12.23)$$

由于

$$(v_1 \ v_2 \cdots v_m) \begin{pmatrix} v_1 \\ v_2 \\ \vdots \\ v_m \end{pmatrix} = \sum_{i=1}^{m} v_i^2$$

式(2.12.23)的矩阵形式为

$$V^{\mathrm{T}} V = \min$$

或

$$(L - XA)^{\mathrm{T}} (L - XA) = \min$$

令 $Q = \sum\limits_{j=1}^{m} v_j^2 = \sum\limits_{j=1}^{m} (l_j - \sum\limits_{i=1}^{n} x_{ji} a_i)^2$，要求使 Q 达到最小值时的 a_1，a_2，$\cdots$，a_n，只需令 $\dfrac{\partial Q}{\partial a_i} = 0 (i=1, 2, \cdots, n)$，可得出 m 个方程：

$$\begin{cases} \dfrac{\partial Q}{\partial a_1} = 2 \sum\limits_{j=1}^{m} \left(l_j - \sum\limits_{i=1}^{n} x_{ji} a_i \right) (-x_{j1}) = 0 \\[2mm] \dfrac{\partial Q}{\partial a_2} = 2 \sum\limits_{j=1}^{m} \left(l_j - \sum\limits_{i=1}^{n} x_{ji} a_i \right) (-x_{j2}) = 0 \\[2mm] \qquad\qquad\qquad \vdots \\[2mm] \dfrac{\partial Q}{\partial a_n} = 2 \sum\limits_{j=1}^{m} \left(l_j - \sum\limits_{i=1}^{n} x_{ji} a_i \right) (-x_{jn}) = 0 \end{cases}$$

化简得

$$\begin{cases} \sum\limits_{j=1}^{m} \left(\sum\limits_{i=1}^{n} x_{ji} a_i \right) x_{j1} = \sum\limits_{j=1}^{m} l_j x_{j1} \\[2mm] \sum\limits_{j=1}^{m} \left(\sum\limits_{i=1}^{n} x_{ji} a_i \right) x_{j2} = \sum\limits_{j=1}^{m} l_j x_{j2} \\[2mm] \qquad\qquad\qquad \vdots \\[2mm] \sum\limits_{j=1}^{m} \left(\sum\limits_{i=1}^{n} x_{ji} a_i \right) x_{jn} = \sum\limits_{j=1}^{m} l_j x_{jn} \end{cases} \qquad (2.12.24)$$

令

$$X = \begin{pmatrix} x_{11} & x_{12} & \cdots & x_{1n} \\ x_{21} & x_{22} & \cdots & x_{2n} \\ \vdots & \vdots & & \vdots \\ x_{m1} & x_{m2} & \cdots & x_{mn} \end{pmatrix} = (X_1 \ X_2 \cdots X_n)$$

则式(2.12.24)写成矩阵形式为

$$\begin{cases} X_1^{\mathrm{T}} X A = X_1^{\mathrm{T}} L \\ X_2^{\mathrm{T}} X A = X_2^{\mathrm{T}} L \\ \quad\vdots \\ X_n^{\mathrm{T}} X A = X_n^{\mathrm{T}} L \end{cases}$$

即

$$X^{\mathrm{T}} X A = X^{\mathrm{T}} L \tag{2.12.25}$$

这就是等精度测量时，以矩阵形式表示的正规方程。

若 X 的秩等于 n，则矩阵 $X^{\mathrm{T}} X$ 是满秩的，其行列式 $\det(X^{\mathrm{T}} X) \neq 0$，那么 A 的解必定存在，而且是唯一的。此时，用 $(X^{\mathrm{T}} X)^{-1}$ 左乘正规方程的两边，就得到正规方程解的矩阵表达式：

$$A = (X^{\mathrm{T}} X)^{-1} X^{\mathrm{T}} L \tag{2.12.26}$$

线性参数的最小二乘法处理程序可以归结为：首先根据最小二乘法原理，利用求极值的方法将误差方程转化为正规方程；然后求解正规方程，得到要求解的参数。其中的关键步骤就是建立正规方程。

对于非线性参数函数，无法由误差方程组直接建立正规方程，一般采取线性化的方法，对非线性函数进行级数展开，从而将非线性函数化为线性函数，再按线性参数的情形进行处理。

最小二乘法原理是在测量误差无偏、正态分布和相互独立的条件下应用的，但在多种微小因素作用下，不严格服从正态分布的情形下也常被使用。

思 考 题 与 习 题

1. 为什么测量结果都带有误差？

2. 简述误差、相对误差、修正值的定义。

3. 什么是真实值？应用中如何选择？

4. 计算下列测量值的误差：

(1) 真值为 0.326MPa 的某压力容器的压力，测得值为 0.32MPa。

(2) 真值为 43.2m³/h 的管道体积流量，测得值为 43.7m³/h。

5. 列出仪表示值误差、示值相对误差、示值引用误差和精度级别的表示式。

6. 某温度计刻度为 0～50.0℃，在 25.0℃ 处计量检定值为 24.95℃，求在 25.0℃ 处温度计的示值误差、示值相对误差和示值引用误差。

7. 0.1 级，量程为 10A 电流表，经检定最大示值误差为 8mA，问该表是否合格？

8. 检定 2.5 级，量程为 100V 的电压表，在 50V 刻度上标准电压表读数为 48V，试问此表是否合格？

9. 测量某一管道的压力 $P_1 = 0.235\mathrm{MPa}$，误差为 $\delta_1 = 0.002\mathrm{MPa}$；测量另一管道的压力 $P_2 = 0.855\mathrm{MPa}$，误差为 $\delta_2 = 0.004\mathrm{MPa}$；试问哪一个压力的测量效果好？

10. 某一压力表测出的压力为 0.520MPa，标准压力表测出的压力为 0.525MPa，求绝对误差、相对误差。

11. 误差来源一般应如何考虑？

12. 解释精度、精密度、正确度和准确度的含义。

13. 简述系统误差、随机误差和粗大误差的含义。

14. 服从正态分布的随机误差有哪些性质？

15. 正态分布随机误差在 $\pm\delta$、$\pm2\delta$、$\pm3\delta$ 内的概率是多少？

16. 计算单次测量均方根误差的贝赛尔公式是什么？

17. 对某量等精度测量 5 次得：29.18，29.24，29.27，29.25，29.26，求平均值及单次测量的均方根误差 δ。

18. 对某量等精度独立测量 16 次，单次测量均方根误差为 1.2，求平均值均方根误差。

19. 实验中为什么要进行多次测量？

20. 若 x_i 为多次等精度独立测量值，则测量结果的最佳值是什么？

21. 什么叫权？什么叫等精度测量和不等精度测量？在不等精度测量时，最佳值及其均方根误差如何计算？

22. 对某物理量独立测量 6 次，结果如表 1 所示，求其平均值及均方根误差。

测 量 数 据 表　　　　　　　　　　　　　　　　表 1

i	x_i	p_i	i	x_i	p_i
1	0.507	8	4	0.371	8
2	0.438	5	5	0.350	13
3	0.381	2	6	0.402	20

23. 随机误差的传递公式是什么？

24. 误差合成和误差分配有何区别？

25. 在测试技术中，什么情况下用到"误差分配"？

26. 试述最小二乘法原理。

27. 计算 $f = x^3\sqrt{y}$ 的值及其均方根差 σ_f。已知 $x=2$，$\sigma_x=0.1$，$y=3$，$\sigma_y=0.2$，且 x 与 y 不相关。

28. 按 $A=VIt$ 计算焦耳值时，独立测得各量及其 σ 为 $I=10.330\pm0.015$，$V=120.7\pm0.3$，$t=603.2\pm0.2$，求 $A\pm\sigma_A$。

29. 电阻 R 上的电流 I 产生的热量 $Q=0.24I^2Rt$，式中 t 为通过电流的持续时间。已知测量 I 与 R 的相对误差为 1%，测量 t 的相对误差为 5%，求 Q 的相对误差。

30. 电能的计算公式为 $W=(U^2/R)t$，若已知 $\gamma_U=\pm1\%$，$\gamma_R=\pm0.5\%$，$\gamma_t=\pm1.5\%$，求电能的相对误差。

31. 举出消除系统误差的一些基本方法。

32. 将下列数保留 4 位有效数字：

3.14159　　2.71729　　4.51050　　3.21652

5.6234　　6.378501　　7.691499

33. 根据有效数字运算规则计算下列各式：

(1) $60.4+2.02+0.222+0.0467$　　(2) $10.2838+15.01+8.69572$

(3) $\dfrac{517.43\times0.279}{4.082}$　　(4) $\dfrac{603.21\times0.32}{4.011}$

(5) $(25.8)^2$　　(6) $(77.7)^2$

(7) $\sqrt{4.8}$　　(8) $\sqrt{39.5}$

(9) $\lg2.00$　　(10) $\ln106$

34. 对含有粗大误差的异常值如何处理和判别？

35. 对某被测量进行 10 次测量，测量数据为 100.47、100.54、100.60、100.65、100.73、100.77、100.82、100.90、101.01、101.40，问该测量列中是否含有粗大误差的测量值。

36. 设有大电阻 $R_M=R_{M0}\pm\Delta R_M$，小电阻 $R_m=R_{m0}\pm\Delta R_m$，已知 $R_M\gg R_m$，它们的相对误差近似相

等。在把这两个电阻分别串、并联时，哪个电阻的误差对总误差的相对误差影响大？

37. 测量 x 和 y 的关系，得到表 2 所示的一组数据，试用最小二乘法拟合，求这些实验数据的最佳曲线。

测量数据表 表 2

x_i	6	17	24	34	36	45	51	55	74	75
y_i	10.3	11.0	10.01	10.9	10.2	10.8	11.4	11.1	13.8	12.2

38. 用某温度计对水温进行测量，重复测量 8 次得到测量数据为 19.9℃、19.8℃、20.5℃、20.1℃、19.6℃、19.8℃、20.3℃、20.2℃。已知温度计在示值为 20℃时的校准值为 20.4℃，请问该温度计测量结果是否需要修正？如果要修正，修正值为多少？已修正的测量结果是多少？

39. 简述误差、精度及不确定度的概念及关系。

40. 不确定度的评价方法有哪几类？为什么要引入 B 类评定？

41. 什么情况下适合选用 A 类评定？什么情况下适合选用 B 类评定？

42. 简述标准不确定度、相对标准不确定度的概念。

43. 合成标准不确定度依据的理论背景是什么？

44. 要计算扩展不确定度需要哪些量？

45. 用温度仪表对恒温水箱的温度连续测量 10 次，用其中的某一值表示测量结果，10 次测量数据为（单位：℃）：45.3、45.6、45.4、45.2、45.4、45.8、45.4、45.6、45.2、45.4。求该测量结果中的随机误差引起的标准不确定度分量及自由度。

46. 用压力表对恒压水箱的压力连续测量 10 次，用其平均值表示测量结果，10 次测量数据为（单位：MPa）：0.345、0.348、0.340、0.347、0.346、0.342、0.345、0.345、0.342、0.346。求该测量结果中的随机误差引起的标准不确定度分量及自由度。

47. 对管道压力进行了 6 次测量，用其平均值作为管道压力的估计值，通过 A 类评定得标准不确定度 $u_A = 0.003\mathrm{MPa}$，B 类评定标准不确定度为 $u_B = 0.004\mathrm{MPa}$，取 u_B 的相对标准差为 25%。试求压力测量的合成标准不确定度及自由度。

48. 某校准证书说明，标称值 10Ω 的标准电阻器的电阻在 20℃ 时为 $10.000742\Omega \pm 129\mu\Omega (P = 99\%)$，求该电阻的标准不确定度，并说明是属于哪一类评定的不确定度。

主要参考文献

[1] 张永瑞，刘振起，杨林耀等编著. 电子测量技术基础. 西安：西安电子科技大学出版社，2000.

[2] 田胜元，肖曰荣编. 试验设计与数据处理. 北京：中国建筑工业出版社，1988.

[3] 周渭，于建国，刘海霞编著. 测试与计量技术基础. 西安：西安电子科技大学出版社，2004.

[4] 费业泰主编. 误差理论与数据处理. 北京：机械工业出版社，2010.

[5] 袁有臣等编著. 误差理论与测试信号处理. 北京：化学工业出版社，2011.

第 2 篇 测 量 仪 表

测量仪表是实现正确获得测量参数的装置或设备。自 1593 年由意大利科学家伽利略（1564—1642）发明的第一只温度计（敞口玻璃管内装水的温度计），至今已经四百多年。由人工读数式仪表、远传式仪表、电动式仪表到智能式仪表，历经了几代仪表工业的发展。尤其是在 20 世纪后期，测量仪表的发展速度更是惊人。到目前为止，在工业生产过程中使用的测量仪表主要有电动式仪表、智能式仪表及计算机测量系统。在一些特殊场合自力式的直读仪表应用也很广泛，它具有的无需外界能源、安全可靠、价格低廉、显示直接等优点，是电动式仪表暂时还无法取代的。

本篇根据建筑环境与能源应用工程专业的需要，对温度、湿度、压力、物位、流速与流量、热量、空气成分及其他有关参数的测量原理及仪表进行了介绍。最后介绍电动显示仪表的特点，仪表与测量参数变送器的连接及测量环节的组成。

第3章 温 度 测 量

温度是一个重要的物理量。它是国际单位制(SI)中7个基本物理量之一,也是工业生产中主要的工艺参数。本章将对测温技术及测温的主要方法作以介绍。

3.1 温 度 测 量 概 述

温度是表示物体的冷热程度的物理量。温度高低的准确判断,需要借助于某种物质的某种特性(例如物体的体积、长度和电阻等)随温度变化的一定规律来进行测量,由此产生了许多测量温度的传感器和与之对应的温度计。但是,迄今为止,还没有适应整个温度范围用的温度计(或物质)。比较理想的物质及相应的物理性能有:液体、气体的体积或压力,金属(或合金)的电阻,热电偶的热电动势和物体的热辐射等,这些物质随温度变化的特性都可作为温度测量的依据。

3.1.1 温标[1]

温标是为了保证温度量值的统一和准确而建立的一个用来衡量温度的标准尺度。温标是用数值来表示温度的一套规则,它确定了温度的单位。各种温度计的数值都是由温标决定的。温度这个量比较特殊,它利用一些物质的相平衡温度作为固定点刻在标尺上。固定点中间的温度值则利用一种函数关系来描述,称为内插函数(或称内插方程)。通常把温度计、固定点和内插方程叫做温标的三要素(或称为三个基本条件)。

1. 经验温标

早期的温标为经验温标,是借助于某一种物质的物理量与温度变化的关系,用实验方法或经验公式所确定的温标。1714年德国人法伦海脱(Fahrenheit),以水银为测温介质,以水银的体积随温度的变化为依据,制成玻璃水银温度计。他规定水的沸腾温度为212度,氯化氨和冰的混合物为0度,这两个固定点中间等分为212份,每一份为1度记作℉。这种标定温度的方法称为华氏温标。1740年瑞典人摄氏(Celsius)把冰点定为0度,把水的沸点定为100度。用这两个固定点来分度玻璃水银温度计,将两个固定点之间的距离等分为100份,每一份为1度,记作℃。这种标定温度的方法称为摄氏温标。还有一些类似的经验温标。

2. 热力学温标

经验温标具有局限性和随意性两个缺点,不能适用于任意地区或任何场合。物理学家开尔文(Kelvin)提出,在可逆条件下,工作于两个热源之间的卡诺热机与两个热源之间交换热量之比等于两个热源热力学温度数值之比:

$$Q_1/Q_2 = T_1/T_2 \quad 或 \quad T_1 = (Q_1/Q_2) \cdot T_2 \tag{3.1.1}$$

式中 Q_1——卡诺热机从高温热源吸收的热量;

Q_2——卡诺热机向低温热源放出的热量;

T_1——高温热源的温度；

T_2——低温热源的温度。

由式(3.1.1)看出温度 T 是热量 Q 的函数，而与工质无关。1848 年开尔文建议，利用卡诺定理及其推论，可以建立一个与工质无关的温标，即热力学温标，热力学温标所确定的温度数值称为热力学温度(单位为 K)。假设待测热源的热力学温度为 T，一个标准热源的热力学温度已知为 273.16K(水三相点)，利用卡诺热机测温，令 $T_s=273.16K$，则由式(3.1.1)有：

$$T/T_s=Q/Q_s \quad 或 \quad T=(Q/Q_s)\cdot T_s \tag{3.1.2}$$

式中 Q_s——卡诺热机向标准热源放出的热量。

如果能用卡诺热机测出比值 Q/Q_s，则可由式(3.1.2)求得待测热源的热力学温度。式(3.1.2)可称为热力学温标的内插方程。

3. 国际温标

热力学温标是一种理想温标。用气体温度计来实现热力学温标，设备复杂，价格昂贵。为了实用方便，国际上经协商，决定建立国际实用温标。

自 1927 年第七届国际计量大会建立国际温标(ITS-27)以来，为了更好地符合热力学温标，大约每隔 20 年进行一次重大修改。国际温标做重大修改的原因，主要是由于温标的基本内容(即所谓温标"三要素")发生变化。1988 年国际度量衡委员会推荐，第十八届国际计量大会及第 77 届国际计量委员会作出决议，从 1990 年 1 月 1 日开始，各国开始采用 1990 年国际温标(ITS—90)。我国是从 1994 年 1 月 1 日起全面实行国际新温标的。

国际温标同时使用国际开尔文温度(T_{90})和国际摄氏温度(t_{90})，它们的单位分别是"K"和"℃"。T_{90} 与 t_{90} 的关系是

$$t_{90}=T_{90}-273.15 \tag{3.1.3}$$

1990 年国际温标，是以定义固定点温度指定值(附录 1)以及在这些固定点上分度过的标准仪器来实现热力学温标的，各固定点间的温度是依据内插公式使标准仪器的示值与国际温标的温度值相联系。各国根据国际实用温标的规定，相应地建立其自己国家的温度温标。我国温标传递系统的示意图见附录 1 的附图 1。

3.1.2 温度测量方法及测量仪表的分类

温度不能直接测量，而是借助于物质的某些物理特性是温度的函数，通过对某些物理特性变化量的测量间接地获得温度值。

根据温度测量仪表的测量方法，通常可分为接触法和非接触法两类。

1. 接触法

由热平衡原理可知，当两个物体接触，经过足够长的时间达到热平衡后，则它们的温度必然相等。如果其中之一为温度计，就可以用它对另一个物体实现温度测量，这种测温方式称为接触法。其特点是，温度计要与被测物体具有良好的热接触，使两者达到热平衡。因此，测温准确度较高。用接触法测温时，感温元件要与被测物体接触，往往要破坏被测物体的热平衡状态，并受被测介质的腐蚀作用，因此，对感温元件的结构、性能要求苛刻。

2. 非接触法

利用物体的热辐射能随温度变化的原理测定物体温度，这种测温方式称为非接触法。它的特点是不与被测物体接触，也不改变被测物体的温度分布，热惯性小。从原理上看，

用这种方法测温无上限。通常用来测定 1000℃ 以上的移动、旋转或反应迅速的高温物体的温度。

两种测温方法的特点见表 3.1.1 所示。

接触法与非接触法测温特性　　　　　　表 3.1.1

	接 触 法	非 接 触 法
特　点	测量热容量小的物体有困难；测量移动物体有困难；可测量任何部位的温度；便于多点集中测量和自动控制	不改变被测介质的温度场，可测量移动物体，通常测量表面温度
测量条件	测量元件要与被测对象很好接触；接触测温元件不要使被测对象的温度发生变化	由被测对象发出的辐射能充分照射到检测元件；被测对象的有效发射率要准确知道，或者具有重现的可能性
测量范围	容易测量 1000℃ 以下的温度，测量 1200℃ 以上的温度有困难	可测量 −30℃ 以上的温度
准 确 度	通常为 0.5%～1%，根据测量条件可达 0.01%	一般误差较大
响应速度	通常较大，约 1～2min。特殊结构可以做到 10s 左右	通常较小，约 2～3s，迟缓的也小于 10s

3.2　膨胀式温度计

液体膨胀式温度计是利用物体受热膨胀原理制成的温度计，主要有液体膨胀式、固体膨胀式和压力式温度计三种。

3.2.1　液体膨胀式温度计

最常见的是玻璃管式温度计，如图 3.2.1 所示。它主要由液体储存器 1、毛细管 2 和标尺 3 组成。根据所充填的液体介质不同能够测量 −200～750℃ 范围的温度。

1. 测温原理

玻璃管液体温度计是利用液体体积随温度升高而膨胀的原理制作而成。

由于液体膨胀系数 α 远比玻璃的膨胀系数 α' 大，因此当温度变化时，就引起工作液体在玻璃管内体积的变化，从而表现出液柱高度的变化。若在玻璃管上直接刻度，即可读出被测介质的温度值。为了防止温度过高时液体胀裂玻璃管，在毛细管顶部须留有一膨胀室。

温度变化所引起的工作液体体积变化为

$$V_{T_1}=V_{T_0}(\alpha-\alpha')t_1$$
$$V_{T_2}=V_{T_0}(\alpha-\alpha')t_2$$
$$\Delta V=V_{T_2}-V_{T_1}=V_{T_0}(\alpha-\alpha')(t_2-t_1) \tag{3.2.1}$$

式中　V_{T_0}，V_{T_1}，V_{T_2}——分别为工作液体在 0℃ 及温度为 t_1 和 t_2 时的体积；

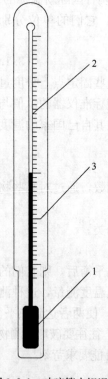

图 3.2.1　玻璃管水银温度计
1—水银储存器；2—毛细管；
3—标尺

α，α'——分别为工作液体和玻璃的体膨胀系数。

由式(3.2.1)可知，工作液体的体膨胀系数 α 越大，温度计的灵敏度就越高，测温精度也越高。酒精和水银是最常用的工作液体，其他可见表3.2.1。

玻璃液体温度计液体材料的测温范围   表 3. 2. 1

工作液体	测温范围(℃)	备 注
水 银	$-30\sim750$ 或更高	
甲 苯	$-90\sim100$	
乙 醇	$-100\sim75$	上限用加压方法获得
石 油 醚	$-130\sim25$	
戊 烷	$-200\sim20$	

2. 玻璃管液体温度计的主要特点

玻璃管液体温度计的优点是直观、测量准确、结构简单、造价低廉，因此被广泛应用于工业、实验室和医院等各个领域及日常生活中。但其缺点是不能自动记录、不能远传、易碎、测温有一定延迟。

玻璃管温度计所用的玻璃材料对温度计的质量起着重要作用。对300℃以上的玻璃温度计要用特殊的玻璃(硅硼玻璃)，500℃以上则要用石英玻璃。

3. 玻璃管液体温度计的分类

玻璃管温度计从用途上分为四类，它们是：

1) 标准温度计：用于精密测量和校准其他温度计，其准确度高，分度值一般为0.1~0.2℃，基本误差在0.2~0.8℃范围内。

2) 实验室用温度计：用于实验室测温。

3) 工业用温度计：用于工业测温，其准确度较低，允许误差可在1~10℃之间。

4) 电接点温度计：做温度控制用。

长期使用的温度计要定期校验并校正其零位，对零位漂移要作修正，不合格的不能使用，校验方法可按有关校验规程进行。

4. 玻璃管温度计测温误差分析

用玻璃管液体温度计测温，应安装在位于方便读数、安全可靠之处；温度计以垂直安装为宜；测量管道内的流体温度时，应使温度计的温包处于管道的中心线位置；倾斜安装时，温度计的插入方向须与流体流动方向相反，以便与流体充分接触，测得真实温度。

误差分析：

1) 由于玻璃材料有较大的热滞后效应，故当温度计被用来测量高温后立即用于测量低温时，其温包不能立即恢复到起始时的体积，从而使温度计的零点发生漂移，因此引起误差。

2) 温度计插入深度不够将引起误差。对温度计校准时，其全部液柱均浸没于被测介质中，但实际使用时却往往只有部分液柱浸没其中，从而引起温度计的指示值偏离被测介质的真实值，故必须对指示值作修正。其修正值为

$$\Delta t = n\gamma(t - t_a) \tag{3.2.2}$$

式中 Δt——露出液体部分的温度修正值(℃)；

n ——露出液柱部分所占的刻度数(℃);

γ ——工作液体对玻璃的相对体膨胀系数(1/℃,汞＝0.00016 1/℃,酒精＝0.000103 1/℃);

t ——温度计的指示值(℃);

t_a ——液柱露出部分所处的环境温度(℃)。

【例3.2.1】 某一测量蒸汽管道中蒸汽温度的水银温度计指示值为280℃,温度计插入处的刻度是60℃,液柱露出部分的环境平均温度为30℃,试求蒸汽的真实温度。

【解】

$$t = t_{指} + \Delta t$$
$$= 280 + n\gamma(t - t_a)$$
$$= 280 + (280 - 60) \times 0.00016 \times (280 - 30)$$
$$= 288.8℃$$

可见,因插入深度不足所引起的测量误差十分惊人,如不修正就不能得到真实的测量值。

3) 非线性误差:液体温度计是由两个固定点(冰熔点和水沸点)间均匀划分等分来进行分度的,这实际上是把液体随温度变化的体积膨胀看成完全的线性关系,事实上液体的体积随温度的变化存在一定的非线性度,因而也会造成误差。

4) 工作液的迟滞性:工作液与玻璃管壁面间的表面吸附力会造成工作液流动的迟滞性,从而降低温度计的灵敏度,甚至出现液柱中断的现象。此时可轻弹温度计或手握温包使液柱上升,直至液柱相互连接后再使用。

5) 读数误差:由于读数时视线与标尺不垂直,与液柱面未处于同一水平面,因此会造成读数误差。此外,读数时只能小心转动温度计顶端的小耳环,切不可用手摸标尺或将温度计取出插孔,更不允许用手握住温包来读数,否则都会造成极大的读数误差。

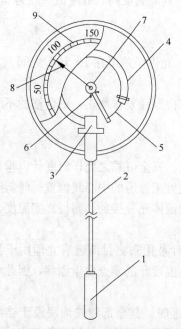

图 3.2.2 压力式温度计
1—温包;2—细管;3—基座;4—弹簧管;
5—拉杆;6—扇齿轮;7—柱齿轮;
8—指针;9—刻度值

3.2.2 压力式温度计

压力式温度计是利用密闭容积内工作介质的压力随温度变化的性质,通过测量工作介质的压力来判断温度值的一种机械式仪表。

压力式温度计的工作介质可以是气体、液体或蒸汽,其结构如图3.2.2所示。压力式温度计的弹簧管4一般为扁圆或椭圆截面,弹簧管一端焊在基座上,内腔与毛细管2相通,另一端封死为自由端。温度变化时,弹簧管4内压力发生变化,带动自由端变化。自由端通过拉杆、齿轮传动机构与指针相联系,指针的转角在刻度盘上指示出被测温度。

压力式温度计由于受毛细管长度的限制,一般工作距离最大不超过60m,被测温度一般为-50～550℃。它简单可靠、抗振性能好,具有良好的防爆性,故常用在飞机、汽车、拖拉机上,也可用它作温度控制信号。但这种仪表动态性能差，示值的滞后较大，不能测量迅速变化的温度。

3.2.3 固体膨胀式温度计[2]

将两种线膨胀系数不同的金属片焊制成一体，构成双金属片温度计。如图3.2.3所示，双金属片的一端固定，另一端为自由端。当温度变化时，由于两种金属的线膨胀系数不同，双金属片必然发生弯曲变形，其弯曲的偏转角 α 反映了被测温度的数值，偏转角与被测温度的关系如式（3.2.3）所示，利用其偏转角的变化可以制成相应的温度计。

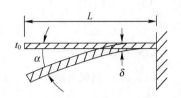

图3.2.3 双金属片温度计原理图

$$\alpha = \frac{360}{\pi} K \frac{L(t-t_0)}{\delta} \tag{3.2.3}$$

式中　K——比弯曲（℃$^{-1}$）；

　　　L——双金属片有效长度（mm）；

　　　δ——双金属片总厚度（mm）；

　t，t_0——被测温度和起始温度（℃）。

除用金属材料外，有时为了增大膨胀系数差，还选用非金属材料，如石英、陶瓷等。

双金属片温度计常用作自动控制装置中的温度测量元件，它结构简单、可靠，但精度不高。

3.3　热电偶测温

热电温度计是以热电偶作为测温元件，用热电偶测得与温度相应的热电动势，由仪表显示出温度的一种温度计。它是由热电偶、补偿（或铜）导线及测量仪表构成的，广泛用来测量－200～1300℃范围内的温度。在特殊情况下，可测至2800℃的高温或4K的低温。热电温度计的应用最普遍，用量也最大。

3.3.1 热电偶的工作原理[3]

热电偶的测温原理是基于1821年塞贝克（Seebeck）发现的热电现象。两种不同的导体 A 和 B 连接在一起，构成一个闭合回路，当两个接点1与2的温度不同时（图3.3.1），如 $T > T_0$，在回路中就会产生热电动势，此种现象称为热电效应。该热电动势就是著名的塞贝克温差电动势，简称为热电动势，记为 E_{AB}。导体 A、B 称为热电极，接点1通常是焊接在一起的，测量时将它置于测温场所感受被测温度，故称为测量端。接点2要求温度恒定，称为参考端。

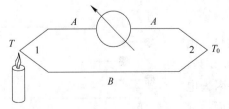

图3.3.1 热电效应示意图 $T > T_0$

热电偶是通过测量热电动势来实现测温的。热电偶实际是一种换能器，它将热能转化为电能，用所产生的热电动势测量温度。该电动势实际上是由接触电势（珀尔帖电势）与温差电势（汤姆逊电势）所组成。

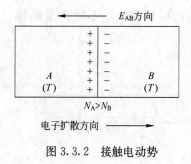

图 3.3.2　接触电动势

1. 接触电动势（珀尔帖电势）

导体内部的电子密度是不同的，当两种电子密度不同的导体 A 与 B 相互接触时，就会发生自由电子扩散现象，自由电子从电子密度高的导体流向密度低的导体。电子扩散的速率与自由电子的密度及所处的温度成正比。假如导体 A 与 B 的电子密度分别为 N_A、N_B。并且，$N_A > N_B$，则在单位时间内，由导体 A 扩散到导体 B 的电子数比从 B 扩散到 A 的电子数多，导体 A 因失去电子而带正电，B 因获得电子而带负电。因此，在 A 和 B 间形成了电位差（图 3.3.2 所示）。一旦电位差建立起来之后，将阻止电子继续由 A 向 B 扩散。在某一温度下，经过一定的时间，电子扩散能力与上述电场阻力平衡，即在 A 与 B 接触处的自由电子扩散达到了动平衡。在其接触处形成的电动势，称为珀尔帖电势或接触电动势，记为 $E_{AB}(T)$，可用下式表示

$$E_{AB}(T) = kT/e[\ln(N_{AT}/N_{BT})] \tag{3.3.1}$$

式中　　k ——波耳兹曼常数，等于 1.38×10^{-23} J/℃；

　　　　e ——电荷单位，等于 4.802×10^{-10} 绝对静电单位；

N_{AT}、N_{BT} ——分别为在温度为 T 时，导体 A 与 B 的电子密度；

　　　　T ——接触处的温度（K）。

对于导体 A，B 组成的闭合回路（图 3.3.1），两接点的温度分别为 T，T_0 时，则相应的珀尔帖电势分别为

$$E_{AB}(T) = kT/e[\ln(N_{AT}/N_{BT})] \tag{3.3.2}$$

$$E_{AB}(T_0) = kT_0/e[\ln(N_{AT_0}/N_{BT_0})] \tag{3.3.3}$$

$E_{AB}(T)$ 和 $E_{AB}(T_0)$ 为导体 A 和 B 的两个接点在温度 T 和 T_0 时的电位差。其中脚标 A、B 的顺序代表电位差的方向，如果改变脚标的顺序，"E" 前面的符号也应随之改变。N_{AT0} 和 N_{BT0} 是 A 导体和 B 导体在温度为 T_0 时的电子密度。

从式（3.3.2）、式（3.3.3）中可以看出，接触电势的大小只与接点温度的高低以及导体 A 和 B 的电子密度有关。温度越高，接触电势越大。两种导体电子密度比值越大，接触电势也越大。

2. 温差电势（汤姆逊电势）

由于导体两端温度不同而产生的电势称温差电势。由于温度梯度的存在，改变了电子的能量分布（图 3.3.3），高温（T）端电子将向低温（T_0）端迁移，致使高温端因失电子带正电，低温端恰好相反，因获电子带负电。因而，在同一导体两端也产生电位差，并阻止电子从高温端向低温端迁移，最后使电子迁移建立一个动平衡，此时所建立的电位差称温差电势或汤姆逊电势。A 导体和 B 导体所产生的温差电势可用下式表示：

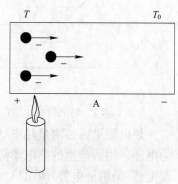

图 3.3.3　温差电势

$$E_A(T, T_0) = \frac{k}{e} \int_{T_0}^{T} \frac{1}{N_{At}} d(N_{At} \cdot t) \tag{3.3.4}$$

$$E_B(T, T_0) = \frac{k}{e} \int_{T_0}^{T} \frac{1}{N_{Bt}} d(N_{Bt} \cdot t) \tag{3.3.5}$$

式中　　　　　N_{At}、N_{Bt}——分别为导体 A 和 B 在某温度 t 时的电子密度；

$E_A(T, T_0)$、$E_B(T, T_0)$——分别为导体 A、B 两端温度各为 T 和 T_0（$T > T_0$）时的温差电势。

3. 闭合回路的总热电势

接触电势是由于两种不同材质的导体接触时产生的电势，而温差电势则是对同一导体当其两端温度不同时产生的电势。在图 3.3.4 所示的闭合回路中，两个接点处有两个接触电势 $E_{AB}(T)$ 和 $E_{AB}(T_0)$；由于 $T > T_0$，在导体 A 与 B 中还各有一个温差电势 $E_A(T, T_0)$ 和 $E_B(T, T_0)$。所以闭合回路总热电动势 $E_{AB}(T, T_0)$ 是接触电势与温差电势的代数和，即

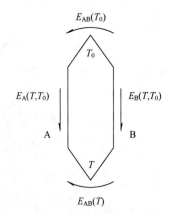

图 3.3.4　热电偶闭合回路的总热电势

$$E_{AB}(T, T_0) = E_{AB}(T) - E_{AB}(T_0) + E_B(T, T_0) - E_A(T, T_0) \tag{3.3.6}$$

经整理推导后可得

$$E_{AB}(T, T_0) = \frac{k}{e} \int_{T_0}^{T} \ln \frac{N_{At}}{N_{Bt}} dt \tag{3.3.7}$$

由式（3.3.7）可知，热电偶总电势与电子密度 N_{At}、N_{Bt} 及两接点温度 T、T_0 有关。电子密度不仅取决于热电偶材料的特性，而且随温度变化而变化。通常热电偶及其配套使用的仪表都是在冷端温度保持为零度时刻度的，这时可以根据实验数据把 $E_{AB}(T, T_0)$ 与 T 的关系绘制成曲线，也可以通过计算列出各种标准热电偶的分度表，详见附录 3。

根据以上所述，可以看到：

1）凡是两种不同性质的导体材料皆可制成热电偶。

2）热电偶所产生的热电势 $E_{AB}(T, T_0)$ 在热电极材料一定的情况下，仅决定于测量端和参考端的温度，而与热电极的形状和尺寸无关。

3）热电偶参考端温度必须保持恒定，最好保持为 0℃。

3.3.2　热电偶的应用定则[1]

根据热电偶的测温原理，并通过大量的试验研究得出下列 3 个应用定则：

1. 均质导体定则

由同一种匀质导体（电子密度处处相同）组成的闭合回路中，不论导体的截面、长度以及各处的温度分布如何，均不产生热电势。

这条定则说明：两种材料相同的热电极不能构成热电偶。由于 $N_A = N_B$，$\ln(N_A/N_B) = 0$，所以 $E_{AB}(T, T_0) = 0$。当热电偶两端的温度相同时，也不会产生热电势，即 $E_{AB}(T, T_0) = 0$。

2. 中间导体定则

在热电偶回路中接入第三种导体，只要与第三种导体相连接的两端温度相同，接入第三种导体后，对热电偶回路中的总电势没有影响。

图 3.3.5 是把热电偶冷接点分开后引入显示仪表 M(或第三根导线 C），如果被分开后的两点 2、3 温度相同且都等于 T_0。那么热电偶回路的总电势为

$$E_{ABC}(T, T_0) = E_{AB}(T) + E_B(T, T_0) + E_{BC}(T_0) + E_C(T_0, T_0)$$
$$+ E_{CA}(T_0) - E_A(T, T_0) \qquad (3.3.8)$$

式中 $E_C(T_0, T_0) = 0$，此外导体 B 与 C，A 与 C 在接点温质为 T_0 处接触电势之和为

$$E_{BC}(T_0) + E_{CA}(T_0) = kT_0/e[\ln(N_{BT0}/N_{CT0})] + kT_0/e[\ln(N_{CT0}/N_{AT0})]$$
$$= kT_0/e[\ln(N_{BT0}/N_{AT0})] = -E_{AB}(T_0) \qquad (3.3.9)$$

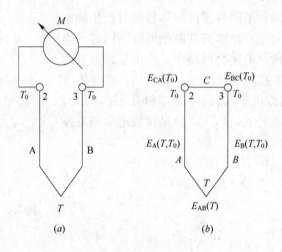

图 3.3.5　热电偶回路接入第三种导体

将式(3.3.9)带入式(3.3.8)得到热电偶回路总电势为

$$E_{ABC}(T, T_0) = E_{AB}(T) - E_{AB}(T_0) + E_B(T, T_0) - E_A(T, T_0) = E_{AB}(T, T_0) \qquad (3.3.10)$$

同理还可加入第四、第五种导体等等。应用这一定则，我们可以在热电偶回路中引入各种仪表、连接导线等。例如，采用开路热电偶对液态金属和金属壁面进行温度测量，即热电偶的工作端不焊在一起。而是直接把 A、B 两电极的端头插入或焊在被测金属上，只要保证 A、B 两热电极插入处温度一致即可。

利用这一定则可推导出参考电极定则，即采用同一参考电极(一般用纯铂丝)与各种不同材料组成的热电偶。以测试其热电特性。然后再利用这些特性组成各种配对的热电偶，这是研究、测试热电偶材料的通用方法。

3. 中间温度定则

它是指热电偶在两接点温度为 T、T_0 时热电势等于该热电偶在两接点温度分别为 T，T_N 和 T_N，T_0 时相应热电势的代数和，即

$$E_{AB}(T, T_0) = E_{AB}(T, T_N) + E_{AB}(T_N, T_0) \qquad (3.3.11)$$

证明如下：

$$E_{AB}(T, T_N) = f(T) - f(T_N)$$
$$E_{AB}(T_N, T_0) = f(T_N) - f(T_0)$$

两式相加得

$$E_{AB}(T, T_N) + E_{AB}(T_N, T_0) = f(T) - f(T_0) = E_{AB}(T, T_0)$$

如果 $T_0 = 0℃$，则式(3.3.11)变为

$$E_{AB}(T, 0) = E_{AB}(T, T_N) + E_{AB}(T_N, 0) \tag{3.3.12}$$

各种热电偶分度表都是在冷端为 0℃ 时制成的。如果在实际应用中热电偶冷端不是 0℃ 而是某一中间温度 T_N，这时显示仪表指示的热电势值为 $E_{AB}(T, T_N)$。而 $E(T_N, 0)$ 值可从分度表上查得，将二者相加，即得出 $E_{AB}(T, 0)$ 值，按照该电势值再查相应的分度表，便可得到测量端温度的 T 的大小。

3.3.3 热电偶的结构和标准化

根据热电偶结构的不同，可分为铠装热电偶和薄膜式热电偶。

1. 铠装热电偶

完整的热电偶由热电极、绝缘套管、保护套管、接线盒等部分组成，如图 3.3.6 所示。

1) 热电极

它的直径由材料的价格、机械强度、导电率及用途和测温范围所决定。如是贵金属，热电极直径多用 0.3～0.65mm 的细丝；廉金属热电极直径一般为 0.5～3.2mm。热电极的长度由安装条件、热电偶的插入深度来决定，通常为 350～2000mm。

2) 绝缘套管

它的作用是防止两个热电极之间或热电极与保护套管之间短路。套管的材料由使用温度范围确定，其结构形式有长有短，有单孔、双孔、四孔等多种。在 1000℃ 以下采用普通陶瓷，1300℃ 以下采用高纯氧化铝，1600℃ 以下采用刚玉。

3) 保护套管

为使热电偶不直接与被测介质接触。以防止化学腐蚀、玷污和机械损伤，将热电偶放入保护管中。保护管的材质一般根据测量范围、加热区长度、环境气氛以及测温的时间常数等条件来决定。

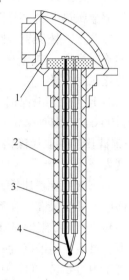

图 3.3.6 铠装热电偶的结构

1—接线盒；2—保护套管；

3—绝缘套管；4—热电偶

各种保护管材料及其使用温度为：黄铜为 400℃、碳钢为 700℃、不锈钢为 900℃、高温不锈钢为 1000～1200℃、高纯氧化铝为 1300℃、刚玉为 1600℃、金属陶瓷为 1800℃、氧化铍和氧化钍可达 2200℃。

4) 接线盒

接线盒一般由铝合金制成，供热电偶与补偿导线或引出线用，兼有密封和保护接线端子的作用。

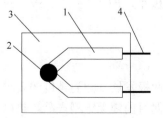

图 3.3.7 薄膜式热电偶示意图

1—热电极；2—热极点；

3—绝缘基板；4—引出线

2. 薄膜式热电偶

采用真空蒸镀或化学涂层等制造工艺将两种热电极材料蒸镀到绝缘基板上，形成薄膜状热电偶，其热端极点非常薄，大约 0.01～0.1μm。薄膜热电偶适合于表面温度的快速测量，响应时间约为数毫秒。基板由云母或浸渍酚醛塑料片等制成，热电极由镍铬-镍硅、铜-康铜等。薄膜热电偶的测温范围一般在 300℃ 以下，使用时可用胶粘剂将基板固定在被测物体的表面，示意图如图 3.3.7 所示。

3.3.4 热电偶分类

热电偶可分为标准化热电偶和非标准化热电偶。

1. 标准化热电偶

标准化热电偶是指生产工艺成熟、成批生产、性能优良并已列入工业标准文件中的热电偶，它具有统一的分度表（见附录3），可互换并有配套的显示仪表供使用。

国际电工委员会（IEC）向各国推荐七种标准化热电偶，我国标准化热电偶已经采用IEC 标准。

(1) 廉金属热电偶

廉金属热电偶主要为以下几种。

1) T 型（铜-康铜）热电偶。这种热电偶的测温范围为－200～350℃，在廉金属热电偶中准确度最高，热电势较大，其主要原因是铜丝的纯度高而无应力。低于－200℃时热电势变化急剧降低，350℃以上则主要是受铜的氧化限制。

2) K 型（镍铬-镍铝或镍硅）热电偶。这种热电偶在廉金属热电偶中测温范围最宽（－200～1100℃），温度-毫伏特性接近线性，热电势比 S 型热电偶大 4～5 倍，我国目前多用镍铬-镍硅热电偶取代镍铬-镍铝热电偶，它们的特性一样，而且脱氧化性强。它们使用同一分度表。

3) E 型（镍铬-康铜）热电偶。这种热电偶虽不及 K 型热电偶应用广泛，但在标准型热电偶中灵敏度最高，在氧化气氛中可使用到 1000℃。

4) J 型（铁-康铜）热电偶。该型热电偶在很多国家已作为工业上最通用的热电偶，它价廉、灵敏，但准确性和稳定性不如 T 型热电偶，在 0℃以下很少用。其测温上限在氧化性气氛中可到 750℃，在还原性气氛中可到 950℃。

(2) 贵金属热电偶

贵金属热电偶主要有以下几种。

1) S 型（铂铑 10-铂）热电偶。在所有标准化热电偶中 S 型热电偶是准确度等级最高的，但热电势小，热电特性曲线非线性较大。长期使用测温上限可到 1400℃。短期可测到 1600℃，不适于还原性气氛。

2) R 型（铂铑 13-铂）热电偶。它与 S 型热电偶相比除热电势稍大之外，其他特点均相同。它只作为引进设备的配件，不大量生产。

3) B 型（铂铑 30-铂铑 6）热电偶。它又简称为双铂铑热电偶。这种类型的热电偶具有铂铑-铂热电偶的各种特点，抗污染能力强，具有较好的稳定性，长期使用上限可达1600℃，但这种热电偶热电势最小，灵敏度低，室温下热电势极小，$E(25)=-2\text{mV}$，故使用时一般不采用补偿导线，也不适用于还原性气氛。

表 3.3.1 列出我国标准化热电偶的主要特性。

2. 非标准化热电偶

随着生产和科学技术的发展，测温范围向超高温和深低温两极发展，测温精度的要求也日益提高，新的测温方法和新的传感器不断出现，有些热电偶目前尚无定型产品，热电势与温度的关系也没有标准化，所以称为非标准化热电偶，常用的有钨-铼系热电偶、钨-铱系热电偶等。

我国标准化热电偶的主要特性 表 3.3.1

名 称	分度号		测量范围 (℃)	等级	使用温度 (℃)	允 许 误 差
	新	旧				
铂铑 10-铂	S	LB-3	0～1600	Ⅰ	0～1100	±1℃
					1100～1600	±[1+(t−1100)×0.003]℃
				Ⅱ	0～1600	±1.5℃
					600～1600	±0.25%t
铂铑 30-铂铑 6	B	LL-2	0～1800	Ⅱ	600～1700	±0.25%t
				Ⅲ	600～800	±4℃
					800～1700	±0.5%t
镍铬-镍硅 (镍铬-镍铝)	K	EU-2	0～1300	Ⅰ	0～400	±1.6℃
					400～1100	±0.4%t
				Ⅱ	0～400	±3℃
					400～1300	±0.75%t
铜-康铜	T	CK	−200～400	Ⅰ	−40～350	±0.5℃或±0.4%t
				Ⅱ	−40～350	±1℃或±0.75%t
				Ⅲ	−200～40	±1℃或±1.5%t
镍铬-康铜	E		−200～900	Ⅰ	−40～800	±1.5℃或±0.4%t
				Ⅱ	−40～900	±2.5℃或±0.75%t
				Ⅲ	−200～40	±2.5℃或±1.5%t
铁-康铜	J		−200～750	Ⅰ	−40～750	±1.5℃或±0.4%t
				Ⅱ	−40～750	±2.5℃或±0.75%t
铂铑 13-铂	R		0～1600	Ⅰ	0～−1600	±1℃或±[1+(t−1100)×0.003]℃
				Ⅱ	0～1600	±1.5℃或±0.25%t
镍铬-金铁	NiCr-AuFe 0.07		−270～0	Ⅰ	−270～0	±0.5℃
				Ⅱ	−270～0	±1℃
铜-金铁	Cu-AuFe 0.07		−270～196	Ⅰ	−270～−196	±0.5℃
				Ⅱ	−270～−196	±1℃

（1）钨-铼系热电偶

钨-铼系热电偶是目前难熔金属中最好的一种，最高使用温度在 2600～3000℃ 之间，但是热电极之间由于绝缘短路而只能用到 2400℃ 以下，不能在氧化气氛中使用。同时，其热电势较大，线性也较好，价廉。不同批量的热电偶丝的热电特性是有差别的，稳定性也较差（极易氧化）。

目前，由于生产工艺的改进，有两种国产钨-铼系热电偶已经实现了统一分度。钨-铼系热电偶具有测温上限高的特点，在冶金、建材、航天、航空及核能等行业都得到应用。我国钨资源丰富，钨铼价格便宜，可部分取代贵金属热电偶，它是高温测试领域中很有前途的测温材料。

（2）钨-铱系热电偶

钨-铱系热电偶是一种高温贵金属热电偶，热电势较高，接近线性，只能在 2200℃ 以下的真空或惰性气体中应用。

（3）其他非标准化热电偶

1）镍铬-金铁热电偶。这种热电偶在低温时热电势较大，可在 2～273K 温度范围内使用。

2）镍钴-镍铝热电偶。这种热电偶的测温范围为 300～1000℃，其特点是在 300℃ 以下热电势很小，室温附近近似零，因此可不必进行冷端温度补偿和修正。

3）非金属热电偶。近年来对非金属热电偶的研究工作已取得一些突破，已能生产石墨-石墨热电偶，石墨-二硼化锆热电偶，石墨-碳化钛热电偶等。

非金属热电偶的优点是热电势显著的大。在各种气氛中物理化学性能都很稳定，测量上限在 3000℃ 以上。其主要缺点是材料的复现性很差，没有统一的分度表，机械强度低。

3.3.5　热电偶测温系统

热电偶测温系统是由热电偶、补偿（或铜）导线、测量仪表及相应的电路构成。

1. 热电偶参考端的温度处理

根据热电偶的测温原理，$E_{AB}(T, T_0) = f(T) - f(T_0)$ 的关系式可看出，热电偶回路所产生的热电势，只有在固定冷端温度 T_0 时。热电偶的输出电势才只是热端温度 T 的单值函数，在热电偶的分度表中或分度检定时，冷端温度都保持在 0℃。在使用时，往往由于现场条件等原因，冷端温度不能维持在 0℃（$T_0 \neq 0$），使热电偶输出的电势值产生误差，因此需要对热电偶的冷端温度进行处理。常用的处理方法有如下四种。

（1）补偿导线法

热电偶一般做得较短，应用中常常需要把热电偶输出的温度信号传输到远离数十米的控制室里，送给显示仪表或控制仪表。如果用铜导线把信号从热电偶的冷端引至控制室，则热电偶冷端仍在热设备附近，冷端温度受热源影响而不稳定。如果设法把热电偶延长并直接引到控制室、这样冷端温度由于远离热源就比较稳定，用这种加长热电偶的办法对于廉价热电偶还可以，而对于贵金属热电偶来说价格就太高了。常用的办法是采用补偿导线法。

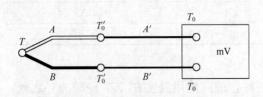

图 3.3.8　补偿导线连接的热电偶温度计

补偿导线法的原理是，在一定温度范围内，采用与配用热电偶的热电特性相同的一对带有绝缘层的廉金属导线作为补偿导线。如图 3.3.8 所示，其中 A'、B' 为补偿导线，在一定温度范围内（例如 0～100℃），它的热电特性与主热电偶 A、B 的热电特性基本相同，所以 A'、B' 可视为 A、B 热电极的延长，因而热电偶的冷端也从 T_0' 处移到 T_0 处，这样热电偶回路的热电势只同 T 和 T_0 有关，原冷端 T_0' 的变化不再影响读数。若 $T_0 = 0$，则仪表对应着热端的实际温度值；若 $T_0 \neq 0$ 需进行补偿与修正。

常用补偿导线的型号分为 SC、KC、KX、EX、JX、TX，其中第一个字母与配用热电偶的分度号相对应；第二个字母为 "X" 时表示是延伸型补偿导线，为 "C" 时表示是补偿型补偿导线。

常用补偿导线的结构分为普通型和带屏蔽层型两种。普通型由线芯、绝缘层及保护套构成。普通型外面再加一层金属屏蔽网就是带屏蔽层的补偿导线，线芯型有单股线芯及多股软线芯两种。

用补偿导线负极的绝缘层着色来区分补偿导线的型号，补偿导线的正极都为红色。常用补偿导线列于表 3.3.2。

常 用 补 偿 导 线   表 3.3.2

补偿导线型号	配用热电偶分度号	补偿导线合金丝		绝缘层着色		100℃时允差（℃）		200℃时允差（℃）	
		正极	负极	正极	负极	普通级	精密级	普通级	精密级
SC	S	SPC(铜)	SNC(铜镍)	红	绿	±5	±3	±5	—
KC	K	KPC(铜)	KNC(铜镍)	红	蓝	±2.5	±1.5	—	—
KX	K	KPX(镍铬)	KNX(镍硅)	红	黑	±2.5	±1.5	±2.5	±1.5
EX	E	EPX(镍铬)	ENX(铜镍)	红	棕	±2.5	±1.5	±2.5	±1.5
JX	J	JPX(铁)	JNX(铜镍)	红	紫	±2.5	±1.5	±2.5	±1.5
TX	T	TPX(铜)	TNX(铜镍)	红	白	±2.5	±1.5	±2.5	±1.5

补偿导线按照补偿原理分为补偿型及延伸型。延伸型补偿导线的材质与所配用热电偶的热电极化学成分相同。这种补偿导线由于采用与热电偶相同的材料，可在很宽的温度范围内保持高精度，误差曲线符合线性。如果选择适宜的绝缘材料，则具有可扩大使用温度范围，克服无补偿接点干扰等优点，但是价格较高。当补偿导线的材质与所配用热电偶的热电极化学成分不同时，只能在一定的温度范围内与热电偶的热电性能一致。因此称作补偿型补偿导线。这种补偿导线在较宽的温度范围内，不能保持高精度，误差随使用温度而变化，补偿接点容易引入干扰，特点是价格便宜。

补偿导线按使用温度可分为一般用（使用温度范围为 0～100℃）和耐热用（使用温度范围为 0～200℃）。

使用补偿导线应注意，一种类型的补偿导线只能同相应的热电偶配套使用，而且有正负极，极性不可接反。

（2）计算修正法

当用补偿导线把热电偶的冷端延长到某一温度 T_0 处（通常是环境温度）。然后再对冷端温度进行修正。

假设检测温度为 T，热电偶冷端温度为 T_0，所测得的电势值为 $E(T, T_N)$，根据中间温度定则（3.3.12）式有：

$$E_{AB}(T, 0) = E_{AB}(T, T_N) + E_{AB}(T_N, 0)$$

利用分度表先查出 $E_{AB}(T_N, 0)$ 的数值，就可计算出合成电势 $E_{AB}(T, 0)$ 的数值，按照该值再查分度表，得出被测温度 T。

【例 3.3.1】 用 K 型热电偶在冷端温度为 25℃时，测得的热电势为 34.36mV，试求热电偶热端的实际温度。

【解】

（1）根据附录 3 查 K 型热电偶分度表，查得 $E(20, 0) = 0.798405mV$；$E(30, 0) =$

1.203408mV。

（2）利用插值公式计算 K 型热电偶在冷端温度为 25℃时的热电动势应该为：

$$E(25，0)=E(20，0)+\frac{E(30，0)-E(20，0)}{10}\times5$$

$$=0.798405+\frac{1.203408-0.798405}{10}\times5\approx1.00mV$$

（3）已知测量的热电势为 $E(T，25)=34.36mV$，冷端热电势 $E(25，0)=1.00mV$，根据式(3.3.12)计算总热电势 $E(T，0)=E(T，25)+E(25，0)=34.36mV+1.00mV=35.36mV$。

（4）再查上述分度表得知 35.36mV 上下的分度值得到：$E(850，0)=35.314404mV$，$E(860，0)=35.718403mV$，然后利用插值公式计算得到热电偶热端的实际温度为：

$$T=850℃+\frac{E(T，0)-E(850，0)}{\frac{E(860，0)-E(850，0)}{10℃}}=850+\frac{35.36-35.314}{\frac{35.718-35.314}{10}}\approx851.14℃$$

在使用微型计算机的控温装置中，亦多用此法处理冷端温度和计算热电偶的实际测量温度。

（3）冷端恒温法

维持冷端恒温的方法很多，常见的方法有如下两种。

1）把冷端引至冰点槽内，维持冷端始终为 0℃，但使用起来不大方便。一般在实验室精密测量中使用，特别是分度和校验热电偶时都要用它。可以购买高精度的冰点槽，控温精度可以达到 0±0.002℃。也可以利用保温瓶自制冰点槽，保温瓶内用纯水制成冰水混合状态，瓶内温度可以保持为 0±0.1℃。

2）把冷端用补偿导线引至电加热的恒温器内，维持冷端为某一恒定的温度。通常一个恒温器可供许多支热电偶同时使用。此法适于工业应用。

（4）补偿电桥法

补偿电桥法是在热电偶测温系统中串联一个不平衡电桥，此电桥输出的电压随热电偶冷端温度变化而变化，从而修正热电偶冷端温度波动引入的误差。如图 3.3.9所示，电桥由直流稳压电源供电，桥臂电阻 $r_1=r_2=r_3=1\Omega$，是用电阻温度系数很小的锰铜丝绕制，阻值不随温度改变。r_{CU}是用电阻温度系数很大的铜线绕制，在环境温度 20℃时，$r_{CU}=r_1=r_2=r_3=1\Omega$，这时电桥平衡，无电压输出。$r_{CU}$值随冷端温度改变而改变，于是电桥两端 A、B 就会输出一个不平衡电压。如选择适当的 R_S，可使电桥的电压输出特性与配用热电偶的热电特性相似。同时，电桥输出的电压方向在冷端温度 $T_n>20℃$时与热电偶的电势方向相同，若 $T_n<20℃$则电桥的电压输出方向与热电偶的电势方向相反，从而起到冷端温度自动补偿的作用。当 $T_n=20℃$时，补偿电桥平衡，无电压输出，热电偶冷端温度无补偿。因此，在使用该种补偿器时，必须把显示仪表的起始点调到 20℃的位置。

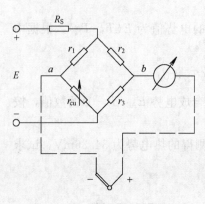
图 3.3.9　补偿电桥

2. 热电偶的校准和误差

（1）热电偶的校准

热电偶经过一段时间使用后，由于热电偶的高温挥发、氧化、外来腐蚀和污染、晶粒组织变化等原因，使热电偶的热电特性逐渐发生变化，使用中会产生测量误差，有时此测量误差会超出允许范围。为了保证热电偶的测量精度，必须定期进行检定或校准。

检定和校准有所不同，检定是按照规程规定的热电偶的检定点进行检定（表3.3.3），检定后一般只给出合格与不合格的检定结果。校准是按照误差要求定出检定点（一般要比热电偶规定的检定点更加细分），检定之后给出检定点的误差值，以供热电偶测量时进行校准使用。

热电偶的检定点　　　　　　　　　　　　　　　表 3.3.3

热电偶名称	检定点(℃)			
铂铑-铂	600	800	1000	1200
镍铬-镍硅	400	600	800	1000
镍铬-考铜	300	400(或500)	600	

在要求测量准确度较高的场合，热电偶在使用前应先进行校准，而且每只热电偶都必须进行个别分度。而且有时在使用后再进行校准，以便提高测量精度。

热电偶的检定方法有比较法和定点法两种，这里只介绍工业上应用较多的比较法。

用被校热电偶和标准热电偶同时测量同一对象的温度，然后比较两者示值，以确定被检热电偶的基本误差等质量指标，这种方法称为比较法。用比较法检定热电偶的基本要求，是要造成一个均匀的温度场，使标准热电偶和被检热电偶的测量端都感受到相同的温度。均匀的温度场沿热电极方向必须要有足够的长度，以使沿热电极的导热误差可以忽略。工业和实验室都把管状炉作为检定热电偶的基本装置，为了保证管状炉内有足够长的等温区域，要求管状炉的内腔长度与直径之比至少为20：1。为使被检热电偶和标准热电偶的热端处于同一温度环境中，可在管状炉的恒温区放置一个镍块，在镍块上钻有孔，把各支热电偶的热端插入其中，进行比较测量。用比较法在管状炉中检定热电偶的系统，如图3.3.10所示，主要装置有管状电炉、冰点槽、转换开关、手动直流电位差计和标准热电偶。

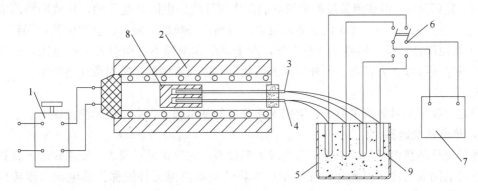

图 3.3.10　热电偶校验系统图

1—调压变压器；2—管式电炉；3—标准热电偶；4—被检热电偶；5—冰点槽；
6—切换开关；7—直流电位差计；8—镍块；9—试管

检定按照等时间间隔循环进行，检定与读数的顺序是：按照标准→被检1→被检2→…→被检 n，被检 n→…→被检2→被检1→标准的循环顺序读数。一个循环后标准与被检各有两个读数，一般进行两个循环的测量，得到四次读数。最后进行数据处理和误差分析，求得它们的算术平均值，比较标准与被检的测量结果。详见热电偶检定规程。

（2）热电偶测温误差

工业测温用热电偶传感器一般都带有保护套管，此外还有补偿导线、冷端补偿器及显示仪表等组成热电偶测温系统。热电偶的测温误差一般有下述几项引起：

1）分度误差。分度误差是指检定时产生的误差，其值不得超过允许误差。

标准化工业用热电偶是用标准热电偶来分度的，因此标准化工业用热电偶的分度误差已包含了标准热电偶的传递误差。对于有统一分度表的标准化热电偶，分度的结果就是给出与分度表相比较的偏差值；对于非标准化热电偶，分度的结果是给出温度和热电势的对应关系（用表格或曲线均可以）。

按照规定条件使用时，热电偶分度误差的影响并不是主要的。在使用过程中、由于热电极的腐蚀污染等原因，导致热电特性变化，造成较大的测温误差，所以使用中应注意对热电偶按时进行检查与校验。

2）冷端温度引起的误差。用自动电子电位差计或动圈表等作为热电偶的显示仪表时，一般用铜冷端温度补偿电阻或冷端补偿电桥来补偿冷端温度的变化。但只能在个别点上得到完全补偿，因而在其他点上将引起误差。

3）补偿导线的误差。由于补偿导线的热电特性与所配热电偶不完全相同，从而造成误差。在规定的工作范围内，如镍铬-镍硅热电偶的补偿导线在使用温度为100℃时，准许误差约为±4℃，如使用不当，补偿导线的工作温度超出规定使用范围时误差将显著增加。

4）热交换所引起的误差。根据热平衡的基本原理，热电偶在测温时，必须保持它与被测对象的热平衡。才能达到准确测温的目的。然而实际测温时，其热端难以和被测对象直接接触，加之沿热电极和保护套管向周围环境的导热损失，造成了热电偶热端与被测对象之间的温度误差。

5）测量线路和显示仪表的误差。如果热电偶温度计配用的是动圈仪表，要求外线路总电阻一定（15Ω），但在测量过程中热电偶及连接导线的电阻是变化的，导致回路总电阻的变化而产生测温误差。同时由于显示仪表本身精度等级的局限，也会产生测量误差。

6）其他误差。除上述各项误差之外，由于屏蔽和绝缘不良而引入干扰电压，将经过热电偶的连接导线进入仪表。另外不同的换热形式以及不同的测量对象还会产生一些其他的误差。

总之，要根据具体测量系统、应用误差分析的基本理论，求出实际测温误差。

3. 热电偶变送器

各种规格的热电偶一般不能单独构成测温仪表，它只是显示仪表、变送仪表或计算机测量系统的测温元件，因此我们在应用中常将热电偶测温元件统称为热电偶温度传感器（或简称温度传感器）。

热电偶温度传感器的测温信号通过补偿导线进行远距离传输，容易引起很多误差。因此可以就地将热电偶传感器的测温信号通过转换电路变换成标准信号（如 DDZ-Ⅲ型仪表的

4～20mA、DC 信号）后，再进行远距离
传输。变送器可以与热电偶温度传感器制
成一体化结构，变送器的体积很小，可以
安装在铠装热电偶的接线盒内，或就近安
装。变送器的信号线一般为两线制，连接
热电偶变送器的导线既是电源线又是信号
线，原理如图 3.3.11 所示。

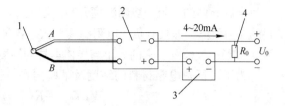

图 3.3.11 热电偶变送器接线原理图
1—热电偶；2—变送器；3—直流电源；4—取样电阻

3.4 热电阻测温

导体或半导体的电阻率与温度有关，利用此特性制成电阻温度感温元件，它与测量电
阻阻值的仪表配套组成电阻温度计。

用热电偶测量 600℃ 以下温度时，由于热电动势小，测量准确度低，故目前在测量
－200～600℃ 时多采用电阻温度计。尤其对于低温测量，电阻温度计应用更为广泛，如铂
电阻温度计可测到－200℃；铟电阻温度计可测到 3.4K 的低温。

电阻温度计的优点是：测温准确度高，在 13.8033～1234.93K 范围内铂电阻温度计
作为实用标准温度计，信号便于传送。它的缺点是：不能测量太高的温度；需外电源供
电，因此使用受到限制；连接导线的电阻易受环境温度的影响，会产生测量误差。

3.4.1 热电阻的特性[3]

热电阻是用金属导体或半导体材料制成的感温元件。金属导体有铂、铜、镍、铁、
铑、铁合金等，半导体有锗、硅、碳及其他金属氧化物等。其中，铂热电阻和铜热电阻属
国际电工委员会（IEC）推荐的，也是我国国标化的热电阻。

物体的电阻一般随温度而变化，通常用电阻温度系数 α 来描述这一特性。它的定义
是：在某一温度间隔内，温度变化 1℃ 时的电阻相对变化量，单位为 1/℃。根据定义，
α 可用下式表示：

$$\alpha = \frac{R_t - R_{t_0}}{R_{t_0}(t - t_0)} = \frac{\Delta R}{R_{t_0} \Delta t} \tag{3.4.1}$$

式中　α——在 $t \sim t_0$ 温度范围内的平均电阻温度系数；

　　　R_t——t℃时的电阻值；

　　　R_{t_0}——t_0℃时的电阻值。如令 $t=100$℃，$t_0=0$℃，代入式(3.4.1)中，则变成

$$\alpha = \frac{R_{100} - R_0}{100 R_0} \tag{3.4.2}$$

式中　R_{100}——在 100℃时的电阻值；

　　　R_0——在 0℃时的电阻值。

实际上一般导体的电阻与温度的关系并不是线性的，欲知任一温度下的 α，则应对式
(3.4.1)取极限，得

$$\alpha = \lim_{\Delta t \to 0} \left(\frac{1}{R_{t_0}} \cdot \frac{\Delta R}{\Delta t} \right) = \frac{1}{R_{t_0}} \cdot \frac{dR}{dt} \tag{3.4.3}$$

由式(3.4.3)看出，α 是表征导体电阻与温度关系内在特性的一个物理量，可用 α 表
示相对灵敏度。这是一个通用的表达式，具有广泛的意义。

金属导体的电阻一般随温度升高而增大，α 为正值，称为正的电阻温度系数。半导体材料的 α 为负值，即具有负的电阻温度系数。各种材料的 α 值并不相同，对纯金属而言，一般为 0.38%～0.68%。它的大小与导体本身的纯度有关，α 越大，导体材料的纯度越高。

为了表征热电阻材料的纯度及某些内在特性，还需要引入电阻比 $W(T)$ 的概念：

$$W(T_{90})=R(T_{90})/R(273.16\text{K}) \tag{3.4.4}$$

这里应该指出的是：$W(T_{90})$ 的定义与 IPTS-68 中的电阻比 $W(T_{68})$ 不同，IPTS—68 中的 $W(T_{68})$ 的定义是以 0℃（273.15K）为参考温度的，而 ITS-90 中的参考温度为 273.16K。$W(T)$ 同 α 一样与材料的纯度有关，$W(T)$ 值越大，电阻丝的纯度越高，因此，铂电阻温度计的铂纯度用电阻比 $W(T)$ 表示。

热电阻的电阻值与温度的关系特性有三种表示方法：作图法、函数表示法、列表法（分度表表示法）。作图法是指用曲线将热电阻的分度特性在坐标纸上表示出来；函数表示法是指用数学公式描述热电阻材料的电阻与温度之间的关系；列表法是用表格的形式表示热电阻的分度特性，即电阻-温度对照表，通常称为"分度表"。铂热电阻和铜热电阻是统一设计的定型产品，均有自己的分度表。根据热电阻的数值在相应的分度表上能查出温度值，或进行插值计算出相应的温度值。

3.4.2 常用热电阻

常用的热电阻有铂热电阻、铜热电阻、镍热电阻和半导体热敏电阻。

1. 铂热电阻

铂热电阻是一种国际公认的成熟产品，它性能稳定、重复性好、精度高，所以在工业用温度传感器中得到了广泛应用。它的测温范围一般为 -200～650℃。

铂热电阻的阻值与温度之间的关系近似线性，其特性方程为

当温度 t 为 -200℃$\leqslant t \leqslant$0℃时：

$$R_t=R_0[1+At+Bt^2+Ct^3(t-100)] \tag{3.4.5}$$

当温度 t 为 0℃$\leqslant t \leqslant$650℃时：

$$R_t=R_0[1+At+Bt^2] \tag{3.4.6}$$

式中　R_t——铂热电阻在 t℃时的电阻值（Ω）；

　　　R_0——铂热电阻在 0℃时的电阻值（Ω）；

　　　A——系数，3.96847×10^{-3}1/℃；

　　　B——系数，-5.847×10^{-7}1/℃；

　　　C——系数，-4.22×10^{-12}1/℃。

铂热电阻中的铂丝纯度高达 99.995%～99.9995%，100℃时的电阻值 R_{100} 与 0℃时的电阻值 R_0 的比值用 $W_{(100)}$ 表示。一般工业用铂热电阻要求 $W_{(100)}=1.387$～1.390，标准铂热电阻要求 $W_{(100)}\geqslant1.3925$。

使用铂热电阻的特性方程式，每隔 1℃求取一个相应的 R，便可得到铂热电阻的分度表。这样在实际测量中，只要测得铂热电阻的阻值 R_t，便可从分度表中查出对应的温度值。

2. 铜热电阻

由于铂是贵重金属，因此，在一些测量精度要求不高且温度较低的场合，普遍采用铜热电阻进行温度测量，它的测量范围一般为 -50～150℃。

在使用温度范围内，铜热电阻的特性方程为

$$R_t = R_0[1+\alpha t] \tag{3.4.7}$$

式中　α——温度系数，铜一般为 $(4.25 \sim 4.28) \times 10^{-3}$℃。

铜热电阻的工艺性好，价格便宜，但它易氧化，不适于在腐蚀性介质或高温下工作。

3. 镍热电阻

镍热电阻的电阻温度系数 α 较铂热电阻大，约为铂热电阻的 1.5 倍，使用温度范围为 $-50 \sim 300$℃。但是，温度在 200℃ 左右时，具有特异点，故多用于 150℃ 以下。它的电阻与温度的关系式为

$$R_t = 100 + 0.5485t + 0.665 \times 10^{-3} t^2 + 2.805 \times 10^{-9} t^4 \tag{3.4.8}$$

我国虽已规定其为标准化的热电阻，但还未制定出相应的标准分度表，故目前多用于温度变化范围小，灵敏度要求高的场合。

上述三种热电阻均是标准化的热电阻温度计，其中铂热电阻还可用来制造精密的标准热电阻，而铜和镍只作为工业用热电阻。

4. 半导体热敏电阻

利用金属导体制成的热电阻温度系数为正，即电阻值随温度的升高而增加。而半导体的温度系数为负，半导体热敏电阻就是利用其电阻值随温度升高而减小的特性来制作感温元件的。

热敏电阻成为工业用温度计以来，大量用于家电及汽车用温度传感器。目前已深入到各种领域，发展极为迅速。在接触式温度计中，它仅次于热电偶、热电阻，占第三位，但销售量极大。它的测温范围一般为 $-40 \sim 350$℃，在许多场合已经取代传统的温度传感器，热敏电阻的灵敏度高。它的电阻温度系数 α 较金属热电阻大 $10 \sim 100$ 倍，因此，可采用精度较低的显示仪表。

热敏电阻的温度系数 α 与温度成反比关系，即

$$\alpha = -(\beta/T^2) \tag{3.4.9}$$

热敏电阻的电阻值高。它的电阻值较铂热电阻高 $1 \sim 4$ 个数量级，并且与温度的关系不是线性的，可用下列经验公式来表示

$$R_T = Ae^{B/T} \tag{3.4.10}$$

式中　T——温度(K)；

　　　R_T——温度 T 时的电阻值(Ω)；

　A、B——决定于热敏电阻材料和结构的常数，A 的量纲为电阻，B 的量纲为温度。

图 3.4.1 所示为半导体热敏电阻的温度特性，它是一条指数曲线。

热敏电阻的体积小，热惯性也小，结构简单，根据需要可制成各种形状，如珠形、片形、杆形、圆片形、薄膜形等。目前最小珠状热敏电阻可达 $\phi 0.2mm$，常用来测点温。

热敏电阻的资源丰富、价格低廉、化学稳定性好，元件表面用玻璃等陶瓷材料封装，可用于环境较恶劣的场合。有效地利用这些特点，可研制出灵敏度高、响应速度快、使用方便的温度计。半导体热敏电阻常用的材料由铁、镍、锰、钴、钼、钛、镁等复合氧化物高温烧结而成。

热敏电阻的主要缺点是其阻值与温度的关系呈非线

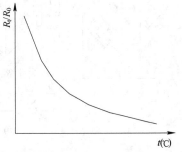

图 3.4.1　半导体热敏电阻温度特性

性，元件的稳定性及互换性较差。而且除高温热敏电阻外，不能用于350℃以上的高温。

3.4.3 特殊热电阻

除了上述所介绍的热电阻外，还有一些满足特殊要求的热电阻。

1. 铠装热电阻

铠装热电阻是将陶瓷骨架或玻璃骨架的感温元件，装入细不锈钢管内，其周围用氧化镁牢固填充。它的3根引线与保护管之间，以及引线相互之间要绝缘良好。充分干燥后，将其端头密封再经模具拉制成坚实的整体，称为铠装热电阻。铠装热电阻的外径尺寸一般为$\phi2\sim8mm$，个别的可制成$\phi1mm$。常用温度为$-200\sim600℃$。

铠装热电阻同普通装配式热电阻相比具有如下优点：

1) 外径尺寸小，套管内为实体，响应速度快；

2) 抗振，可绕，使用方便，适于安装在结构复杂的部位；

3) 感温元件不接触腐蚀性介质，使用寿命长。

2. 薄膜铂热电阻

利用膜工艺改变原有的线绕工艺，制备薄膜铂电阻。它是利用真空镀膜法将纯铂直接蒸镀在绝缘的基板上而制成。它的测温范围是$-50\sim600℃$。由于薄膜热容量小，导热系数大，因此薄膜铂热电阻能够准确地测出物体表面的真实温度。

薄膜铂热电阻的生产工艺成熟，产量高，适用于表面、狭小区域、快速测温及需要高阻值的场合。

3. 厚膜铂热电阻

厚膜铂电阻是用高纯铂粉与玻璃粉混合，加有机载体调成糊状浆料，用丝网印刷在刚玉基片上。再绕结安装引线，调整电阻值。最后涂玻璃釉作为电绝缘保护层。

厚膜铂电阻与线绕铂电阻的应用范围基本相同。在表面温度测量及在机械振动的环境下，应用明显优于线绕式热电阻。

3.4.4 热电阻测温电路

用于测量热电阻值的仪器种类繁多，连接线路也不同，要依据测量对象的要求，选择适宜的仪表与线路。

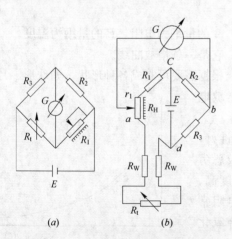

图 3.4.2 平衡电桥测温电路原理图

(a)平衡电桥原理图；(b)平衡电桥两线接法原理图

1. 平衡电桥测温

平衡电桥与不平衡电桥都是测量电阻变化量的仪表。图 3.4.2(a)为平衡电桥测温基本原理图，图中 R_t 为热电阻，阻值随温度而变化，R_2、R_3 为固定电阻，R_1 为可变电阻，由这四个电阻组成桥路的四个桥臂。G 为检流计，E 为电源。当 R_t 值改变时，桥路平衡被破坏，检流计 G 偏转，这时改变 R_1 值，使电桥重新达到平衡，检流计 G 指零，这时有

$$R_t \times R_2 = R_1 \times R_3 \qquad (3.4.11)$$
$$R_t = R_1 \times (R_3/R_2) \qquad (3.4.12)$$

由于 R_2 和 R_3 都是固定的已知电阻，其比值为常数，所以被测电阻 R_t 与 R_1 成正比，只要沿

R_1 敷设标尺，便可根据触头位置读出被测电阻值，换算成被测温度。

图 3.4.2(b) 所示是平衡电桥实际测温电路，R_1、R_2、R_3 是固定电阻，R_H 是滑线电阻(可变电阻)，R_t 是热电阻，R_W 是把热电阻连接到电桥上去的连接导线电阻。其中$R_1 + r_1$、R_2、R_3 和 $R_t + 2R_W + (R_H - r_1)$ 构成电桥的四个臂。另外在电桥的一条对角线 cd 上(又称电源对角线)接电源 E，另一对角线 ab 上(又称测量对角线)接检流计。

平衡电桥测温具有以下特点：

1) 式(3.4.12)中并未包含电源电压 E，这说明电源的种类和稳定性一般不影响测量结果。

2) 用平衡电桥测温是基于零值法，因此能得到较高的测量精度。

3) 如把热电阻 R_t 置于滑线电阻 R_H 的相邻桥臂上，就能得到线性的转换规律。

4) 连接导线引起的环境温度附加误差，可采用三线接法(见图3.4.3)，把此项误差减到最小。

但必须指出，工作电流始终流过热电阻 R_t，对于标准型热电阻，准许通过的最大电流为 7mA，超过此值电阻体会发热，引起测量误差。

图 3.4.2(b) 中，除热电阻 R_t 和 R_W 铜连接导线电阻外，其余电阻都是用不随温度变化的锰铜线做成的。测量温度时，R_t 置于被测介质中以感受被测温度的变化，而 R_W 处于测温现场的环境中，它随着环境温度会发生变化。采用二线法连接热电阻时，导线电阻的变化会影响测量结果。为了减小这项误差，多采用三线连接法(图3.4.3)，即用三根电阻均为 R_W 的导线将热电阻与测温电桥相连。

当电桥平衡时

$$\frac{R_1 + kR_H}{(R_{tmin} + \Delta R_t) + R_W + (1-k)R_H} = \frac{R_2}{R_3 + R_W} \tag{3.4.13}$$

平衡电桥采用三线接法后，两根铜导线的电阻分别加到电桥相邻的两臂上，它们的电阻变化对读数的影响可以相互抵消。至于中间的第三根铜导线，由于连接在电源对角线上，其电阻变化对读数没有影响。式中 k 为滑线电阻 R_H 的调节比。

2. 不平衡电桥测温

不平衡电桥测温见图 3.4.4，它的工作原理是当被测温度为下限值 t_{min}(相应于 R_{min})时，电桥恰好处于平衡状态，测量对角线的电流 $I_y = 0$。当 $t \neq t_{min}$ 时($R_t \neq R_{tmin}$)，电桥

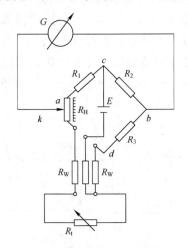

图 3.4.3　三线接法平衡电桥测温原理图

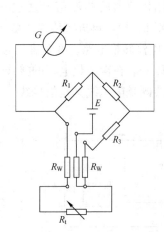

图 3.4.4　三线接法不平衡电桥测温原理图

平衡被破坏，$I_y \neq 0$ 且随着 t 与 t_{min} 偏差的加大，I_y 的值也愈大。这样，只要能推导出 R_t 与 I_y 的关系，根据 I_y 的大小即可判断被测温度值。

由推导可知

$$I_y = \frac{E(R_2 R_t - R_1 R_3)}{R_y(R_1 + R_t)(R_2 + R_3) + R_1 R_t(R_2 + R_3) + R_2 R_3(R_1 + R_t)} \tag{3.4.14}$$

由上式可见，I_y 与 R_t 呈非线性关系，也就是说不平衡电桥的转换规律 $I_y = f(R_t)$ 是非线性的，且电源电压 E 的数值和稳定性对 I_y 有影响。为了消除电源的影响，不平衡电桥多采用稳压电源或稳流电源供电。式中 R_y 是检流计 G 的等效电阻。

不平衡电桥与平衡电桥相比，有以下特点：

1）它与平衡电桥一样，有连接导线引起的环境温度附加误差，可用三线接法予以减小。

2）它能连续地自动指示被测温度，而无需像平衡电桥那样另增加一套自动平衡装置，因此结构简单，价格便宜。

3）它具有非线性的转换规律。

4）电源电压的稳定性对测量结果有影响，最好用稳压电源（或稳流电源）供电。

不平衡电桥在自动检测中应用极广，在配接热电阻的动圈仪表、数字仪表、电子电位差计的测量电路中都有应用。此外在温度变送器，热电偶冷端温度补偿电桥、电子秤、电磁流量计等很多仪表中都用到了不平衡电桥。

3. 有源四线制热电阻测温

在热电阻测温电路中，采用恒流源供电可以构成四线制电路，如图 3.4.5 所示。这种接线方式主要用于高精度温度测量。其中两根引线为热电阻提供恒流源 I，在热电阻上产生电压降 $U = R_t I$，通过另两根引线引至电位差计或高精度电压表进行测量。它能够完全消除引线电阻对测量的影响。

4. 热电阻变送器

热电阻可以根据测温要求制成各种规格的温度传感器，一般不单独构成测温仪表，它只是显示仪表、变送仪表或计算机测量系统的测温元件。

热电阻温度传感器的测温信号通过导线长距离传输，容易引起很多误差。因此可以就地将热电阻传感器的测温信号通过转换电路变换成标准信号（如 DDZ-Ⅲ 型仪表的 4～20mA、DC 信号），再进行传输。变送器的电路可分为三部分：电阻-电压转换、线性化处理及电压-电流转换电路。变送器可以与热电阻温度传感器做成一体化结构，变送器的体积很小可以安装在铠装热电阻的接线盒内。变送器的信号线一般为两线制，连接热电阻变送器的导线既是电源线又是信号线，原理如图 3.4.6 所示。

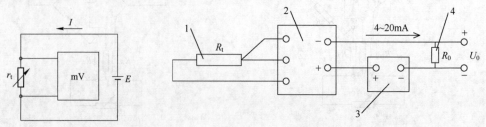

图 3.4.5　有源四线制热电阻测温原理图　　　　图 3.4.6　热电阻变送器接线原理图

1—热电阻；2—变送器；3—直流电源；4—取样电阻

3.4.5 热电阻的校准

热电阻在投入使用之前需要进行校准，在使用之后也要定期进行校准，以检查和确定热电阻的准确度。

热电阻的校准一般在实验室中进行。除标准铂电阻温度计需要作三定点(水三相点、水沸点和锌凝固点)校准外，实验室和工业用的铂或铜电阻温度计的校准方法有两种。

1. 比较法

将标准水银温度计或标准铂电阻温度计与被校电阻温度计一起插入恒温槽中，在需要的或规定的几个稳定温度下读取标准温度计和被校温度计的示值并进行比较，其偏差不能超过被校温度计的最大允许误差。

稳定温度取被测温度范围内 10%、50% 和 90% 的温度校准点重复以上校准，如均合格，则此热电阻校准完毕。

2. 两点法

比较法虽然可用调整恒温器温度的办法对温度计刻度值逐个进行比较校准，但所用的恒温器规格多，一般实验室多不具备。因此，工业电阻温度计可用两点法进行校准，即只校准 R_0 与 R_{100} 两个参数。这种校准方法只需具有冰点槽和水沸点槽，分别在这两个恒温槽中测得被校准电阻温度计的电阻 R_0 和 R_{100}，然后检查 R_0 值和 R_{100}/R_0 的比值是否满足技术数据指标，以确定温度计是否合格。

3. 系统比较法

为了提高温度测量仪表的校准精度，凡是测量精度要求较高的测温仪表，常采用测温系统与温度标准表比较校准的方法。

校准时将被校温度测量仪表的温度传感器及变送器与温度显示仪表连接，将温度传感器与温度标准表一起插入恒温槽中，再按照比较法进行比较，并将偏差作为系统误差校准值输入到被校温度测量仪表中进行误差修正，然后再进行反复比较校准，可以提高温度测量仪表的精确测量。

3.4.6 热电阻的选择与误差

1. 热电阻的选用原则

选用热电阻测温时，需要考虑以下几点：

1) 测温范围。要根据经常测定的温度值和温度变化范围，选择热电阻。

2) 测温准确度。应明确要求测量的准确度，不要盲目追求高准确度。应选择既满足测量要求，准确度又适宜的热电阻。

3) 测温环境。应明确测量场所的化学因素、机械因素以及电磁场的干扰等，这对正确合理选用保护套管材料、形状及尺寸十分有用。在 500℃ 以下一般采用金属保护套管。

4) 成本。在满足测量准确度和使用寿命的情况下，成本愈低愈好。

2. 热电阻测温系统的误差

热电阻温度计的测量准确度比热电偶的高。但在使用中应注意产生误差的原因，防止因使用条件不当而降低测量准确度。

使用热电阻传感器测温时要特别注意线路电阻的影响，因为线路电阻的变化使温度测量产生误差。所以必须测准导线电阻，再绕制线路调整电阻，使线路总电阻等于仪表规定的线路总电阻值(5Ω 或 15Ω)。为克服环境温度变化对导线电阻的影响，尽可能采用三线制接线方式。或者直接选择热电阻传感器与变送器一体化的设备，可以更有效地减小各种干扰的影响。

3.5　接触式测温方法

为了准确地测量温度，单靠提高传感器的精度是不够的。必须根据被测对象的特点和要求，选择合适的传感器和正确的测量方法，才能达到预期的效果。

3.5.1　流体温度测量[2]

采用接触式温度传感器测量管道或容器内流体介质温度时，温度传感器一般都安装在保护套管内，要考虑保护套管给温度测量带来的误差。

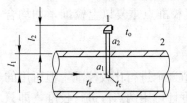

图 3.5.1　接触式测温管道内
外温度示意图

1—温度传感器套管；2—管道；3—流体

1. 温度传感器的导热误差

在管道和容器的保温很好时，管壁和容器壁的温度与流体温度接近，流体以对流换热方式传热给测温传感器，测温传感器再通过导热方式，向外部环境散热，如图 3.5.1 所示。

根据传热学沿细长杆导热原理，测温传感器测量的温度与管道内流体介质温度之间的关系可用式(3.5.1)表示：

$$t_\tau = t_f + \frac{t_o - t_f}{\operatorname{ch}(m_1 l_1)\left[1 + \dfrac{m_1}{m_2}\operatorname{th}(m_1 l_1)\operatorname{cth}(m_2 l_2)\right]} \tag{3.5.1}$$

式中　$m_1 = \sqrt{\dfrac{\alpha_1 C_1}{\lambda_1 A_1}}$，$m_2 = \sqrt{\dfrac{\alpha_2 C_2}{\lambda_2 A_2}}$；

　　t_τ——传感器测量的温度(℃)；

　　t_f——管道内流体介质的温度(℃)；

　　t_o——传感器外露部分的环境温度(℃)；

　l_1，l_2——传感器管道内外的安装长度(m)；

　α_1，α_2——管道内、外介质与传感器保护管间的对流换热系数［W/(m² · ℃)］；

　λ_1，λ_2——管道内外部分传感器保护管的导热系数［W/(m² · ℃)］；

C_1，C_2——传感器保护管管道内外部分的外圆周长(m)；

A_1，A_2——传感器保护管管道内外部分的截面积(m²)。

实际传感器在管道中的传热情况很复杂，式(3.5.1)的推导作了很多假设。此式只能作定性分析，而不能作为误差修正计算。

2. 减小导热误差的措施

根据式(3.5.1)可以看出，应该采取以下的有效措施和如图 3.5.2 所示的安装方式，才能有效地提高测温精度。

1) 将传感器保护管外露部分做好保温，尽量减小外露部分的散热表面积。

2) 传感器的工作端应处于管道中流速最大的地方，传感器保护管的末端应超过管道中心线约 5～10mm。

3) 传感器要有足够的插入深度。实践证明，在最大的允许插入深度条件下，随着插

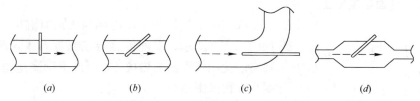

图 3.5.2 温度传感器管道安装原理图
(*a*)垂直安装；(*b*)倾斜安装；(*c*)弯头处安装；(*d*)扩大管安装

入深度的增加，测温误差减小，将测温元件斜插或沿管道轴线方向安装便可达到要求。

4) 如管道直径过小，如直径小于 80mm。往往因插入深度不够而引起测量误差，安装传感器时选择适宜部位安装接扩大管，则可以减小或消除此项误差。

5) 传感器可以迎着流体的流动方向沿管道中心线插入安装，可以得到最大的流体介质与传感器的对流换热系数。

6) 尽量选择直径细、导热性能差的保护管，尤其是外露部分的直径越细越好。

3.5.2 高温气体温度测量

当被测气体的温度较高时，温度传感器与周围物体(容器壁)的辐射换热不容忽视。尤其当被测气体与周围物体(容器壁)的温差较大时，会使得温度测量读数误差加大。

1. 辐射引起的测温误差

在忽略温度传感器的导热及其他误差时，可以推出由于传感器与周围物体的辐射引起的测温误差为：

$$\Delta t = t_r - t_g = \frac{\varepsilon_n \sigma}{\alpha} \left[(t_s + 273)^4 - (t_r + 273)^4 \right] \tag{3.5.2}$$

式中 t_r——传感器测温指示值(℃)；

     t_g——被测气体温度(℃)；

     t_s——周围物体壁面的温度(℃)；

     ε_n——系统黑度；

     σ——黑体辐射常数，$\sigma = 5.67 \times 10^{-8} W/(m^2 \cdot K^4)$；

     α——被测气体对传感器的对流传热系数。

2. 减小辐射误差的措施

由式(3.5.2)分析可知，应采取如下措施减少测量误差。

1) 温度传感器不宜安装在被测气流与周围物体壁面温差较大的场合。

2) 温度传感器如果必须安装在被测气流与周围物体壁面温差较大的场合时，应该在温度传感器的测温顶端加装遮热罩。

3) 尽量减小遮热罩内表面的辐射率，以减小温度传感器与遮热罩之间的辐射误差。

4) 也可以采用抽气热电偶测量高温气流，提高传感器测温局部的气体流速，增加温度传感器与高温气流之间的对流换热系数，从而减小辐射误差。

5) 保护管应有足够的机械强度，并可承受被测介质腐蚀，保护管的外径越粗，耐热、耐蚀性越好，但热惯性也越大。

6) 保护管表面应无附着物。当保护管表面附着灰尘等物质时，将因热阻增加，使指示温度低于真实温度而产生误差。

3.5.3 壁面温度测量

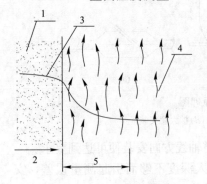

图 3.5.3 固体内部及
表面温度分布
1—固体；2—热流方向；3—温度
分布曲线；4—流体；5—界面层

固体在传热过程中，内部与表面有温度梯度存在，如图 3.5.3 所示。温度传感器在测量固体表面温度时，容易改变固体表面的热状态，因此准确测量固体表面温度存在很多困难。

传感器与被测壁面接触主要有三种方式，分别选择点式的、薄片式的、针式的传感器，连接温度传感器导线的直径要小，以减少导线的导热误差。

图 3.5.4(a)所示是点接触测温，一般选择点式半导体温度传感器、热电偶温度传感器等。图 3.5.4(b)所示是面接触测温，一般选择薄片式热电阻、薄片式热电偶等。图 3.5.4(c)所示是等温线接触，将连接传感器的导线沿被测表面敷设至少 20 倍线径的距离，以减少导线的传热误差。

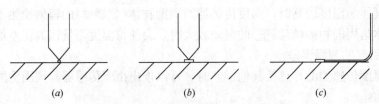

图 3.5.4 传感器与被测壁面的接触方式
(a)点接触；(b)面接触；(c)等温线接触

实际安装时最好将测温传感器敷设在被测壁面内，保持原壁面的形状，以免破坏界面层的流体流动状态，尽量减小安装引起的测量误差。

3.5.4 其他误差

1) 如在最高使用温度下长期工作，将因热电偶材质发生变化而引起误差。

2) 因测量线路绝缘电阻下降而引起误差。设法提高绝缘电阻，或将热电偶的外壳做接地处理。

3) 电磁感应的影响。温度传感器或变送器的信号传输线，在布线时应尽量避开强电区(如大功率的电机、变压器等)，更不能与电网线近距离平行敷设。如果实在避不开，也要采取屏蔽措施。

3.6 非接触测温

接触式测温方法虽然被广泛采用，但不适于测量运动物体的温度和极高的温度，为此发展了非接触式测温方法。

非接触式温度测量仪表分为两类：一类是光学辐射式高温计，包括单色光学高温计、光电高温计、全辐射高温计，比色高温计等；另一类是红外辐射仪，包括全红外辐射仪、单红外辐射仪、比色仪等。

这种测温方法的特点是，感温元件不与被测介质接触，因而不破坏被测对象的温度场，也不受被测介质的腐蚀等影响。由于感温元件不用与被测介质达到热平衡，其温度可以大大低于被测介质的温度，因此，从理论上说，这种测温方法的测温上限不受限制。另外，它的动态特性好，可测量处于运动状态的对象温度和变化着的温度。

3.6.1 热辐射测温的基本原理[2]

绝对黑体（又称全辐射体）的单色辐射强度 $E_{0\lambda}$ 随波长的变化规律由普朗克定律确定

$$E_{0\lambda}=c_1\lambda^{-5}\left[\exp(c_2/\lambda T)-1\right]^{-1} \tag{3.6.1}$$

式中　$E_{0\lambda}$——单色辐射强度 $[W/(cm^2 \cdot \mu m)]$；

　　　c_1——普朗克第一辐射常数，$c_1=37413W \cdot \mu m^4/cm^2$；

　　　c_2——普朗克第二辐射常数，$c_2=14388\mu m \cdot K$；

　　　λ——辐射波长 (μm)；

　　　T——绝对黑体温度（K）。

在温度低于3000K时，式(3.6.1)可用式(3.6.2)所示的维恩公式代替，误差不超过1%。

$$E_{0\lambda}=c_1\lambda^{-5}\exp(-c_2/\lambda T) \tag{3.6.2}$$

维恩公式计算较为方便，是光学高温计的理论基础，但只适用于3000K以下。普朗克公式的函数曲线如图3.6.1所示。从曲线可知，当温度增高时，单色辐射强度随之增长，曲线的峰值随温度升高向波长较短方向移动。单色辐射强度峰值处的 λ_m 和温度 T 之间的关系由维恩位移定律给出（单位是 $\mu m \cdot K$）$\lambda_m T=2897$。

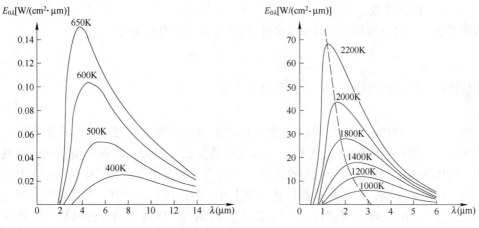

图3.6.1　辐射强度与波长和温度的关系曲线

普朗克公式只给出了绝对黑体单色辐射强度随温度变化的规律，若得到波长 λ 从 $0\sim\infty$ 的全部辐射能量的总和 E_0，可把 $E_{0\lambda}$ 对 λ 从 $0\sim\infty$ 进行积分，得

$$E_0=\int_0^\infty E_{0\lambda}d\lambda=\int_0^\infty c_1\lambda^{-5}(e^{\frac{c_2}{\lambda T}}-1)^{-1}d\lambda=\sigma_0 T^4 \tag{3.6.3}$$

式中　σ_0——斯蒂芬-玻耳兹曼常数，等于 $5.67\times10^{-12}W/(cm^2 \cdot K^4)$。

式(3.6.3)叫绝对黑体的全辐射定律。它表明，绝对黑体的全辐射能量和其热力学温度的四次方成正比。

如果物体的辐射光谱是连续的，而且它的单色辐射强度 $E_\lambda=f(\lambda)$ 和同温度下的绝对黑体的相应曲线相似，即在所有波长下都有 $E_\lambda/E_{0\lambda}=\varepsilon$（$\varepsilon$ 为小于1的常数），则叫该物体为"灰体"。该灰体的全部辐射能为 $E=\int_0^\infty E_\lambda \mathrm{d}\lambda$ 同样有 $E/E_0=\varepsilon$。ε 为物体的特征参数,叫做"辐射率"或"黑度系数"。

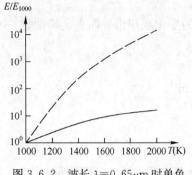

图 3.6.2　波长 $\lambda=0.65\mu\mathrm{m}$ 时单色辐射强度和全辐射能量与温度的关系曲线

$E_{0\lambda}$ 与 E_0 随温度变化的曲线如图 3.6.2 所示。虚线表示当 $\lambda=0.65\mu\mathrm{m}$ 时 $E_{0\lambda}$ 随温度变化的曲线,实线表示 E_0 随温度变化的曲线。由图 3.6.2 可见,当温度升高时,单色辐射强度要比全辐射能量的增长快得多。因此,单色辐射光学高温计比全辐射高温计灵敏度高、测量准确度高。

3.6.2　单色辐射高温计[2]

由普朗克定律可知,物体在某一波长下的单色辐射强度与温度有单值函数关系,而且单色辐射强度的增长速度比温度的增长速度快得多。根据这一原理制作的高温计叫单色辐射高温计。

当物体温度高于 $700℃$ 时,会明显地发出可见光,具有一定的亮度。物体在波长 λ 的亮度 B_λ 和它的辐射强度 E_λ 成正比,即

$$B_\lambda = c E_\lambda \tag{3.6.4}$$

式中　c ——比例常数。

根据维恩公式,绝对黑体在波长 λ 的亮度 $B_{0\lambda}$ 与温度 T_S 的关系为

$$B_{0\lambda} = c c_1 \lambda^{-5} e^{-c_2/(\lambda T_\mathrm{s})} \tag{3.6.5}$$

实际物体在波长 λ 的亮度 B_λ 与温度 T 的关系为

$$B_\lambda = c \varepsilon_\lambda c_1 \lambda^{-5} e^{-c_2/(\lambda T)} \tag{3.6.6}$$

由式(3.6.6)可知,用同一种测量亮度的单色辐射高温计来测量单色黑度系数 ε_λ 不同的物体温度,即使它们的亮度 B_λ 相同,其实际温度也会因为 ε_λ 的不同而不同。这就使得按某一物体的温度刻度的单色辐射高温计,不能用来测量黑度系数不同的另一个物体的温度。为了解决此问题,使光学高温计具有通用性,对这类高温计作这样的规定:单色辐射光学高温计的刻度按绝对黑体($\varepsilon_\lambda=1$)的温度进行刻度。用这种刻度的高温计去测量实际物体($\varepsilon_\lambda \neq 1$)的温度时,所得到的温度示值叫做被测物体的"亮度温度"。亮度温度的定义是:在波长为 λ 的单色辐射中,若物体在温度 T 时的亮度 B_λ 和绝对黑体在温度为 T_S 时的亮度 $B_{0\lambda}$ 相等,则把绝对黑体温度 T_S 叫做被测物体在波长为 λ 时的亮度温度。按此定义,根据式(3.6.5)和式(3.6.6)可推导出被测物体的实际温度 T 和亮度温度 T_S 之间的关系为

$$\frac{1}{T_\mathrm{S}} - \frac{1}{T} = \frac{\lambda}{c_2} \ln \frac{1}{\varepsilon_\lambda} \tag{3.6.7}$$

由此可见,使用已知波长 λ 的单色辐射高温计测得物体的亮度温度后,必须同时知道物体在该波长下的辐射率(黑度系数 ε_λ),才能用式(3.6.7)算出实际温度。因为 ε_λ 总是小于 1 的,所以测得的亮度温度总是低于物体实际温度的。且 ε_λ 越小,亮度温度与实际温度之间的差别就越大。

1. 光学高温计

灯丝隐灭式光学高温计是一种典型的单色辐射光学高温计，由于在测量时灯丝要隐灭，故得名。它在所有的辐射式温度计中，准确度最高。

光学高温计是根据被测物体光谱辐射亮度随温度升高而增加的原理，采用亮度比较法来实现对物体的测温。

2. 光电高温计

光电高温计是在光学高温计的基础上发展起来的，可以自动平衡亮度、自动连续记录被测温度示值的测温仪表。光电高温计用光电器件作为仪表的敏感元件，替代人的眼睛来感受辐射源的亮度变化，并转换成与亮度成比例的电信号，经电子放大器放大后，输出与被测物体温度相应的示值，并自动记录。为了减小光电器件、电子元件参数变化和电源电压波动对测量的影响，光电高温计采用负反馈原理进行工作。

3. 使用单色辐射高温计的注意事项

使用单色辐射高温计应该注意以下问题：

1）非黑体辐射的影响。被测物体往往是非黑体，而且物体的黑度系数不是常数。物体黑度变化有时是很大的，使被测物体温度的示值有较大误差。为了消除这个误差，可人为地创造黑体辐射的条件，即把一根有封底的细长管插到被测对象中，在充分受热后，管底的辐射就近乎黑体辐射。这样，光学高温计所测管子底部的温度即可视为被测对象的真实温度。要求管子的长度与其内径之比不小于 10。

2）中间介质的影响：光学高温计和被测物体之间的灰尘、烟雾和二氧化碳等气体，对热辐射会有吸收作用，因而造成测量误差。为减小误差，光学高温计与被测物体之间的距离在 $1\sim2m$ 之内比较合适。

3）对被测对象的限定：光学高温计不宜测量反射光很强的物体；不能测不发光的透明火焰。

光学高温计由于受被测物体黑度的影响测量准确度比热电偶、热电阻低，且构造复杂、价格昂贵、不能测物体内部点的温度，因此，在使用上受到限制。

光电高温计在更换反馈灯或光电器件时，必须对整个仪表重新进行调整和刻度。

3.6.3 全辐射高温计

全辐射高温计是根据全辐射定律制作的温度计。由式(3.6.3)可知，当知道黑体的全辐射能量 E_0 后，就可以知道温度 T。

1. 测温原理

物体的全辐射能由物镜聚焦后，经光栏焦点落在装有热电堆的铂箔上。热电堆是由 $4\sim8$ 支微型热电偶串联而成，以得到较大的热电动势。热电偶的测量端被夹在十字形的铂箔内，铂箔涂成黑色以增加其吸收系数。当辐射能被聚焦到铂箔上时，热电偶测量端感受热量，热电堆输出的热电动势送到显示仪表，由此表显示或记录被测物体的温度。热电偶的参比端夹在云母片中，这里的温度比测量端低很多。在瞄准被测物体的过程中，观测者可以通过目镜进行观察，目镜前加有灰色滤光片，用来削弱光的强度，保护观测者的眼睛。整个外壳内壁面涂成黑色，以减少杂光的干扰和造成黑体条件。

全辐射高温计按绝对黑体对象进行分度。用它测量黑度为 ε 的实际物体温度时，其示值并非真实温度，而是被测物体的"辐射温度"。辐射温度的定义为：温度为 T 的物体，

其全辐射能量 E 等于温度为 T_P 的绝对黑体全辐射能量 E_0 时，则温度 T_P 叫做被测物体的辐射温度。两者关系为：

$$T = T_P \sqrt[4]{1/\varepsilon} \tag{3.6.8}$$

由于 ε 总是小于 1 的数，因此 T_P 总是低于 T。因为全辐射高温计是按黑体刻度的，在测量非黑体温度时，其读数是被测物体的辐射温度 T_P，要用式(3.6.8)计算出被测物体的真实温度 T。

2. 使用全辐射高温计的注意事项

使用全辐射高温计要注意以下问题：

1) 全辐射体的辐射率 ε 随物体的成分、表面状态、温度和辐射条件的不同而不同，因此应尽可能准确地确定被测物体的 ε，以提高测量的准确度。

2) 被测物体与高温计之间的距离 L 和被测物体的直径 D 之比(L/D)有一定的限制。每一种型号的全辐射高温计，对 L/D 的范围都有规定，使用时应按规定去做，否则会引起较大测量误差。

3) 使用时环境温度不宜太高，否则会引起热电堆参比端温度升高而增加测量误差。

3.6.4　比色高温计

光学高温计和全辐射高温计是目前常用的辐射式高温计，它们共同的缺点是受实际物体辐射率的影响和辐射途径上各种介质的选择性吸收辐射能的影响。根据维恩位移定律而制作的比色高温计可以较好地解决上述问题。

根据维恩位移定律可知，当温度增加时，绝对黑体的最大单色辐射强度向波长减小的方向移动，使在波长 λ_1 和 λ_2 下的亮度比随温度而变化，测量亮度比的变化即可知道相应的温度，这便是比色高温计的测温原理。

对于温度为 T_S 的绝对黑体，由维恩定律可知，相应于 λ_1 和 λ_2 的亮度分别为

$$E_{0\lambda_1} = cc_1 \lambda_1^{-5} \exp[-c_2/(\lambda_1 T_S)]$$
$$E_{0\lambda_2} = cc_2 \lambda_2^{-5} \exp[-c_2/(\lambda_2 T_S)]$$

两式相除后取对数，可求出

$$T_S = \frac{c_2 [(1/\lambda_2) - (1/\lambda_1)]}{\ln(B_{0\lambda_1}/B_{0\lambda_2}) - 5\ln(\lambda_2/\lambda_1)} \tag{3.6.9}$$

在上式中 λ_1 和 λ_2 是预先规定的值，只要知道在此两波长下的亮度比，就可求出被测黑体的温度 T_S。

若温度为 T 的实际物体的两个波长下的亮度比值与温度为 T_S 的黑体在同样波长下的亮度比值相等，则把 T_S 叫做实际物体的比色温度。根据比色温度的这个定义，应用维恩公式，可导出下面的公式：

$$\frac{1}{T} - \frac{1}{T_S} = \frac{\ln(\varepsilon_{\lambda_1}/\varepsilon_{\lambda_2})}{c_2 \left(\dfrac{1}{\lambda_1} - \dfrac{1}{\lambda_2} \right)} \tag{3.6.10}$$

式中的 λ_1、λ_2 分别为实际物体在 λ_1 和 λ_2 时的光谱辐射率。如已知 λ_1、λ_2、$\varepsilon_{\lambda_1}/\varepsilon_{\lambda_2}$ 和 T_S 就可以依据式(3.6.10)求出温度 T 值。

比色温度计按光和信号检测方法可分为单通道和双通道式。单通道是采用一个光电检测元件(如硅光电池)，光电变换输出的比值较稳定，但动态品质较差；双通道式结构简

单，动态特性好，但测量准确度和稳定性较差。

3.6.5 红外温度计及红外热像仪[4]

辐射式温度计的测温范围向高温延伸理论上是不受限制的，向中温范围（0～700℃）延伸则需要采用红外辐射测温技术。

1800 年，英国物理学家 F·W·赫胥尔发现了红外线，开辟了人类应用红外技术的广阔道路。20 世纪红外技术发展迅速，如今红外温度计及热成像系统已经在电力、消防、石化、医疗及建筑等领域得到了广泛的应用。

红外温度计和热像仪是根据普朗克定律进行温度测量的。任何物体只要其温度高于绝对零度都会因为分子的热运动而辐射红外线，物体发出红外辐射能量与物体绝对温度的四次方成正比。通过红外探测器将物体辐射的功率信号转换成电信号后，该信号经过放大器和信号处理电路按照仪器内部的算法和目标辐射率校正后转变为被测目标的温度值。

红外线波长范围是 0.78～100μm。红外辐射在大气中传播，由于大气中各种气体对辐射的吸收造成很大衰减，只有三个红外波段（1～2.5μm，3～5μm，8～13μm）的红外辐射能够透过大气向远处传输。这三个波段被称作"大气窗口"，红外测温系统常常在 3～5μm，8～13μm 两个波段内工作。

1. 红外温度计

红外温度计主要由光学系统、红外探测器和电子测量线路组成（图 3.6.3）。被测对象的辐射由物镜聚焦，调制盘调制成 30Hz 的频率后，通过硅单晶滤光片，投在红外探测器上。红外探测器上带有硫化锌材料做的窗口，可透过波段为 2～15μm 的可见光。红外探测器接收被测物体红外辐射能并转换成电信号。热敏型的红外探测器为热敏电阻，它接收红外辐射后，温度升高，阻值变化。通过桥路检测该变化，经过放大器和信号处理电路，转变为被测目标的温度值。

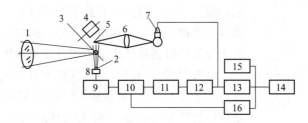

图 3.6.3 红外温度计原理图

1—物镜；2—滤光片；3—调制盘；4—微电机；5—反光镜；6—聚光镜；7—参比灯；

8—红外探测器；9—放大器；10—差值放大；11—相敏检波；12—放大调节；

13—输出转换；14—显示；15—线性调整；16—增益控制

红外温度计体积小，使用方便，测温精度±0.5℃（−10～+50℃）～±2.0℃ （−30～+100℃）；距离系数（被测目标距离/光学目标的直径）为 5∶1。

2. 红外热像仪

红外温度计测量的是物体表面上某点周围非常小的面积的平均温度，如果要测量物体表面的温度分布，就要采用红外热像仪。

红外热像仪主要由光学系统、光电探测器、信号放大器及信号处理、显示输出等部分组成。红外热像仪检测目标的二维温度场，早期的热像仪为光机扫描热像仪，现在主要为焦平面热像仪。焦平面热像仪的组成如图 3.6.4 所示。它的红外探测器呈二维平面形状，自身具有电子自扫描功能，被测目标的红外辐射通过的物镜，聚焦成像在红外探测器的阵列平面上。焦平面红外探测器由数以万计的传感元件组成阵列，它将物体表面每点按二维位置分成无数个单元(如像素 320×240 的热像仪，图像分辨率达 76800 个像点)，并将各单元的信号以不同的亮度和颜色组合成整体景物图像。外形结构如图 3.6.5 所示。

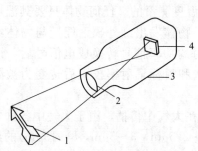

图 3.6.4 焦平面热像仪成像机理简图
1—被测物体；2—物镜；3—外壳；4—焦平面探测器

图 3.6.5 焦平面热像仪外形结构图
1—物镜；2—取景与显示器；3—外壳

焦平面红外探测器分为制冷型和非制冷型两大类。非制冷型红外焦平面热像仪是利用类似热敏电阻的原理工作的，在图 3.6.6 所示的桥式电路中，R_1 为内置探测器，R_2 为工作探测器，R_3、R_4 是桥式平衡电路的标准电阻，E 是取样电压信号。R_1 和 R_2 两个探测器的位置摆放很近，R_1 被屏蔽不露，而作为工作探测器的 R_2 暴露在外以接收红外辐射。

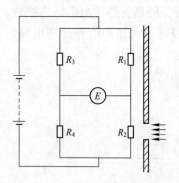

图 3.6.6 非制冷型红外焦平面
热像仪工作原理

当工作探测器没有外来辐射照射时，电桥电路保持平衡，没有电压信号输出，此时 $E=0$；而当红外辐射照射到工作探测器时，将使 R_2 的温度变化，从而引起该探测器的电阻阻值随温度变化，桥式电路的平衡被打破，使信号输出电路的两端产生电压差，输出电压信号。通过信息处理后，在显示器上显示出被测物体表面温度分布的热图像。

红外热像仪与红外点温仪相比具有测量面积大、测量速度快、表现直观(伪彩显示)等特点。解决了目前表面温度测量仅能进行单点测量，而无法真正测得表面温度分布的问题，这对于非均匀表面的温度场研究非常重要。红外热像仪测量误差为±2℃，但是温差测量精度是所有测温仪表中最高的。红外热像仪距离系数为 2：1～300：1，可根据需要配置望远镜及广角镜头。

3. 红外温度计及红外热像仪的应用

红外温度计及红外热像仪统称为红外测温仪，由于工作原理相同，因此使用要求有很多相同之处。红外测温仪在应用时，要注意目标和测温仪所在的环境条件，如温度、气氛、污染和干扰等因素对性能指标的影响。

红外测温仪测量目标温度一般有两种方法。一种是直接测量法，另一种是对比测量法。直接测量法是利用红外测温仪内部的基准黑体，在不使用外界温度参考体的情况下测量目标温度值。对比测量是利用已知温度和辐射率的外界温度参考体来测量目标温度值。

直接测量法简单，但是精度难以保证。在精度要求较高的场合，只要条件允许，而且在可以得到外界温度参考体的情况下，采用对比温度法更为合适。外界参考体的选择，取决于要求的测量精度和实际的测量条件。一个理想的参考体，其温度应该尽量接近于被测物体的温度，辐射率应该与目标的辐射率相同，并且最好放置在目标周围。如果被测物体的表面上的某一点温度准确已知，则用它作为参考温度是最为理想的。在进行对比测量时，测量者可从测温仪的输出中得到目标与温度参考体的热插值 ΔI，热插值可正可负。然后，在标定曲线上找出参考体温度 t_r 所对应的热值 I_r，（热像仪接收并检测到的红外辐射的数字量度）再把热差值 ΔI 加到参考体参考体热值 I_r 上，给出目标热值 I_0。最后可以借助于同一标定曲线，得到目标的温度值。对比测量过程如图 3.6.7 所示。

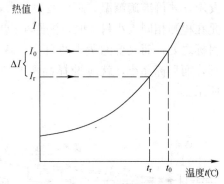

图 3.6.7 对比测量温度转换

在实际测量中，被测物体的辐射率 $\varepsilon < 1$，而且在测量过程中会产生一些随机的外界影响。这就使得测量者在利用标定曲线将目标热值（或热插值）转换成绝对温度值时，首先要对目标的非黑体性质和外界因素的影响进行计算修正。外界因素的影响主要表现在以下几个方面：

（1）太阳和背景辐射的影响及对策

当在户外进行红外检测时，红外测温仪接收到的红外辐射，除包括被测表面自身辐射的辐射之外，还会包括其他部位、背景的辐射及直接入射或经背景反射与散射的太阳辐射。这些来自目标以外的辐射都将对检测带来误差。室内测量时，来自待测物体周围的反射光有时极大地影响测量结果，因此在测温时必须考虑上述影响因素，采取的基本对策如下：

1）准确对焦距，避免非待测物体的辐射能进入测试角。

2）在待测物体附近设置屏避物，以排除外界干扰。

3）室外测量时，选择有云天气或晚上以排除日光的影响；室内测量时，要关掉照明灯。

4）物体辐射率低，光反射的影响越大，在不影响表面绝缘的前提下，应采用辐射率高的涂料或制小孔等方法来提高辐射率。

（2）物体辐射率的影响及对策

实际物体的辐射量除依赖于辐射波长及物体的温度之外，还与构成物体的材料种类、制备方法、热过程以及表面状态和环境条件等因素有关。辐射率表示实际物体的热辐射与黑体辐射的接近程度，是材料的固有性质，它随表面条件、形状、波长和温度等因素的影响而变化，为了测量真实温度，需要精确地设定辐射率值。

（3）风速的影响及对策

风速是影响被测表面对流散热的重要因素，风速越大对流散热量越多，从而会降低表面与环境的温差。在某种程度上，由于风速较大还会给缺陷部位的识别带来一定的困难。

在条件允许的情况下，户外红外检测宜在无风或风力很小时进行；否则应该对测温结果进行修正。

（4）合理确定距离系数

仪器的距离系数决定了仪器最大的可用距离。只有测量距离满足了仪器的光学目标的要求，才可准确测温。距离系数越大，表示在相同测距的情况下被测目标尺寸可以小；或是在检测相同大小目标时，测距可以更远。如果测温仪由于环境条件限制必须安装在远离目标之处，而又要测量小的目标，就应选择高光学分辨率的测温仪。如果测温仪远离目标，而目标又小，就应选择高距离系数的测温仪。目标尺寸与距离的关系如图 3.6.8 所示。

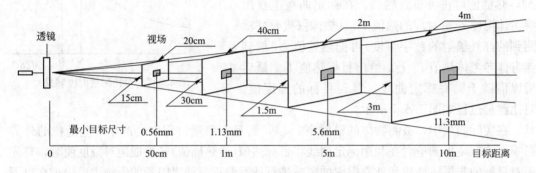

图 3.6.8　目标尺寸与距离的关系

（5）确定波长范围

目标材料的辐射率和表面特性决定测温仪的光谱相应波长。由于有些材料在一定波长上是透明的，红外能量会穿透这些材料，对这种材料应选择特殊的波长。如测量玻璃内部温度选用 $1.0\mu m$、$2.2\mu m$ 和 $3.9\mu m$（被测玻璃要很厚，否则会透过）波长；测玻璃表面温度选用 $5.0\mu m$；测低温区选用 $8\sim14\mu m$ 为宜。如测量聚乙烯塑料薄膜选用 $3.43\mu m$，聚酯类选用 $4.3\mu m$ 或 $7.9\mu m$，厚度超过 0.4mm 的选用 $8\sim14\mu m$。如测火焰中的 CO 用窄带 $4.64\mu m$，测火焰中的 NO_2 用 $4.47\mu m$。

4. 红外热像仪的校准

由于热像仪所接收到的红外辐射与目标温度之间呈非线性关系，而且还要受到目标表面的辐射率、大气衰减及目标所处环境的反射、辐射等因素的影响，因此热像图只能给出物体表面温度分布情况的定性描述。要想根据热像图获得被测物体表面的绝对温度，必须采用与基准黑体温度相比较的方式来校准绝对温度值。多数热像仪的输出是以等温单位为单位的，这样可以适应较大测量范围的多种热测量的需要。

热像图上某点的测量热值是由等温标尺上标记的读数和测量者所选定的热范围、热电平决定的。热值与仪器所接收到的红外辐射之间的关系是线性的，热值与目标温度之间的关系是非线性的，这个关系就是校准函数。用热像仪进行温度测量的基本方法，就是利用标定函数把热像仪输出的热值转换成被测物体的绝对温度。

描述测量热值与温度之间关系的校准曲线通常由实验方法确定，校准曲线的实际形状依赖于热像仪扫描光学系统中实际光圈的大小及所采用的滤光镜。

校准曲线可以精确地用如下的数学关系来描述

$$I = \frac{A}{C\exp(B/T) - 1} \qquad (3.6.11)$$

式中 I——对应于 T 的热值(K);

A、B——校准系数,取决于实际光圈、滤光镜和扫描器类型。

校准时用热像仪对着不同温度下的基准黑体热源进行测量,再用最小二乘法拟合测量数据,得到一条热值—温度关系的最佳拟合曲线作为标定曲线。同时也可以求出描述标定曲线数学模型中的各项校准系数的数值,得到具体的数学模型。

3.7 集成型传感器测温

随着测温技术与集成电路的发展,将温度传感器、校正电路、变送电路及其他电路集成为一个集成电路芯片,构成集成型温度传感器。集成型温度传感器主要分为模拟式集成温度传感器和数字式集成温度传感器两大类。

3.7.1 模拟集成温度传感器[5]

模拟集成温度传感器是一种最简单的集成化温度传感器,它的功能单一、性能好、价格低、外围电路简单,是目前国内外应用较为广泛的集成传感器之一。

模拟集成温度传感器按照输出方式来分类,可以分成五种类型:电流输出式集成温度传感器;电压输出式集成温度传感器;周期输出式集成温度传感器;频率输出式集成温度传感器;比率输出式集成温度传感器。

它们的共同特点是输出量与测量温度呈线性关系,并且能够以最简单的方式构成测温仪表或测温系统。此处仅对电流输出式集成温度传感器 AD590 的工作原理加以介绍。

1. AD590 的特点与工作原理

(1) 性能特点

AD590 是美国模拟器件公司(AD)生产的恒流源式模拟集成温度传感器,它兼有集成恒流源和集成温度传感器的特点,具有测量误差小、动态阻抗高、响应速度快、传输距离远、体积小、微功耗等优点,适合远距离测温,不需要非线性校正。

AD590 属于采用激光修正的精密集成的温度传感器,它的外形与符号如图 3.7.1 所示,其主要性能见表 3.7.1。AD590 共有 I、J、K、L、M 五档,M 级精度最高。AD590 共有三个引脚:1 脚为正极,2 脚为负极,3 脚接管壳。使用时将 3 脚接地,可以起到屏蔽作用。见图 3.7.1(a)所示。

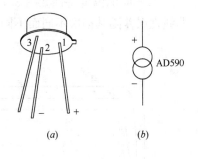

图 3.7.1 AD590 外形与符号
(a)外形;(b)符号

AD590 系列产品的主要性能指标					表 3.7.1

符号	AD590I	AD590J	AD590K	AD590L	AD590M
最大非线性误差(℃)	±3.0	±1.5	±0.8	±0.4	±0.3
最大标定温度误差(+25℃)(℃)	±10	±5.0	±2.5	±1.0	±0.5

续表

符号	AD590I	AD590J	AD590K	AD590L	AD590M
额定电流温度系数(μA/K)			1.0		
额定输出电流(+25℃)(μA)			298.15		
长期温度漂移(℃/月)			± 0.1		
相应时间(μs)			20		
壳与引脚的绝缘电阻(Ω)			10^{10}		
等效并联电容(pF)			100		
工作电压范围(V)			$+4 \sim +30$		

（2）工作原理

AD590 内部采用激光修正的校准电阻，它能使 298.2K(25℃)下的输出电流恰好为 298.2μA。AD590 等效于一个高阻抗的恒流源，能大大减小因电源电压波动而产生的测温误差。例如：AD590 的输出阻抗为 10MΩ，当电源电压从 5V 变化到 10V 时，所引起的电流变化仅为 1μA，等价于 1℃的测量误差。

AD590 的工作电压为 $+4 \sim +30$V、测温范围是 $-55 \sim +150$℃，对应于温度 T 每变化 1K，输出电流就变化 1μA。在 298.15K 时输出的电流恰好等于 298.15μA，即 AD590 输出的微安数就代表着被测热力学温度值。

2. AD590 的主要工作特性

（1）AD590 的伏—安特性

若将电压加在 AD590 的两端，I_0 为输出电流，其伏-安特性如图 3.7.2 所示。可以看出当电压在 $4 \sim 30$V 之间时，AD590 是一个温控电流源，其电流与绝对温度成正比。

（2）AD590 的温度特性

AD590 的温度特性如图 3.7.3 所示，它在 $-55 \sim +150$℃内，具有良好的线性度，其非线性误差随其档次不同而不同。

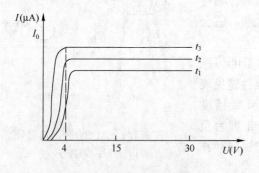

图 3.7.2　AD590 的伏-安特性

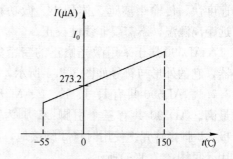

图 3.7.3　AD590 的温度特性

（3）AD590 的负载电阻与输出电压特性

如图 3.7.4 所示，AD590 与负载电阻 R_L 串接后，在 29℃的环境下，在电路两端加 $+9$V 电压时，负载电阻 R_L 与输出电压 U_0 的关系如图 3.7.5 所示。由图可见当负载电阻 $R_L \leqslant 20$kΩ 时，输出电压 U_0 与负载电阻 R_L 之间具有良好的线性关系。

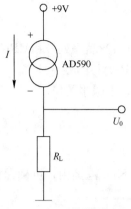

图 3.7.4　AD590 外接电阻的电路

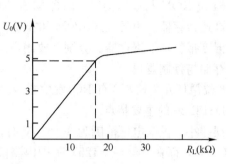

图 3.7.5　AD590 负载电阻与输出电压的关系特性

3. AD590 使用时的注意事项

1）AD590 是电流型传感器，可以进行长距离传输。但是当距离在几十米以上时，为避免 50Hz 的交流干扰，应该采用屏蔽双绞线，并把传感器外壳接地。

2）为了有效地克服 50Hz 的交流干扰或高频干扰，可在放大器的输入端加 RC 滤波电路。

3）为了减少 AD590 的热效应，使用的电压应该尽量低一些，一般只要大于 4V 即可。

4）引脚之间应该具有可靠的绝缘，否则影响测量精度。

3.7.2　数字集成温度传感器[5]

随着数字集成电路的发展，数字式集成温度传感器的发展也很快。此处以国内常用的 DS18B20 为例，介绍其工作原理与主要性能。DS18B20 是一种单总线式集成温度传感器，利用其总线的特点，用户可以组网进行温度测量与信号传输。

1. DS18B20 的结构

DS18B20 是美国 DALLAS 公司推出的总线式数字集成式温度传感器，它具有多种封装方式，如图 3.7.6 所示，V_{DD} 为电源电压端、DQ 为数据输入/输出端、NC 为空脚、GND 为地端。其内部原理框图如图 3.7.7 所示，它主要由七个部分组成。

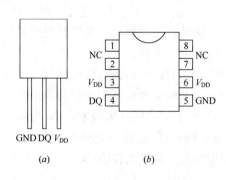

图 3.7.6　DS18B20 的引脚与封装

(a)TO-9 封装；(b)SOIC 封装

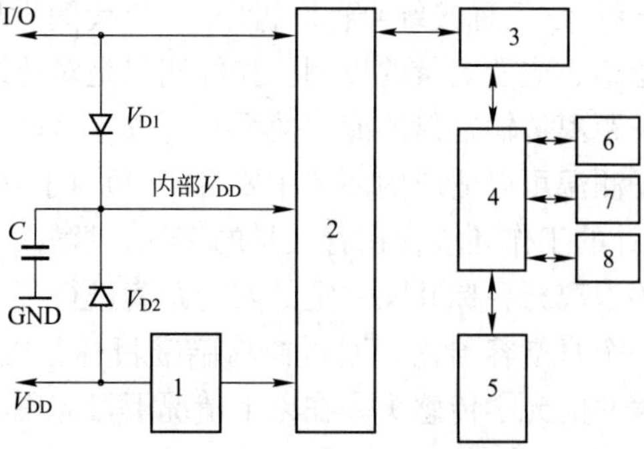

图 3.7.7　DS18B20 内部原理框图

1—电源检测；2—ROM 与接口；3—传感器与控制逻辑；4—RAM；
5—CRC 发生器；6—温度传感器；7—高温触发器；8—低温触发器

1）寄生电源。由二极管 V_{D1}、V_{D2} 和寄生电容 C 组成寄生电源。采用寄生电源供电时

V_{DD}需要接地，DS18B20 从单总线 I/O 上获取电源。

2）温度传感器。

3）64 位 ROM 与单线接口。内含 64 位 ROM 编码，包括产品序列号和 CRC 编码。

4）高速暂存器。由便签式 ROM 和非易实性电擦写 E^2 RAM 组成。

5）温度报警触发寄存器。分别存放用户设定的温度上、下限报警值。

6）存储与控制逻辑。

7）8 位循环冗余校验码(CRC)发生器。

2. DS18B20 的主要特点

1）误差小。供电电压范围为 3～5.5V 时，在－10～+85℃范围内，可确保测量误差不超过 0.5℃，而在－55～+125℃范围内测量误差不超过±2℃。

2）输出为数字量。提高了抗干扰能力。

3）温度分辨力可编程。DS18B20 的数字温度输出可进行 9～12 位的编程。

4）转换速率高。DS18B20 进行 9 位温度转换时所需转换时间为 200ms。

5）具有电源反接保护。当电源极性接反时，保护电路可使得 DS18B20 不至于过热而烧毁，但是电路无法正常工作。

6）自行设定温度上、下限保护值。用户可以设定温度报警上、下限值，掉电后仍旧保存。

7）唯一序列号。每个 DS18B20 芯片出厂时都已具有唯一的 64 位编码。

3. DS18B20 使用时注意事项

1）DS18B20 对时序及电特性参数要求较高。

2）DS18B20 的管脚要焊牢，漏焊或虚焊会发生传输数据错误。

3）信号传输线要使用带屏蔽的 4 芯双绞线，其中两根接信号与地线，另两根接电源与地线，屏蔽层源端单点接地。

3.8 光纤温度计

光导纤维(简称光纤)自 20 世纪 70 年代问世以来，发展迅速，目前已广泛用于温度、压力、位移、应变等量的检测。光纤测温是对传统测温方法的扩展和提高。光纤电缆的柔软性和长距离传输辐射的能力使得它可以在多种复杂环境下进行测量。

光纤测温可以适应的环境主要有：(1)由于存在屏障而不能直接对被测目标进行瞄准；(2)温度计的工作环境存在着大量的雾气、烟气和水蒸气；(3)测量现场存在核辐射和强电磁场，要求离开目标并隔一定的安全距离进行测量；(4)存在着很高的环境温度；(5)被测目标在一个真空容器内，通过窗口瞄准目标很困难或不可能；(6)在感应加热的情况下，需要小尺寸的光学传感头。在以上情况下，应用光纤辐射温度计是非常合适的。

3.8.1 概述[6]

1. 光纤结构

光纤是一种由透明度很高的材料制成的传输光信息的光导纤维，其结构如图 3.8.1 所示。光纤共分三层，最里层是透明度和折射率都很高的芯线，通常由石英制成；中间层为折射率低于芯线的包层，其材质有石英、玻璃或硅橡胶等，因不同用途与型号而异；最外层是保护层，它与光纤特性无关，通常为塑料。光纤的直径通常为几微米到几百微米。在光纤结构中，最主要的是芯线与包层。除特殊光纤外，芯线与包层是两个同心的圆柱体，芯线居中，包层在外，各有一定的厚度，两层之间无间隙。但两者所采用的材料特性是相异的，其不同特点主要在于材料的折射率或介电常数：为了使光纤具有传输光的性能，必须满足芯线折射率 n_1 大于包层折射率 n_2 的要求，才能发生全反射。

2. 工作原理

光纤的工作原理是光的全反射，如图 3.8.2 所示。当光线 AB 由折射率为 n_0 的空间介质入射光纤时，与芯线轴线 OO' 的交角为 θ_i，入射后以折射角 θ_j 折射至芯线与包层分界面，并交该分界面于 C 点，光线 BC 与分界面法线 NN' 成 θ_k 角，之后再由分界面折射至包层，CD 与 NN' 的夹角为 θ_T。根据斯乃尔定律可知

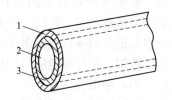 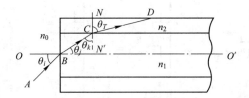

图 3.8.1　光纤结构　　　　　图 3.8.2　光纤工作原理示意图
1—保护层；2—芯线；3—包层

$$n_0 \sin\theta_i = n_1 \sin\theta_j \qquad (3.8.1)$$

式中　n_0——入射光线所在空间折射率；

　　　θ_i——入射光线与芯线轴线的交角；

　　　n_1——芯线折射率；

　　　θ_j——光线入射后与芯线和包层的折射角；

　　　n_2——包层折射率。

由上式可得

$$\sin\theta_i = \frac{1}{n_0}\sqrt{n_1^2 - n_2^2 \sin^2\theta_T} \qquad (3.8.2)$$

空间介质通常为空气，即 $n_0 = 1$，此时上式变为

$$\sin\theta_i = \sqrt{n_1^2 - n_2^2 \sin^2\theta_T} \qquad (3.8.3)$$

从折射定律可知，当 $n_1 > n_2$ 即光线从光密物质射入光疏物质时 $\theta_k < \theta_T$。随着入射角 θ_i 的减小，θ_j 和 θ_k 都相应增大。当入射角减小到 $\theta_i = \theta_0$ 时 $\theta_T = 90°$，此时将无光线进入包层，这一现象被称为全反射现象，θ_0 为全反射的临界入射角，此时则有

$$\sin\theta_0 = \sqrt{n_1^2 - n_2^2} = NA \qquad (3.8.4)$$

在纤维光学中将上式中的 $\sin\theta_0$ 定义为"数值孔径"，用 NA 表示。数值孔径 NA 是表示光纤波导特性的重要参数，它反映光纤与光源或探测器等元件耦合时的耦合效率。应该注意，光纤的数值孔径仅决定于光纤的折射率 n_1 和 n_2，而与光纤的几何尺寸无关。数值孔径 NA 越大，临界角 θ_0 越大，光纤可以接受的辐射能量越多，也即光纤与探测器耦合效率也越高。但实践证明，NA 的数值不能无限增大，它受全反射条件的限制，NA 值增大将使光能在光纤中传输的衰减增大。光纤制成以后，它是一个常数。

由图 3.8.2 和式 (3.8.4) 可看出，$\theta_T = 90°$ 时 $\theta_0 = \arcsin NA$。根据上述分析可知：凡是入射角 $\theta_i > \theta_0$ 的光线进入芯线以后都不能传播而在包层中散失；相反，只有入射角 $\theta_i < \theta_0$ 的光线能在芯线与包层的分界面上产生全反射，此时光线将沿光纤轴向传输，而不会泄露出去。

3. 光纤的分类

图 3.8.3 给出了不同类型的光纤结构，图中 n_{1max} 为芯线折射率的最大值，r 是径向半径，α 为折射率分布指数。

光纤是一种光波导，因而光波在其中传播也存在模式问题。模式是指传输线横截面和纵截面的电磁场结构图形，即电磁波的分布情况。根据光纤能传输的模式数目，光纤可分为：

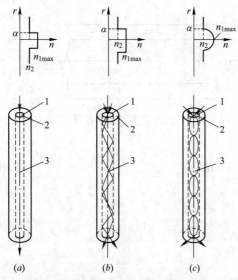

图 3.8.3 不同类型光纤的结构及折射率分布
(a) 单模光纤及折射率分布；(b) 阶跃型多模光纤及折射率分布；
(c) 渐变型多模光纤及折射率分布
1—芯线；2—包层；3—光线

(1) 单模光纤，它只能传输一种模式，如图 3.8.3 (a) 所示。这种模式可以按两种相互正交的偏振状态出现，其特点是芯线径较细，芯径和包层间的相对折射率之差较小，频带极宽。

(2) 多模光纤，它能传输多种模式，甚至几百到几千个模式，如图 3.8.3 (b) 和图 3.8.3 (c) 所示。其特点是芯线和包层间的折射率大，传输的能量也大；芯线径较粗，包层厚度约为芯线径的 1/10。

单模光纤和多模光纤，由于它们能传输的模式数不同，其传输特性有很大区别。主要区别是在衰减和色散 (或带宽) 上多模光纤更复杂一些。用于温度传感器的绝大多数是多模光纤。

根据芯线径向折射率分布不同，光纤可分成：

(1) 阶跃型光纤，它的折射率为阶跃变化且固定不变。单模光纤多半是阶跃型光纤，多模光纤的折射率分布既有阶跃型的也有渐变型的。对于图 3.8.3 (b) 所示的阶跃型多模光纤，由于不同模式在纤芯中传播的群速度不同，因而各个模式到达光纤输出端面的群延时不同，结果使传输的光脉冲展宽，这种现象称为模式色散。色散的存在使传输的信号脉冲发生畸变，从而限制了光纤的传输带宽。

(2) 渐变型光纤，它的折射率从中心开始沿径向逐步降低，其结构如图 3.8.3 (c) 所示。由于不同模式的群速度相同，故这种光纤可以显著地减小模式色散，且所含信息容量较大，处理简便。当需要从光源处收集尽可能多的光能时，应使用粗芯阶跃型多模光纤，如短距离、低数据率通信系统；在长距离、高数据率通信系统中使用单模光纤或渐变型多模光纤。在光纤传感应用中，光强度调制型或传光型光纤传感器绝大多数采用多模光纤，而相位调制型和偏振态调制型光纤传感器多采用单模光纤。

4. 光纤材料的选择

作为光纤材料的基本条件是：

（1）可加工成均匀而细长的丝；

（2）透光率高，即光损耗低；

（3）具有长期稳定性；

（4）资源丰富、价格便宜。

氧化物光纤以石英光纤为主，它具有可绕性好、抗拉强度高、原料资源丰富、化学性能稳定等特点，应用最为广泛。非氧化物光纤以氟化物为主，其特点是透过率高、频带宽、容量大、重量轻，但在原料纯度及制法上均有较大的困难。

5. 光纤温度计的特点

（1）电、磁绝缘性好。这是光纤的独特性能。由于光纤中传输的是光信号，即使用于高压大电流、强磁场、强辐射等恶劣环境也不易受干扰。此外还有利于克服光路中介质气氛及背景辐射的影响，因而适用于一些特殊情况下的温度测量。又因不产生火花，故不会引发爆炸或燃烧、安全可靠，能解决其他温度计无法解决的难题。

（2）灵敏度高。即使在被测对象很小的情况下，光路仍能接受较大立体角的辐射能量，因而测量灵敏度高，因为石英光纤的传输损耗低，可实现小目标近距离测量远距离传输的目的，满足现场各种使用要求。

（3）光纤传感器的结构简单，体积很小，重量轻，耗电少，不破坏被测温场。

（4）强度高，耐高温高压，抗化学腐蚀，物理和化学性能稳定。

（5）光纤柔软可挠曲，克服了光路不能转弯的缺点，可在密闭狭窄空间等特殊环境下进行测温。

（6）光纤构形灵活，可制成单根、成束、Y形、阵列等结构形式，可以在一般温度计难以应用的场合实现测温。

6. 光纤温度计的分类

光纤温度计的主要特征是有一个带光纤的测温探头，光纤长度从几米到几百米不等，统称为光纤温度传感器。根据光纤在传感器中的作用，将其分为功能型（FF）和非功能型（NFF）两大类。

（1）功能型光纤温度计，又称全光纤型或传感器型光纤温度计。其特点是：光纤既为感温元件，又起导光作用。这种光纤温度计性能优异、结构复杂，在制作上有一定的难度。

（2）非功能型光纤温度计，又称传光型光纤温度计。其特点为：感温功能由非光纤型敏感元件完成，光纤仅起导光作用，这种光纤温度计性能稳定、结构简单、容易实现。目前实用的光纤温度计多为此类，采用的光纤多为多模石英光纤。

根据使用方法不同，光纤温度计又可分为：

（1）接触式光纤温度计。使用时光纤温度传感器与被测温对象接触。如荧光光纤温度计，半导体吸收光纤温度计等。

（2）非接触式光纤温度计。使用时光纤温度传感器不与被测温对象接触，而采用热辐射原理感温，由光纤接收并传输被测物体表面的热辐射，故又称为光纤辐射温度计。

3.8.2　光纤辐射温度计[6]

辐射温度计一般都有一个体积较大的测温镜头，对于空间狭小或工件被加热线圈包围等场合的测温，它们便显得无能为力。如果通过直径小、可弯曲，并能够隔离强电磁场干扰的光纤，靠近被测对象，将其辐射导出，从而取代体积大的镜头，便能解决上述特殊场合的温度测量问题。

光纤辐射温度计的原理与相对应的辐射温度计相似，不同之处在于：

（1）光纤代替一般辐射温度计的空间传输光路；

（2）耐高温光纤探头可以靠近被测物体；

（3）光线探头尺寸小。

因此，光纤辐射温度计在高温测量中的应用场合更为广泛，而且具有很高的灵敏度，但是不能用于低温场合。

1. 测温探头结构

光纤辐射温度计一般都采用光纤束，结构形式有 Y 形、E 形、阵列型等。探头结构可分为两大类：光导耦合式和透镜耦合式。

（1）光导耦合式探头

图 3.8.4 是光导耦合式探头的结构和目标与距离关系图。探头为石英光纤，一般直径为 3mm，长为 100mm，表面有一层折射率极低的玻璃，采用吹风方式保持探头清洁。光导棒探头具有结构简单、空间和温度分辨率高的特点。

光导棒探头的距离系数 K 较小，如石英光纤仅为 2，因此光导棒探头只能用于近距离测温。目标与距离的关系可根据距离系数 K 的定义计算：

$$K = \frac{L}{D} = \frac{1}{2}\cot\theta_0 \tag{3.8.5}$$

式中　K——光棒探头的距离系数；

　　　L——光棒探头到 O 点的距离（m）；

　　　D——被测对象直径（m）；

　　　θ_0——临界入射角。

将式（3.8.4）带入式（3.8.5）整理得

$$D = \frac{2L}{\cot(\arcsin NA)} \tag{3.8.6}$$

如 $NA = 0.25$、$L = 0.5mm$，则被测对象的直径 $D = 0.258m$、$K = 1.94$；当与被测对象的距离缩短，如 $NA = 0.25$、$L = 0.1mm$，则被测对象的直径 $D = 0.0516m$。显然光棒探头不宜测量直径很小的物体。为解决此问题，可采用透镜耦合式探头。

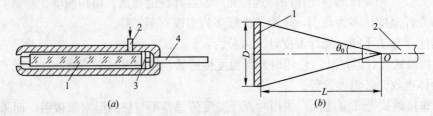

图 3.8.4　光导棒耦合式探头

（a）结构示意图：1—光导棒；2—吹风管；3—光导棒与光纤连接器；4—光纤

（b）目标与距离关系图：1—被测对象；2—光导棒探头

（2）透镜耦合式探头

透镜耦合式探头的结构和目标与距离关系参见图 3.8.5，在光纤和被测物体之间设有透镜。被测物体的辐射能经过透镜汇集后射入光纤内部，再经光纤传输。由距离系数 K 的定义可以推出：

$$K = \frac{L}{D} = \frac{L'}{d} \tag{3.8.7}$$

式中　L——透镜物距(m)；

　　　L'——透镜像距(m)；

　　　d——光纤接收断面直径(m)。

如果透镜成像于光纤接受断面，设 $d = 0.002\text{m}$、$L' = 0.025\text{m}$，则 $K = 12.5$。若测量距离 $L = 0.5\text{m}$，则对象的直径 $D = 0.04\text{m}$；当被测对象的距离缩短 $L = 0.1\text{m}$，则对象的直径 $D = 0.08\text{m}$。显然透镜耦合式探头可以测量直径很小的物体。

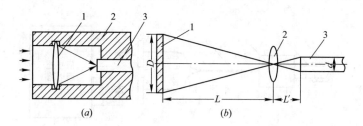

图 3.8.5　透镜耦合式探头

(a)结构示意图：1—透镜；2—外壳；3—光纤；

(b)目标与距离关系图：1—实测对象；2—透镜；3—光纤

2. 典型光纤辐射温度计

（1）普通光纤辐射温度计

普通光纤温度计将被测物体所发出的辐射能经过透镜收集后，由光纤传输给光电转换探测器，再将转换后的电信号经过信息处理系统进行滤波、放大等，再由显示仪表显示或者远传。转换原理如图 3.8.6 所示。

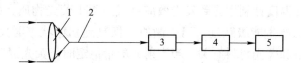

图 3.8.6　光纤辐射温度计原理框图

1—光学系统；2—光纤；3—光探测器；4—信号处理系统；5—显示仪表

（2）亮度式光纤辐射温度计

亮度式光纤辐射温度计的光纤探头采用多模石英光纤束，且采用水平光纤的透镜耦合形式。原理如图 3.8.7 所示，在信号处理器前端加入一窄带干涉滤光片，以消除其他波长的辐射和背景干扰辐射。

（3）光纤高温计

光纤高温计的构成如图 3.8.8 所示。高温探头是采用镀膜技术将测量棒制成黑体辐射

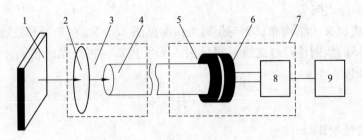

图 3.8.7 亮度式光纤辐射温度计原理框图

1—被测物体；2—透镜；3—透镜耦合式探头；4—光纤；5—干涉滤光片；
6—光电探测器；7—信号处理电路；8—前置放大器；9—二次仪表

腔，材质多为单晶蓝宝石或纯石英棒。当高温探头放在被测温度场中时，黑体辐射腔的温度就等于被测对象的温度。再经过耦合器将辐射腔的能量辐射传至光电转换环节。

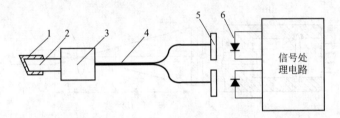

图 3.8.8 光纤高温计原理框图

1—镀膜；2—测量棒；3—耦合器；4—光纤；5—滤光片；6—光电二极管

光纤高温计的关键技术是研制性能稳定的传感器探头，探头的质量取决于镀膜技术、光学冷加工技术和材料的性能。光纤高温计具有测量准确度高、结构简单、使用方便等优点。

3.8.3 非功能型光纤温度计

1. 荧光光纤温度计

（1）荧光强度式光纤温度计

荧光强度式光纤温度计利用光致发光效应制成。稀土荧光物质在外加光波的激励下，原子处于受激励状态产生能级跃迁。当受激原子恢复到初始状态时发出荧光，且出现余辉，强度与入射能量和荧光材料有关。当入射光能量恒定时，荧光强度只是温度的单值函数。在实际应用中多采用测量两个荧光光谱比值的方法，用于克服测量中的影响。由于物体的荧光只是在低温区才具有可检测的荧光温度特性，因此它只适于低温区的测量。

图 3.8.9 是荧光强度式光纤温度计的原理图。光源 2 在脉冲电源 1 的激励下发出紫外辐射激光束，经透镜 3 校直为近似平行光，再由滤光器 4 去除可见光，经分光镜 5 其透射部分经透镜 6 聚焦射入光纤 7，再投射到荧光物质 12 上。荧光物质 12 返回的荧光经透镜 6 校直为近似平行光，再经分光镜 5 分成两路，其反射部分经滤光器 8 分出两路特定波长的谱线，然后经过透镜 9 聚焦到两个固体光电探测器 10 上。探测器输出的信号再经过放大等处理。

荧光强度式光纤温度计具有体积小、结构简单、测温范围宽、重复性好等特点。测温

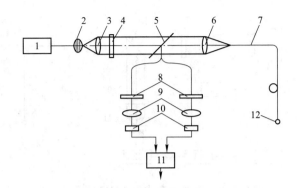

图 3.8.9 荧光强度式光纤温度计原理框图

1—脉冲电源；2—光源；3、6、9—透镜；4、8—滤光器；5—分光镜；

7—光纤；10—光电探测器；11—放大处理电路；12—荧光物质

范围为 $-30\sim250℃$，一般测量准确度为 $\pm0.5℃$，等级高的可达 $\pm0.1℃$，响应时间为 $1/4\sim4s$。荧光强度式光纤温度计探头和传输部分连成一体，没有导电物质，特别适合于狭小空间的温度测量。

（2）荧光衰变式光纤温度计

荧光衰变式光纤温度计是基于荧光强度与温度的关系设计制成的。基于荧光寿命的测温技术无需光强测量，只要荧光材料选择得当，温度仅根据"荧光寿命"这一本征参数来确定。

闪烁光照射到掺杂的晶体上，可以激发出荧光来。荧光的强度衰变到初值的 $1/e$ 时所需要的时间称为衰变时间，而且与温度有关。利用荧光物质的衰变时间来控制激励光源的调制频率，测量调制频率就可测出温度。

典型荧光衰变式光纤温度计结构如图 3.8.10 所示。发光二极管 2 作为激励光源，其频率由荧光物质的衰变时间来控制。光源的光通过透镜 3 进入滤光器 4 滤去长波，再经过分光镜 5 和透镜 6 注入光纤 7 射向荧光物质 8 激发荧光。返回的荧光有分光镜 5 耦合到滤光镜 9 上，经滤光器后的荧光经透镜 10 聚焦进入探测器 11 转换成电信号。此信号经过放大器 12、相移器 13 和幅度控制器 14，最后反馈到调制器 1 控制脉冲光源的发光。系统正常工作后通过计数器 15 测量振荡频率，即可测量被测对象的温度。

荧光衰变式光纤温度计的测量范围是 $0\sim70℃$，连续测温的偏差为 $0.04℃$。

（3）蓝宝石单晶光纤温度计

蓝宝石单晶光纤温度计综合了光纤辐射温度计和荧光光纤温度计的优点，可以实现从室温到 1800℃ 大范围的温度测量，结构原理如图 3.8.11 所示。

在低温区（400℃）辐射信号较弱，系统开启发光二极管 3 使荧光测温系统工作。发光二极管发射调制的激励光，经透镜 4 聚焦到 Y 形光纤 5 的分支端，再经光耦合器 6 透射至红宝石（荧光发射体）13 上，使其受激发生荧光。荧光信号由蓝宝石光纤 12 导出，经光纤耦合器 6 从 Y 形光纤 5 的另一分支端射出，经高通滤波器 11 被光电探测器 10 接收。光电探测器输出的信号经放大后由荧光处理系统 9 处理、计算，得到被测对象的温度。在高温区（400℃以上）辐射测温系统工作，发光二极管关闭，黑体空腔 7 发射出辐射信号经蓝

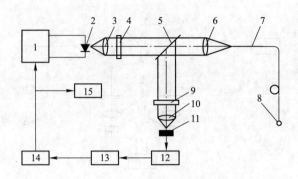

图 3.8.10 荧光衰变式光纤温度计原理框图

1—调制器；2—发光二极管；3，6，10—透镜；4，9—滤光器；5—分光镜；

7—光纤；8—荧光物质；11—探测器；12—放大器；13—相移器；

14—幅度控制器；15—计数器

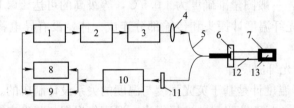

图 3.8.11 蓝宝石单晶光纤温度计原理框图

1—单片机；2—驱动模块；3—LED；4—透镜；5—Y 形石英光纤传导束；6—光纤耦合器；

7—黑体空腔；8—辐射处理系统；9—荧光处理系统；10—光电探测器；

11—高通滤波器；12—蓝宝石光纤；13—红宝石

宝石光纤 12 输出，并经 Y 形光纤 5 导出，由光电转换器 10 转成电信号，再经辐射处理系统 8 处理后，通过检测辐射信号强度计算得到被测对象温度。

2. 半导体光纤温度计

半导体光纤温度计由半导体接收器、光纤、光源和光探测器信号处理系统等组成。某些半导体材料（如 GaAs 砷化镓）具有极陡的吸收光谱，对光的吸收随着温度的升高而明显增大的性质。半导体材料光透射特性如图 3.8.12 所示，图中 λ_g 为吸收边沿波长。边沿线左边的光能被半导体材料吸收，右边的光能透过。由图中可以看出半导体材料的光谱特性分为三个区域：

(1) 短波部分，入射光全部被吸收，透射为零；

(2) 长波部分，吸收为零，入射光全部透过；

(3) 中间部分，吸收的边沿随温度升高而向长波方向移动。

光源发出的光谱峰值落在吸收的边沿为 λ_g 上，当温度升高时透过半导体的辐射功率（图中光源光谱线与半导体的透射光谱线之间的面积）将明显减少。利用此特性制成半导体光纤温度计。

半导体光纤温度计探头结构如图 3.8.13 所示，两根光纤端面中间夹一块半导体感温薄片，外面用封熔材料和不锈钢套固定。光源发出的光从光纤的一端射入，透过半导体薄片后，光纤的另一端设置光探测器。根据探测器接收光强的大小就可以测出半导体薄片位置的温度。半导体材料常用砷化镓（GaAs）和碲化镉（CdTe），厚度分别为 0.2mm 和 0.5mm。上述半导体光纤温度计为单光源、单波长结构，其特点是：结构简单、制造容易、成本低、便于推广，但是测量准确度较低。

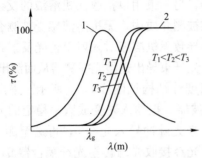

图 3.8.12 半导体的光透射特性曲线
τ—透射率；λg—波长
1—光源光谱特性；2—半导体光谱特性

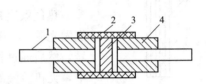

图 3.8.13 半导体光纤温度计测温探头结构
1—光纤；2—不锈钢套；
3—半导体吸收元件；4—封结材料

双波长半导体光纤温度计增加了一个参考光源，其辐射功率与温度无关，与耦合效率、光纤衰减等干扰因素有关。它是利用接收端参考光辐射功率与信号光辐射功率之比来确定温度，这就消除了干扰因素的影响，提高了测量准确度。

双波长半导体光纤温度计结构原理如图 3.8.14 所示。光源采用两只不同波长的发光二极管，一只是 AlGaAs 发光二极管，波长 $\lambda_1 \approx 0.88\mu m$；另一只是 lnGaPAs 发光二极管，波长 $\lambda_2 \approx 1.27\mu m$。它们由脉冲发生器激励而发出两束光，通过耦合器 4 一起射入光纤，再经过探头 6，探头中的半导体元件吸收波长 λ_1 的光，吸收率随温度而变化；探头中的半导体元件对波长 λ_2 的光不吸收几乎全部透过。波长 λ_1 的光为测量信号，波长 λ_2 的光为参考信号。该温度计的测量范围为 $-30\sim300℃$，准确度可达 1℃。

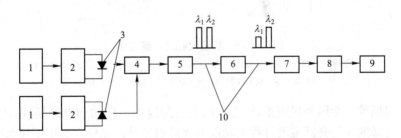

图 3.8.14 双波长半导体光纤温度计原理框图
1—脉冲发生器；2—LED 驱动器；3—LED；4—光耦合器；5，7—光纤连接器；
6—测温探头；8—光探测器；9—信号处理电路；10—光纤

3. 热色效应光纤温度计

许多无机溶液的颜色（既光吸收谱线）随温度变化的特性，称为热色效应，根据此原理设计的温度计称为热色效应光纤温度计。在此温度计中无机溶液为感温元件，其颜色通过光纤传导出来用于测量。

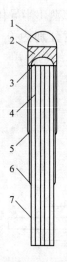

图 3.8.15 热色效应光纤
温度计测温探头结构图
1—玻璃套管；2—无机溶液；
3—内玻璃套管；4—半导纤维束；
5、6—环氧树脂粘接点；
7—聚乙烯套管

热色效应光纤温度计探头结构如图 3.8.15 所示。无机溶液 2 置于玻璃管套管 1 的顶端，用内玻璃套管 3 封死无机溶液，然后用环氧树脂 5 粘牢内外套管。再把两束用聚乙烯套管 6 包裹起来的光纤 4 插入内玻璃套管 3 中，一束用来导入由光源产生的窄频带红光脉冲，另一束用以接收无机溶液的反射光。测量温度时把探头插入被测介质中，无机溶液感受被测介质的温度而改变颜色，从而导致无机溶液对入射单色光反射强弱的变化，反射光再经接收光纤束导出送给光探测器从而测出温度。

热色效应光纤温度计结构见图 3.8.16 所示。采用卤素灯泡做光源 1，并用斩波器 2 把输入光变成频率稳定的光脉冲信号，然后通过物镜 3 把光脉冲导入光纤 5，再送至测温探头 4 中，无机溶液的反射光经接收光纤传至光纤耦合器 6，光纤耦合器把接收的信号分成两路，分别经波长 655mm 和 800mm 的滤光器 7 进行选择。波长 655mm 光信号的振幅是受温度调制的测量信号，波长 800mm 的光信号与温度无关，作为参考信号，这两路光信号再经光电探测器转换测量，根据测量信号与参考信号的比值计算测量温度。该温度计的测量范围为 5～75℃，分辨率优于 0.1℃，响应时间为 2s。

3.8.4 功能型光纤温度计[6]

当光沿单模光纤传播时，表征光特性的某些参数，如振

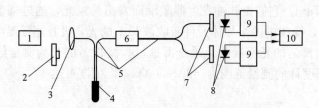

图 3.8.16 热色效应光纤温度计
1—光源；2—斩波器；3—透镜；4—测温探头；5—光纤；6—光纤耦合器；
7—滤光器；8—光电探测器；9—滤波放大器；10—微机系统

幅、相位、偏振等，会因外界因素(温度、压力、加速度、振动和电磁场)的改变而改变。基于此建立起来的一类光纤温度计称为功能型光纤温度计，光纤在其中不仅起导光作用还起感温作用。

1. 相位干涉型光纤温度计

在功能型光纤温度计中，以相位干涉型最有应用价值，其中的典型代表为马赫-珍德相位干涉光纤温度计。采用两根材质相同、长度基本相同的单模光纤，令其出射端平行，则它们的出射光就会干涉并在屏幕上形成明暗相间的干涉条纹。一根为测量用光纤，另一根为参考光纤，置于被测温度场内。当温度变化时，测量光线出射光的相位将发生变化，从而导致干涉条纹发生移动。温度变化越大，干涉条纹移动的数目就越多。通过测量干涉条纹移动的数目，就可推出被测温度的变化量。图 3.8.17 是干涉型光纤温度计的原理图。

激光器 1 发射单色光，经扩束镜 2 扩束准直为平行光，再经分光镜 3 分成两路分别经透镜 4、5 进行光束直径聚焦。聚焦后光束大小等于测量光纤 6、参考光纤 7 的入射端面直径的大小，两出射光在屏幕 9 上产生干涉条纹，屏幕后设置的半导体管 8 检测出干涉条纹的移动。

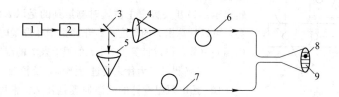

图 3.8.17　马赫-珍德干涉型光纤温度计的原理图

1—He-Ne 激光器；2—扩束镜；3—分光镜；4，5—透镜；6—测量光纤；

7—参考光纤；8—半导体 PIN 管；9—屏幕

2. 法布里-珀罗光纤温度计

该温度计利用法布里-珀罗光纤本身产生的多次反射形成的光束产生干涉，同时可以采用很长的光纤来获得很高的灵敏度。它只用一根光纤，干扰要比马赫-珍德相位干涉光纤温度计小得多。

法布里-珀罗光纤温度计的原理如图 3.8.18 所示。它包括激光器 8、起偏器 7、物镜 6、调制源 5、压电转换器 4、光探测器 2、记录仪 1 及干涉腔单模光纤（F-P 光纤）3。F-P 光纤一部分绕在加有正弦电压的压电转换器上，光纤的长度受到调制。只有在产生干涉的各束光通过光纤后出现的相位差时，输出才最大，此时探测器获得周期性的连续脉冲信号。当外界的被测温度使得光纤中的光波相位发生变化时，输出脉冲峰值的位置将发生变化。

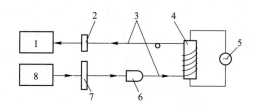

图 3.8.18　法布里-珀罗光纤温度计原理框图

1—记录仪；2—光探测器；3—光纤；4—压电变换器；5—调制源；

6—显微物镜；7—起偏器；8—He-Ne 激光器

思 考 题 与 习 题

1. 什么是温标？

2. ITS-90 温标的三要素是什么？

3. 常用的温标有哪几种？它们之间具有什么关系？

4. 常用的温度测量仪表共有几种？各适于用在什么样的场合？

5. 膨胀式温度计有哪几种？有何优缺点？

6. 热电偶温度计的测温原理是什么？由哪几部分组成？各部分的作用是什么？

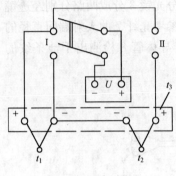

图 1(题 8 图)

7. 热电偶测温为什么要进行冷端补偿？有哪几种冷端补偿的方法？

8. 由 E 分度号热电偶与直流电位差计 U 组成的测温系统，接线如图 1 所示。环境温度 t_3 为 24℃时，开关置于 I、II 位置，测量值分别为 35.18mV、0.26mV。求 t_1、t_2 及温差各为多少度？（解题提示：1）开关置于 I 位置时测量到的是以 t_3 为冷端 t_1 的温差电势，可以计算出 t_1 的温度；2）开关置于 II 位置时测量到的是 t_1、t_2 的温差电势，可以计算出 t_1、t_2 的温差及 t_2 的温度。）

9. 精确测量时为什么要进行测温系统校准？

10. 热电阻温度计的测温原理是什么？常用的热电阻有哪些？0℃时的电阻值各是多少？

11. 辐射测温的基本方法有哪些？辐射测温仪表由哪些基本环节组成？

12. 辐射式温度计可分为几大类？各自的基本原理是什么？

13. 为什么辐射式温度计全用黑体刻度？测量时怎样修正？

14. 一体化温度计的特点是什么？怎样与测量仪表相连接？

15. 数字集成温度传感器的特点是什么？怎样与测量仪表相连接？

16. 常用的光纤温度计有哪几类？它们的特点是什么？

主要参考文献

[1] 王玲生主编. 热工检测仪表. 北京：冶金工业出版社，2006.

[2] 吕崇德主编. 热工参数测量与处理. 北京：清华大学出版社，2005.

[3] 王魁汉主编. 温度测量技术. 沈阳：东北工学院出版社，1991.

[4] 程玉兰主编. 红外诊断现场实用技术. 北京：机械工业出版社，2002.

[5] 曹玲芝主编. 现代测试技术及虚拟仪器. 北京：北京航空航天大学出版社，2004.

[6] 张华，赵文柱编著. 热工检测仪表. 北京：冶金工业出版社，2006.

第4章 湿 度 测 量

在通风与空气调节工程中，空气的湿度与温度是两个相关的热工参数，它们具有同样重要意义。例如在工业空调中，空气湿度的高低决定着电子工业中产品的成品率、纺织工业中的纤维强度及印刷工业中的印刷质量等等。在舒适性空调中，空气的湿度高低会影响人的舒适感。因此，必须对空气湿度进行测量和控制。

4.1 概 述

在常规的环境参数中，温度是个独立的被测量，容易准确测量；湿度由于受其他因素（大气压强、温度）的影响，测量湿度要比测量温度复杂得多，因此湿度是较难准确测量的一个参数。

4.1.1 湿度的定义

湿度很久以前就与生活存在着密切的关系，但用数量来进行表示较为困难。对湿度的表示方法有绝对湿度、相对湿度、露点、湿气与干气的比值（重量或体积）等等。首先让我们先来认识一下和湿度相关的几个常用名词。

1. 饱和水蒸气压

气体中所含水蒸气的量是有限度的，当这个量达到限度的状态即可称之为饱和，此时的水蒸气压即称为饱和水蒸气压。此物理量亦随着温度、压力的变化而变化，并且 0℃ 以下即使同一湿度，与水共存的饱和水蒸气压和与冰共存的饱和水蒸气压的值不同，通常所采用的是与水共存的饱和水蒸气压。

2. 相对湿度

在计量法中规定，湿度定义为"物象状态的量"。日常生活中所指的湿度为相对湿度，通常为空气中所含水蒸气量（水蒸气压）与其空气相同情况下饱和水蒸气量（饱和水蒸气压）的百分比。相对湿度的表达式为：

$$\Phi = \frac{P_n}{P_b} \times 100\% \tag{4.1.1}$$

式中 Φ——相对湿度%RH；

P_n——水蒸气分压力(Pa)；

P_b——同温度下饱和水蒸气分压力(Pa)。

但是，温度和压力的变化导致饱和水蒸气压的变化，相对湿度也将随之而变化。

3. 绝对湿度

单位体积(1m³)的气体中含有水蒸气的质量(g)，称做空气的绝对湿度，用 d 来表示，单位是 g/m³。

但是，即使水蒸气量相同，由于温度和压力的变化气体体积也要发生变化，即绝对湿

度 d 发生变化。

4. 露点

温度较高的气体其所含水蒸气也较多，将此气冷却后，其所含水蒸气的量即使不发生变化，相对湿度增加，当达到一定温度时相对湿度达到 100% 饱和，此时，继续进行冷却的话，其中一部分的水蒸气将凝结成露。此时的温度即为露点温度。露点在 0℃ 以下结冰时即为霜点。湿度与空气温度及饱和水蒸气压力的关系如图 4.1.1 所示。其中绝对湿度 d、相对湿度 Φ、露点温度 t_l、干球温度 t_1、湿球温度 t_s、水蒸气分压力 P_n、同温度下饱和水蒸气分压力 P_b、空气流焓值 h。

正是由于空气中的湿度有多种表示方法，而且又与很多参数有关，因此根据这些关系又可以衍生出很多种测量方法。

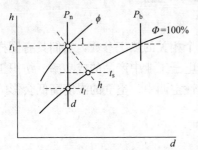

图 4.1.1　湿度与空气其他参数的关系图

4.1.2　湿度测量方法

湿度测量从原理上划分有二三十种之多，但由于涉及相当复杂的物理—化学理论分析和计算，所以湿度测量始终是世界计量领域中著名的难题之一。一个看似简单的量值，深究起来，涉及相当复杂的物理—化学理论分析和计算，初涉者可能会忽略在湿度测量中必须注意的许多因素，因而影响传感器的合理使用。

常见的湿度测量方法有：动态法（双压法、双温法、分流法），静态法（饱和盐法、硫酸法），露点法，干湿球法和电子式传感器法。

（1）静态法中的饱和盐法是湿度测量中最常见的方法，简单易行。但饱和盐法对液、气两相的平衡要求很严，对环境温度的稳定要求较高。用起来要求等很长时间去平衡，低湿点要求更长。特别在室内湿度和瓶内湿度差值较大时，每次开启都需要平衡 6～8h。

（2）露点法是测量湿空气达到饱和时的温度，是热力学的直接结果，准确度高，测量范围宽。计量用的精密露点仪准确度可达 ±0.2℃ 甚至更高。但用现代光—电原理的冷镜式露点仪价格昂贵，常和标准湿度发生器配套使用。

（3）双压法、双温法是基于热力学 P、V、T 平衡原理，平衡时间较长；分流法是基于绝对湿气和绝对干空气的精确混合。由于采用了现代测控手段，这些设备可以做得相当精密，却因设备复杂，昂贵，运作费时费工，主要作为标准计量之用，其测量精度可达 ±2%RH 以上。

（4）干湿球法是 18 世纪发明的测湿方法。历史悠久，使用最普遍。干湿球法是一种间接方法，它用干湿球方程换算出湿度值，而此方程是有条件的：即在湿球附近的风速必须达到 2.5m/s 以上。普通用的干湿球温度计将此条件简化了，所以其准确度只有 5%～7%RH，干湿球也不属于静态法，不要简单地认为只要提高两支温度计的测量精度就等于提高了湿度计的测量精度。

（5）电子式湿度传感器法，电子式湿度传感器产品及湿度测量属于 20 世纪 90 年代兴起的行业，近年来，国内外在湿度传感器研发领域取得了长足进步。湿敏传感器正从简单的湿敏元件向集成化、智能化、多参数检测的方向迅速发展，为开发新一代湿度测控系统创造了有利条件，也将湿度测量技术提高到新的水平。

4.1.3 湿度测量方案的选择

静态法中的饱和盐法主要用于湿度计的校准；露点法主要用于精密测量；双压法、双温法主要作为标准计量之用；实时的湿度测量方案最主要的有两种：干湿球测湿法，电子式湿度传感器测湿法。下面对这两种方案进行比较，以便选择适合自己的湿度测量方法。

1. 干湿球湿度计的特点

早在18世纪人类就发明了干湿球湿度计，干湿球湿度计的准确度还取决于干球、湿球两支温度计本身的精度。湿度计必须处于通风状态，只有纱布水套、水质、风速都满足一定要求时，才能达到规定的准确度。干湿球湿度计的准确度只有5％～7％RH。

干湿球测湿法采用间接测量方法，通过测量干球、湿球的温度经过计算得到湿度值，因此对使用温度没有严格限制，在高温环境下测湿不会对传感器造成损坏。

干湿球测湿法的维护相当简单，在实际使用中，只需定期给湿球加水及更换湿球纱布即可。与电子式湿度传感器相比，干湿球测湿法不会产生老化、精度下降等问题。所以干湿球测湿方法更适合于在高温及恶劣环境的场合使用。

2. 电子式湿度传感器的特点

电子式湿度传感器是近几十年，特别是近20年才迅速发展起来的。湿度传感器生产厂在产品出厂前都要采用标准湿度发生器来逐支标定，电子式湿度传感器的准确度可以达到2％～3％RH。

在实际使用中，由于尘土、油污及有害气体的影响，使用时间一长，会产生老化、精度下降，湿度传感器年漂移量一般都在±2％左右，一般情况下，生产厂商会标明1次标定的有效使用时间为1年或两年，到期需重新标定。

电子式湿度传感器的精度水平要结合其长期稳定性去判断，一般说来，电子式湿度传感器的长期稳定性和使用寿命不如干湿球湿度传感器。

湿度传感器是采用半导体技术，因此对使用的环境温度有要求，超过其规定的使用温度将对传感器造成损坏。

4.2　干 湿 球 湿 度 计

干湿球法是18世纪就发明的一种间接测湿方法，普通干湿球湿度计是最早得到应用的湿度计。随着技术的进步，电动通风干湿球湿度计弥补了普通干湿球湿度计的不足，并得到广泛应用。

4.2.1　普通干湿球湿度计[1],[2]

干湿球法是根据干湿球温度差效应(在潮湿物体表面的水分蒸发而冷却的效应)原理进行湿度测量的。

普通干湿球湿度计由两支相同的温度计组成，其中一支温度计的温包部包有脱脂棉纱布，纱布的下端浸入盛有蒸馏水的玻璃小杯中，在毛细作用下纱布经常处于润滑状态，将此温度计称为干湿球温度计(图4.2.1)。使用时，在热湿交换达到平衡，即稳定的情况下，所测得的温度称为湿球温度 t_s；装置在同一支架上的另外一支未包纱布的温度计称作干球温度计，它所测得的温度称为空气的干球温度 t_1。

湿球温度计的球部表面潮湿纱布中的水分不断进行蒸发，而水分的蒸发强度则取决于周围空气的相对湿度 Φ、大气压力 B 以及风速 v。如果大气压力 B 和风速 v 保持不变，相对湿度 Φ 愈高，潮湿纱布表面的水分蒸发强度愈小，潮湿纱布物体表面温度(t_s)与周围环境温度(t_1)差就愈小；反之，相对湿度 Φ 低，水分的蒸发强度愈大，干、湿球温差就愈大。风速在 $2\sim40m/s$ 的范围内，工程上近似用湿球温度替代绝热饱和温度，作为一种表征湿空气的状态参数。在一定的空气状态下，干湿球温度的差值反映了空气相对湿度的大小。只要测量空气的干球温度 t_1 和湿球温度 t_s，就可以利用公式或在 $h-d$ 图中确定 Φ(图4.1.1)，也可以根据干球温度 t_1 和干、湿球温差 t_1-t_s 从"通风干湿表用相对湿度表"中查出相对湿度 Φ。

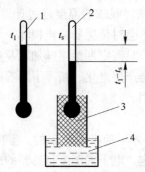
图 4.2.1 干湿球温度计
1—干球温度计；2—湿球温度计；
3—脱脂棉纱布；4—水杯

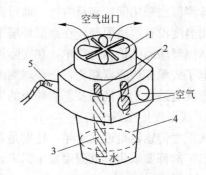
图 4.2.2 电动干湿球温度计
1—风机；2—铂电阻温度传感器；
3—脱脂棉纱布；4—水杯；5—导线

4.2.2 电动通风干湿球湿度计[2]

普通干湿球湿度计是通过测量干球、湿球的温度，经过计算得到湿度值，测量准确度为 $5\%\sim7\%$RH。普通干湿球湿度计对使用温度没有严格限制，在高温环境下测湿不会对传感器造成损坏，更适合于在高温及恶劣环境的场合使用。干湿球湿度计维护简单，在实际使用中，只需定期给湿球加水及更换湿球纱布即可，因此得到广泛的应用。由于普通干湿球湿度计存在需要人工读数，人工加水不及时要影响测量结果的不足，从而限制了其在自动检测湿度、自动控制湿度的场合的应用。

根据干湿球法原理生产的电动通风干湿球湿度计(也称电动通风干湿表)，则解决了普通干湿球湿度计的不足。电动通风干湿球湿度计有数字显示通风干湿球湿度计和不带数字显示的普通电动通风干湿球湿度计两种类型。

普通电动通风干湿球湿度计由两支温度计、通风器、水杯和防辐射护管等组成，温度计采用水银温度计。湿度计上部装有微型风机，造成不小于 $2.5m/s$ 的风速，此湿度计也称为阿斯曼湿度计。

数显电动通风干湿球湿度计，采用铂电阻温度传感器(或其他电阻温度传感器)代替水银温度计(图4.2.2)，湿度计上部装有微型风机，造成不小于 $2.5m/s$ 的风速。数显电动通风干湿球湿度计原理框图如图4.2.3所示。数显电动通风干湿球湿度计增加了温度测量、湿度值计算和温湿度显示功能，有的还增加了缺水报警及数据远传等功能。数显电动通风干湿球湿度计测量精度大大提高，二级标准湿度计，干、湿球测量温度可达 $\pm0.08℃$，相对湿度误差不大于 2%RH。

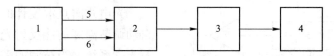

图 4.2.3 数显电动通风干湿球湿度计原理框图

1—干湿球温度计；2—温度测量；3—湿度测量；4—显示报警远传；5—干球温度信号；6—湿球温度信号

4.3 露点湿度计

露点法测量相对湿度的基本原理为：先测定露点温度 t_l，然后再从水蒸气表中查出对应露点温度的水蒸气饱和压力 P_l 和干球温度下饱和水蒸气的压力 P_b。显然，P_l 即为被测空气的水蒸气分压力 P_n。因此，由式(4.1.1)可计算得到空气的相对湿度。例如，当测得了在某一气压下空气的温度 $t_1=20℃$、露点 $t_l=12℃$，那么，就可以从水蒸气表中查得 20℃时的饱和蒸汽压 $P_b=17.54mmHg$，12℃时的饱和蒸汽压 $P_l=P_n=10.52mmHg$。则此时，空气的相对湿度 $\Phi=(10.52/17.54)×100\%=60\%$。采用这种方法来确定空气的湿度有着重大的实用价值，但这里很关键的一点，要掌握露点的测定方法。

露点温度是指被测温空气冷却到水蒸气达到饱和状态并开始凝结出水分的对应温度。露点温度的测定方法是，先把一物体表面加以冷却，一直冷却到与该表面相邻近的空气层中的水蒸气开始在表面上凝集成水分为止。开始凝集水分的瞬间，其邻近空气层的温度，即为被测空气的露点温度。所以保证露点法测量湿度精确度的关键，是如何精确地测定水蒸气开始凝结的瞬间空气温度。用于直接测量露点的仪表有经典的露点湿度计与光电式露点湿度计等。

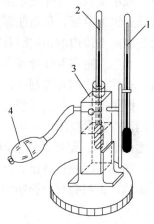

图 4.3.1 露点湿度计
1—干球温度计；2—露点温度计；
3—镀镍黄铜盒；4—橡皮鼓气球

4.3.1 露点湿度计[2]

露点湿度计主要由一个镀镍的黄铜盒 3，盒中插着一支温度计 2 和一个橡皮鼓气球 4 等组成，如图 4.3.1 所示。测量时在黄铜盒中注入乙醚的溶液，然后用橡皮鼓气球将空气打入黄铜盒中，并由另一管口排出，使乙醚得到较快速度的蒸发，当乙醚蒸发时即吸收了乙醚自身热量使温度降低，当空气中水蒸气开始在镀镍黄铜盒外表面凝结时，插入盒中的温度计读数就是空气的露点。测出露点以后，再从水蒸气表中查出露点温度的水蒸气饱和压力 P_l 和干球温度下饱和水蒸气的压力 P_b，利用式(4.1.1)算出空气的相对湿度。这种温度计主要的缺点是，当冷却表面上出现露珠的瞬间，需立即测定表面温度，因此一般不易测准，容易造成较大的测量误差。

4.3.2 光电式露点湿度计[2]

光电式露点湿度计是使用光电原理直接测量气体露点温度的一种电测法湿度计。它的测量准确度高，而且可靠，适用范围广，尤其是对低温状态，更宜使用。光电式露点湿度计测定气体露点温度的原理与上述露点湿度计相同，其系统原理图如图 4.3.2 所示。

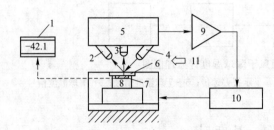

图 4.3.2　光电式露点湿度计

1—显示器；2—反射光敏电阻；3—散射光敏电阻；
4—光源；5—光电桥路；6—露点镜；7—铂电阻；
8—半导体制冷器；9—放大器；10—直流电源；11—被测气体

光电式露点湿度计的核心是一个可以自动调节温度的能反射光的金属露点镜以及光学系统。当被测的采样气体通过中间通道与露点镜相接触时，如果镜面温度高于气体的露点温度，镜面的光反射性能好，来自白炽灯光源的斜射光束经露点镜反射后，大部分射向反射光敏电阻，只有很少部分为散射光敏电阻所接受，二者通过光电桥路进行比较，将其不平衡信号经过平衡差动放大器放大后，自动调节输入半导体热电制冷器的直流电流值。半导体热电制冷器的冷端与露点镜相连，当输入制冷器的电流值变化时，其制冷量随之变化，电流愈大，制冷量愈大，露点镜的温度亦越低。当降至露点温度时，露点镜面开始结露，来自光源的光束射到凝露的镜面时，受凝露的散射作用使反射光束的强度减弱，而散射光的强度有所增加，经两组光敏电阻接受并通过光电桥路进行比较后，放大器与可调直流电源自动减小输入半导体热电制冷器的电流，以使露点镜的温度升高，当不结露时，又自动降低露点镜的温度，最后使露点镜的温度达到动态平衡时，即为被测气体的露点温度。通过安装在露点镜内的铂电阻及露点温度指示器即可直接显示被测的露点温度值。

光电式露点湿度计要有一个高度光洁的露点镜面以及高精度的光学与热电制冷调节系统，这样的冷却与控制可以保证露点镜面上的温度值在±0.05℃的误差范围内。

测量范围广与测量误差小是对仪表的两个基本要求。一个特殊设计的光电式露点湿度计的露点测量范围为−40～100℃。典型的光电式露点湿度计露点镜面可以冷却到比环境温度低50℃。最低的露点能测到1%～2%的相对湿度。光电式露点湿度计不但测量精度高，而且还可测量高压、低温、低湿气体的相对湿度。但采样气体不得含有烟尘、油脂等污染物，否则会直接影响测量精度。

4.4　电子式湿度传感器

某些物质放在空气中，它们的含湿量与所在空气的相对湿度有关；而含湿量大小又引起本身物理特性的变化。因此可以将具有这些特性的物质或者元件制成传感器，再将对空气相对湿度的测量转换为对传感器的电阻或者电容值的测量，此种方法称为吸湿法湿度测量。常用的湿度传感器主要有氯化锂电阻湿度传感器、高分子湿度传感器、金属氧化物陶瓷湿度传感器和金属氧化物膜湿度传感器。湿度传感器生产厂在产品出厂前都要采用标准湿度发生器来逐支标定，电子式湿度传感器的准确度可以达到2%～3%RH。

电子式湿度传感器测湿方法适合于在洁净及常温的场合使用。在实际使用中，由于尘土、油污及有害气体的影响，使用时间一长，会产生老化，精度下降，湿度传感器年漂移量一般都在±2%左右，甚至更高。一般情况下，生产厂商会标明1次标定的有效使用时间为1年或2年，到期需重新校准。一般说来，电子式湿度传感器的长期稳定性和使用寿命不如干湿球湿度传感器。

4.4.1 氯化锂电阻湿度传感器[1]

氯化锂(LiCl)是一种在大气中不分解、不挥发，也不变质而具有稳定的离子型无机盐类。其吸湿量与空气的相对湿度成一定函数关系，随着空气相对湿度的增减变化，氯化锂吸湿量也随之变化。只有当它的蒸汽压等于周围空气的水蒸气分压力时才处于平衡状态。因此，随着空气相对湿度的增加，氯化锂的吸湿量也随之增加，从而使氯化锂中导电的离子数也随之增加，最后导致它的电阻减小。当氯化锂的蒸汽压高于空气中的水蒸气分压力时，氯化锂放出水分，导致电阻增大。氯化锂电阻湿度传感器就是根据这个原理制成的。

氯化锂电阻湿度传感器分梳状和柱状两种形式。前者是梳状电极（金箔）镀在绝缘板上（图4.4.1a），后者是用两根平行的铂丝电极绕制在绝缘柱上（图4.4.1b），利用多孔塑料聚乙烯球作为胶粘剂，使氯化锂溶液均匀地附在绝缘板的表面，多孔塑料能保证水蒸气和氯化锂溶液之间有良好的接触。两根平行的铂丝本身并不接触，而依靠氯化锂盐溶液使两电极间构成导电回路。两电极间电阻值的变化就反映了空气相对湿度变化。

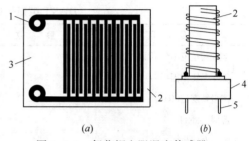

图 4.4.1　氯化锂电阻湿度传感器

(a)梳状；(b)柱状

1—端子；2—电极；3—塑料底板；4—插座；5—引线

氯化锂传感器使用交流电桥测量其阻值，不允许用直流电源，以防氯化锂溶液发生电解。将氯化锂传感器R_Φ接入交流电桥，通过电桥将传感器电阻信号转变为交流电压信号。此电压再经放大、检波电路，变成与相对湿度成一定函数关系的直流电压U_Φ。为了获得标准4～20mA、DC的传输信号，再经电压—电流转换器，将U_Φ转换成与相对湿度线性关系的4～20mA、DC信号（图4.4.2）。

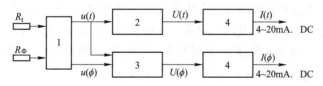

图 4.4.2　氯化锂湿度变送器方框图

1—测量电桥；2—放大检波；3—合成放大检波；4—U/I(电压/电流)转换器

由于氯化锂传感器的阻值受环境温度的影响，为了消除这一影响提高测量精度，采取了温度补偿措施。将温度传感器R_t接入另一交流电桥，其输出的交流信号接入湿度变送器中的放大、检波电路中，用以抵消温度对湿度测量影响。

氯化锂温、湿度变送器，分别输出与温、湿度呈线性关系的两路4～20mA信号。可同时满足空调工程中温、湿度的测量要求。

早期氯化锂湿敏电阻由于基片材料选择问题，再加上氯化锂在高温条件下存在浓度被稀释的现象，这些湿敏电阻的使用寿命较短，在有尘埃附着时，其吸湿能力会显著下降，使得湿敏电阻的特性变差。近几年，通过改变基片材料和改进感湿膜的工艺，使得这些现象得到了很大的改善。

DWS-P 型氯化锂湿敏电阻，是近年来生产的一种新型湿敏电阻。它采用真空镀膜工艺在玻璃片上镀上一层梳状金电极，然后在电极上涂上一层氯化锂和聚氯乙烯醇等配制的感湿膜。由于聚氯乙烯醇是一种粘合性很强的多孔性物质，它与氯化锂结合后，水分子会很容易地在感湿膜中吸附与释放，从而使湿敏电阻的电阻值发生迅速的变化。为了提高湿敏电阻的抗污染能力，还在湿敏电阻表面涂覆一层多孔性的保护膜。

这种湿敏电阻的优点是长期工作稳定性好，制作湿度测量仪时会有较高的精度，响应迅速。其缺点是有结露时易失效。它特别适合空调系统使用。表 4.4.1 列出了 DWS-P 型氯化锂湿敏电阻的基本参数。

DWS-P 型氯化锂湿敏电阻的基本参数 表 4.4.1

项 目	参 数	项 目	参 数
湿度测量范围(%RH)	15～95	工作频率(Hz)	50
工作温度范围(℃)	5～50	工作电压(V)	6(AC)
测量精度(%RH)	±2	温度系数(%RH/℃)	—
湿滞(%RH)	1	稳定性(%RH/年)	2
响应时间(s)	10	成分及结构	氯化锂薄膜

每一个氯化锂传感器的测量范围较窄(一般为 15%～20%RH)，测量中应按测量范围要求，选用相应的量程。为扩大测量范围，采用多片组合传感器。最高使用温度 55℃，当大于 55℃时，氯化锂溶液将蒸发。使用环境应保持空气清洁，无粉尘、纤维等。

4.4.2 高分子湿度传感器[3]

高分子湿度传感器主要有高分子电容式湿度传感器和高分子电阻式湿度传感器两种。

1. 高分子电容式湿度传感器

高分子电容式湿度传感器的结构如图 4.4.3 所示。这种传感器基本上是一个电容器，在高分子薄膜上的电极是很薄的金属微孔蒸发膜，水分子可通过两端的电极被高分子薄膜吸附或释放。随着这种水分子吸附或释放，高分子薄膜的介电系数将发生相应的变化。因为介电系数随空气中的相对湿度变化而变化，所以只要测定电容 C 就可测得相对湿度。传感器的电容值可由下式确定，即

$$C = \varepsilon S/d \tag{4.4.1}$$

式中 ε——高分子薄膜的介电系数($\mu F \cdot mm/mm^2$)；

d——高分子薄膜的厚度(mm)；

S——电极的面积(mm^2)。

目前，大多采用醋酸丁酸纤维素作为高分子薄膜的材料，这种材料制成的薄膜吸附水分子后，不会使水分子之间相互作用，尤其在采用多孔金电极时，可使传感器具有响应速度快、无湿滞等特点。

高分子电容式湿度传感器的电容值与相对湿度的关系，如图 4.4.4 所示。表 4.4.2 列出了 RHS 型电容式湿度传感器的基本参数。

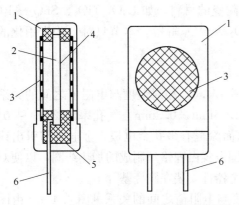

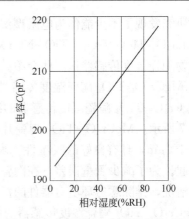

图 4.4.3　高分子电容式湿度传感器结构图
1—底板；2—高分子薄膜；3—过滤网；
4—电极；5—支架；6—引线

图 4.4.4　高分子电容式湿度传感器
电容值与相对湿度的关系

RHS 型电容式湿度传感器的基本参数　　　　　表 4.4.2

项　　目	参　　数	项　　目	参　　数
湿度测量范围(%RH)	15~95	响应时间(s)	<10
工作温度范围(℃)	5~50	工作频率(Hz)	50~300K
测量精度(%RH)	±2	工作电压(V)	<12(AC)
湿滞(%RH)	1	温度系数(%RH/℃)	—

2. 高分子电阻式湿度传感器

　　高分子电阻式湿度传感器是目前发展迅速，应用较广的一类新型湿度传感器。它具有灵敏度高、线性度好、响应时间快、易小型化以及制作工艺简单、成本低、使用方便等优点。

　　高分子电阻式湿度传感器主要使用高分子固体电解质材料制作感湿膜，由于膜中的可动离子而产生导电性，随着湿度的增加，其电离作用增强，使可动离子的浓度增大，电极间的电阻值减小。当湿度减小时，电离作用也随之减弱，可动离子的浓度也减小，电极间的电阻值增大。这样，湿度传感器对水分子的吸附和释放情况，可通过电极间电阻值的变化检测出来，从而得到相应的湿度值(图 4.4.5)。

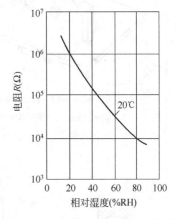

图 4.4.5　高分子电阻式湿度传感
器电阻与相对湿度的关系

　　传感器可使用的材料很多，如高氯酸锂——聚氯乙烯、有亲水性基的有机硅氧烷、四乙基硅烷的等离子共聚膜等等。

4.4.3　金属氧化物陶瓷湿度传感器[3]

　　金属氧化物陶瓷湿度传感器是由金属氧化物多孔性陶瓷烧结而成。烧结体上有微细孔，可使湿敏层吸附或释放水分子，造成其电阻值的改变。利用多孔陶瓷构成的这种湿度传感器，具有工作范围宽、稳定性好、寿命长、耐环境能力强等特点。由于它们的电阻值与湿度的关系为非线性，而其电阻的对数值与湿度的关系为线性，因此在电路处理上应加入线性化处理单元。另外，由于这类传感器有一定的温度系数，在应用时还需进行温度补偿。

　　金属氧化物陶瓷湿度传感器是当今湿度传感器的发展方向，近几年世界上许多国家通过各种研究发现了不少能作为电阻型湿敏多孔陶瓷的材料,如 LaO_3-TiO_3、SnO_2-Al_2O_3-TiO_2、La_2O_3-TiO_2-V_2O_5、TiO_2-Nb_2O_5、MnO_2-Mn_2O_3 等等。本节只对一些实用化的金属氧化物陶瓷湿度传感器作一些介绍。

1. $MgCr_2O_4$-TiO_2 陶瓷湿度传感器

$MgCr_2O_4$-TiO_2 陶瓷湿度传感器的结构如图 4.4.6,相对湿度与电阻值之间的关系如图 4.4.7 所示。$MgCr_2O_4$-TiO_2 陶瓷片为 $4mm \times 5mm \times 0.3mm$,气孔率为 $25\% \sim 30\%$,孔径小于 $1\mu m$,具有良好的吸湿性。陶瓷片两面涂覆有多孔金电极,金电极与引出线烧结在一起。为了减少测量误差,在陶瓷片的外围设置由镍铬丝制成的加热线圈,以便对器件加热清洗,排除恶劣环境对器件的污染,整个器件安装在陶瓷基片上。

$MgCr_2O_4$-TiO_2 陶瓷湿度传感器的相对湿度与电阻值之间的关系见图 4.4.7。由图可知,传感器的电阻值随相对湿度的增加而减少,而且也与周围环境有关。

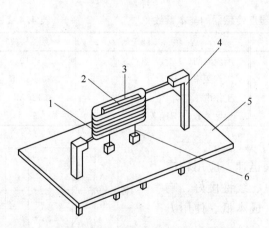

图 4.4.6　$MgCr_2O_4$-TiO_2 陶瓷湿度传感器结构

1—加热线圈;2—湿敏陶瓷片;3—金电极;
4—固定端子;5—陶瓷基片;6—引线

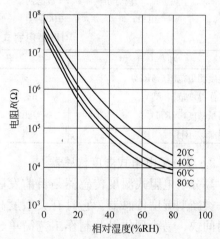

图 4.4.7　陶瓷湿度传感器的相对
湿度与电阻值之间的关系

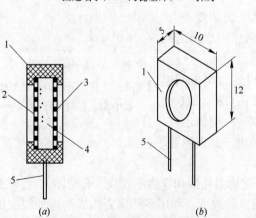

图 4.4.8　NiO 陶瓷湿度传感器结构及外形
(a)结构;(b)外形

1—外壳;2—过滤层;3—孔状电极;4—NiO 陶瓷;5—引线

$MgCr_2O_4$-TiO_2 陶瓷湿度传感器在使用前,应先加热约 1min 左右,以消除由于油污及各种有机蒸汽等的污染所引起的性能恶化。

2. NiO 陶瓷湿度传感器

NiO 陶瓷湿度传感器主要是由氧化镍金属氧化物烧结而成的多孔状陶瓷体,它的结构及外形如图 4.4.8 所示。在 NiO 多孔状陶瓷体的两端有多孔电极,电极由引线引出传感器的外部。在电极的外部还设置有过滤层,以防恶劣环境对传感器性能产生影响。整个器件安装在塑料外壳内。

NiO 陶瓷湿度传感器就是利用其微细多孔本身对水分子吸附及释放的现象，从而使其电阻值发生变化的一种传感器。它具有工作稳定性好、寿命较长的特点，对丙酮、苯等蒸汽有抗污染能力。由于在结构上加上了过滤层，所以响应时间较长，适合在空调系统中使用。国产 UD-8NiO 湿度传感器的基本参数见表 4.4.3。

国产 UD-8NiO 湿度传感器的基本参数　　　　　　　　　　表 4.4.3

项　目	参　数	项　目	参　数
湿度测量范围(%RH)	5～90	工作频率(Hz)	50～100
工作温度范围(℃)	0～60	工作电压(V)	1(AC)
测量精度(%RH)	±2	温度系数(%RH/℃)	0.5
湿滞(%RH)	<3	稳定性(%RH/年)	1～2
响应时间(s)	≤3	成分及结构	NiO 烧结体

4.4.4　金属氧化物膜湿度传感器[3]

Cr_2O_3、Fe_2O_3、Fe_3O_4、Al_2O_3、Mg_2O_3、ZnO 及 TiO_2 等金属氧化物的细粉，它们吸附水分后有极快的速干特性，利用这种现象可以制造出多种金属氧化物膜湿度传感器。

金属氧化物膜湿度传感器的结构如图 4.4.9 所示。在陶瓷基片上先制作钯银梳状电极，然后采用丝网印制、涂布或喷射等工艺方法，将调制好的金属氧化物的糊状物加工在陶瓷基片及电极上，采用烧结或烘干方法使之固化成膜。这种膜可以吸附或释放水分子而改变其电阻值，通过测量电极间的电阻值即可检测相对湿度。

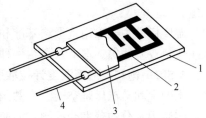

图 4.4.9　金属氧化物膜湿度传感器结构图
1—陶瓷基片；2—梳状电极；3—金属氧化物感湿膜；4—引线

金属氧化物膜湿度传感器的特点是传感器电阻的对数值与湿度呈线性关系，具有测湿范围及工作温度范围宽的优点，测量精度为 2%～4%RH，使用寿命在两年以上。

表 4.4.4 列出了一些国产这类传感器的基本参数。

国产金属氧化物膜传感器的基本参数　　　　　　　　　　表 4.4.4

项　目	BTS-208 型	CM8-A 型
湿度测量范围(%RH)	0～100	10～98
工作温度范围(℃)	−30～150	−35～100
测量精度(%RH)	±4	±2
湿滞(%RH)	2～3	1
响应时间(s)	≤60	≤10
工作频率(Hz)	100～200	40～1000
工作电压(V)	<20(AC)	1～5(AC)
温度系数(%RH/℃)	0.12	0.12
稳定性(%RH/年)	<4	<1～2
成分及结构	氧化镁、氧化铬厚膜	硅镁氧化物薄膜

4.5 湿度计的校准[2]

湿度计的校准需要一个维持恒定相对湿度的空间,并且用一种可作基准的方法去测定其中相对湿度,再将被校准的仪表放入此空间中进行校准。

4.5.1 概述[4]

各种类型的湿度计采用了不同的原理。采用绝对法原理的仪器是按照一定的严密理论在一定的条件下工作,本来可以不校正,但是为了能更准确的测量,也需要与准确度更高的仪器进行比较和校准。如电解湿度计、氯化锂露点湿度计、光电露点式湿度计都属于此类。采用相对法原理的仪器,它们是建立在经验数据上的,因此必须经过标定后才能工作。如电容湿度计、电阻湿度计等都属于此类。

湿度计的校准方法很多,大体上可以归纳为以下两种:一种是精度较高、重现性较好的绝对湿度计或湿度测量方法作为湿度标准来校准用;另一种是用标准湿度发生器供给一种已知湿度的气体,把这种标准气体通入放置被校准湿度计或湿敏元件的标准容器中进行标定。

湿度标准主要采用重量法基准和气桥法副基准;标准湿度发生器校准方法有重量法、双压法、双温法等。本节只介绍一种设备较简单的饱和盐溶液湿度计校准装置。

4.5.2 饱和盐溶液湿度计校准装置[2]

水的饱和蒸汽压是空气温度的函数,温度愈高,饱和蒸汽压也愈高。当水中加入盐类后,溶液中水分的蒸发受抑制,而使其饱和蒸汽压降低,降低的程度和盐类的浓度有关。

当溶液达到饱和后,蒸汽压就不再降低,称此值为饱和盐溶液的饱和蒸汽压。相同温度下不同盐类饱和溶液的饱和蒸汽压是不相等的,例如在 26.86℃ 左右时若干种盐类的饱和蒸汽压所对应的空气相对湿度数值见表 4.5.1 所列。表中从氯化锂($LiCl \cdot H_2O$)为 $\Phi=11.7\%$,到硝酸钾($KNO_3 \cdot H_2O$)为 $\Phi=92.1\%$,其间的各种盐溶液所对应的相对湿度为每隔 10% 有一挡。用盐溶液法校准湿度计设备较简单,盐溶液价格低廉,容易控制。各种盐溶液的饱和度不需测定,只要两相存在,看得见盐固体即为饱和状态。每种盐溶液决定一种相对湿度,也就可免去测定饱和溶液的浓度。盐溶液要采用纯净蒸馏水与纯净的盐类制备,从低相对湿度用氯化锂溶液直到高相对湿度用硝酸钾溶液进行校准。

应用上述原理制成的饱和盐溶液湿度计校准装置的结构如图 4.5.1 所示。校准装置外形为一封闭的长方体金属箱子,分上下两部分。上面为标定室与小室。标定室中安装有调节与测定室内温度用的温度调节器 5、温度计 6,以及测定露点温度用的光电式露点温度计 13。小室中装有风机 7 及电加热器 8。箱子的下部设有盐溶液玻璃容器 2 及搅拌器 4。箱子的外部还安装有冷却盘管 9 及保温层 10。电加热器与冷却盘管受温度调节器的控制,用来恒定标定箱体内的空气温度。箱子中间用隔板分割,隔板左右开有两孔使上下两部分相通,这样通过风机作为动力,使箱中的空气按图中所示箭头方向循环流动。风机运转一定时间后,箱中空气的水蒸气分压力将等于该恒定温度下盐溶液的饱和蒸汽压,这时可用光电式露点温度计测得空气的露点温度,同时根据箱中温度计的读数值,即可求出箱中的相对湿度。从而将装置在标定室中的被校准湿度计校准。

校准装置的误差与校准的湿度及露点温度有关,露点温度的测量最小感测量可达

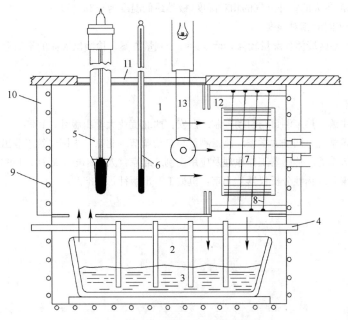

图 4.5.1 饱和盐溶液湿度计校准装置

1—标定室；2—盐溶液器皿；3—盐溶液；4—搅拌器；5—温度调节器；
6—温度计；7—风机；8—电加热器；9—冷却盘管；10—保温层；
11—盒盖；12—小室；13—光电式露点温度计

0.01℃，正确度约为 0.03℃；小室温度的最小读数为 0.01℃，正确度为 0.02℃。一般相对湿度的校准精度可达±1％。

各种盐类的饱和溶液对应的相对湿度数值表　　　　　　　　　表 4.5.1

各种盐类	相对湿度(%)	室内温度(℃)	各种盐类	相对湿度(%)	室内温度(℃)
$LiCl \cdot H_2O$	11.7	26.68	$NaBr \cdot 2H_2O$	57.0	26.67
$KC_2H_3O_2$	22.5	26.57	$NaNO_3$	72.6	26.67
KF	28.5	26.65	NaCl	75.3	26.68
$MgCl_2 \cdot 6H_2O$	33.2	26.68	$(NH_4)_2SO_4$	79.5	26.67
$K_2CO_3 \cdot 2H_2O$	43.6	26.67	KNO_3	92.1	26.68
$Na_2Cr_2O_7 \cdot 2H_2O$	52.9	26.67			

思 考 题 与 习 题

1. 简述湿度测量的特点，常用的湿度测量方法有哪些？

2. 简述 LiCl 电阻湿度传感器、光电式露点计工作原理。

3. 叙述露点法测量相对湿度的原理。

4. 饱和盐溶液湿度校正装置的工作原理是什么？

5. 请确定满足下述条件要求的湿度传感器种类：

(1) 温度为 130℃的干燥室的相对湿度；

(2) 测量棉纺车间的相对湿度；

（3）测量哈尔滨冬天的室外空气的相对湿度（极端最低温度为－38.1℃）；

（4）测量面粉车间的相对湿度。

6. 新砌筑的空心砖墙体含湿量较高，请设计一个测量方案，检测出墙体的干燥含湿量随着时间的变化规律。

主要参考文献

［1］　张子慧主编. 热工测量与自动控制. 西安：西北工业大学出版社，1993.

［2］　西安建筑学院，同济大学编. 热工测量与自动调节. 北京：中国建筑工业出版社，1983.

［3］　黄继昌等编著. 传感器工作原理及应用实例. 北京：人民邮电出版社，1998.

［4］　武宝琦编著. 物性分析仪器. 北京：机械工业出版社，1985.

第5章 压 力 测 量

在供热、通风与供燃气工程中，压力是反映工质状态的一个重要参数。正确地测量和控制压力，是保证供热、通风与供燃气系统安全、经济运行的基本条件。

5.1 概 述

压力是垂直作用在物体单位面积上的力。本章介绍的是液体的压力测量。

5.1.1 压力的定义[1]

对于静止流体，任何一点的压力与在该点所取的面的方向无关，在所有方向上压力大小相等，这种具有各向同性的压力称为流体静压力。重力场中，在同一水平面上各点的压力相等，形成等压面，但在垂直方向上存在压力梯度。

在运动流体中，任何一点的压力是所取平面方向的函数，当所取平面的法向与流动方向一致时，所得到的压力最大，这个压力的最大值称为该点的总压力。作用在与流体流动方向平行的面上的压力称为流体静压力，总压力与静压力之差称为动压力，动压力是流速的函数。假定流体为无黏性的理想流体，并忽略流体的压缩性，则由流体能量守恒定律可知，沿着同一流线的压力有如下关系：

$$p_s + \frac{1}{2}\rho u^2 + \rho g h = 常数 \tag{5.1.1}$$

式中 p_s——静压；

$\frac{1}{2}\rho u^2$——动压；

ρ——流体密度；

u——流体速度；

g——重力加速度；

h——流体距某标准面的高度。

当流体沿水平方向稳定流动时，其静压与动压之和沿着同一流线保持不变。对于实际流体，由于有黏滞阻力引起的能量损失，所以总压力不可能保持为常数，而是沿流动方向减小。

5.1.2 压力的分类

1. 从测量的角度分类

从测量的角度流体压力大体可分为以下几种。

（1）静定压

每秒钟的变化量为压力计分度值的1%或每分钟的变化量为5%以下的压力叫静定压。

（2）变动压

每单位时间的变化量超过静定压限度的压力叫变动压力，其中非周期变化的压力称为波动压力，不连续且变化大的压力叫冲击压力。

（3）脉动压

压力随时间作周期性的变化，且其变化的速度超过静定压力限度，这种变化的压力称为脉动压力。

2. 按测量方法分类

按测量方法及参考零点的不同压力可分为如下三类。

（1）绝对压力

以绝对真空作为零点压力标准的压力称为绝对压力，记做 P_J。

（2）表压力

以大气压 P_D 作为零点压力标准的压力称为表压力，通常所指的压力就是表压力，记做 P_B。它们之间的关系为

$$P_J = P_B + P_D$$
$$\text{或} \quad P_B = P_J - P_D \tag{5.1.2}$$

（3）负压

低于大气压 P_D 以下部分的压力称为负压，记做 P_Z，即

$$P_Z = P_D - P_J \tag{5.1.3}$$

绝对压力和表压力之间的关系如图 5.1.1 所示。

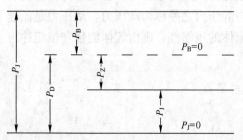

图 5.1.1　绝对压力、表压力和负压的关系

5.1.3　压力测量方法

根据测压的转换原理的不同，大致可分为三种测压方法。

1. 平衡法压力测量

压力平衡法是通过仪表使液柱高度的重力或砝码的重量与被测压力相平衡的原理测量压力，后者常被用作检验压力表的方法。

2. 弹性法压力测量

弹性法压力测压是利用各种形式的弹性元件，在被测介质的表压力或负压力（真空）作用下产生的弹性变形（一般表现为位移）来反映被测压力的大小。

3. 电气式压力检测

电气式压力检测方法一般是用压力传感器直接将压力转换成电阻、电荷量等电量的变化。

5.1.4　压力测量仪表的分类

压力的测量通常是由压力传感器来完成的，从其工作原理及结构的角度可将压力传感器分为三大类：液柱式、机械式及电测式。

测量压力的仪表类型很多，按其转换原理的不同，大致分为下列四类：

1）液柱式压力计。根据流体静力学原理，把被测压力转换成液柱高度的测量。如 U 形管压力计，单管压力计和斜管压力计等，一般用于静态压力测量。

2）弹性式压力计。根据弹性元件受力变形的原理，将被测压力转换成位移的测量。如弹性压力表，一般用于静态压力测量。

3) 电气式压力计。将被测压力转换成各种电量(电感、电容、电阻、电位差等),依据电量的大小实现压力的间接测量。如压电式压力传感器、压阻式压力传感器等,可用于静态压力和动态压力测量。

4) 负荷式压力计。将被测压力转换成砝码的质量。如活塞式压力计、钟罩式微压计,它们普遍被作为标准仪器用来对压力计进行校验和刻度。

5.2 液 柱 式 压 力 计

液柱式压力计是利用液柱对液柱底面产生的静压力与被测压力相平衡的原理,通过液柱高度来反映被测压力大小的仪表。这种压力计结构简单、使用方便,有相当高的准确度,在本专业中应用很广泛。其缺点是量程受液柱高度的限制,体积大,玻璃管容易损坏及读数不方便等。它们一般采用水银或水为工作液,用 U 形管或单管进行测量,常用于低压、负压或压力差的检测。

5.2.1 U 形管压力计[1]

U 形管压力计是液柱式压力计中的一种,它由 U 形玻璃管、工作液及刻度尺组成,如图 5.2.1 所示。它的两个管口分别接压力 P_1 和 P_2。当 $P_1=P_2$ 时,左右两管的液体的高度相等。当 $P_2 \neq P_1$ 时,U 形管的两管内的液面便会产生高度差。根据静压力平衡原理,列出图 5.2.1 所示压力计所测压差 ΔP 与工作液垂直液柱高度差的关系式:

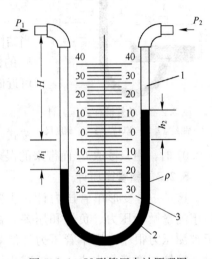

图 5.2.1 U 形管压力计原理图
1—U 形玻璃管;2—工作液;3—刻度尺

$$\Delta P = P_1 - P_2 \qquad (5.2.1)$$
$$\Delta P = g\rho(h_1 + h_2) \qquad (5.2.2)$$

式中 ρ——U 形管内所充工作液的密度;

   g——U 形管所在地的重力加速度;

   h_1,h_2——U 形管左右两管的液面相对于 0 刻度的高度差。

如果将 P_2 管通大气后 $P_2 = P_D$,则可检测到 P_1 的表压力为

$$P_B = g\rho(h_1 + h_2) \qquad (5.2.3)$$

由式(5.2.3)可知,在 U 形管工作液的密度 ρ 一定的条件下,被测表压力 P_B 与液柱高度 $h_1 + h_2$ 成正比;改变 U 形管工作液的密度 ρ,在相同压力的作用下,$h_1 + h_2$ 值将发生变化。提高工作液密度将增加压力的测量范围,但灵敏度要降低。

5.2.2 单管压力计

由于 U 形管压力计需要两次读取液面高度($h_1 + h_2$),使用不方便,为此设计出一次读取液面高度的单管压力计,其原理如图 5.2.2 所示。从图中可以看出,它仍是一个 U 形管压力计,只是它两侧管子的直径相差很大。在两侧压力作用下一侧液面下降,另一侧液面上升,下降液体的体积与上升液体的体积相等,故有:

$$h_1 A_1 = h_2 A_2 \qquad (5.2.4)$$

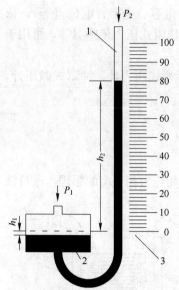

图 5.2.2　单管液柱式压力计

1—测量管；2—宽口容器；3—刻度尺

或

$$h_1 = \frac{A_2}{A_1} h_2 \qquad (5.2.5)$$

式中　h_1，h_2——分别为宽口容器内液面的下降高度及测量管内液面的上升高度(mm)；

A_1，A_2——分别为宽口容器及测量管的横截面积（cm²）。

将式(5.2.5)代入式(5.2.3)得

$$P_B = g\rho(h_1 + h_2) = g\rho\left(\frac{A_2}{A_1} + 1\right)h_2 \qquad (5.2.6)$$

当结构一定时，A_1 和 A_2 是定值，ρ 也是定值，故只要读取 h_2 的数值就可求得被测压力 P_B。当 $A_1 \gg A_2$ 时，式(5.2.6)可近似为

$$P_B = g\rho h_2 \qquad (5.2.7)$$

按式(5.2.7)测量时，其误差与 A_2/A_1 值有关。当 $A_2/A_1 \ll 0.01$ 时，由只读取 h_2 而带来的误差小于 1%。

5.2.3　斜管微压计

这是一种变形单管压力计，主要用于测量微小压力、负压和压差。由于被测压力很小，用单管压力计测量时其液柱高度变化也小。为了减小读数相对误差，拉长液柱，把测量管斜放一个角度，便构成斜管微压计，如图 5.2.3 所示。

在被测压力作用下管内液面升高至 h_2 时，由图 5.2.3 可得：

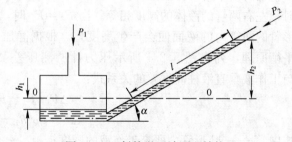

图 5.2.3　斜管微压计原理结构

$$h_1 = \frac{A_2}{A_1}l \qquad (5.2.8)$$

$$h_2 = l\sin\alpha \qquad (5.2.9)$$

将其代入式(5.2.6)得

$$P_B = g\rho(h_1 + h_2) = g\rho\left(\frac{A_2}{A_1} + \sin\alpha\right)l \qquad (5.2.10)$$

式中　l——斜管内液面液柱长度(mm)；

α——斜管的倾斜角度。

当结构一定时，A_1、A_2 和 α 是定值；工作液一定，ρ 也是定值。因此 $g\rho\left(\frac{A_2}{A_1} + \sin\alpha\right)$ = const 也是常数。读得 l 值，就可得到被测压力 P_B。α 角越小，l 则越长，测量灵敏度就越高；但 α 角不能太小(一般不小于 15°)，否则读数困难，反而增加读数误差。

5.2.4 液柱式压力计的测量误差及其修正[2]

在实际使用液柱式压力计时，很多因素都会影响其测量准确度。针对某一具体问题，有些影响因素可以忽略，有些需加以修正。

1. 环境温度变化的影响及修正

当环境温度偏离规定温度时，工作液密度、标尺长度都会发生变化。由于工作液的体膨胀系数比标尺的线膨胀系数大得多，对于一般的工业测量，主要考虑温度变化使工作液密度变化对压力测量的影响。精密测量时还需对标尺长度变化的影响进行修正。

环境温度偏离规定温度 t_0 后，工作液密度改变对压力计读数影响的修正公式为

$$h_{t_0} = h_t [1 - \beta(t - t_0)] \tag{5.2.11}$$

式中　h_{t_0}、h_t——分别为规定温度下及实际温度下工作液液柱的高度（mm）；

$\quad\quad t_0$、t——分别为规定的温度及测量时的实际温度（℃）；

$\quad\quad \beta$——工作液在 $t_0 \sim t$ 之间的平均体膨胀系数（1/℃）。

由于固体线膨胀系数比液体体膨胀系数要小得多，故一般情况下可不考虑标尺长度变化的影响。

2. 重力加速度变化的修正

仪表使用地点的重力加速度 g_φ 由下式计算：

$$g_\varphi = \frac{g_n [1 - 0.00265\cos(2\varphi)]}{1 + \dfrac{2H}{R}} \tag{5.2.12}$$

式中　H，φ——使用地点的海拔高度（m）和纬度（°）；

$\quad\quad g_n$——标准重力加速度，$g_n = 9.80665\text{m/s}^2$；

$\quad\quad R$——地球的公称半径，$R = 6356766\text{m}$。

压力读数的修正公式为

$$h_n = \frac{g_\varphi}{g_n} h_\varphi \tag{5.2.13}$$

式中　h_n——标准重力加速度下的工作液液柱高度（mm）；

$\quad\quad h_\varphi$——使用地点（重力加速度为 g_φ）的工作液液柱高度（mm）。

3. 毛细管现象的影响

毛细管现象能使压力计测量管内的液柱升高或降低，尤其对单管压力计，这种影响较大。当管内工作液表面张力小时，如水、酒精液面呈凹面，会产生正误差；当管内工作液表面张力大时，如汞液面呈凸面，会产生负误差。影响结果如图 5.2.4 所示。为了减小该读数误差，通常采用加大管径来减少毛细管的影响。

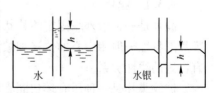

图 5.2.4　单管压力计毛细管现象的影响

封液为酒精时，管子内径 $d \geqslant 3\text{mm}$；水、水银做封液时，管子内径 $d \geqslant 8\text{mm}$。

此外，液柱式压力计还存在刻度、读数、安装等方面的误差。读数时眼睛应与工作液凸面的最高点或凹面的最低点持平，并沿切线方向读数。安装时要求表计处于垂直位置，否则会带来较大误差。

5.3 弹 性 压 力 计

弹性式压力检测是利用弹性元件作为压力敏感元件，并且把压力转换成弹性元件位移的一种检测方法。

弹性元件在弹性限度内受压后会产生变形，变形的大小与被测压力成正比。目前，作压力检测的弹性元件主要有膜片、波纹管和弹簧管等。图5.3.1给出了一些常用弹性元件的示意图。

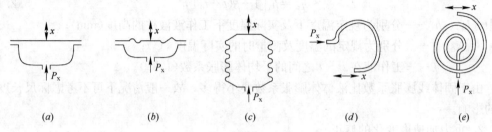

图5.3.1 弹性元件示意图
(a)平薄膜；(b)波纹膜；(c)波纹管；(d)单圈弹簧管；(e)多圈弹簧管

弹性元件受外部压力 P 作用后，通过受压面表现为力的作用，其力 F 的大小为

$$F = A \cdot P \tag{5.3.1}$$

式中 A 为弹性元件承受压力的有效面积。根据胡克定律，弹性元件在一定范围内变形与所受外力成正比关系，即

$$F = C \cdot x \tag{5.3.2}$$

式中 C 为弹性元件的刚度系数；x 为弹性元件在受到外力 F 作用下所产生的位移（即形变）。因此，当弹性元件受压力为 P 时，其位移量为

$$x = F/C = P \cdot A/C \tag{5.3.3}$$

上式中弹性元件的有效面积 A 和刚度系数 C 与弹性元件的性能、加工过程和热处理等有较大关系。当位移量较小时，它们均可视为常数，压力与位移呈线性关系。比值 A/C 的大小决定了弹性元件的压力测量范围，一般地，A/C 越小，可测压力越大。

5.3.1 膜片[3]

膜片是一种沿外缘固定的片状形测压弹性元件，按剖面形状分为平膜片和波纹膜片。膜片的特性一般用中心的位移和被测压力的关系来表征。当膜片的位移很小时，它们之间有良好的线性关系。

波纹膜片是一种压有环状同心波纹的圆形薄膜，其波纹的数目、形状、尺寸和分布情况与压力测量范围有关，也与线性应变有关。有时也可以将两块膜片沿周边对焊起来，成一薄膜盒子，称为膜盒。若将膜盒内部抽成真空，并且密封起来，则当膜盒外压力变化时，膜盒中心将产生位移。这种真空膜盒常用来测量大气的绝对压力。

膜片常用的材料有：铍青铜、高弹性合金、恒弹性合金、不锈钢等。膜片的厚度一般在 $0.05 \sim 0.3$mm。膜片受压力作用产生位移，可直接带动传动机构指示。但是，由于膜片的位移较小，灵敏度低，指示精度也不高，一般为 2.5 级。

膜片更多的是和其他转换元件合起来使用,通过膜片和转换元件把压力转换成电信号。常用的有电容式压力传感器、光纤式压力传感器及力矩平衡式压力变送器等。

1. 电容式压力传感器

1) 单端式电容压力传感器。在膜片的一侧,安装一个与该膜片平行并且固定不动的极板,使膜片与极板构成一个平行板电容器。当膜片受压产生位移时,改变了极板与膜片间的距离,从而改变了电容器的电容值。通过测量电容量的变化即可间接获得被测压力的大小,基于该原理制造的电容式压力传感器,可以用来测量单端压力。

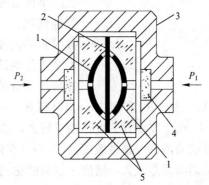

2) 差动式电容压力传感器。在膜片的两侧,各安装一个与该膜片平行并且固定不动的极板,使膜片与极板构成一对平行板电容器。当膜片受压产生位移时,改变了极板与膜片间的距离,一个电容器的电容量增大,另一个减小。测量这对电容值的变化,并且经过测量电路转换成电流或者电压信号传输,就构成了差动式电容压力传感器。原理如图5.3.2所示,它主要由一个膜片动电极和两个在凹形

图 5.3.2 差动式电容压力传感器

1—金属镀层; 2—膜片; 3—外壳;
4—过滤器; 5—凹性玻璃

玻璃上电镀成的固定电极组成。此传感器可以用于压力和压差信号的测量。

2. 光纤式压力传感器

它的核心是采用光纤及其调制机构实现位移——光强的转换,如图 5.3.3 所示。当入射光纤的光束照射到膜片上,其反射光的一部分被接收光纤 3、4 接收,其光强 I_1 和 I_2 分别是光纤间距 x_1 和 x_2 以及光纤至膜片间的距离 d 的函数(图 5.3.3a)。选取适当的比值 x_2/x_1 则光强比值 I_1/I_2 随被测压力线性下降(图 5.3.3b)。进一步用光电转换元件以及有关电路处理,可把光信号转换成通用的电信号。如果膜片采用非金属材料,如聚四氯乙烯,则这种传感器可用在微波环境下的压力检测。

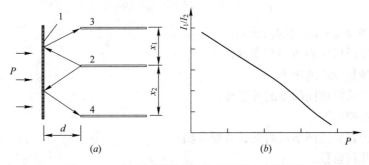

图 5.3.3 用光纤调制方法实现位移—光强转换

1—膜片反射面; 2—入射光纤; 3—接收光纤 1; 4—接收光纤 2; P—输入压力; I_1/I_2—光强比值; d—膜片间距离

3. 力矩平衡式压力变送器。它是应用杠杆、电磁反馈等机构,根据力矩平衡原理将膜片的位移变换成标准电信号输出。原理较为简单,此处从略。

5.3.2 波纹管

波纹管是一种具有等间距同轴环状波纹管,能沿轴向伸缩的测压弹性元件。当波纹管

受沿轴向的作用力 F 时，产生的位移量 x 为

$$x = F \frac{1-\mu^2}{Eh_0} \cdot \frac{n}{A_0 - \alpha A_1 + \alpha^2 A_2 + B_0 h_0^2 / R_B^2} \tag{5.3.4}$$

式中　　　　　μ——泊松系数；

　　　　　　　α——波纹平面部分的倾斜角；

　　　　　　　E——弹性模数；

　　　　　　　R_B——波纹管的内径；

　　　　　　　n——完全工作的波纹数；

　　　　　　　h_0——非波纹部分的壁厚；

A_0、A_1、A_2 和 B_0——与材料有关的系数。

　　由于波纹管的位移相对较大，故一般可在其顶端安装传动机构，带动指针直接读数。波纹管的特点是灵敏度高（特别是在低压区）常用于检测较低的压力（$1.0 \sim 10^6$ Pa），但波纹管迟滞误差较大，精度一般只能达到1.5级。

5.3.3　弹簧管

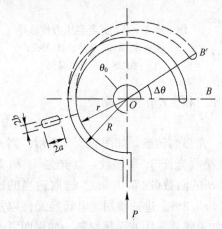

图 5.3.4　单圈弹簧管结构

　　弹簧管是截面非圆形（椭圆形或扁圆形）弯成圆弧状（中心初始角 θ_0 常为 270°）的空心管子。管子的一端封闭，另一端开口。封闭端作为自由端，开口端作为固定端，如图 5.3.4。被测压力介质从开口端进入并充满弹簧管的整个内腔，由于弹簧管的非圆横截面，使它具有变成圆形并伴有伸直的趋势因此产生力矩，其结果使弹簧管的自由端产生位移，同时改变其中心角。位移量（中心角改变量）和所加压力有如下的函数关系：

$$\frac{\Delta\theta}{\theta_0} = P \frac{1-\mu^2}{E} \frac{R^2}{bh} \left(1 - \frac{b^2}{a^2}\right) \frac{\alpha}{\beta + k^2} \tag{5.3.5}$$

式中　　θ_0——弹簧管中心角的初始角；

　　　　$\Delta\theta$——受压后中心角的改变量；

　　　　P——测量介质的压力；

　　　　R——弹簧管弯曲圆弧的外半径；

　　　　h——管壁厚度；

　a、b——弹簧管椭圆形截面的长、短半轴；

　　　　k——几何参数；

　α、β——与比值 a/b 有关的参数；

　　　　μ——泊松系数；

　　　　E——弹性模数。

　　该式仅适用于薄壁 $[h/b < (0.7 \sim 0.8)]$ 弹簧管。

　　由式（5.3.5）可知，如果 $a = b$，则 $\Delta\theta = 0$，这说明具有均匀壁厚的圆形弹簧管不能用作压力检测的敏感元件。对于单圈弹簧管，中心角变化量 $\Delta\theta$ 一般较小。要提高 $\Delta\theta$，可采

用多圈弹簧管，圈数一般为 2.5～9 圈。

弹簧管常用的材料有磷青铜、锡青铜、合金钢和不锈钢等，适用于不同的压力测量范围和被测介质。

弹簧管可以通过传动机构直接指示被测压力，也可以用适当的转换元件把弹簧管自由端的位移变换成电信号输出。

1. 弹簧管压力表

弹簧管压力表是一种指示型仪表，如图 5.3.5 所示。被测压力 P 由接头 9 输入，使弹簧管 1 的自由端产生位移，通过拉杆 2 使扇形齿轮 3 做逆时针偏转，于是指针 5 通过同轴的中心齿轮 4 的带动而作顺时针偏转。在面板 6 的刻度标尺上显示出被测压力的数值。游丝 7 是用来克服因扇形齿轮和中心齿轮的间隙所产生的仪表变差。改变调节螺钉 8 的位置（即改变机械传动的放大系数），可以实现压力表的量程调节。

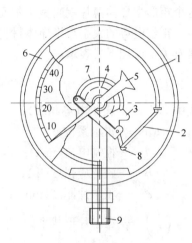

图 5.3.5　弹簧管压力表

弹簧管压力表结构简单、使用方便、价格低廉。它使用范围广，测量范围宽，可以测量负压、微压、低压、中压和高压，因此应用十分广泛。根据制造的要求，仪表的精度等级有 0.5 级、1.0 级、1.5 级、2.5 级。

2. 电远传式弹簧管压力仪表

这类仪表目前主要有霍尔片压力远传、电感式压力远传和电阻式压力远传三类仪表。电感式压力远传是将处于电感线圈中的衔铁与压力表的弹簧管自由端相连，把弹簧管自由端的位移转换成线圈的电感量的变化，从而实现远传。电阻式压力远传是将一只滑动电阻与压力表的弹簧管自由端相连，把弹簧管自由端的位移转换成电阻值的变化，从而实现远传。

电感式压力远传和电阻式压力远传仪表的原理比较简单，本节只对霍尔片压力远传仪表进行简单介绍，其原理如图 5.3.6 所示。

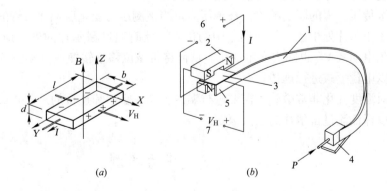

(a)　　　　　　　　　　　(b)

图 5.3.6　霍尔远传压力表原理图

（a）霍尔效应示意图；（b）霍尔压力片式弹簧管远传压力表的结构原理

1—弹簧管；2—磁钢；3—霍尔片；4—固定端；5—自由端；6—直流恒流电源；7—输出霍尔电动势

(1) 霍尔效应

图 5.3.6(a) 介绍的是霍尔效应示意图。图中将矩形半导体薄片(锗、锑化铟、砷化铟等)置于磁场中，磁感应强度 B 与薄片的 Z 轴同向。沿着薄片的 Y 轴方向通入恒定的控制电流，在逆 Y 轴方向就会产生电子流运动，这些带电粒子在洛伦兹力的作用下会偏离运动轨迹。这就使得薄片的左侧经过电子的累计带正电荷，薄片的右侧带负电荷。这时沿着薄片 X 轴方向就会产生电位差，这电位差就是霍尔电势。这一物理效应叫做霍尔效应。这个矩形半导体薄片就叫做霍尔元件或霍尔片。

霍尔电势的大小与半导体材料、控制电流 I、磁感应强度 B 及霍尔片的几何尺寸等因素有关，可用下式表示：

$$V_H = R_H \frac{IB}{d} f\left(\frac{l}{b}\right) = K_H IB \qquad (5.3.6)$$

式中　V_H——霍尔电势 (mV)；

$\quad R_H$——霍尔系数；

$\quad\ I$——控制电流 (mA)；

$\quad\ B$——磁感应强度 (T)；

$\quad\ d$——霍尔片厚度 (mm)；

$f\left(\dfrac{l}{b}\right)$——霍尔片形状系数；

$\quad K_H$——霍尔片的灵敏度系数，$K_H = \dfrac{R_H}{d} f\left(\dfrac{l}{b}\right)$，$mV/(mA \cdot T)$。

由式 (5.3.6) 可以得知，V_H 与 IB 成正比。利用此特性，将弹簧管压力表的位移量转换成通过霍尔片的电流 I，或者转换成霍尔片所处的磁感应强度 B，就可以得到霍尔电动式 V_H，然后再经过电路变换后进行远传。

(2) 霍尔远传压力表

图 5.3.6(b) 介绍的是霍尔片式弹簧管远传压力表的结构原理。霍尔片与弹簧管的自由端相连，使霍尔片处于两对磁极所形成的非均匀磁场之中。霍尔片的四个端面引出四根导线，其中与磁钢 2 平行的两根导线和直流恒流电源相连接，保持电流恒定。另外两根导线输出霍尔电动势信号，与测量变换电路相连接。

弹簧管远传压力表的固定端连接被测压力，当被测压力变化后，弹簧管的自由端产生位移，改变了霍尔片处于非均匀磁场之中的位置。此时通过霍尔片的磁感应强度 B 发生了变化，霍尔电动式 V_H 也随之发生变化。从而将机械位移量转换成电动势的变化，实现了压力信号以电量形式进行远传。

霍尔片对温度变化非常敏感，需要进行温度补偿。霍尔片连接的外部直流电源应具有恒流特性，以保证流过霍尔片的电流恒定。

5.4　电气式压力检测

弹性式压力检测仪表由于结构简单，价格便宜，使用和维修方便，在工业生产中应用十分广泛。然而在测量压力变化快和高真空、超高压时，其动态和静态性能就不能适应，而电气式压力检测方法则较适合。

　　电气式压力检测方法一般是用压力敏感元件直接将压力转换成电阻、电容及电荷量等电量的变化。利用压敏元件的压电特性实现这种压力——电量的转换，压敏元件主要有压电材料、应变片和压阻元件，下面就它们各自的工作原理作一简述。

5.4.1　压电材料及压电式压力传感器[4]

　　利用压电材料检测压力是基于压电效应原理，即压电材料受压时会在其表面产生电荷，其电荷量与所受的压力成正比。

　　作为压力检测用的压电材料主要有三大类，即压电晶体、压电陶瓷和有机压电材料。压电晶体是一种单晶体，如石英、酒石酸钾钠、铌酸锂等；压电陶瓷是人工制造的多晶体，如压电陶瓷，包括钛酸钡、锆钛酸铅等；有机压电材料是一种新型的压电材料，如压电半导体和高分子压电材料。多晶体的压电陶瓷，在没有极化之前因各单晶体的压电效应都互相抵消表现为电中性，为此必须对压电陶瓷先进行极化处理。经极化处理后压电陶瓷具有非常高的压电系数，为石英晶体的几百倍。

　　1. 压电元件的压电特性

　　压电元件的压电特性是用压电系数来表示的，压电系数存在着方向上的各异性。以压电陶瓷为例，当压电元件沿着 Z 轴方向上受到 F_Z 的作用力时，压电陶瓷将在垂直于 Z 轴平面上产生电荷 Q_Z，即如下式所示：

$$Q_Z = d_{33} F_Z \tag{5.4.1}$$

式中　　d_{33}——压电陶瓷的压电系数（沿 Z 轴方向受力，垂直于 Z 轴平面产生电荷（C/N））。

　　从式（5.4.1）可以看出，当压电元件受力后产生的电荷与所受的力成正比，而与压电材料的几何尺寸无关。压电系数已知，只要测得压电材料的电荷或者是电压，就可以得到外作用力的大小。压电传感器就是根据上述原理工作的。

　　2. 压电式压力传感器

　　图 5.4.1 是一种压电式压力传感器的结构图。两片压电元件中间夹着电极，电极将压电元件上的负电荷引出。压电元件被绝缘套固定，下边的压电元件与壳体接触，上边的压电元件与上盖（上盖与壳体相连）接触，壳体将压电元件上的正电荷引出。上盖为弹性膜片，当压力 F_Z 作用于膜片上时，膜片将产生变形并将压力传递给压电元件，压电元件受力后产生电荷。电荷量经放大可转换成电压或电流输出，输出的大小与输入压力成正比关系。

　　压电式压力传感器结构简单、紧凑，小巧轻便，工作可靠，具有线性度好、频率响应高、量程范围大等优点。但是，压电晶体上产生的电荷量很小，需要高阻抗的直流放大器，再者要保证压电元件与壳体具有良好的绝缘。

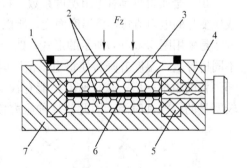

图 5.4.1　压电式压力传感器结构示意图
1—绝缘套；2—压电元件；3—上盖；4—引出线；
5—绝缘套；6—电极；7—壳体

5.4.2　应变片与应变式压力传感器

　　材料的电阻变化取决于应变效应和压阻效应。应变片是基于应变效应工作的一种压力敏感元件，当应变片受外力作用产生形变（伸长或缩短）时，应变片的电阻值也将发生相应变化。

为了使应变片能在受压时产生形变，应变片一般要和弹性元件一起使用。弹性元件可以是金属膜片、膜盒、弹簧管及其他弹性体；敏感元件(应变片)主要有金属或合金丝、箔等。它们可以以粘贴或非粘贴的形式连接在一起。

应变式压力传感器是由弹性元件、应变片以及相应的桥路组成。应变式压力传感器有很多结构形式，图 5.4.2 是粘贴式应变片分布及应力曲线图。被测压力作用在膜的下方，应变片贴在膜的上表面。当膜片受压力 p 作用变形向上凸起时，膜片上任一半径为 r 点的径向应变 ε_r 和切向应变 ε_t 分别为：

$$\varepsilon_r = \frac{3p}{8\delta^2 E}(1-\nu^2)(r_0^2 - 3r^2) \tag{5.4.2}$$

$$\varepsilon_t = \frac{3p}{8\delta^2 E}(1-\nu^2)(r_0^2 - r^2) \tag{5.4.3}$$

式中　δ——膜片的厚度；

$\quad\quad E$——膜片材料的弹性模量；

$\quad\quad \nu$——膜片材料的泊松比；

$\quad\quad r_0$——膜片自由变形部分的半径。

图 5.4.2(b) 是根据上式计算绘出的 ε_r 和 ε_t 沿径向的分布曲线。可以看出，在 $r=0$ 处，ε_r 和 ε_t 都达到最大值，且相等；在 $r=r_0/\sqrt{3} \approx 0.58r_0$ 处，$\varepsilon_r = 0$；当 $r > 0.58r_0$ 时 ε_r 成为负值；当 $r = r_0$ 时 ε_r 达到负的最大值。

膜片上应变片的粘贴位置就是根据上述应变分布规律来确定的，如图 5.4.2(a) 所示。图中贴有四个应变片 R_1、R_2、R_3 和 R_4，在膜片受压力作用时，R_2 和 R_3 受到正 ε_t 的拉伸，电阻值增大；R_1 和 R_4 受到负的 ε_r 作用，电阻值减小。把这四个应变片接在一个桥路的四个桥臂上，其中 R_1 和 R_4，R_2 和 R_3 互为对边，则桥路的输出信号反映了被测压力的大小。

由于金属材料具有电阻温度系数，特别是弹性元件和应变片两者的膨胀系数不等，会造成应变片的电阻值随环境温度而变，所以必须要考虑补偿措施。最简单的也是目前最常用的方法是采用图 5.4.2(a) 所示的形式，四个应变片的静态性能完全相同，它们处在同一电桥的不同桥臂上，温度升降将使得电阻值同时增减，从而不影响电桥平衡。有压力作用时，相邻两臂的阻值一增一减，使电桥能有较大的输出。但尽管这样，应变式压力传感器仍有比较明显的温漂和时漂。因此，这种压力传感器较多地用于一般要求的动态压力检测。

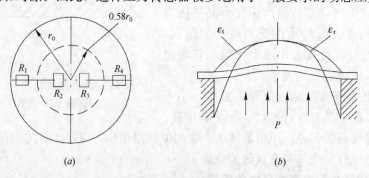

图 5.4.2　平膜片上的应变片分布及应力曲线

(a)应变片分布图；(b)径向应变和切向应变的应力分布曲线

R_1、R_2、R_3、R_4—应变片；r_0—膜片自由变形部分半径；ε_r—径向应变；ε_t—切向应变

5.4.3　压阻元件与压阻式压力传感器

压阻元件是基于压阻效应工作的一种压力敏感元件。所谓压阻元件实际上就是指在半导体材料的基片上用集成电路工艺制成的扩散电阻，当它受外力作用时，其阻值由于电阻率 ρ 的变化而改变。和应变片一样，扩散电阻正常工作需依附于弹性元件，常用的是单晶硅膜片。压阻式压力传感器就是根据压阻效应原理制造的，图 5.4.3 是压阻式压力传感器的结构示意图。它的核心部分是一块圆形的单晶硅膜片。在膜片上，布置四个扩散电阻如图 5.4.3(b) 所示，组成一个全桥测量电路。膜片用一个圆形硅环固定，将两个气腔隔开。一端接被测压力，另一端接参考压力。当存在压差时，膜片产生变形，使两对电阻的阻值发生变化，电桥失去平衡，其输出电压与膜片承受的压差成比例。

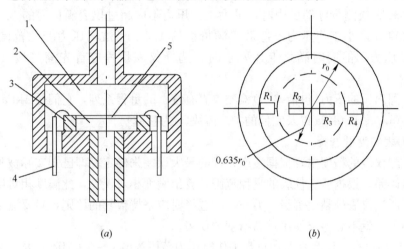

图 5.4.3　压阻式压力传感器的结构示意图

(a) 内部结构；(b) 硅膜片示意图

1—低压腔；2—高压腔；3—硅杯；4—引线；5—硅膜片

压阻式压力传感器的主要优点是体积小，结构比较简单，其核心部分就是一个单晶硅膜片，它既是压敏元件又是弹性元件。扩散电阻的灵敏系数是金属应变片的灵敏系数的 50～100 倍，能直接反映出微小的压力变化，能测出十几帕斯卡的微压。它的动态响应也很好，虽然比压电晶体的动态特性要差一些，但仍可用来测量高达数千赫兹乃至更高的脉动压力。

这种传感器的缺点是敏感元件易受温度的影响，从而影响压阻系数的大小。解决的方法是在制造硅片时，利用集成电路的制造工艺，将温度补偿电路、放大电路甚至将电源变换电路集成在同一块单晶硅膜片上。并且将信号转换成 4～20mA 的标准信号传输，从而可以大大提高传感器的静态特性和稳定性。因此，这种传感器也称作一体化压力变送器。

5.5　压力检测仪表的应用与校准

为了使供热、通风、空调及燃气工程中的压力测量和控制达到经济合理与有效，正确选用、安装及校准压力表是非常重要的。

5.5.1 压力检测仪表的选择

压力检测仪表的选择是一项重要工作,如果选择不当,不仅不能正确、及时地反映被测对象压力的变化,还可能引起事故。选择时应根据生产工艺对压力检测的要求、被测介质的特性、现场使用的环境等条件,本着节约的原则,合理地考虑仪表的类型、量程和精度等。

1. 压力表量程的选择

为了保证敏感元件能在其安全的范围内可靠地工作,并考虑到被测对象可能发生异常超压的情况,对仪表的量程选择必须留有足够的余地。

一般在被测压力较稳定的情况下,最大工作压力不应超过仪表满量程的 3/4;在被测压力波动较大或测量脉动压力时,最大工作压力不应超过仪表满量程的 2/3。为了保证测量准确度,最小工作压力不应低于满量程的 1/3。当被测压力变化范围大,最大和最小工作压力不能同时满足上述要求时,选择仪表量程应首先满足最大工作压力条件。

目前我国出厂的压力(包括差压)检测仪表有统一的量程系列,它们是 1kPa、1.6kPa、2.5kPa、4.0kPa、6.0kPa 以及它们的 10^n 倍数(n 为整数)。

2. 压力表精度的选择

压力检测仪表的精度主要根据生产允许的最大误差来确定。即已知实际被测压力允许的最大绝对误差,根据所选仪表的量程范围计算出满度相对误差,此满度相对误差对应的精度应大于所选仪表的精度等级。另外,在选择时应坚持节约的原则,只要测量精度能满足生产的要求,就不必追求使用过高精度的仪表。

【例 5.5.1】 有一压力容器在正常工作时压力范围为 0.4~0.6MPa,要求使用弹簧管压力表进行检测,并使测量误差不大于被测压力的 4%,试确定该表的量程和精度等级。

【解】 由题意可知,被测对象的压力比较稳定,设弹簧管压力表的量程为 A,则根据最大工作压力有

$$A > 0.6/(3/4) = 0.8\text{MPa}$$

根据最小工作压力有

$$A < 0.4/(1/3) = 1.2\text{MPa}$$

根据仪表的量程系列,可选择量程范围为 0~1.0MPa 的弹簧管压力表。

由题意,被测压力的允许最大绝对误差为

$$\Delta_{max} = 0.4 \times 4\% = 0.016\text{MPa}$$

这就要求所选仪表的相对百分比误差为

$$\delta_{max} < 0.016/(1.0 - 0) \times 100\% = 1.6\%$$

按照仪表的精度等级,可选择 1.5 级的压力表。

3. 压力表类型的选择

压力检测仪表类型的选择主要应考虑以下几个方面。

1) 从被测介质压力大小来考虑。如测量微压,即几百至几千帕(几十个毫米水柱或汞柱)的压力,宜采用液柱式压力表或膜盒式压力表;对于被测介质压力不大,在 15kPa (1500mmH$_2$O)以下,不要求迅速读数的,可选 U 形压力计或单管压力计;要求迅速读数

的，可选用膜盒式压力表；压力在 50kPa（0.5kgf/cm²）以上的，一般选用弹簧管式压力表。

2）被测介质的性质。对腐蚀性较强的介质应使用像不锈钢之类的弹性元件或敏感元件；对氧气、乙炔等介质应选用专用的压力仪表。

3）对仪表输出信号的要求。对于只需要观察压力变化的情况，应选用如液柱式、弹簧管式压力表，及其他可以直接指示型的仪表；如需将压力信号远传到控制室或传送给其他电动仪表，则可选用具有电信号输出的各种压力测量仪表，如霍尔压力传感器等；如果要检测快速变化的压力信号，则可选用电气式压力检测仪表，或者选择一体化压力变送器。

4）使用的环境。对爆炸性较强的环境，在使用电气式压力仪表时，应选择防爆型压力仪表；对于温度特别高或特别低的环境，应选择温度系数小的敏感元件以及带有温度补偿的测量仪表。

5.5.2 压力仪表的校准[5]

校准就是将被校准压力表和标准压力表通以相同压力，比较它们的指示数值，如果被校表对应于标准表的读数误差，不大于被校表规定的最大准许绝对误差 Δm 时，则认为被校表合格。

常用的校准仪器是活塞式压力计，其结构原理如图 5.5.1 所示，它由压力发生部分和测量部分组成。

压力发生部分——手摇泵 4，通过手轮 7 旋转丝杆 8，推动工作活塞 9 挤压工作液，经工作液传给测量活塞 1。工作液一般采用洁净的变压器油或蓖麻油等。

测量部分——测量活塞 1 上端的托盘 12 上放有荷重砝码 2，活塞 1 插入在活塞柱 3 内，下端承受手摇泵 4 向左挤压工作液 5 所产生的压力 P 的作用。当作用在活塞 1 下端的油压与活塞 1、托盘 12 及砝码 2 的质量所产生的压力相平衡时，活塞就被托起并稳定在一定位置上。因此，根据所加砝码与活塞、托盘的质量以及活塞承压的有效面积就可确定被测压力的数值。被测压力的大小可用下式计算：

$$P = \frac{(m_1 + m_2)g}{A} \tag{5.5.1}$$

式中　P——被测压力（Pa）；

m_1——活塞、托盘的质量（kg）；

m_2——砝码质量（kg）；

A——活塞承受压力的有效面积（m²）；

g——重力加速度（m/s²）。

由于活塞的有效面积 A 与活塞、托盘的质量 m_2 是固定不变的，所以专用砝码的质量 m_2 就和油压具有简单的比例关系。活塞式压力计在出厂前一般已将砝码校好并标以相应的压力值。这样在校准压力表时，只要静压达到平衡，直接读取砝码上的数值即可知道油压系统内的压力 P 的数值。如果把被校压力表 6 上的指示值 P' 与这个标准压力值 P 相比较，便可知道被校压力表的误差大小。也可在 b 阀上接上标准压力表，由手摇泵改变工作液压力，比较被校表和标准表上的指示值，逐点进行校准。

当校准真空表时，其操作方法与校准压力表略有不同，可按下列步骤进行：

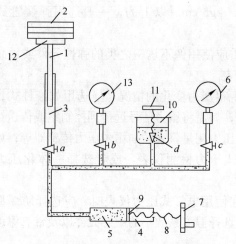

图 5.5.1 活塞式压力计示意图

1—测量活塞；2—砝码；3—活塞柱；4—手摇泵；
5—工作液；6—被校压力表；7—手轮；8—丝杆；
9—手摇泵活塞；10—油杯；11—进油阀手轮；
12—托盘；13—标准压力表；a、b、c—切
断阀；d—进油阀

1) 清除活塞式压力计内部传压工作介质油。

2) 关死切断阀 a、b（图 5.5.1），开启进油阀 d，并将手摇泵螺杆全部旋入泵内（顺时针旋转）。

3) 关死进油门 d，打开切断阀 b、C（b 阀上接标准真空计或 U 形管水银压力计），反时针旋转手摇泵手轮，使系统内产生真空。若旋出一次尚未达到所需真空时，可重复步骤 2)、3) 直至所需的真空度为止。

4) 其他要求与校准压力表相同。

用压力表校准仪校准真空计设备简单、操作方便。但校准仪产生的真空度只能达到 -8.6×10^4 Pa（-650 mmHg）。若需校准更高的真空度时，可用真空泵作为真空源进行校准。

5.5.3 压力表的安装简介

压力表安装正确与否，对测量的准确性和压力表的使用寿命以及维护工作都有很大影响。压力表的安装主要包括：取压口的选择、导压管的敷设、压力表的安装等。

1. 取压口的选择

取压口的选择应能代表被测压力的真实情况。操作时应注意：

1) 在管道或烟道上取压时，取压点要选在被测介质流动的直管道上；不要选在管道的拐弯、分叉、死角或其他能形成旋涡的地方。

2) 测量流动介质的压力时，取压管与流动方向应该垂直，避免动压头的影响；同时要清除钻孔毛刺。

3) 在测量液体介质的管道上取压时，宜在水平及其以下 45°间取压，可使导压管内不积存气体；在测量气体介质的管道上取压时，宜在水平及以上 45°间取压，可使导压管内不积存液体，见图 5.5.2。

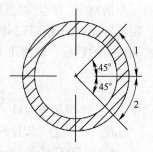

图 5.5.2 取压口开孔位置

1—气体取压口范围；
2—液体取压口范围

2. 导压管的敷设

导压管是用来传递压力、压差信号的。为了能迅速正确地传递压力或压差，必须做到：

1) 导压管粗细长短合适，一般内径应为 6～8mm，长度应不大于 50m。

2) 导压管敷设时，应保持 1:10～1:20 的坡度（即距离 10～20m 升高或降低 1m），以利于导压管内少量积存的液体或气体排出。测量液体介质时下坡，测量气体介质时上坡。

3) 如果被测介质易冷凝或冻结，必须加装伴热管后再行保温。

4) 当测量液体压力时，在导压管系统的最高处应安装集气瓶，见图 5.5.3(a)；当测

量气体压力时，在导压管系统的最低处应设水分
离器，如图 5.5.3(b) 所示；当被测介质有可能产
生沉淀物析出时，在仪表前应安装沉降器，以便
排出沉淀物，见图 5.5.3(c)。上述装置往往采用
长度为 150mm、直径为 80mm 的无缝钢管制作。

3. 压力、压差计的安装

安装时应注意：

1) 安装位置易于检修、观察。

2) 尽量避开振源和热源的影响，必要时加装
隔热板，减小热辐射；测高温流体或蒸汽压力时
应加装回转冷凝管，见图 5.5.4(a)。

3) 对于测量波动频繁的压力如压缩机出口、
泵出口等，可增装阻尼装置，见图 5.5.4(b)。

4) 选择适当的密封垫片，特别要注意有些垫
片不能与某些介质接触。如铜垫不能与乙炔气接
触；带油垫片不能与氧气接触，否则将会引起爆炸等。

5) 测量腐蚀介质时，必须采取保护措施，安装隔离罐，见图 5.5.5。

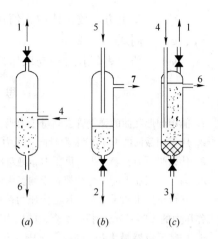

图 5.5.3　排气、排水、排污装置示意图
(a)集气瓶；(b)水分离器；(c)沉淀器
1—排气；2—排液；3—排沉淀物；4—液体进入；
5—气体进入；6—液体输出；7—气体输出

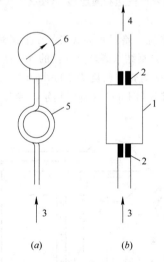

图 5.5.4　冷凝与阻尼装置示意图
(a)冷凝管安装；(b)阻尼装置安装
1—隔离介质；2—阻尼器；3—被测压力；
4—接压力表；5—回转冷凝管；6—压力表

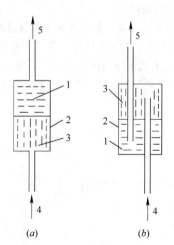

图 5.5.5　隔离罐示意图
(a)$\rho_1 > \rho_2$；(b)$\rho_1 < \rho_2$
1—隔离介质；2—隔离罐；3—被测介质；
4—被测压力；5—接压力表
ρ_1—测量介质密度；ρ_2—隔离介质密度

6) 在测量液体的较小压力时，若取压口与仪表(测压口)不在同一水平高度。则应考
虑液柱静压校正。其校正公式为：

$$\Delta P = \pm \rho g h \qquad (5.5.2)$$

式中　ΔP——校正值(Pa，它说明压力表指示值加上校正值才得真实值，若压力表在取压

口上方，校正值取正值；反之则取负值）；

ρ、g——同式(5.2.2)；

h——压力表(测压口)与取压口的高度差(m)。

思 考 题 与 习 题

1. 能用圆形截面的弹簧管去测量压力吗？为什么？

2. 用不同截面的 U 形管去测量同一压力，液柱高度相同吗？为什么？

3. 什么叫压力？表压力、负压力、绝对压力之间的关系？

4. 为什么工业上的压力计都做成表压或真空度？

5. 某台空压机的缓冲器，其工作压力范围为 1.1～1.6MPa，工艺要求就地测量，测量误差不得大于工作压力的±5%，试选择一块合适的压力表。

6. 如某反应器最大压力为 0.8MPa，允许最大绝对误差为 0.01MPa，现用一只测量范围为 0～1.6MPa，精度为 1 级的压力表，能否符合精度要求？说明理由？

7. 用 U 形管压力计测量管道中的压力，工艺介质为水，U 形管中的工作介质为水银，密封介质为水。用标准压力表侧的管道中的压力为 0.1MPa。已知 $H=1\text{m}$，求：h 的高度是多少(图 1)？（解题提示：题 7 中是一个平衡状态）

8. 利用带迁移装置的差压变送器测量管道中的压力，差压变送器安装在管道的下方。正压室直接与管道下方相连，负压室直通大气。已知 $h=5\text{m}$，管道中的最大压力为 0.2MPa，管道中的介质密度为 700kg/m³。求：1)按国标规格选择差压变送器的量程？2)计算差压变送器的迁移量(图 2)？（解题提示：参考第 6 章的例题解题）

9. 利用带迁移装置的差压变送器测量锅炉上锅筒中的水位，差压变送器安装在上锅筒的下方。正压室直接与上锅筒下方相连，负压室直接与凝结水罐相连，凝结水罐与上锅筒的气空间相连。已知 $h=15\text{m}$，上锅筒中的水位波动最大值 $\Delta H=0.3\text{m}$，锅筒中的介质密度为 1000kg/m³。求：1)按国标规格选择差压变送器的量程？2)计算差压变送器的迁移量(图 3)？（解题提示：参考第 6 章的例题解题）

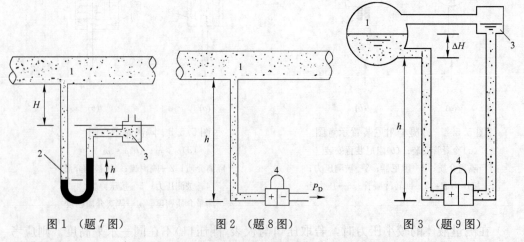

图 1（题 7 图）　　图 2（题 8 图）　　图 3（题 9 图）

1—管道；2—U 形管；3—凝结水罐；4—差压变送器

主要参考文献

[1] 郑正泉等编. 热能与动力工程测试技术. 武汉：华中科技大学出版社，2001.

［2］ 张子慧主编．热工测量与自动控制．西安：西北工业大学出版社，1993.

［3］ 吕崇德主编．热工参数测量与处理．北京：清华大学出版社，2005.

［4］ 施文康，余晓芬主编．检测技术．北京：机械工业出版社，2007.

［5］ 黄继昌等编著．传感器工作原理及应用实例．北京：人民邮电出版社，1998.

［6］ 王玲生主编．热工检测仪表．北京：冶金工业出版社，2006.

第6章 物 位 测 量

物位检测在现代工业生产过程中具有重要地位。通过物位检测可以确定容器中被测介质的储存量，以保证生产过程物料平衡，也为经济核算提供可靠依据。通过物位检测并加以控制可以使物位维持在规定的范围内，这对于保证产品的产量和质量，保证安全生产具有重要意义。

6.1 物位检测的主要方法和分类

物位是指容器（开口或密封）中液体介质液面的高低（称为液位），两种液体介质的分界面的高低（称为界面）和固体块、散粒状物质的堆积高度（称为料位）。用来检测液位的仪表称液位计，检测分界面的仪表称界面计，检测固体料位的仪表称料位计，它们统称为物位计。

6.1.1 物位检测的主要方法

在实际生产中，物位检测对象有液位也有料位等，有几十米高的大容器、也有几毫米的微型容器，介质的特性更是千差万别。因此，物位检测方法很多，以适应各种不同的检测要求。

目前常用的物位检测方法可分为下列几种。

1. 静压式物位检测

根据流体静力学原理检测物位。静止介质内某一点的静压力与介质上方自由空间压力之差，与该点上方的介质高度成正比，因此可利用差压来检测液位。这种方法一般只用在液位的检测。

2. 浮力式物位检测

利用漂浮于液面上浮子随液面变化的位置，或者部分浸没于液体中的物质的浮力随液位变化来检测液位。前者称为恒浮力法，后者称变浮力法，二者均用于液位的检测。

3. 电气式物位检测

把敏感元件做成一定形状的电极置于被测介质中，根据电极之间的电气参数（如电阻、电容等）随物位变化的改变来对物位进行检测。这种方法既可用于液位检测，也可用于料位检测。

4. 声学式物位检测

利用超声波在介质中的传播速度及在不同相界面之间的反射特性来检测物位。液位和料位的检测都可以用此方法。

5. 射线式物位检测

放射性同位素所放出的射线（如 β 射线、γ 射线等）穿过被测介质（液体或固体颗粒）因被其吸收而减弱，吸收程度与物位有关。利用这种方法可实现物位的非接触式检测。

除此之外还有微波法、光学法、重锤法等。

6.1.2 物位检测的基本原理

物位检测的特点是敏感元件所接收到的信号一般与被测介质的某一特性参数有关,例如静压式和浮力式液位计与介质的密度有关;电容式物位计与介质的介电常数有关;超声波物位计与声波在介质中的传播速度有关;而射线式物位计与介质对射线的线性吸收系数有关。当被测介质的温度、组分等改变时,这些参数可能也要变化,从而影响测量精度等。

在物位检测中,尽管各种检测方法所用的技术各不相同,但可把它们归纳为以下几种检测原理:

1. 基于力学原理

敏感元件所受到的力(压力)的大小与物位成正比,它包括静压式、浮力式和重锤式物位检测等。

2. 基于相对变化原理

当物位变化时,物位与容器底部或顶部的距离发生改变,通过测量距离的相对变化可获得物位的信息。这种检测原理包括声学法、微波法和光学法等。

3. 基于某强度性物理量随物位的升高而增加原理

例如对射线的吸收强度,电容器的电容量等。

6.2 静压式物位检测

静压式物位检测主要用于液体液位检测。主要采用玻璃管及差力(压差)来检测。

6.2.1 检测原理[1]

静压式物位检测是基于液位高度变化时,由液柱产生的静压也随之变化的原理。如图 6.2.1 所示,A 代表实际液面,B 代表零液位,H 为液柱高度,根据流体静力学原理可知,A、B 两点的压力差为

$$\Delta P = P_B - P_A = H\rho g \qquad (6.2.1)$$

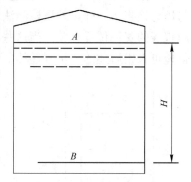

图 6.2.1 静压法液位测量原理

式中　P_A、P_B——容器中 A 点和 B 点的压力(Pa);

　　　　H——液柱高度(m);

　　　　ρ——液体介质密度(kg/m^3);

　　　　g——重力加速度(m/s^2)。

当被测对象为敞口容器,则 P_A 为大气压,上式变为

$$P = P_B - P_D = H\rho g \qquad (6.2.2)$$

式中　P——B 点的表压力(Pa);

　　　　P_D——大气压力(Pa)。

由式(6.2.1)和式(6.2.2)可知,当被测介质密度 ρ 为已知时(一般可视为常数),A、B 两点的压力差 ΔP 或 B 点的表压力 P 与液位高度 H 成正比,这样就把液位的检

测转化为压力差或压力的检测，选择合适的压力（差压）检测仪表可实现液位的检测。

6.2.2 检测方法

静压式物位检测，目前主要采用玻璃管或压力（压差）仪表来检测。

1. 玻璃管检测

检测容器内液体的高度，最直接的方法是采用与被测容器相连通的玻璃管（或玻璃板）来直接显示。敞口容器只需在容器底部引出连通管与显示用玻璃管（或玻璃板）相连接，玻璃管（或玻璃板）的高度需要高出最高液位的高度，顶端敞口直接与大气相通；密闭容器要在上下两端引出连通管与显示用玻璃管（或玻璃板）的上下端相连接。

使用与被测容器相连通的玻璃管（或玻璃板）显示容器内的液体高度。这种方法简单可靠、结果准确。但它只适用于现场指示的被测对象，如果需要将液位信号远传，还需要加设一些其他的远传设备。一般的物位检测对象都采用玻璃管检测作为现场监测用，再选择一套压力（压差）检测仪表作为远传使用。

2. 利用压力（压差）仪表检测

如果被测对象为敞口容器，可以直接用压力检测仪表对液位进行检测。方法是将压力仪表通过引压导管与容器底部零液位处相连（图6.2.2），压力指示值与液位高度满足式（6.2.2）。这种方法要求液体密度为定值，否则会引起误差。另外，压力仪表实际指示的压力是液面至压力仪表入口之间的静压力，当压力仪表与取压点（零液位）不在同一水平位置时，应对其位置高差而引起的压力变化进行修正，以消除由于安装位置引起的静压误差。

在密闭容器中，容器下部的液体压力除与液位高度有关外，还与液面上部介质压力有关。根据式（6.2.1）可知，在这种情况下，可以用测量差压的方法来获得液位（图6.2.3）。与压力检测法一样，差压检测法的差压指示值除了与液位高度有关外，还与液体密度和差压仪表的安装位置有关。当这些因素影响较大时必须进行修正。对于安装位置引起的指示偏差可采用后述的"量程迁移"来解决。

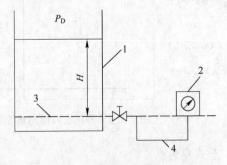

图 6.2.2　压力计式液位计示意图

1—容器；2—压力表；3—液位零面；4—导压管

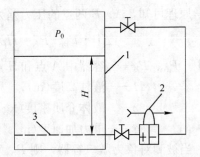

图 6.2.3　差压式液位计示意图

1—容器；2—压力表；3—液位零面

对于具有腐蚀性或含有结晶颗粒以及黏度大、易凝固的液体介质，引压导管易被腐蚀或堵塞，影响测量精度，甚至不能测量，这时应使用法兰式压力（差压）变送器。这种仪表是用法兰直接与容器上的法兰相连，如图6.2.4所示。敏感元件为金属膜盒，它直接与被测介质接触，省去引压导管，从而克服导管的腐蚀和阻塞问题。膜盒经毛细管与变送器的测量室相通，它们所组成的密闭系统内充以硅油，作为传压介质。为了使毛细管经久耐用，其外部均套有金属蛇皮保护管。

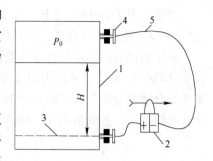

图 6.2.4　法兰式液位计示意图
1—容器；2—差压计；3—液位零面；
4—法兰；5—毛细管

6.2.3　量程迁移[4]

前面提到的压力检测法及差压检测法都要求取压口（零液位）与压力（差压）检测仪表的入口在同一水平高度，否则会产生附加静压误差。但是，在实际安装时不一定能满足这个要求。如地下贮槽，为了读数和维护的方便，压力检测仪表不能安装在所谓零液位处的地下。

采用法兰式差压变送器时，由于从膜盒至变送器的毛细管中充以硅油，无论差压变送器安装在什么高度，一般均会产生附加静压。可通过计算进行校正消除此附加静压。采用直接连接的压力（差压）检测仪表，由于安装位置的关系也会产生附加静压，也要进行计算校正。这种校正计算的方法称为量程迁移。

压力（差压）变送器在安装后或者在检测前要进行零点和满度校准，使它在液位为零只受附加静压（静压差）时输出为"零"；在受到最大静压（静压差）时输出为"满度值"。这称为零点与满度校正。

量程迁移有无迁移、负迁移和正迁移三种情况，下面以差压变送器检测液位为例进行介绍。

1. 无迁移

如图 6.2.5(a)所示，将差压变送器的正、负压室分别与容器下部和上部的取压点相连通，并保证正压室与零液位等高；连接负压室与容器上部取压点的引压管中充满与容器液位上方相同的气体，由于气体密度相对于液体小得多，则取压点与负压室之间的静压差很小，可以忽略。设差压变送器正、负压室所受到的压力分别为 P_+ 和 P_-，则有

$$P_+ = P_0 + H\rho_1 g$$

$$P_- = P_0$$

$$\Delta P = P_+ - P_- = H\rho_1 g \tag{6.2.3}$$

式中　P_0——液体表面压力(Pa)；

　　　ρ_1——容器内介质密度(kg/m^3)。

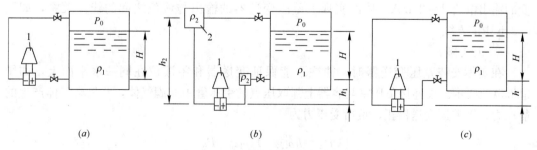

(a)　　　　　　　　　　　　(b)　　　　　　　　　　　　(c)

图 6.2.5　差压变送器测量液位原理
1—差压变送器；2—隔离罐

可见，当 $H=0$ 时，$\Delta P=0$，差压变送器未受任何附加静压；当 $H=H_{max}$ 时，$\Delta P=\Delta P_{max}$，这说明差压变送器无需迁移。

差压变送器的作用是将输入差压转化为统一的标准信号输出。对于Ⅲ型电动单元组合仪表（DDZ-Ⅲ）来说，其输出信号为 $4\sim20m$ 的电流（DDZ-Ⅱ型仪表为 $0\sim10mA$ DC）。如果选取合适的差压量程，使 $H=H_{max}$ 时，最大差压值 ΔP_{max} 为差压变送器的满量程，则在无迁移情况下，差变输出 $I=4mA$，表示输入差压值为零，也即 $H=H_0$；差变输出 $I=$

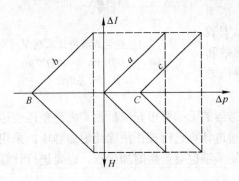

图 6.2.6　差压变送器的正负迁移示意图
a—无迁移；b—负迁移；c—正迁移

$20mA$，表示输入差压达到 ΔP_{max}，也即 $H=H_{max}$。因此，差变的输出电流 I 与液位 H 呈线性关系。图 6.2.6 表示了液位 H 与差压 ΔP 以及与输出电流 ΔI 之间发生迁移时的关系曲线。

2. 负迁移

如图 6.2.5(b)，当容器中液体上方空间的气体是可凝性的（如水蒸气），为了保持负压室所受的液柱高度恒定，或者被测介质有腐蚀性，为了引压管的防腐，常常在差压变送器正、负压室与取压点之间分别装有隔离罐，并充以隔离液。设隔离液密度为 ρ_2，这时差压变送器正、负压室所受到的压力分别为

$$P_+=h_1\rho_2g+H\rho_1g+P_0$$

$$P_-=h_2\rho_2g+P_0$$

$$\Delta P=P_+-P_-=h_1\rho_2g+H\rho_1g-h_2\rho_2g=H\rho_1g-B \qquad (6.2.4)$$

式中　$B=(h_2-h_1)\rho_2g$；

h_1，h_2 参见图 6.2.5(b)。

由上式可见，当 $H=0$ 时，$\Delta P=-B<0$，差压变送器受到一个附加的差压作用，使差变的输出 $I<4mA$。为使 $H=0$ 时，差变输出 $I=4mA$，就要设法消去 $-B$ 的作用，这称为量程迁移。由于要迁移的量为负值，因此称为负迁移，负迁移量为 B。

对于 DDZ-Ⅲ型差压变送器，量程迁移只要调节变送器上的迁移弹簧使变送器在 $\Delta P=-B$（对应于 $H=0$ 的差压值）时，输出电流 $I=4mA$。当液位 H 在 $0\sim H_{max}$ 变化时，差压的变化量为 $H_{max}\rho_1g$，该值即为差变的量程。这样，当 $H=H_{max}$ 时，$\Delta P=H_{max}\rho_1g-B$，差变的输出电流 $I=20mA$，从而实现了差压变送器的输出与液位之间的线性关系，如图 6.2.6 中的 b 线。

3. 正迁移

在实际安装差压变送器时，往往不能保证变送器和零液位在同一水平面上，如图 6.2.5(c)所示。设连接负压室与容器上部取压点的引压管中充满气体，并忽略气体产生的静压力，则差压变送器正、负所受压力为

$$P_+=h\rho_1g+H\rho_1g+P_0$$

$$P_-=P_0$$

所以 $$\Delta P=P_+-P_-=h\rho_1 g+H\rho_1 g=H\rho_1 g+C \qquad (6.2.5)$$

式中 $C=h\rho_1 g$。

由上式可见，当 $H=0$ 时，$\Delta P=C$，差压变送器受到一个附加正差压作用，使差变的输出 $I>4mA$。为使 $H=0$ 时，$I=4mA$，就需设法消去 C 的作用。由于 $C>0$，故需要正迁移，迁移量为 C。迁移的方法与负迁移相似。

根据式(6.2.5)可知，当液位 H 在 $0\sim H_{max}$ 变化时，差压的变化量为 $H_{max}\rho_1 g$，与前面两种情况相同。这说明尽管由于差变的安装位置等原因差变需要进行量程迁移，但差变的量程不变，只与液位的变化范围有关。因此，对于图 6.2.5(c)，在进行正迁移后，$H=H_{max}(\Delta P=H_{max}\rho_1 g+C)$ 时，差变的输出 $I=20mA$，如图 6.2.6 中的 c 线。

【例 6.2.1】 如图 6.2.5(b)所示，用差压变送器检测液位。已知 $\rho_1=1200kg/m^3$，$\rho_2=950kg/m^3$，$h_1=1.0m$，$h_2=5.0m$，液位变化的范围为 $0\sim3.0m$，如果当地重力加速度 $g=9.8m/s^2$，求 1)计算差压的变化量？2)选择差压变送器的量程？3)计算差压变送器的迁移量？4)计算迁移后差压变送器的压差测量范围？5)计算迁移后差压变送器的液位测量范围？

【解】

（1）计算差压的变化量

最高液位为 3.0m 时，最大的差压量为

$$P_{max}=H_{max}\rho_1 g=3.0\times1200\times9.8=35.28kPa$$

当液位在 $0\sim3.0m$ 变化时，差压的变化量为 $0\sim35.28kPa$。

（2）选择差压变送器的量程

根据国标规定的差压变送器的量程系列，大于 35.28kPa 的差压变送器量程为 40kPa，故选择差压变送器的量程为 40kPa。

（3）计算差压变送器的迁移量

由式(6.2.4)可知，当 $H=0$ 时，有

$$\Delta P=-(h_2-h_1)\rho_2 g=-(5.0-1.0)\times950\times9.8=-37.24kPa$$

所以，差压变送器需要进行负迁移，迁移量为 $-37.24kPa$。

（4）计算迁移后差压变送器的压差测量范围

根据选择的差压变送器的量程，及进行负迁移后，差压变送器的最小测量量为：

$$P_{min}=0-37.24=-37.24kPa$$

根据选择的差压变送器的量程，及进行负迁移后，差压变送器的最大测量量为：

$$P_{max}=40-37.24=2.76kPa$$

迁移后该差压变送器测量的压差范围为 $-37.24\sim2.76kPa$。

（5）计算差压变送器的液位测量范围

根据实际选择的差压变送器的量程来进行换算，计算出实际的液位测量范围为：

$$H_{max}=40\times3.0/35.28=3.4m，实际可测量的液位范围为 0\sim3.4m。$$

6.2.4 量程调节

从以上所述可知，正、负迁移的实质是通过迁移弹簧改变变送器的零点，它的作用是

同时改变量程的上、下限，而不改变量程的大小。如果在例题 6.2.1 中，要求 $H=3.0$m 时差变输出为满刻度（20mA），则可在负迁移后再进行量程调节。调节量程满度调节螺钉，使得当 $P_{max}=-37.24+35.28=-1.96$kPa 时，差压变送器的输出为 20mA。

显然，正、负迁移是通过迁移弹簧改变变送器的零点，如图 6.2.6 中将输出曲线进行平移；量程调节是通过满度调节螺钉改变变送器的满度值，即要改变图 6.2.6 中输出曲线的斜率。

6.2.5　差压式水位计

在蒸汽锅炉的汽包水位测量中常采用差压式水位计，它主要由平衡容器（水位传感器）、差压变送器和显示仪表组成。差压式水位计能够连续显示水位，可以作为水位调节系统的反馈信号。

1. 原理

差压式水位计的工作原理是把液面高度变化转换成差压变化，差压式水位计准确测量汽包水位的关键是水位与差压之间的准确转换，这种转换是通过平衡容器实现的。

平衡容器能造成一个恒定的水静压力，并将它与被测水位的水静压力相比较，输出二者之差，这个差压的变化反映了汽包水位的变化。

2. 平衡容器[5]

简单平衡容器如图 6.2.7 所示。由汽包进入平衡容器的蒸汽不断凝结成水，并由于溢流而保持一个恒定水位，形成恒定的水静压力 p^+，汽包水位也形成一个水静压力 p^-。二者相比较，就得到与水位成比例的差压，汽包水位计的标尺，习惯以正常水位 H_0 为零刻度，超过正常水位为正水位（$+\Delta H$），低于正常水位为负水位（$-\Delta H$），根据图 6.2.7 所示可得

$$p_+=p+L\rho_1 g$$
$$p_-=p+(L-H_0-\Delta H)\rho''g+(H_0+\Delta H)\rho'g$$
$$\Delta p=p_+-p_-=L(\rho_1-\rho'')g-H_0(\rho'-\rho'')g-\Delta H(\rho'-\rho'')g \tag{6.2.6}$$

式中　g——重力加速度；

　　　ρ_1——平衡容器中水的密度；

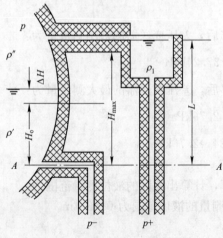

图 6.2.7　简单平衡容器示意图

ρ'、ρ''——压力为 p 时的饱和水和饱和蒸汽的密度；

其余量的含义见图 6.2.7 所示。

由式（6.2.6）可以看出，若要保持 Δp 与 ΔH 成正比例关系，则 ρ_1、ρ'、ρ'' 必须为恒定值（L、H_0 和 g 视为常数）。但是 ρ_1、ρ'、ρ'' 是随汽包压力和温度而变化的。显然密度测量是水位测量误差的主要来源，因此可以采用保温和加热的办法使得 ρ_1 接近 ρ'，并且保持稳定则可以减小水位测量误差。

3. 差压测量[6]

在平衡容器的 p^+ 和 p^- 端（见图 6.2.7），

引出导压管连接差压变送器的差压测量端。差压信号管路的安装主要应防止被测液体中存在的气体进入并沉积在信号管路内，造成两信号管路中介质比重不等而引起误差。为了能及时排出信号管路中的气体，导压管向下斜向差压计。如果差压计比平衡容器高，信号管路最高点要装设集气器，并装有阀门以定期排出气体，如图6.2.8所示。

平衡容器导压管引出的是 p^+ 和 p^- 端的压差信号，因此差压计的安装位置不影响测量值，即没有由于安装位置高低所引起的量程迁移问题。

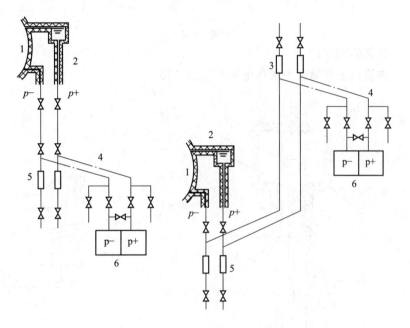

图 6.2.8 锅炉汽包平衡容器液位测量
1—汽包水位；2—平衡容器；3—集气器；4—导压管；5—沉降器；6—差压计

6.3 浮力式物位检测

浮力式物位检测的基本原理是通过测量漂浮于被测液面上的浮子(也称浮标)随液面变化而产生的位移，或利用沉浸在被测液体中的浮筒(也称沉筒)所受的浮力与液面位置的关系检测液位。前者一般称为恒浮力式检测，后者称为变浮力式检测。

6.3.1 恒浮力式物位检测[3]

恒浮力式物位检测包括浮标式、浮球式和翻板式等各种方法，在本专业中常采用浮球式液位计测量或控制水位。

浮球式水位控制器可作为开口水箱或密闭容器的水位控制仪表，如图6.3.1所示。浮球用不锈钢制作，安装在浮筒内，其上端连接有连杆，连杆顶端置有磁钢。当水位发生变化时，浮球带动连杆和磁钢在调整箱组件中非导磁的管道中上下移动。当磁钢移动到上下限水银开关处，与水银开关上装有的磁钢相作用，带动水银开关动作，从而实现开关量控制。

还有其他类似的浮球式水位传感器等，由于它们的原理比较简单，这里不再介绍。

6.3.2　变浮力式物位检测

变浮力式物位检测方法中典型的敏感元件是浮筒，它是利用浮筒由于被液体浸没高度不同以致所受的浮力不同来检测液位的变化。如图 6.3.2 是应用浮筒实现物位检测的原理图。将一横截面积为 A，质量为 m 的圆筒形空心金属浮筒悬挂在弹簧上，由于弹簧的下端被固定，因此弹簧因浮筒的重力被压缩，当浮筒的重力与弹簧力达到平衡时，则有

$$mg = Cx_0 \tag{6.3.1}$$

式中　C——弹簧的刚度；

　　　x_0——弹簧由于浮筒重力被压缩所产生的位移。

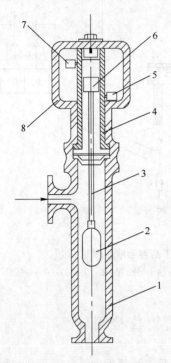

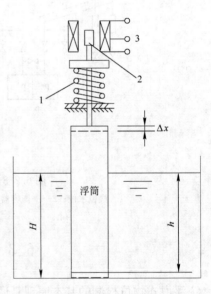

图 6.3.1　浮球式水位控制器结构图
1—浮筒；2—浮球；3—连杆；4—非导磁管；
5—下限水银开关；6—磁钢；7—上限水银开关；8—调整箱组件

图 6.3.2　变浮力式液位计原理图
1—弹簧；2—铁芯；3—差压变压器

当浮筒的一部分被液体浸没时，浮筒受到液位对它的浮力作用而向上移动。当它与弹簧力和浮筒的重力平行时，浮筒停止移动。设液位高度为 H，浮筒由于向上移动实际漫没在液体中的长度为 h，浮筒移动的距离，也就是弹簧的位移改变量为 Δx，则

$$H = h + \Delta x \tag{6.3.2}$$

根据力平衡可得

$$mg - Ah\rho = C(x_0 - \Delta x) \tag{6.3.3}$$

式中 ρ——浸没浮筒的液体密度(kg/m^3);

    A——浮筒横截面积(m^2)。

将式(6.3.1)代入上式,整理后便得

$$Ah\rho = C\Delta x \qquad (6.3.4)$$

一般情况下,$h \gg \Delta x$,由式(6.3.2)可得 $H \approx h$,从而被测液位 H 可表示为

$$H = \frac{C}{A\rho}\Delta x \qquad (6.3.5)$$

上式表明,当液位变化时,使浮筒产生位移,其位移量 Δx 与液位高度 H 成正比关系。因此变浮力物位检测方法实质上就是将液位转换成敏感元件(在这里为浮筒)的位移。

应用信号变换技术可进一步将位移转换成电信号,配上显示仪表在现场或控制室进行液位指示或控制。图 6.3.2 是在浮筒的连杆上安装一铁芯,可随浮筒一起上下移动,通过差动变压器使输出电压与位移成正比关系。

另外,也可以将浮筒所受的浮力通过扭力管达到力矩平衡,把浮筒的位移变成扭力管的角位移,进一步用其他转换元件转换为电信号,构成一个完整的液位计。

浮筒式液位计不仅能检测液位,而且还能检测界面,此种方法应用较少故不作介绍。

6.4 电气式物位检测

电气式物位检测方法是利用敏感元件直接把物位变化转换为电参数的变化。根据电量参数的不同,可分为电阻式、电容式和电感式等。目前电容式为最常见,其检测原理如下。

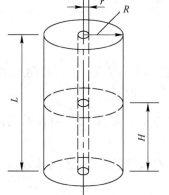

图 6.4.1 电容式物位计原理

电容式物位检测是基于圆筒电容器的工作原理,其结构形式如图 6.4.1 所示。它是由两个长度为 L,半径分别为 R 和 r 的圆筒形金属导体组成。当两圆筒间充以介电常数为 ε_1 的气体时,则由该圆筒组成的电容器的电容量为:

$$C_0 = \frac{2\pi\varepsilon_1 L}{\ln\frac{R}{r}} \qquad (6.4.1)$$

如果两圆筒形电极间的一部分被介电常数为 ε_2 的液体所浸没,设被浸没的电极长度为 H,此时的电容量为

$$C = C_1 + C_2 = \frac{2\pi\varepsilon_1(L-H)}{\ln\frac{R}{r}} + \frac{2\pi\varepsilon_2 H}{\ln\frac{R}{r}} \qquad (6.4.2)$$

经整理后可得

$$C = C_0 + \Delta C \qquad (6.4.3)$$

式中

$$\Delta C = \frac{2\pi(\varepsilon_2 - \varepsilon_1)}{\ln\dfrac{R}{r}}H \qquad\qquad (6.4.4)$$

式(6.4.3)和式(6.4.4)表明：当圆筒形电容器的几何尺寸 L、R 和 r 保持不变，且介电常数也不变时，电容器电容增量 ΔC 与电极被介电常数为 ε_2 的介质所浸没的高度 H 成正比关系。另外，两种介质的介电常数的差值($\varepsilon_2 - \varepsilon_1$) 越大，则 ΔC 也越大，说明相对灵敏度越高。

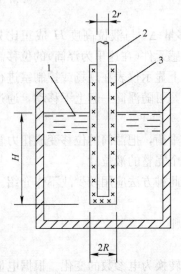

图 6.4.2 导电液体液位测量示意图

1—导电液体；2—电极；3—绝缘套管

从原理上讲，圆筒形电容器既可用于非导电液体的液位检测，也可用于固体颗粒的料位检测。如果被测介质为导电性液体，上述圆筒形电极将被导电的液体所短路。因此，对于这种介质的液位检测，电极要用绝缘物（如聚乙烯）覆盖作为中间介质，而液体和外圆筒一起作为外电极，如图 6.4.2 所示。由此构成的等效电容 C 为图 6.4.3 所示，图中的电容 C_{11}、C_{12} 和 C_2 分别见式（6.4.5）。

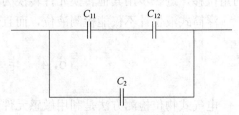

图 6.4.3 等效电容

$$C_{11} = \frac{2\pi\varepsilon_3(L-H)}{\ln\dfrac{R}{r}} \quad C_{12} = \frac{2\pi\varepsilon_1(L-H)}{\ln\dfrac{R_i}{R}} \quad C_2 = \frac{2\pi\varepsilon_3 H}{\ln\dfrac{R}{r}} \qquad (6.4.5)$$

式中 ε_1、ε_3 分别为被测液位上方气体和覆盖电极用绝缘物的介电常数；R_i 为容器的内半径。

由于在一般情况下，$\varepsilon_3 \gg \varepsilon_1$，并且 $R_i \gg R$，因此有 $C_{12} \ll C_{11}$，则图 6.4.3 的等效电容 C 可写为

$$C = C_{12} + C_2 = \frac{2\pi\varepsilon_1 L}{\ln\dfrac{R_i}{R}} - \frac{2\pi\varepsilon_1 H}{\ln\dfrac{R_i}{R}} + \frac{2\pi\varepsilon_3 H}{\ln\dfrac{R}{r}}$$

很明显上式的第 2 项远比第 3 项小得多，可忽略不计，故有

$$C = \frac{2\pi\varepsilon_1 L}{\ln\dfrac{R_i}{R}} + \frac{2\pi\varepsilon_3 H}{\ln\dfrac{R}{r}} = C_0' + KH \qquad\qquad (6.4.6)$$

式中

$$C_0' = \frac{2\pi\varepsilon_1 L}{\ln\dfrac{R_i}{R}}$$

$$K = \frac{2\pi\varepsilon_3}{\ln\dfrac{R}{r}}$$

上式表明，电容器的电容量或电容的增量 $\Delta C = C - C_0'$ 随液位的升高而线性增加。因此，电容式物位检测的基本原理是将物位的变化转换为由插入电极所构成的电容器的电容量的改变。

电容式物位计主要由电极（敏感元件）和电容检测电路组成。由于电容的变化量较小，因此准确检测电容量是物位检测的关键。目前在物位检测中，常见的电容检测方法主要有交流电桥法、充放电法和谐振电路法等。

6.5 声学式物位检测

声波是一种机械波，是机械振动在介质中的传播过程，当振动频率在十余赫到万余赫时可以引起人的听觉，称为闻声波；更低频率的机械波称为次声波；20kHz 以上频率的机械波称为超声波。作为物位检测，一般应用超声波。

6.5.1 超声波检测原理[2]

声学式物位检测方法是通过测量声波从发射至接收到被测物位界面所反射的回波的时间间隔，从而来确定物位的高低。如图 6.5.1 是用超声波检测物位的原理图。超声波发射器被置于容器底部，当它向液面发射短促的脉冲时，在液面处产生反射，回波被超声接收器接收。若超声发射器和接收器（图中简称探头）到液面的距离为 H，声波在液体中的传播速度为 v，则有如下简单关系：

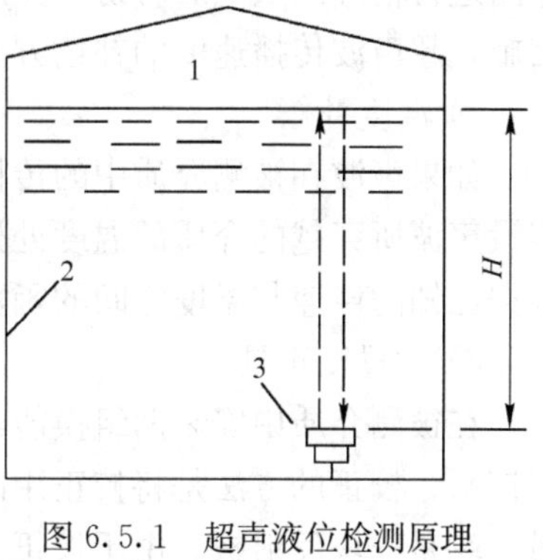

图 6.5.1 超声液位检测原理
1—页面；2—容器；3—探头

$$H = \frac{1}{2}vt \qquad (6.5.1)$$

式中 t 为超声脉冲从发射到接收所经过的时间。当超声波的传播速度 v 为已知时，利用上式便可求得物位。

6.5.2 超声波物位计

根据声波传播的介质不同，超声波物位计可分为固介式、液介式和气介式三种。超声换能器探头可以使用两个，也可以只用一个。使用两个探头时，一个探头发射超声波，另一个探头接收超声波；使用一个探头时，发射与接收声波均由一个探头进行，只是发射与接收时间相互错开。

超声波的接收和发射是基于压电效应和逆压电效应。具有压电效应的压电晶体在受到声波声压的作用时，晶体两端将会产生与声压变化同步的电荷，从而把声波（机械能）转换成电能；反之，如果将交变电压加在晶体两个端面的电极上，沿着晶体厚度方向将产生与所加交变电压同频率的机械振动，向外发射声波，实现了电能与机械能的转换。用做超声波发射和接收的压电晶体也称换能器。

1. 超声波物位计换能器的结构

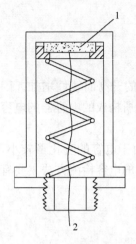

图 6.5.2 超声波换能
器探头常用结构
1—压电晶体；2—连接导线

换能器的核心是压电片，根据不同的需要，压电片的振动方式有很多。如薄片的厚度振动，纵片的长度振动，横片的长度振动，圆片的径向振动，圆管的厚度、长度、径向和扭转振动，弯曲振动等。其中以薄片厚度振动用得最多。由于压电晶体本身较脆，并因各种绝缘、密封、防腐蚀、阻抗匹配及防护不良环境的要求，压电元件往往装在一壳体内而构成探头。如图 6.5.2 所示为超声波换能器探头的常用结构，其振动频率在几百千赫以上，采用厚度振动的压电片。

在物位检测中一般采用较高频的超声脉冲，以减小单位时间内超声波的发射能量，减小空化效应、温升效应等，以及节约仪器的能耗；同时又可提高超声脉冲的幅值，提高测量精度。

2. 超声波物位计的校正与补偿

由式(6.5.1)可知，物位检测的精度主要取决于超声脉冲的传播时间 t 和超声波在介质中的传播速度 v 两个量。前者可用适当的电路进行精确测量，后者易受介质温度、成分等变化的影响。因此，需要采取有效的补偿措施，超声波传播速度的补偿方法主要有以下几种。

1) 温度补偿

如果声波在被测介质中的传播速度主要随温度而变，声速与温度的关系为已知，而且假设声波所穿越的介质的温度处处相等，则可以在超声换能器附近安装一个温度传感器，根据已知的声速与温度之间的函数关系，自动进行声速的补偿。

2) 设置校正具

在被测介质中安装两组换能器探头，一组用作测量探头，另一组用作构成声速校正用的探头。校正的方法是将校正用的探头固定在校正具(一般是金属圆筒)的一端，校正具的另一端是一块反射板。由于校正探头到反射板的距离 L_0 为已知的固定长度，测出声脉冲从校正探头到反射板的往返时间 t_0，则可得声波在介质中的传播速度为：

$$v_0 = \frac{2L_0}{t_0} \tag{6.5.2}$$

因为校正探头和测量探头是在同一个介质中，如果两者的传播速度相等，即 $v_0 = v$，则代入式(6.5.1)可得

$$H = \frac{L_0}{t_0} t \tag{6.5.3}$$

由上式可知，只要测出时间 t 和 t_0，就能获得料位的高度 H，从而消除了声速变化引起的测量误差。

根据介质的特性，校正具可以采用固定型的，也可以用活动型的。固定型的适用于容器中介质的声速各处相同，活动型的主要用于声速沿高度方向变化的介质。图 6.5.3 给出

了应用这两种校正具检测液位的原理图。

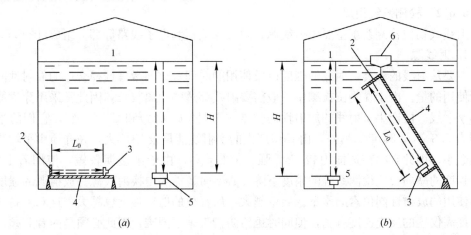

图 6.5.3 应用较正具检测液位原理

（a）固定式校正具应用原理图；（b）活动式校正具应用原理图

1—液面；2—反射板；3—校正探头；4—校正具；5—测量探头；6—浮球

6.6 射线式物位检测

放射性同位素在蜕变过程中会放射出 α、β、γ 三种射线。α 射线是从放射性同位素原子核中放射出来的，它由两个质子和两个中子所组成（即实际上是氦原子核），带有正电荷，它的电离本领最强，但穿透能力最弱。β 射线是电子流，电离本领比 α 射线弱，而穿透能力较 α 射线强。γ 射线是一种从原子核中发出的电磁波，它的波长较短，不带电荷，它在物质中的穿透能力比 α 和 β 射线都强，但电离本领最弱。

由于射线的可穿透性，它们常被用于情况特殊或环境条件恶劣的场合实现各种参数的非接触式检测，如位移、材料的厚度及成分、流体密度、流量、物位等。物位检测是其中一个典型的应用示例。

6.6.1 检测原理

当射线射入一定厚度的介质时，部分能量被介质所吸收，所穿透的射线强度随着所通过的介质厚度增加而减弱，它的变化规律为：

$$I = I_0 e^{-\mu H} \tag{6.6.1}$$

式中 I、I_0 为射入介质前和通过介质后的射线强度；μ 为介质对射线的吸收系数；H 为射线所通过的介质厚度。

介质不同，吸收射线的能力也不同。一般是固体吸收能力最强，液体其次，气体最弱。当射线源和被测介质一定时，I_0 和 μ 都为常数。测出通过介质后的射线强度 I，便可求出被测介质的厚度 H。图 6.6.1 为用射线方法检测物位的

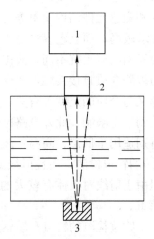

图 6.6.1 射线式物位
检测原理图

1—电子线路；2—探测器；3—射线源

基本原理图。

6.6.2 检测系统组成

射线式物位检测系统主要由射线源、射线探测器和电子线路等部分组成(图 6.6.1)。

1. 射线源

主要从射线的种类、射线的强度以及使用的时间等方面考虑选择合适的放射性同位素和所使用的量。由于在物位检测中一般需要射线穿透的距离较长，因此常采用穿透能力较强的 γ 射线。能产生 γ 射线的放射性同位素主要是 Co^{60}（钴）和 Cs^{137}（铯），它们的半衰期分别为 5.3 年和 33 年。另外，由 Co^{60} 产生的 γ 射线能量较 Cs^{137} 大，在介质中平均质量吸收系数小，因此它的穿透能力较 Cs^{137} 强。但是，Co^{60} 由于半衰期较短，使用若干年后，射线强度的减弱会使检测系统的精度下降，必要时还需要更换射线源。放射源的强度取决于所使用的放射性同位素的质量。质量越大，所释放的射线强度也越大，这对提高测量精度，提高仪器的反应速度有利，但同时也给防护带来了困难，因此必须是两者兼顾，在保证测量满足要求的前提下尽量减小其强度，以简化防护和保证安全。

2. 探测器

射线探测器的作用是将其接收到的射线强度转变成电信号，并输给下一级电路。作为 γ 射线的检测，常用的探测器是闪烁计数管，此外，还有电离室，正比计数管和盖革—弥勒计数管等。

3. 电子线路

将探测器输出的脉冲信号进行处理并转换为统一的标准信号。

在各种物位检测方法中，有的方法仅适用于液位检测，有的方法既可用于液位检测，也可用于料位检测。在液位检测中，静压式和浮力式检测方法是最常用的，它们具有结构简单、工作可靠、精度较高等优点。但是，它们需要在容器上开孔安装引压管或在介质中插入浮筒，因此不适用于高黏度介质或易燃、易爆等危险性较大的介质的液位检测；电容式、声学式和射线式检测方法均可用于液位和料位的检测，其中电容式物位计具有检测原理和敏感元件结构简单等特点。缺点是电容量及电容随物位的变化量较小，对电子线路的要求较高，而且电容量易受介质的介电常数变化的影响；超声波物位计使用范围较广，只要界面的声阻抗不同，液位、粉末、块状的物位均可测量，敏感元件(换能器探头)可以不与被测介质直接接触，实现非接触式测量。但是，由于探头本身不能承受过高的温度，声速又与介质的温度等有关，并且有些介质对声波吸收能力很强，因而超声波物位计的应用受到一定限制。此外电路比较复杂，价格较高；射线式物位计可实现完全的非接触测量，特别适用于低温、高温、高压容器的高黏度、高腐蚀性、易燃、易爆等特殊测量对象(介质)的物位检测。而且射线源产生的射线强度不受温度、压力的影响，测量值比较稳定。但由于射线对人体有较大的危害作用，使用不当会产生不安全事故，因而在选用上必须慎重。

物位检测的特点是敏感元件所接收到的信号一般与被测介质的某一特性参数有关，例如静压式和浮力式液位计与介质的密度有关；电容式物位计与介质的介电常数有关；超声波物位计与声波在介质中的传播速度有关；而射线式物位计与介质对射线的线性吸收系数有关。当被测介质的温度、组分等改变时，这些参数可能也要变化，从而影响测量精度；另外，大型容器会出现各处温度、密度和组分等的不均匀，引起特性参数在容器内的不均匀，同样也会影响测量精度。因此，当工况变化比较大时，必须对有关的参数进行补偿或修正。超声波物位检测中的速度补偿就是一个典型例子。

<h2 style="text-align:center">思 考 题 与 习 题</h2>

1. 在下述检测液位的仪表中，受被测介质密度影响的有哪几种，并说明原因。

a. 玻璃液位计；*b*. 浮力式液位计；*c*. 差压式液位计；

d. 电容式液位计；*e*. 超声波液位计；*f*. 射线式液位计。

2. 总结水箱液位测量中，差压变送器量程迁移的规律。

3. 什么是超声波物位计？它有什么特点？

4. 如图 1 所示用差压变送器测量密闭容器中的液位。已知：被测液体 $\rho_1 = 1000\text{kg/m}^3$，液位变化范围 $H = 0 \sim 1800\text{mm}$。变送器的安装高度如图 1 所示，其中 $h_1 = 3000\text{mm}$，$h_2 = 5300\text{mm}$。负压侧隔离管为湿隔离状态，管内充满水。求 1) 计算差压的变化量？2) 选择差压变送器的量程？3) 计算差压变送器的迁移量？4) 计算迁移后差压变送器的压差测量范围？5) 计算迁移后差压变送器的液位测量范围？（解题提示：参考第 6 章中例题解题）

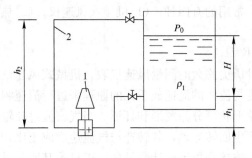

图 1(题 4 图)
1—差压变压器；2—湿隔离管

主要参考文献

［1］ 王玲生主编. 热工检测仪表. 北京：冶金工业出版社，2006.

［2］ 丁镇生主编. 传感器及传感器技术应用. 北京：电子工业出版社，1998.

［3］ 郭绍霞主编. 热工测量技术. 北京：中国电力出版社，1997.

［4］ 杜维主编. 过程检测技术与仪表. 北京：化学工业出版社，1999.

［5］ 何适生主编. 热工参数测量及仪表. 北京. 水利电力出版社，1990.

［6］ 苏彦勋等编. 流量计量与测试. 北京. 中国计量出版社，1992.

第7章　流速及流量测量

流速和流量是建筑环境与设备专业经常涉及的重要参数之一。随着科学技术的进步，各种新的测量方法和仪表不断出现，本章将对一些典型的、常用的流速和流量的检测方法和仪表加以介绍。

7.1　流　速　测　量

流体速度是描述流动现象的主要参数，流速测量是研究流动现象的重要手段。流体流动速度的测量仪表很多，常用的有四种：(1)机械式风速仪；(2)热线风速仪；(3)测压管；(4)激光多普勒测速仪。

7.1.1　机械式风速仪[1]

机械式风速仪是一种历史悠久的测量风速仪表。机械式风速仪测量流速是根据置于流体中的叶轮的旋转角速度与流体的流速成正比的原理来进行流速测量的。

机械式风速仪的叶轮形状可分为翼形和杯形。当气流流过叶轮时，气流流动的动压力作用在叶片上，使叶轮产生回转运动，其转速与气流速度成正比，早期的风速仪是将叶轮的转速通过机械传动装置连接到指示或计数设备，以显示其所测风速。现代的风速仪是将叶轮的转速转变为电信号，自动进行显示或记录。

图7.1.1(a)所示的是翼形机械式风速仪，可测定0.6～40m/s范围内的气流速度，可测量脉动的气流和速度的最大值、最小值及流速的平均值，测量精度为±0.2m/s。翼形机械式风速仪可用来测定仪表所在位置的气流速度，也可用于大型管道中气流的速度场，

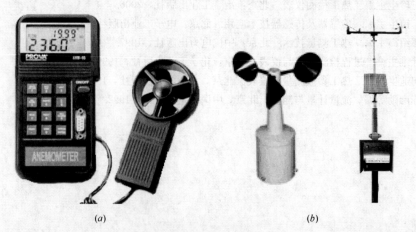

(a)　　　　　　　　　　　　　　　(b)

图7.1.1　机械式风速仪

(a)翼形机械式风速仪；(b)杯形机械式风速、风向仪

尤其适用于相对湿度较大的气流速度的测定。利用翼形风速仪测定流速时，必须保证风速仪的叶轮全部放置于气流流场之中，叶轮叶片的旋转平面和气流方向之间的偏差，如在±10°角的范围以内，则风速仪的读数误差不大于1%。如偏转角度再增大，将使测量误差急剧增加。

图 7.1.1(b)所示的是采用三杯形机械式风传感器的风速、风向仪，可测定 0.4～70m/s 范围内的气流速度，可观测大气中的瞬时风速、平均风速，另外还具有风速报警设定和报警输出控制、交直流自动切换等功能，测量精度为±0.3m/s。

7.1.2　热线风速仪[2].[3]

热线风速仪是利用被加热的金属丝(称为热线)置于被测流体中，利用发热的金属丝的散热率与流体流速成比例的特点，通过测定金属丝的散热率来获得流体的流速。热线风速仪的理论基础是克英(King)于 1914 年奠定的，1934 年择娄(Ziegler)制成了第一个恒温热线风速仪。

热线风速仪的热线探头是惠斯顿电桥的一臂，由仪器的电源给金属丝供电。当被测流体通过被电流加热的金属丝或金属膜时，会带走热量，使金属丝的温度降低，金属丝的温度降低程度，取决于流过金属丝的气流速度和气流温度。当热线向流体散热达到平衡时，单位时间热线的发热量 Q_R 应与热线对流体的放热量 Q 平衡，即

$$Q = Q_R \tag{7.1.1}$$
$$Q = \alpha F(T_w - T_f) \tag{7.1.2}$$
$$Q_R = I_w^2 R_w \tag{7.1.3}$$

式中　I_w——流经热线的电流(A)；
　　　R_w——热线的电阻(Ω)；
　　　α——热线对流换热系数[W/(m²·℃)]；
　　　F——热线换热面积(m²)；
　T_w、T_f——分别为热线和流体的温度(℃)。

气流流过热线时的换热属于层流对流换热，根据层流对流换热的经验公式，可将式(7.1.1)表示为

$$I_w^2 R_w = (a' + b'u^n)(T_w - T_f) \tag{7.1.4}$$

式中　n、a'、b'——常数，$a' = \dfrac{a\lambda F}{d}$，$b' = \dfrac{b\lambda F d^{n-1}}{v^n}$；
　　　a、b——常数；
　　　v——流体的运动黏滞系数(m²/s)；
　　　u——流体的流速(m/s)；
　　　d——热线直径(m)；
　　　λ——流体的导热系数[W/(m·℃)]。

式(7.1.4)是热线的基本方程。而热线的电阻值随温度变化的规律为

$$R_w = R_f[1 + \beta(T_w - T_f)] \tag{7.1.5}$$

式中　β——热线的电阻温度系数；
　　　R_f——热线在温度为 T_f 时的电阻值(Ω)。

将式(7.1.5)代入式(7.1.4)中，且把 β 包含在 a'、b' 中，可得

$$I_w^2 R_w R_f = (a' + b'u^n)(R_w - R_f) \tag{7.1.6}$$

由式(7.1.6)可知，流体的速度只是流过热线的电流和热线电阻(热线温度)的函数。只要固定电流和电阻两个参数中的任何一个，就可以获得流体速度与另一参数的单值函数关系。按照式(7.1.6)所示的热线的工作方式可以有两种形式的热线风速仪。

1. 恒流型热线风速仪

如果在热线工作过程中，人为地用一恒值电流对热线加热，即 I_w ＝常数。由于流体对热线对流冷却，且冷却能力随着流速的增大而加强。当流速呈稳态时，则可根据热线电阻值的大小(即热线的温度高低)确定流体的速度。这种形式的风速仪叫恒流型热线风速仪。

恒流型热线风速仪的优点是电路简单，它的原理见图7.1.2。风速仪测速探头由加热金属铂丝与测温用铜—康铜热电偶组成。整个仪表分成两个独立的电路，第一个电路由加热铂丝、电池与调节电流的可变电阻组成，用来调节保持加热电路中的电流恒定；第二个电路由铜—康铜热电偶与显示仪表组成，热电偶的热端固定在加热铂丝的中间，以测定其温度。在工作时，热线的表面温度 T_w 随流体速度而变化，热线电阻 R_w 也按照式(7.1.7)所示的关系发生变化，从而确定气流速度。

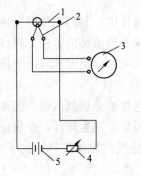

图 7.1.2 恒流型热线风速仪原理图
1—加热铂丝；2—铜—康铜热电偶；
3—显示仪表；4—可变电阻；5—电池

$$R_w = \frac{R_f(a' + b'u^n)}{(a' + b'u^n) - I_w^2 R_f} \tag{7.1.7}$$

2. 恒温型热线风速仪

恒流型热线风速仪的测速探头在变温变阻状态下工作，故存在容易使敏感元件老化、稳定性差等缺点。

如果在热线工作过程中，始终保持热线的温度 T_w 不变，即 T_w ＝常数。则可通过测得流经热线的电流值来确定流体的速度。这种形式的风速仪叫恒温型热线风速仪或恒电阻型热线风速仪。由于热线的温度不变，所以其电阻值也不变，这时加热电流随流体的速度而变化，其变化关系可由式(7.1.8)求得

$$I_w^2 = a'' + b''u^n \tag{7.1.8}$$

$$a'' = \frac{(R_w - R_f)a'}{R_w R_f}$$

$$b'' = \frac{(R_w - R_f)b'}{R_w R_f}$$

在实际测量电路中，测量的不是流经电路的电流，而是惠斯顿电桥的桥顶电压。此时式(7.1.8)可以表示为

$$E^2 = A + Bu^n \tag{7.1.9}$$

式(7.1.9)称为克英(King)公式。式中 A、B 是性质与 a''、b'' 相同的常数。

图7.1.3所示的为利用恒温原理制成的热敏电阻恒温型风速仪的原理图。它由测量桥路、电压放大器、功率放大器(即供电电源)、风温自动补偿电路、积分电路和表头指示电

路等组成。热敏电阻 R_θ 接在桥路的一臂中，当风速为 0m/s 时，流经探头的电流将 R_θ 加热至一定温度(约 130℃)，电桥处于平衡状态，桥路供电电压保持某一数值；当风速增高时，探头温度降低，R_θ 增大，桥路输出的不平衡电压经电压放大器放大后推动功率放大器，使桥路供电电压增高，流经 R_θ 的电流增大，从而使 R_θ 减小，其结果使探头的温度基本上维持恒定，电桥趋近于新的平衡。风速愈高，桥路供电电压愈高，流经探头的电流也愈大，因此，根据桥路供电电压即可测出相应的风速。

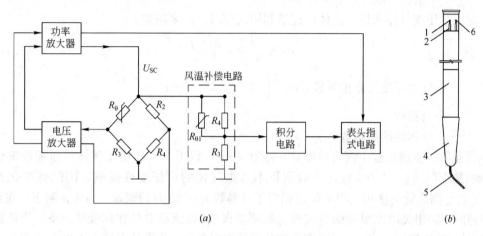

图 7.1.3　热敏电阻恒温型风速仪原理图

(a)风速仪方框图；(b)风速仪测杆

1—风速测头(热敏电阻)；2—铂丝引线；3—测杆；4—手柄；5—导线；6—风温补偿热敏电阻

热敏电阻恒温型风速仪测杆构造如图 7.1.3(b)。它的测速探头装在一根测杆的顶端，其中装有风速测头与风温自动补偿热敏电阻，它们用四根铂丝导线引出。风速测头采用珠状热敏电阻，直径约为 0.5mm，其优点是体积小，对气流的阻挡作用小，热惯性小，灵敏度高。热敏电阻恒温型风速仪，低风速下限可至 0.04m/s，当风温在 5～40℃范围内变化时，风温自动补偿的精度为满刻度的 ±1%。热敏电阻恒温型风速仪，可用来测量常温、常湿条件下的清洁空气气流的速度。

7.1.3　测压管[10]

测压管是 18 世纪出现的根据伯努利方程式设计制造的流体测速仪表。根据一元稳定流动的微分方程式，不可压缩理想流体的流速和压力有如下关系

$$u\,du + \frac{\mathrm{d}p}{\rho} = 0 \tag{7.1.10}$$

将上式积分，可得

$$p_0 = p + \frac{\rho u^2}{2} = 常数 \tag{7.1.11}$$

式中　p_0、p——分别为流体的总压和静压(Pa)；

　　　　u——流体速度(m/s)；

　　　　ρ——流体密度(kg/m³)。

式(7.1.11)表明，压力沿流线不变。该式为测量不可压缩流体压力和速度的动力测压法的基础。只要测得总压 p_0 和静压 p 之差以及流体的密度，就可以利用式(7.1.12)来确定流体速度的大小。

$$u = K\sqrt{\frac{2}{\rho}(p_0 - p)} \tag{7.1.12}$$

式中　K——测压管校正系数，标准毕托管校正系数一般为 0.96 左右，S 形毕托管校正系数一般为 0.83~0.97。

对于可压缩气体来说，流体的速度利用式(7.1.13)来确定。

$$u = K\sqrt{\frac{2}{\rho} \cdot \frac{p_0 - p}{1 + \varepsilon}} \tag{7.1.13}$$

式中　ε——气体压缩性修正系数，$\varepsilon = \dfrac{M^2}{4} + \dfrac{2-k}{24}M^4 + \cdots$；

　　M——马赫数；

　　k——气体的绝热指数。

在通风、空调工程中气流速度 u 一般在 40m/s 以下，动压由于气体可压缩性的修正项影响甚小($1+\varepsilon=1.0034$)，一般测量不考虑气体的可压缩性影响。国际标准化组织(ISO)规定测压管的使用上限不超过相当于马赫数为 0.25 时的流速。为防止测压管在测量低流速时，输出灵敏度很低而造成较大的测量误差(如流动空气在标准状态下，当流速为 1m/s 时，动压等于 0.6Pa)，ISO 要求被测量的流速在全压孔直径上的雷诺数 $Re > 200$。

1. 流体总压、静压的测量

在被流体绕流的物体上，除了存在着感受到的压力为滞止压力的临界点外(流体产生滞止的点称为临界点)，还存在着一些流体的压力等于未扰动来流的压力点。在未扰动来流的压力点开取压孔，该孔引出的压力是流体静压；在临界点开取压孔，该孔引出的压力是流体总压。

测量流体的总压和静压的测压管，就是根据上述原理设计制作的。图 7.1.4 所示的 L 形总压管制造容易，使用安装方便。图 7.1.5 所示的圆柱形总压管可以制作得很小，且惯性不大，工艺性好，制造容易，使用方便。由测压管、连接管和压力计三部分组成的测压系统，用于测量流体的流速。

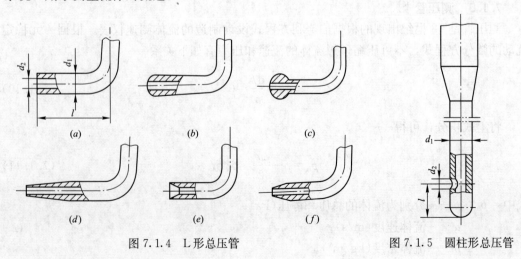

图 7.1.4　L 形总压管　　　　　　　　图 7.1.5　圆柱形总压管

(1) 流体的总压测量与测压管

测量流体总压的总压管在使用时，其感压孔轴线应对准来流方向。但在实际应用中，总压管很难对准来流方向安装。总压管对流动偏斜角的灵敏性在很大程度上取决于压力孔直径 d_2 与管子外径 d_1 之比以及总压管头部的形状。一般希望总压管对流动方向越不敏感越好，即来流方向相对于压力孔轴线有一定偏角时，总压管还能正确地测量出总压值。

头部为半球形的 L 形总压管，对流动偏斜角 α（流体速度方向在水平方向的投影与感压孔轴线方向的夹角）的不灵敏度在 $\pm(5°\sim15°)$ 的范围内。圆柱形总压管当 d_2/d_1 在 $0.4\sim0.7$ 的范围内，对流动偏斜角 α 的不灵敏度为 $\pm(10°\sim15°)$。

(2) 流体的静压测量与测压管

流体的静压测量有两种情况，一是测量被绕流体表面上某点的压力或流道壁面上流体的压力；二是确定流场中某点的压力，也就是运动流体的压力。

第一种情况，可以利用在通道壁面或绕流物体表面开静压孔的方法进行测量。为了得到可靠的结果，开孔时应当满足的条件是：壁面开孔的直径不超过 1.5mm，最好是 0.5mm，孔的边缘不应有毛刺和突出部，测量孔的轴线应当垂直于壁面。

对于第二种情况，可以利用尺寸较小具有一定形状的测压管插入流体中，进行流体压力测量。常用的静压管为 L 形静压管、盘形静压管和套管形静压管。当需要测量平直流道内的流体静压时（在流道截面上没有静压梯度）可采用在流道壁面开静压孔的方法来测量（图 7.1.6）。

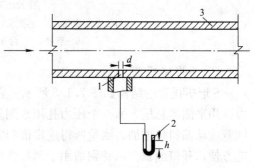

图 7.1.6　壁面静压测量
1—测孔；2—U 形液柱微压计；3—壁面

2. 毕托管

分别采用总压管和静压管测得流体的总压和静压，然后利用公式(7.1.12)计算得到流体速度的方法，其缺点是不能同时测得某一点流体的总压和静压。如果将总压管和静压管组合在一起，设计出能同时测得流体总压和静压之差的复合测压管，将使测量流速的工作得到改善。这种复合测压管称为毕托管（动压管、速度探针）。

毕托管的特点是：结构简单，使用、制造方便，价格便宜，坚固可靠，只要精心制造并经过严格校准和适当修正，在一定的速度范围内，它可以达到较高的测速精度。广泛地用于测量流体的速度。

毕托管测量的是空间某点处的平均速度，它的头部尺寸决定了它的空间分辨率。此外毕托管的总压孔和静压孔的位置、大小、形状以及探头与支杆的连接方式等，都会影响毕托管的测量结果。根据毕托管测量的流体性质，将毕托管设计成不同的形状，常用的毕托管为 L 形和 T 形两种形式。

(1) L 形毕托管

L 形毕托管的结构如图 7.1.7 所示，它由测头、外管、内管、管柱与总压、静压引出接管等部分组成。在感测头顶端开有总压孔，通过内管接至管柱顶端的总压引出接管。在水平测量段的适当位置钻有静压测孔或狭缝，它感受的静压通过外管与内管中间环形通道与静压引出接管连通。头部为球形的毕托管，在流动方向偏斜±10°范围内，总压和静压均匀下降，压差保持不变。L形毕托管使用时根据需要测量的总压、静压或动压，将两个引出接管与压力计连接，即可在压力计上读出相应的压力数值。

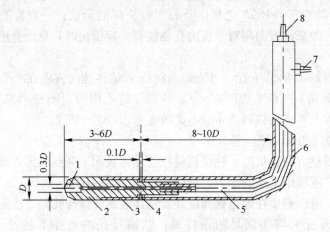

图 7.1.7　L形毕托管
1—总压测孔；2—感测头；3—外管；4—静压孔；5—内管；
6—管柱；7—静压引出管；8—总压引出管

（2）S形毕托管
　　S形毕托管的结构如图 7.1.8 所示，它由两个小管背靠背地焊在一起。迎着来流的压力孔用来测量总压，另一个压力孔用来测量静压。这种测压管对来流方向的变化很敏感。随着流动偏斜角增加，测量所得速度值与实际值的差别就增大。S形毕托管结构简单、制造方便，开口面积大，特别适用于测量含尘量较大的气流和黏度较大的液体。

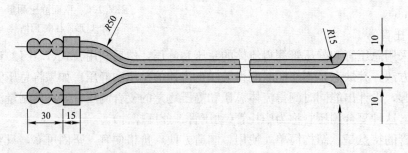

图 7.1.8　S形毕托管

3. 流动方向的测量与复合测压管
　　流动速度是一个矢量，它有大小和方向，测量流体的速度也包括方向的测量。
　　流动方向的测量，一般用流体动力测向器——方向管（或称方向探针）来测量。但在很多情况下，要求在测量方向的同时能测量流体的总压。这种能同时测出流体的总压及流速的大小和方向的测压管称为复合测压管。
　　在平面流场的测量中，常用二元复合测压管（二元探针）测量流体的总压、静压及流速的大小和方向。常用的二元复合测压管有圆柱形、管束形和楔形三种。图 7.1.9 所示的为圆柱形复合测压管。它是在垂直于圆柱轴线的平面上开三个孔，孔距端部距离为 $2d\sim5d$。

中间一个孔用来测量流体的总压，两侧孔与中间孔对称，并相隔一定的角度，用来测量流动方向。方向孔上感受的压力为流体总压与静压间的某一压力值，因此只要事先经过校准，开三个孔的测压管可以同时测出平面流场中的总压、静压、速度的大小和方向。

测量空间流动速度的大小、方向及流体的压力，常用球形五孔三元测压管、管束形五孔三元测压管和楔形五孔三元测压管。图 7.1.10 所示的为球形五孔三元测压管。它是在球面上开五个孔，中间一个孔用来测量流体的总压，其余四个孔作为方向孔。这种测压管的球头直径一般是在 5～10mm，测压孔直径为 0.5～1.0mm。中间孔与侧孔的轴线间夹角在 30°～50°范围内，一般取 40°。支杆轴线通过球心或偏在后面。支杆相对于球心后移越多，则所得方向特性的不对称性越小。

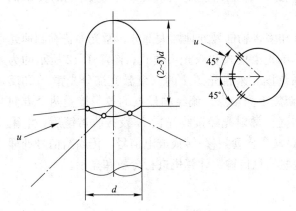

图 7.1.9　圆柱形复合测压管

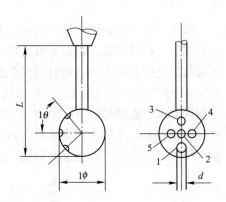

图 7.1.10　球形五孔三元测压管
1、3、4、5—方向孔；2—总压孔

7.1.4　激光多普勒测速仪[10]

激光技术是 20 世纪 60 年代才发展起来的一门新技术。自从叶（Yeh）和柯明斯（Cummins）在 1964 年第一次利用激光多普勒效应测得层流管速的速度分布以来，激光多普勒测速技术得到不断发展。

激光多普勒测速仪是利用随流体运动的微粒散射光的多普勒效应来获得速度信息。静止的激光光源发射的激光照射到随流体运动的粒子上时，粒子所接收到的光波频率与光源发射的光波频率是不同的（图 7.1.11）。同时粒子又作为一个光源将接收到的光波向外散射，当静止的光接收器接收散射光时，光接收器所收到的散射光频率 f_s 与静止光源的光波频率 f_0 之差与运动粒子的速度 u 成正比，这个差值就叫多普勒频移 f_D。测量这个频差就可知运动粒子的速度 u，即

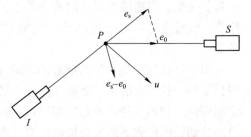

图 7.1.11　粒子发出散射光的多普勒频移
I—光源；S—光接收器

$$f_D = f_s - f_0 = f_0 \frac{c - ue_0}{c - ue_s} - f_0 = f_0 \frac{u(e_s - e_0)}{c - ue_s} \qquad (7.1.14)$$

式中　c——光速（m/s）；

　　　e_s——粒子散射光相对于接收器方向的单位向量；

e_0——粒子散射光在光速方向的单位向量。

因 $u \ll c$，ue_s 项可略去不计，设介质中光源的波长 $\lambda = \dfrac{c}{f_0}$，故得多普勒频移

$$f_D = \frac{u(e_s - e_0)}{\lambda}$$

当粒子在空气中时，通常用光源在真空中的波长 λ_0 代替 λ，则

$$f_D = \frac{1}{\lambda_0} u(e_s - e_0) \tag{7.1.15}$$

由式(7.1.15)可以看出，当光源、运动粒子和光接收器三者之间的相对位置固定时，就可以从所检测到的频移 f_D 确定粒子速度 u（即流体速度）在 $(e_s - e_0)$ 方向上的投影的大小。

激光多普勒测速仪，它包括光学系统和多普勒信号处理两大部分。激光多普勒测速光学布置有三种基本模式，即参考光模式、单光束模式和双光束模式。图 7.1.12 所示的为应用较广泛的双光束—双散射模式光路系统图。来自光源 I 的一束激光被分光镜 F 和反射镜 M 分为两束相同的光束，经透镜 L 聚焦于测量点。流经测量点的粒子接受两个方向的相同的入射光照射后，向四周发出散射光。散射光经接收光栏 N 及接收透镜后，汇聚到光接收器上，光接收器将接收到的光信号（多普勒频移）转换成电信号，传输给信号处理器。信号处理器从中取出速度信息，把这些信息传输给计算机进行分析和显示。

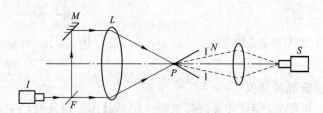

图 7.1.12 双光束—双散射模式光路系统图
I—光源；S—光接收器；M—反射镜；F—分光镜；L—透镜；N—光栏；P—粒子

激光多普勒测速仪的最大优点是非接触测量，不扰动流场。这为研究某些特殊流动如湍流、火焰、带腐蚀性流体的流动等提供了有力的手段。另外，它空间分辨率高，测速范围宽，线性度好，并可准确地确定流动方向的特点，使得激光多普勒测速仪不断得到发展。

由于这种测速技术是测量流体中随流粒子的速度而间接地确定流体速度的，有时为了得到足够的较强散射光，必须在流体中散播适当尺寸和浓度的粒子，这给测量工作带来一定的麻烦。利用这种仪器测量速度场，必须在被测设备上设置透光窗，并且光线不可能有效地达到任何位置，加上它价格昂贵，所以使它的应用受到限制。

7.2　流速测量仪表的校准

流速测量仪表在出厂前都按照规定进行检定或校准。在实际使用过程中，除了严格按照操作规程进行操作外，还必须定期进行校准。

校准流速的方法很多，目前较多的是在专门的设备——校正风洞中用比较法进行校

准。在校正风洞中，将被校准的仪表测得的数据与标准仪表测得的数据相比较，就可得出被校准的仪表的修正系数或特性曲线。

7.2.1　热线风速仪的校准[2]

热线风速仪校准的是热线风速仪传感器（测头）的输出电压与流体速度的真实响应关系。校准的方法是在校正风洞中或其他已知流体流动速度的流场中，对应地在热线风速仪上读出电压 E 值，作出 E-u 校准曲线。

式(7.1.9)所示的克英(King)公式表明了仪器的输出与被测流体的关系，公式中的常数 A、B 与热线的几何尺寸、流体的物理性质和流动条件有关，是由实验确定的。指数 n 在一定的速度范围内，克英本人推荐取 0.5。但在被测流体速度很低和很高时，n 要随速度而变。指数 n 可由式(7.2.1)确定

$$n = \frac{\ln \dfrac{E_1^2 - E_0^2}{E_2^2 - E_0^2}}{\ln \dfrac{u_1}{u_2}} \tag{7.2.1}$$

式中　u_1、u_2——被测点附近两个速度值(m/s)；

　　　E_1、E_2——相应于 u_1、u_2 的风速仪输出电压(V)；

　　　E_0——零速度时风速仪输出电压(V)。

实验表明，在校准装置上进行校准实验时，所得到的气流速度与输出电压之间的关系曲线和克英公式之间存在较大偏差。因此，推荐使用扩展了的克英公式

$$E^2 = A + B u^n + C u \tag{7.2.2}$$

式中 A、B、C 是由实验确定的常数，n 由式(7.2.1)确定。实践表明，该表达式与实验所获得的校准曲线很接近。后来又有人提出分段接合的表达式(7.2.3)，该表达式与实验所获得的校准曲线吻合的很好，特别是在低速范围内，与实际情况相当接近。公式中的 A_i、B_i、C_i、D_i 为由实验确定的常数

$$E^2 = \sum_{i=1}^{n} (A_i + B_i u + C_i u^2 + D_i u^3) \tag{7.2.3}$$

7.2.2　测压管的校准[10]

测压管校准主要目的是为了确定测压管的校正系数、方向特性、速度特性等内容。

1. 总压管的校准

总压管要校准的是总压管的校正系数以及在不同流速时，总压管对流动偏斜角的不灵敏性。

总压管的校正系数可以表示为

$$K_0 = \frac{p_0}{p_0'} \tag{7.2.4}$$

式中　p_0——流体的真实总压(Pa)；

　　　p_0'——被校准的总压管所测得的总压值(Pa)。

测量不同速度下的 p_0 和 p_0'，就可以作出 $K_0 = f(u)$ 的校正曲线。

总压管的方向特性，即对流动偏斜角的不灵敏性可用系数 $\overline{p_{0\alpha}}$ 和 $\overline{p_{0\delta}}$ 表示。

当 $\delta=0$ 时
$$\overline{p_{0\alpha}}=\frac{p_{0\alpha i}-p_{0\alpha=0}}{\dfrac{\rho u^2}{2}}=f_1(\alpha) \tag{7.2.5}$$

当 $\alpha=0$ 时
$$\overline{p_{0\delta}}=\frac{p_{0\delta i}-p_{0\delta=0}}{\dfrac{\rho u^2}{2}}=f_1(\delta) \tag{7.2.6}$$

式中　　　δ——流动偏斜角，流体速度方向在垂直方向的投影与感压孔轴线所在的平面之间的夹角；

　　　　　α——流动偏斜角，为流体速度方向在水平方向的投影与感压孔轴线方向的夹角；

$p_{0\alpha=0}$、$p_{0\delta=0}$——总压孔对准来流方向时，总压管所测得的压力值(Pa)；

　　　　$p_{0\alpha i}$——当 $\delta=0$ 时，任意偏斜 α 角时，总压管所测得的压力值(Pa)；

　　　　$p_{0\delta i}$——当 $\alpha=0$ 时，任意偏斜 δ 角时，总压管所测得的压力值(Pa)；

　　　　ρ——流体密度(kg/m³)；

　　　　u——未扰动流体(来流)的速度(m/s)。

2. 静压管的校准

静压管要校准的是(1)静压管在零偏斜角时，静压管的校正系数或速度特性，以鉴定静压孔对气流静压的感受能力；(2)在不同流速时，静压管对气流方向变化的不灵敏性。

静压管的校正系数可以表示为
$$K=\frac{p}{p'} \tag{7.2.7}$$

式中　p——流体的真实静压值(Pa)；

　　　p'——被校准的静压管所测得的静压值(Pa)。

如果 $K=1$，则意味着由静压管所测量的是真实静压，否则，对测量值就要进行修正。

有时，静压管的速度特性也常常被用来表示测量静压的正确性。静压管的速度特性可以写成如下形式

当 $\alpha=0$、$\delta=0$ 时
$$\frac{p'}{p_0}=f\left(\frac{p}{p_0}\right) \tag{7.2.8}$$

式中　p_0——流体的真实总压(Pa)。

图 7.2.1 所示为静压管的速度特性，图中虚线为理想曲线。

静压管的方向特性可参照总压管方向特性的表达形式和校准方法来确定。

3. 毕托管的校准

毕托管要校准的是毕托管的校正系数以及在不同流速时，毕托管对流动偏斜角的不灵敏性。

毕托管的校正系数有许多种定义，根据使用的习惯来确定。对于不可压缩流体，毕托管的校正系数可以表示为
$$K_u=\frac{p_0-p}{p_0'-p'} \tag{7.2.9}$$

式中　p_0-p——流体的真实动压(Pa)；

　　$p_0'-p'$——毕托管测得的流体总、静压之差(Pa)。

图 7.2.2 所示为毕托管的校正特性。

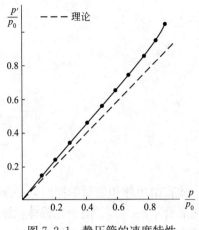

图 7.2.1　静压管的速度特性

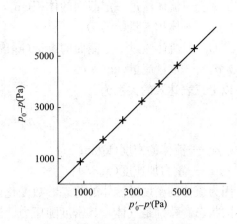

图 7.2.2　毕托管的校正特性

毕托管对流动偏斜角 α、δ 的不灵敏性，亦可参照总压管来表示和校准。

4. 测压管的校准方法

测压管的校准是在校正风洞内采用比较法进行校准的。

图 7.2.3 为采用射流式校正风洞校准测压管的原理图。为了使实验段得到均匀的速度场和压力场，在稳压段内装有使气流均匀的整流网以消除涡流的整流栅。稳压段内直径大小根据可使稳压段内的气流速度小于 10m/s 来确定。待校准测压管设置在开口的实验段内，标准测压管设置在稳压段内。把所读取的标准测压管和待校准测压管的读值进行比较，即可确定测压管的校正系数和特性曲线。

在空气中校准的测压管要用到液体中去，需要保证校准时的雷诺数与使用时的雷诺数范围相同。这样，在空气中校准得到的校正系数就可应用到液体流动测量中去。

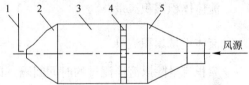

图 7.2.3　射流式校正风洞校正测压管原理图
1—待校准测压管；2—收缩段；3—稳定段；
4—整流栅；5—进口过渡段

7.3　流量测量方法和分类

流量是流体在单位时间内通过管道或设备某横截面处的数量。该数量用质量来表示，称为质量流量；用体积来表示，称为体积流量；用重量来表示，称为重量流量。可以分别表示为

$$q_M = \frac{dM}{dt} \tag{7.3.1}$$

$$q_V = \frac{dV}{dt} \tag{7.3.2}$$

$$q_G = \frac{dG}{dt} \tag{7.3.3}$$

式中　M——流体流过一定截面的质量(kg)；

　　　t——流体流过该截面的时间(t)；

　　　q_M——质量流量(kg/s)；

V——流体流过一定截面的体积(m^3);

q_V——体积流量(m^3/s);

G——流体流过一定截面的重量(kgf❶);

q_G——重量流量(kgf/s)。

以上三表达式的关系为

$$q_M = \rho q_V = \frac{q_G}{g} \tag{7.3.4}$$

式中　ρ——流体的密度(kg/m^3);

g——重力加速度(m/s^2)。

因为流体的密度随流体的状态参数变化而变化,故在给出体积流量的同时,必须指明流体的状态。特别是气体,其密度随压力、温度变化显著不同,为了便于比较体积流量的大小,常把工作状态下的体积流量换算为标准状态下(温度为 20℃,绝对压为 101325Pa)的体积流量。

以上所述的流量均为单位时间内流过的流体数量,是瞬时流量。在实际的测量中,常常要测一段时间内通过管道截面的流体总量,该总量称为累积流量。若流体流过管道的时间间隔为 $t_1 \sim t_2$,则瞬时流量和累积流量的关系为

流体质量累积流量

$$M = \int_{t_1}^{t_2} q_m dt \tag{7.3.5}$$

流体体积累积流量

$$V = \int_{t_1}^{t_2} q_V dt \tag{7.3.6}$$

流体重量累积流量

$$G = \int_{t_1}^{t_2} q_G dt \tag{7.3.7}$$

累积流量除以流体流过的时间间隔,即为平均流量。

测量流量的方法很多,目前工业上常用的流量测量方法分为三类:

(1) 速度式流量测量方法。直接测出管道内流体的流速,依据式(7.3.8)求出流体的体积流量。

$$q_v = \bar{u} F \tag{7.3.8}$$

式中　$\bar{u}$——管道截面上流体的平均流速(m/s);

F——管道截面积(m^2)。

测量管道内流体的流速的方法很多,通过测量流体差压信号来测量流体流速的方法称为差压式(节流式)流量测量方法,如孔板、喷嘴、文丘利管、V 形内锥式流量计、转子流量计、毕托管、动压平均管等;通过测量叶轮旋转次数来测量流量的仪表,称为叶轮式流量计,如水表、涡轮流量计;通过测量流体中感应电动势来测量流量的仪表,称为电磁式流量计;通过测量超声波在流体中传播速度来测量流量的仪表,称为超声波式流量计;通过测量流体中漩涡产生的频率来测量流量的仪表,称为漩涡(涡街)流量计。

(2) 容积式流量测量方法。通过测量单位时间内经过流量仪表排出的流体的固定容积的数目来测量流量

$$q_v = NV \tag{7.3.9}$$

---

❶　1kgf=9806.65N。

式中　V——流量仪表排出的流体的固定容积(m^3/次)；

　　　N——固定容积的数(次/h)。

采用此类测量方法的仪表为容积式流量计，常见的有椭圆齿轮流量计、腰轮流量计、刮板式流量计、湿式流量计等。

(3) 通过直接或间接的方法测量单位时间内流过管道截面的流体质量数。由于质量流量不受被测流体的温度、压力变化的影响，也不受重力加速度的影响，因此，能测量不同工作条件下流体的质量流量，在很大程度上提高了测量的准确度。采用此类测量方法的仪表常见的有叶轮式质量流量计，温度、压力自动补偿流量计等。

上述方法中，应用较多的速度式流量测量方法和仪表，将在以下各节中加以介绍，对容积式流量测量方法将作一般介绍，对质量流量的测量不作介绍，感兴趣的读者可参考相应的书籍。

7.4　差压式流量测量方法及测量仪表

差压式流量测量方法，是根据伯努利方程提供的基本原理，通过测量流体差压信号来反映流体流量的测量方法，如利用毕托管测量流量。根据该原理设计的流量计，称为差压式流量计，如孔板、喷嘴、文丘利管、V 形内锥式流量计、转子流量计、动压平均管等。

7.4.1　利用毕托管测量流体流量[3]

在 7.1 节中介绍了用毕托管测量管道中流体的总压和静压之差的方法，如果已知流体的密度，就可以利用式(7.1.12)来确定流体速度的大小。如果能确定管道截面上的流体的平均流速 $\bar{u}$，就可以求得流体的流量。

由于流体的黏性作用，管道测量截面上各点的速度或压力的分布是不均匀的，为了测出管道截面上的流体的平均流速 $\bar{u}$，通常将管道横截面划分成若干面积相等的部分，用毕托管测量每一部分中某一特征点的流体速度，并近似地认为，在每一部分中所有各点的流速都是相同的，且等于特征点的测量值。然后按这些特征点的流速值计算各相等部分面积上通过的流量，通过整个管道截面的流量即为这些部分面积流量之和。

流体体积流量　　　　　　　　$q_V = \dfrac{F}{n}\sum_{i=1}^{n}u_i$　　　　　　　　(7.4.1)

流体质量流量　　　　　　　　$q_m = \dfrac{F}{n}\sum_{i=1}^{n}\rho_i u_i$　　　　　　　(7.4.2)

式中　n——管道截面的等分数；

　　　i——各相等部分面积的序号。

确定特征点位置的方法有多种，对于矩形管道，可将管道截面划分成若干个面积相等的小矩形，小矩形每边长度为 200mm 左右。在小矩形的中心布置测点，即为特征点的位置(图 7.4.1)。对于圆形管道，可采用中间矩形法和对数曲线法等来确定特征点。

1. 中间矩形法(又称等环面法)

对于半径为 R 的圆形管道截面，将其分成几个面积相等的同心圆环(最中心的为圆)。圆形外圆的半径由管道中心算起，分别为 r_2，r_4，…，r_{2n}(图 7.4.1)。再在各圆环中求得

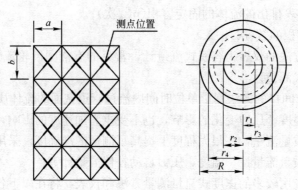

图 7.4.1　中间矩形法布置测点位置

一圆，又将圆环分成两个面积相等的圆环，此圆从管道中心算起的半径分别为 r_1，r_3，…，r_{2n-1}，在此圆上布置测点，即为特征点的位置。从圆管中心开始（管道中心不布置测点），各测点所在第 i 个圆周的半径按式(7.4.3)计算。

$$r_{2i-1} = R\sqrt{\frac{2i-1}{2n}} \tag{7.4.3}$$

式中　n——管道截面的等分数；

　　　i——等截面圆环的序号（从圆心开始），$i = 1, 2, 3\cdots$。

由于各点流速不同，因此等分数 n 愈大，测量愈准确，一般要求 $n \geqslant 5$，但对于直径为 $150\sim300\text{mm}$ 的管道，可以取 $n=3$。表 7.4.1 列出了 $r_{2i-1}=R\sqrt{\dfrac{2i-1}{2n}}$ 的值，供布置测点时使用。

圆形管道中间矩形法管内测点分布　　　　　　　　　　　　　　　表 7.4.1

$\sqrt{\dfrac{2i-1}{2n}}$ $\quad i$ $\quad$ n	1	2	3	4	5	6	7	8	9	10
2	0.500	0.866								
3	0.409	0.707	0.913							
4	0.354	0.612	0.791	0.941						
5	0.316	0.548	0.707	0.837	0.949					
6	0.289	0.500	0.646	0.763	0.866	0.957				
7	0.267	0.463	0.597	0.707	0.801	0.866	0.963			
8	0.250	0.433	0.559	0.661	0.750	0.830	0.902	0.968		
9	0.236	0.409	0.527	0.623	0.707	0.782	0.850	0.913	0.972	
10	0.224	0.387	0.500	0.592	0.671	0.742	0.806	0.866	0.922	0.975

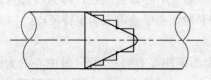

图 7.4.2　中间矩形法管道内速度分布的近似分布

以上各测点所测得的值近似代表相对应圆环其他各点的值，故管道内速度分布曲线就可以近似地被阶梯形的分布规律所代替（图 7.4.2）。实际上一般管道内的流动不是对称分布的，故每个测定圆周上最好布置四个测点。

2. 对数—线性法

对数—线性法与等环面法一样，将圆形管道分成若干个面积相等的环形区，或将矩形管道分成若干个矩形小截面。其区别在于不是在各环形区中心处或各矩形截面几何中心测定速度，测点是根据流体流过管道的流量在经验分析基础上计算出来的。各测点流速的加权平均值，即为通过管道流体的平均流速。实验证明在测点数相同的情况下，对数—线性法比等环面法的测量结果更为准确，在有些情况下，甚至按照对数—线性法布置少量测点，比按照等环面法布置较多测点所产生的误差更小，是目前国际标准规定采用的流速测定方法之一。

1) 管道内截面直径为 D 的圆管中流体为紊流流动时，测点至管道一侧内壁的距离 $L=aD$。a 为测点至管道内壁的距离系数，按照表 7.4.2 确定。当各测点布置在相距 90° 的四个半径上时，对每个测点的测量值取平均值时其权均取 1。

测点至管道内壁的距离系数 a　　　　表 7.4.2

序号 测点数	测点至管道内壁的距离系数 a									
	1	2	3	4	5	6	7	8	9	10
4	0.043	0.293	0.710	0.957						
6	0.032	0.135	0.321	0.679	0.865	0.968				
8	0.021	0.117	0.184	0.345	0.655	0.816	0.883	0.979		
10	0.019	0.076	0.153	0.217	0.361	0.639	0.783	0.847	0.924	0.981

2) 宽为 L，高为 H 的矩形管道内紊流流动，各测点的坐标位置及每个测点测量值的权由表 7.4.3 确定，矩形管道测定断面上的流体平均流速等于各测点流速的加权平均值。

矩形管道求平均流速的测点位置及各测点流速的加权平均值　　　　表 7.4.3

h/H l/L	0.0340	0.0920	0.2500	0.3675	0.5000	0.6325	0.7500	0.9080	0.9660
0.0920	2	2	5	—	6	—	5	2	2
0.3675	3	—	3	—	6	3	—	3
0.6325	3	—	3	6	—	6	3	—	3
0.9080	2	2	5	—	6	—	5	2	2

注：l 为测点在宽度方向上的坐标，h 为测点在高度方向上的坐标。

7.4.2　差压式流量计[8],[9],[10],[14]

差压式流量计是一种使用历史悠久，实验数据较完整的流量测量装置，早在 20 世纪 20 年代，美国和欧洲就开始大规模的试验研究，1932 年喷嘴和孔板就已经标准化了。差压式流量计是由将被测流体的流量转换成压差信号的节流装置（节流装置是指节流元件、差压取出装置和节流元件上、下游直管段的组合体），压力信号传输管道和用来测量差压的差压计（如压力变送器）组成。工业上最常用的节流装置是已经标准化了的"标准节流装置"。例如：标准孔板、标准喷嘴、标准文丘利喷嘴和文丘利管（图 7.4.3）。采用设计标准节流装置时，都有统一标准的规定和要求，以及计算所需的通用化的实验数据资料。标准节流装置可以根据计算结果直接制造和使用，不必用试验方法进行检定。

在工业测量中有时也采用一些非标准节流装置，例如：双重孔板、圆缺孔板、双斜孔板、1/4 圆喷嘴、矩形节流装置等，虽有一些设计计算资料可供计算，但尚未达到标准化，故仍需对每台流量计进行单独的检定。

1. 差压式流量计工作原理及流量基本公式

连续流动的流体，当遇到安插在管道中的节流装置时，将在节流元件处形成局部收缩。由于流体流动有惯性，流束收缩到最小截面的位置不在节流元件处，而在节流元件后的 B 截面处（此位置还随流量大小而变），此处的流速 u_B 最大，压力 p_B 最低（图 7.4.4）。B 截面后，流束逐渐扩大。在 C 截面处，流束充满管道，流体速度恢复到节流前的速度（$u_C = u_A$）。由于流体流经节流元件时会产生旋涡及沿程的摩擦阻力等造成能量损失，因此压力 p_C 不能恢复到原来的数值 p_A。p_A 与 p_C 的差值 ΔP 称为流体流经节流元件的压力损失。

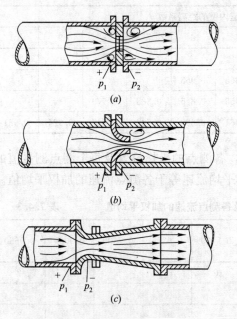

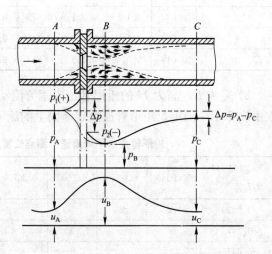

图 7.4.3　常用的节流元件形式　　　　　图 7.4.4　节流元件前后压力和流速变化情况
(a)孔板；(b)喷嘴；(c)文丘利管

流体流经节流元件时，流束受到节流元件的阻挡，在节流元件前后形成涡流，有一部分动能转化为压力能，使节流元件入口侧管壁静压升高到 p_1、孔板下游出口侧管壁压力减小到 p_2（图 7.4.4 实线所示），p_1 与 p_2 均比管道中心处（图 7.4.4 点划线所示）的压力高。由于 $p_1 > p_2$，因此常把 p_1 称为高压或正压，以"＋"标记；p_2 称为低压或负压，以"－"标记。这里的正、负压并不高于或低于大气压力，只是相对压力高低的习惯叫法。

差压式流量计的流量基本公式是根据伯努利方程来确定的。

设管道中流过的流体为不可压缩流体，并忽略压力损失，则对截面 A 和 B 可得下列方程

$$\frac{p_A}{\rho}+\frac{\overline{u}_A^2}{2}=\frac{p_B}{\rho}+\frac{\overline{u}_B^2}{2}$$

(7.4.4)

$$\frac{\pi}{4}D^2\rho\,\overline{u}_A=\frac{\pi}{4}d'^2\rho\,\overline{u}_B$$

式中　p_A、p_B——分别为 A、B 截面处流束中心静压力(Pa)；

　　　$\overline{u}_A$、$\overline{u}_B$——分别为 A、B 截面处流体的平均流速(m/s)；

　　　D、d'——分别为 A、B 截面处流束直径(m)；

　　　　ρ——流体密度，对于不可压缩流体，其值可视为常数(kg/m³)。

流体流过截面 B 的质量流量为

$$q_m=\frac{\pi}{4}d'^2\rho\,\overline{u}_B$$

(7.4.5)

将式(7.4.4)代入式(7.4.5)，经整理后得

$$q_m=\sqrt{\frac{1}{1-\left(\dfrac{d'}{D}\right)^4}}\,\frac{\pi}{4}d'^2\sqrt{2\rho(p_A-p_B)}$$

(7.4.6)

在推导上述公式时，压力 p_A、p_B 是管道中心处静压力，不易测得，且 B 截面的位置是变化的；流束最小截面 d' 难以确定；没有考虑压力损失。而在实际测量中，用节流元件前、后的管壁压力 p_1、p_2 分别代替 p_A、p_B；用节流元件开孔直径 d 代替 d'，并考虑压力损失。可以得到式(7.4.7)所示的不可压缩流体实际的流量公式和式(7.4.8)所示的适用于可压缩流体及不可压缩流体的流量公式。

$$q_m=\alpha\,\frac{\pi}{4}d^2\sqrt{2\rho\Delta p}$$

(7.4.7)

$$q_m=\alpha\varepsilon\,\frac{\pi}{4}d^2\sqrt{2\rho_1\Delta p}$$

(7.4.8)

式中　α——流量系数，$\alpha=\dfrac{C}{\sqrt{1-\beta^4}}$；

　　　β——节流孔与管道的内直径比，$\beta=d/D$；

　　　C——流出系数，C＝实际流量/理论流量，通过实验确定；

　　　Δp——节流元件前、后管壁的静压力差，$\Delta p=p_1-p_2$(Pa)；

　　　ε——流体可膨胀系数，可由 β、p_2/p_1 及被测介质的等熵指数 k 决定，不可压缩流体 $\varepsilon=1$，可压缩流体 $\varepsilon<1$；

　　　ρ_1——节流元件上游侧流体密度(kg/m³)。

2. 标准节流装置的取压方式

每个标准节流装置至少应有一个上游取压口和一个下游取压口。标准孔板可采用角接取压、法兰取压及 $D—D/2$ 取压(图 7.4.5)；标准喷嘴采用角接取压；经典文丘利管的上游取压口位于距收缩段与入口圆筒相交平面的 $0.5D$ 处，下游取压口位于圆筒形喉部起始端的 $0.5d$(d 为喉部直径)处。

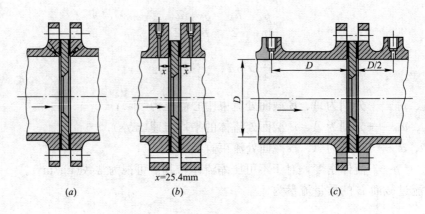

$x=25.4\text{mm}$

(a)　　　　　(b)　　　　　(c)

图 7.4.5　标准孔板的取压方式

(a)角接取压；(b)法兰取压；$(c)D—D/2$取压

3. 标准节流装置的安装要求

由于标准节流装置的流出系数 C 都是在节流元件上游侧已成典型紊流流速分布条件下取得的，在实际使用时对管道条件及其安装均有一定要求：

（1）标准节流装置只适用于测量圆形截面管道中的单相、均质流体的流量，流体应充满管道并作连续、稳定流动，流速应小于音速。流体在流过节流元件前应是充分发展紊流❶。

（2）节流元件上、下游第一阻力件与节流元件之间的直管段 L_1、L_2 长度，按表

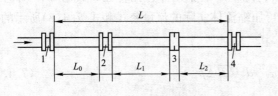

图 7.4.6　节流装置示意

1—上游侧第二个局部阻力件；2—上游侧第一个局部阻力件；
3—节流元件；4—下游侧第一个局部阻力件

7.4.4 选取。上游第一阻力件与第二阻力件之间的直管段 L_0 长度按上游第二阻力件形式和 $\beta=0.7$（不论所用的节流元件实际的 β 值为多少）由表 7.4.4 查得的 L_1 值折半（图 7.4.6）。节流装置安装时必须保证它的开孔与管道轴线同轴，并使其端面与管道轴线垂直。

节流元件上下游侧最小直管段长度　　　　　表 7.4.4

直径比 $\beta\leqslant$	节流件上游侧的局部阻力件形式和最小直管段长度 L_1							节流件下游最短直管段长度 L_2（本表所列各阻力件）
	单个 90°弯头或三通	同一平面上的两个或多个 90°弯头	不同平面上的两个或多个 90°弯头	渐缩管（在 1.5D～3D 的长度内由 2D 变为 D）	渐扩管（在 1D～2D 的长度内由 0.5D 变为 D）	球形阀全开	全孔球阀或闸阀全开	
0.2	10(6)	14(7)	34(17)	5	16(8)	18(9)	12(6)	4(2)
0.25	10(6)	14(7)	34(17)	5	16(8)	18(9)	12(6)	4(2)
0.30	10(6)	16(8)	36(17)	5	16(8)	18(9)	12(6)	5(2.5)

❶ 流速分布从一个截面到另一个截面不再发生变化，称为充分发展速度分布。

续表

直径比 $\beta \leqslant$	节流件上游侧的局部阻力件形式和最小直管段长度 L_1							节流件下游最短直管段长度 L_2（本表所列各阻力件）
	单个 90°弯头或三通	同一平面上的两个或多个90°弯头	不同平面上的两个或多个90°弯头	渐缩管（在 1.5D～3D 的长度内由 2D 变为 D）	渐扩管（在1D～2D 的长度内由0.5D 变为 D）	球形阀全开	全孔球阀或闸阀全开	
0.35	12(6)	16(8)	36(18)	5	16(8)	18(9)	12(6)	5(2.5)
0.40	14(7)	18(9)	36(18)	5	16(8)	20(10)	12(6)	6(3)
0.45	14(7)	18(9)	36(19)	5	17(9)	20(10)	12(6)	6(3)
0.50	14(7)	20(10)	40(20)	6(5)	18(9)	22(11)	12(6)	6(3)
0.55	16(8)	22(11)	44(22)	8(5)	20(10)	24(12)	14(7)	6(3)
0.60	18(9)	26(13)	48(24)	9(5)	22(11)	26(13)	14(7)	7(3.5)
0.65	22(11)	32(16)	54(27)	11(6)	25(13)	28(14)	16(8)	7(3.5)
0.70	28(14)	36(18)	62(31)	14(7)	30(15)	32(16)	20(10)	7(3.5)
0.75	36(18)	42(21)	70(35)	22(11)	38(19)	36(18)	24(12)	8(4)
0.80	46(23)	50(25)	80(40)	30(15)	54(27)	44(22)	30(15)	8(4)

注：1. 表中所列数值为管道直径 D 的倍数，应从节流件上游端面量起；
　　2. 不带括号的数值为"零附加不确定度"的值；
　　3. 带括号的数值为"0.5%附加不确定度"的值。

4. 标准节流装置的差压信号管的安装

由标准节流装置取压口取出的差压信号，要通过信号管连接到差压仪表（差压变送器）。当被测液体为清洁液体时，信号管路的安装方式如图 7.4.7 所示。当被测液体为清洁干气体时，信号管路的安装方式如图 7.4.8 所示。当被测液体为水蒸气时，主要是保持两根引压管内的冷凝液柱高度相等，并防止高温蒸汽与差压变送器直接接触，为此在靠近节流装置处的差压连接管上，应装设两个位于同一水平面的平衡冷却器，平衡冷却器和节流装置之间的管道应保温，且不许装设切断阀（图 7.4.9）。

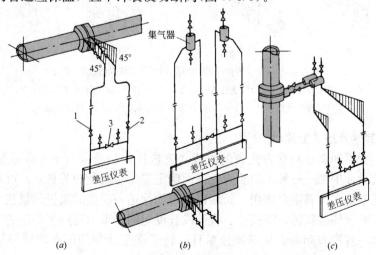

图 7.4.7　信号管路安装示意（被测液体为清洁液体时）

（a）仪表在管道下方；（b）仪表在管道上方；（c）垂直管道，被测液体为高温液体

1—三阀组的正压阀；2—三阀组的负压阀；3—三阀组的旁通阀

上述安装图中均设有三阀组，以避免差压变送器损坏。最初设置为三阀组阀均关闭。在差压变送器启动时，应先打开三阀组的平衡阀 3，然后打开正腔阀 1，接着关闭阀 3，最后打开阀 2。差压变送器停运时，操作步骤相反。

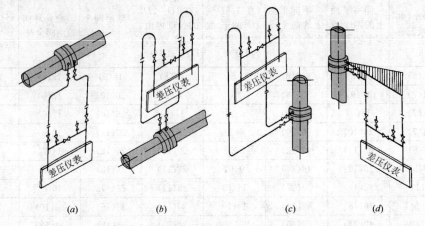

图 7.4.8　信号管路安装示意（被测液体为清洁干气体时）

(a)仪表在管道下方；(b)仪表在管道上方；(c)垂直管道，仪表在取压口上方；
(d)垂直管道，仪表在取压口下方

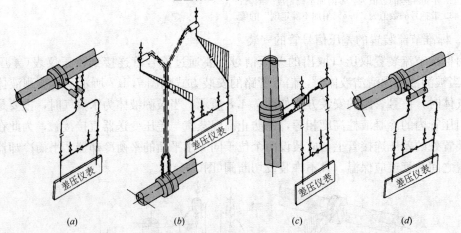

图 7.4.9　信号管路安装示意（被测液体为水蒸气时）

(a)仪表在管道下方；(b)仪表在管道上方；(c)垂直管道，仪表在取压口上方；
(d)仪表在管道下方，同(a)图，仅冷凝器安装方式不同，可任意选用

7.4.3　其他差压式流量计[11]、[14]

以孔板、喷嘴和文丘利管为代表的节流式流量计成功地应用于工业流量测量已逾百年，是全部流量计中唯一一种无须实验校准而确定差压与流量的关系，并可估算其测量误差的仪表，至今仍发挥着重要作用。长期以来，为使这一经典的流量测量技术不断地发扬光大，针对工业现场抗脏污、阻损小、直管段长度短的要求，对产生差压的节流件形式的优化改进工作一直没有间断。V 形锥流量计、转子流量计和动压平均管都是利用流体流动节流原理制成的一种流量测量仪表。

1. V 形锥流量计

20 世纪 80 年代中期，节流件形式的研究出现了质的飞跃——即将流体节流在管道中

心轴线附近收缩的概念，改变为利用同轴安装在管道中的 V 形尖圆锥体将流体逐渐地节流收缩到管道的内边壁，通过测量此 V 形锥体前后的差压来测量流量。

V 形锥式节流装置包括一个在测量管中同轴安装的尖圆锥体和相应的取压口。流体流过尖圆锥体，在尖圆锥体的两端产生差压。高压 P_1 取自锥体前流体未扰动的管壁；低压 P_2 取自锥中心轴处所开取压孔处压力，并通过内锥支承杆引至管外(图 7.4.10)。流体的流量与差压 ΔP 的关系按照式(7.4.7)或式(7.4.8)计算。此时需要将环形通道面积折合为孔板内孔面积，将 β 换成 β_V，则式(7.4.7)及式(7.4.8)变为

$$q_m = \alpha'(D\beta_V)^2 \frac{\pi}{4}\sqrt{2\rho\Delta P} \tag{7.4.9}$$

$$q_m = \alpha'\varepsilon\frac{\pi}{4}(D\beta_V)^2\sqrt{2\rho_1\Delta P} \tag{7.4.10}$$

式中　α'——流量系数，$\alpha=\dfrac{C}{\sqrt{1-\beta_V^4}}$；

β_V——等效直径比，$\beta_V=\sqrt{\dfrac{(D^2-d_V^2)}{D^2}}=\dfrac{\sqrt{D^2-d_V^2}}{D}$；

d_V——V 形锥最大横截面处圆的直径(m)；

D——测量管内径(m)。

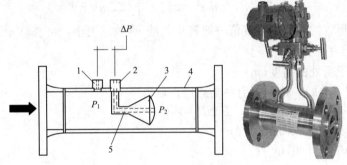

图 7.4.10　V 形锥流量计

1—高压取压口；2—低压取压口；3—尖圆锥体；4—管壁；5—内锥支承杆

V 形锥流量计由于锥体能够使管中心流体的速度变慢，而使管壁附近的流速加快，从而有效地改善了流体的速度分布，达到自整流作用，从而极大地缩短了前后的直管段，只要达到上游侧直管段 1~3D(变送器公称直径)，下游侧直管段 1D 即可。V 形锥流量计耐磨损，长期稳定性好，测量精度高，准确度优于±0.5%，对于低静压、低流速的流体测量有较大优越性；测量范围宽（量程比❶一般为 10：1，最高为 50：1）；流体阻力损失小，正常流量下仅有 2~3kPa，而孔板则需要 16kPa 以上。V 形锥后无积垢死角，杂质不会在锥体附近沉积，非常适用于脏污流体的流量测量(如焦炉煤气、湿气体)，特别是气液、气固、液固二相流体。遗憾的是到目前为止，V 形锥流量计还没有实现标准化。

2. 转子流量计

孔板流量计属于变差压式流量测量仪表，而转子流量计属于恒差压式流量测量仪表。转子流量计原理设想产生于 19 世纪 60 年代，20 世纪初出现产品。

---

❶　流量检测仪表的量程比为在保证仪表准确度的条件下可测的最大流量与最小流量之比。

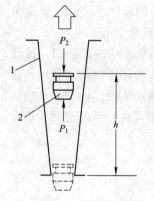

图 7.4.11 转子流量计
1—锥形管；2—转子

转子流量计是由一根自下而上直径逐渐扩大的垂直锥管及管内的转子组成（图 7.4.11）。当流体自下而上流经锥形管时，由于受到流体的冲击，转子被托起并向上运动。随着转子的上移，转子与锥形管之间的环形流通面积增大，此处流体流速减低，直到转子在流体中的重量与流体作用在转子上的力相平衡时，转子停在某一高度，保持平衡。当流量变化时，转子便会移到新的平衡位置。由此可见，转子在锥形管中的不同高度代表着不同的流量。将锥形管的高度用流量值刻度，转子上边缘处对应的位置即为被测流量值。

根据伯努利方程可导出转子流量计的测量公式为

$$q_V = \alpha F_0 \sqrt{\frac{2\Delta p}{\rho}} \tag{7.4.11}$$

式中　ρ——流体密度（kg/m³）；

　　Δp——节流差压，$\Delta p = p_1 - p_2$（Pa）；

　　α——流量系数；

　　F_0——转子与锥形管内壁间的环形流通面积（m²）。

$$F_0 = \frac{\pi}{4}\big[(d_0 + nh)^2 - d_0^2\big] = \frac{\pi}{4}(2d_0 nh + n^2 h^2) \tag{7.4.12}$$

式中　n——锥形管的锥度，锥度值一般较小，故 n^2 数值更小，可忽略 n^2 项；

　　d_0——转子直径（m）；

　　h——转子所处的高度（m）。

当转子位置不变时，依据受力平衡原理，可得

$$F_f \Delta P = V_f (\rho_f - \rho) g \tag{7.4.13}$$

式中　F_f——转子的横截面积（m²）；

　　V_f——转子的体积（m³）；

　　ρ_f、ρ——分别为转子材料的密度及流体密度（kg/m³）。

将式（7.4.12）、式（7.4.13）代入式（7.4.11），可得

$$q_V = \alpha \frac{\pi}{2} d_0 nh \sqrt{\frac{2g V_f (\rho_f - \rho)}{\rho F_f}} \tag{7.4.14}$$

转子流量计在出厂时，对于测量气体流量的仪表，是以空气校准流量的；对于测量液体流量的仪表，是以水校准流量的。当转子流量计用于其他气体及液体的流量测量时，应根据实际流体按照下式进行密度修正。

$$q_V' = q_V \sqrt{\frac{(\rho_f - \rho')\rho}{(\rho_f - \rho)\rho'}} \tag{7.4.15}$$

式中　q_V、q_V'——分别为修正前和修正后的流量（m³/h）；

　　ρ、ρ'——分别为校准流体及实际流体密度（kg/m³）；

　　ρ_f——转子材料密度（kg/m³）。

此外，对于测气体流量的仪表，即使所测流体与校准流体相同，但其温度、压力与校准参数不同时，应按照式（7.4.16）进行修正。

$$q_V' = q_V \sqrt{\frac{p' T}{p T'}} \tag{7.4.16}$$

式中　T、T'——分别为校准流体的热力学温度和被测气体的热力学温度(K);

p、p'——分别为校准流体的绝对压力和被测气体的绝对压力(Pa)。

转子流量计有就地指示型和远传型两种。远传式转子流量计将浮子的位移量转换成电流或者气压模拟量输出,分别成为电远传转子流量计和气远传转子流量计。

转子流量计的材料视被测介质的性质而定,有铝、铜、塑料和不锈钢等。锥形管材料,对直读式的多用玻璃,远传式的多用不锈钢。

转子流量计具有结构简单、直观,压损小且恒定,测量范围宽(量程比一般为 $10:1$,最高为 $25:1$),测量准确度为 $\pm2\%$。适用于小口径($D<150\text{mm}$)、低流速的流体流量测量。转子流量计应垂直安装,流量计中心线与铅垂线间夹角一般不应超过 $5°$,高精度(1.5 级以上)流量计夹角不应超过 $2°$,如果夹角等于 $12°$,则会产生 1% 的误差。被测介质的流向应由下向上,不能反向安装(图 7.4.12)。转子流量计上下游直管段一般为 $(2\sim5)D$(管道公称直径)。

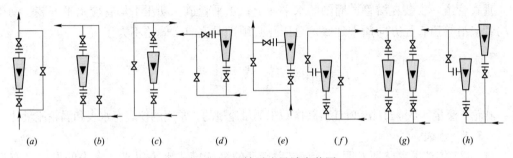

图 7.4.12　转子流量计安装图

(a)下进上出;(b)右下进上左出;(c)右下进右出;(d)右下进左侧出;(e)下进左侧上出;
(f)右下进左侧右出;(g)并联右下进上左出;(h)并联右下进左侧出

3. 动压平均管

动压平均管(均速管),又称阿纽巴(Annubar)管,它是基于毕托管原理发展起来的一种流量计。是 20 世纪 60 年代后期开发的一种新型差压流量测量元件。它由总压平均管和静压管组成(图 7.4.13)。总压平均管是一根沿管道直径插入管道内的中空的细金属管,在对着来流方向的管壁上开一些圆孔,以测量总压。各孔测得的总压由于开孔位置不同而不同,在管内平均后得到平均压力 p_1 并导出;在插入管的中间背着来流方向的管壁上开一圆孔测静压 p_2,其流量测量公式为

$$q_V=F\bar{u}=\alpha F\sqrt{\frac{2\Delta p}{\rho}}$$
(7.4.17)

$$\bar{u}=\alpha\sqrt{\frac{2\Delta p}{\rho}}$$

式中　F——管道横截面积(m^2);

$\bar{u}$——平均流速(m/s);

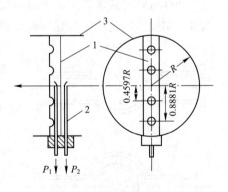

图 7.4.13　动压平均管
1—总压平均管;2—静压管;3—管道

α——流量系数；

ρ——被测流体密度（kg/m^3）；

Δp——被测流体总压与静压之差，$\Delta p = p_1 - p_2$（Pa）。

动压平均管的总压取压孔的位置及数目，与紊流流动在圆管截面上的流速分布有关，流速分布不同，开孔位置也不同。流量系数 α 与被测介质及其流动状态（雷诺数 Re）以及动压平均管的结构等因素有关，其值一般通过实验确定。

动压平均管结构简单、安装拆卸方便（不需要切断管道）、压损小、制造成本及运行费用低，稳定性好，量程比一般为 10：1，测量准确度为±（1%～2.5%）。除不适用于污秽、有沉淀物的流体外，可用于气体、液体及蒸汽等多种流体的流量测量。管径越大，优越性越突出。动压平均管对于垂直管道，可安装在管道水平面沿圆周 360°上的任何位置，上游侧应有 7～9D（变送器公称直径）的直管段，下游侧应有 3～4D 的直管段。测量液体时，水平管道，向下侧倾斜安装。测量气体时，向上侧倾斜安装（图 7.4.13）。测量蒸汽时，垂直管道，安装在沿管道周围的水平面上；水平管道，动压平均管应水平安装。动压平均管应沿管道直径方向插入到底，总压孔必须正对流向，偏差不大于 7°。

7.5　叶 轮 式 流 量 计

叶轮式流量计是通过测量叶轮旋转次数来测量流量的。常用的仪表有水表和涡轮流量计。

7.5.1　水表[5],[8]

自 1825 年英国克路斯发明了具有仪表特征的平衡罐式水表以来，水表的发展已有近 200 年历史。水表区别于其他流量计的特点是其传感器和指示装置均为机械式，其工作动力来自水流。常用的叶轮式水表根据水流特点可分为切线流叶轮式水表、竖式叶轮式水表和轴流式叶轮式水表。

切线流叶轮式水表的水流沿切线流入表内，使叶轮旋转，由旋转的圈数测量通过表的流量。切线流叶轮式水表有单流束和多流束两种形式（图 7.5.1），要水平安装。单流束切

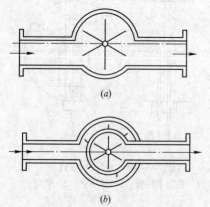

图 7.5.1　切线流叶轮式水表
(a)单流束；(b)多流束

线流叶轮式水表仅有一层外壳，只有一束水流来推动内部的叶轮旋转。该水表结构简单、价廉，适用于小管径的管道。多流束切线流叶轮式水表的外壳内另有测量室，水流通过测量室周围上分布的小孔均匀地以切线方向推动内部的叶轮旋转。该水表测量精度高、叶轮偏磨耗小、安装所需直管段短，适用于中、小管径的管道。

竖式叶轮式水表的水流方向与叶轮的转动轴垂直，水流从下面向上推动叶轮旋转。该表启动流量小、压力损失小，要水平安装，适用于中、小管径的管道。轴流式叶轮式水表的水流方向与叶轮的转动轴平行，压力损失小，能够以任何位置安装，适用于大管径的管道。

叶轮的旋转由齿轮机构来减速，并传给流量指示部分。流量指示部分处于水中的称为湿式水表，流量指示部分处于空气中的称为干式水表。湿式水表不需要密封水，结

构简单，但水中杂质易污染表刻度盘，且难于实现流量信号的远传。干式水表不存在水中杂质污染表刻度盘问题，容易实现流量信号的远传。远传水表的信号有两类，一类是包括代表实时流量的开关信号、脉冲信号、数字信号等，传感器一般用干簧管或霍尔元件。另一类代表累计流量的数字信号和经编码的其他电信号等。远传输出的方式包括有线和无线。

水表的特性曲线如图 7.5.2。图中 q_{Vmin} 为水表保证最大误差时所要求的最小流量；q_{Vt} 为水表从最大误差区域向最小误差区域过渡的分界流量；q_{Vmax} 为水表保证最小误差时所要求的最大流量；q_{Vn} 为水表的最大持续工作流量，也称为公称流量。

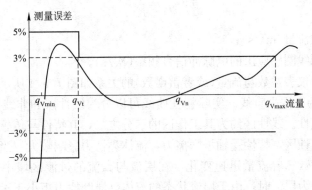

图 7.5.2　水表的特性曲线

7.5.2　涡轮流量计[6],[9],[14]

涡轮流量计是叶轮式流量计的主要品种。美国早在 1886 年就发布过第一个涡轮流量计的专利，美国的第一台涡轮流量计开发于 1938 年，用于飞机上燃油测量。如今它已在石油、化工、科研、国防、计量各个部门中得到广泛应用。液化石油气、成品油和轻质原油等的转运及集输站，大型原油输送管线的首末站都大量采用它进行贸易结算。

涡轮流量计是由传感器和显示仪表组成（图 7.5.3）。

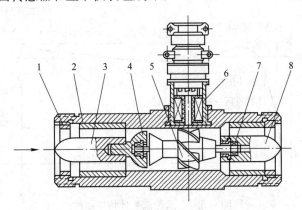

图 7.5.3　涡轮流量变送器的结构图
1—紧固环；2—壳体；3—前导流器；4—止推片；
5—涡轮叶片；6—磁—电转换器；7—轴承；8—后导流器

涡轮流量传感器的结构如图 7.5.3 所示。它由导流器 3、8 与轴向涡轮叶片 5、磁电转换装置 6 和放大器等组成。当流体通过传感器时，在流体作用下，涡轮叶片旋转，由磁性材料制成的涡轮叶片通过固定在壳体上的永久磁钢时，磁路中的磁阻发生周期性变化，从而感生出交流电脉冲信号，该信号的频率与被测流体的体积流量成正比。磁—电转换器的输出信号经放大后，输出至显示仪表，进行流量指示和计算。

在测量范围内，传感器输出脉冲数与流量成正比，其比值称为仪表常数，用 K（次/m³）表示。每一台涡轮流量传感器都有经过实际校验测得的仪表常数。测得脉冲信号的频率，便可以利用式（7.5.1）求出流体的流量。

$$q_\mathrm{V} = \frac{f}{K} \tag{7.5.1}$$

式中　q_V——体积流量（m³/s）；

　　　f——检测线圈感应出的电脉冲信号频率（次/s）。

涡轮流量计的仪表常数与流量（或者雷诺数）的关系如图 7.5.4 所示。由图可见，理想的 K—q_V 特性应为一水平直线。实际特性曲线可以分为线性区和非线性区。在线性区仪表常数近似看作线性。线性区约为其工作区的三分之二，其特性与传感器结构尺寸及流体黏性有关。在非线性区，特性受轴承摩擦力，流体黏性力影响较大。当流量低于传感器流量下限时，仪表常数随着流量迅速变化，在层流与紊流的过渡区域中（$Re = 2300$ 左右），流动状态由紊流变为层流时，由于层流状态的流体黏滞摩擦力矩小于紊流状态的流体黏滞摩擦力矩，涡轮的转速升高，此时特性曲线呈现出高峰（通常处在流量上限的 20%～35% 处）。仪表适用的流量范围，应在特性曲线的线性部分，要求 K 的线性度在 ±0.5% 以内，复现性在 ±0.1% 以内。变送器最好工作在流量上限的 50% 以上，这样，不至于工作在特性曲线的非线性区，而造成较大的测量误差。当流量超过流量上限时，要注意防止空穴现象。

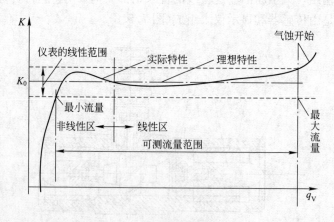

图 7.5.4　涡轮流量计特性曲线

涡轮流量传感器与显示仪表的连接结构有一体式（传感器与变送器组合成一体）和分体式两种。涡轮流量传感器有短管型（图 7.5.3）和插入型。插入型适用于大型管道，测量精度远低于短管型，通常用于过程控制，不适用于贸易核算计量。

涡轮流量传感器必须水平安装，其上游应装过滤器，它对管道内流速分布畸变及旋转流特别敏感，要求进入传感器的流体应为充分发展管流，传感器上游侧应根据阻力件类型配备直管段(表 7.5.1)。如果上游侧阻力件情况不明，一般推荐上游侧应有 20D(变送器公称直径)的直管段；下游侧应有 5D 的直管段。否则需用整流器整流。传感器上游侧的截断阀应全开，流量调节阀应安装在传感器下游侧。为保证通过流量变送器的流体是单相流，必要时需装消气器并保证下游具有一定的背压。

涡轮流量计所要求的最短直管段长度　　　　　表 7.5.1

上游侧阻流件类型	单个 90°弯头	在同一平面上的两个 90°弯头	在不同平面上的两个 90°弯头	同心渐缩管	全开阀门	半开阀门	下游侧长度
L/D	20	25	40	15	20	50	5

　　涡轮流量变送器准确度高，基本误差为 $\pm(0.2\sim1.0)\%$；重复性好，量程比通常为 $6:1\sim10:1$；压力损失小，最大流量下压力损失为 $0.01\sim0.1\mathrm{MPa}$；输出脉冲频率信号，适于总量计量及与计算机连接。涡轮流量计可作为标准表法流量标准装置的标准流量计，适用于低黏度($5\times10^{-6}\mathrm{m^2/s}$ 以下)的、不含杂质的腐蚀性不太强的液体测量，如：水、液化气、煤油、低温流体等。

7.6　电磁流量计[3],[9],[10],[12],[14]

　　电磁流量计是根据法拉第电磁感应定律研制出的一种测量导电液体体积流量的仪表，1922 年威廉斯 E.J 首先应用电磁流量仪表于封闭圆管，1961 年德国 Krohne 公司第一次把电磁流量计应用于工业。电磁流量计由电磁流量传感器和转换器组成。根据法拉第定律，当导体在磁场中切割磁力线时，将产生电动势。该电动势的大小与磁感应强度 B，磁场中作垂直切割磁力线方向运动的导体长度 L_v 和导体在磁场中作垂直于磁力线方向运动的速度 u' 成正比。当三者互相垂直时，感应电动势 e 的大小为

$$e=Bu'L_v \tag{7.6.1}$$

　　电磁流量传感器就是利用这一原理制成的(图 7.6.1)。如果将切割磁力线的金属导体换成具有一定导电率的液体流柱，将切割磁力线的长度(两电极之间的距离)近似取为液柱的直径 D，用被测流体的平均流速 $\bar{u}$ 近似代替导体的运动速度 u'，可得

$$e=BD\bar{u} \tag{7.6.2}$$

　　当磁感应强度 B 及两电极之间的距离 D 固定不变时，电极两端产生的感应电动势只与被测流体的平均流速 $\bar{u}$ 成正比。这样，流过测量管截面的液体的体积流量为

$$q_V=\frac{\pi D}{4B}e \tag{7.6.3}$$

　　由式(7.6.3)可知，体积流量 q_V 与感应电动势 e 呈线性关系，而与其他物理参数无关。即测得的体积流量不受流体的温度、压力、密度、黏度等参数影响。

　　电磁流量传感器一般由测量管、励磁系统(包括励磁线圈、磁轭等)、检测部分(包括

电极、干扰信号和接线盒)和外壳组成。测量管采用的是强度好、磁导率低、电阻率高的材料制造,管内涂有耐腐蚀、耐高温的内衬材料;小口径的变送器采用磁轭式集中绕组磁路结构(图 7.6.2),以获得比较均匀的磁场。大口径的变送器采用磁轭式分段绕组磁路结构,以使结构紧凑。

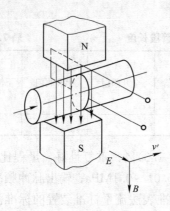

图 7.6.1　电磁流量计原理

N、S—电极;E—感应电动势;

B—磁感应强度;v'—速度

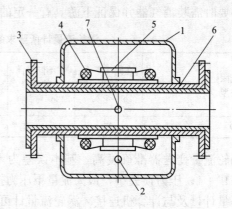

图 7.6.2　电磁流量传感器构造

1—外壳;2—接线插头;3—法兰;4—励磁线圈;

5—磁轭;6—测量管;7—电极

电磁流量计的转换器的作用是将传感器送来的感应电动势 e 信号放大,转换成与被测体积流量成正比的 0～10mA、4～20mA(D、C)或 0～10kHz 的信号输出以及在现场显示器上显示。

电磁流量传感器与转换器的连接结构有一体式和分体式两种。电磁流量传感器有短管型(图 7.6.2)和插入型。插入型适用于大型管道,测量精度远低于短管型,通常用于过程控制,不适用于贸易核算计量。

选用的电磁流量计的最低流速应使流量计工作流量不低于量程的 10%,最大流速不能超过 10m/s。为保证变送器中没有沉积物或气泡积存,变送器最好垂直安装,被测流体自下而上流动。若水平安装,应使变送器低于出口管,并保证测量电极在同一水平面上。变送器上游侧应有(5～10)D(变送器公称直径)的直管段;下游侧的直管段可短一些(图 7.6.3)。流量计上游侧不应安装蝶阀、调节阀,调节阀应安装在下游侧,运行时上游侧安装的阀门应全开。电磁流量计流量信号是以被测导电液体为基准电位的,信号接液点不可靠,会造成基准不稳定,导致测量不稳定。因此要求电磁流量计前后的金属管道与流量计用金属导线连接到一起并接到大地。

电磁流量计结构简单、无相对运动部件,阻力损失小,测量范围宽(量程比可达 100：1),测量精度高(最高可达 0.2%～0.3%);可任意改变量程,可测量正反方向流体的流量。适当选用绝缘内衬,可以测量各种腐蚀性溶液的流量,尤其是在测量含有固体颗粒的液体,更显示其优越性。但不能测量导电率很低的液体,如石油制品和有机溶剂等。不能测量气体、蒸汽和含有较多气泡的液体。

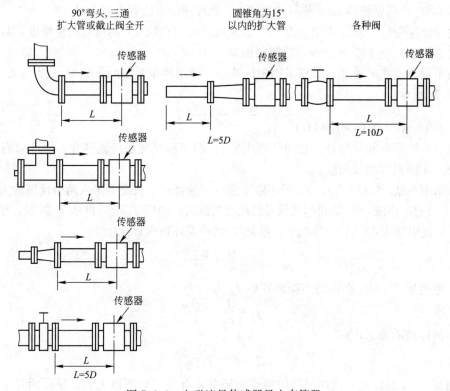

90°弯头,三通
扩大管或截止阀全开

圆锥角为15°
以内的扩大管

各种阀

传感器

$L=5D$

$L=10D$

传感器

传感器

传感器

$L=5D$

图 7.6.3 电磁流量传感器最小直管段

7.7 超声波流量计[4],[7],[9]

从古至今一直有人研究利用超声波测量液体和气体的流速,但直到第二次世界大战为止也没有太大的进展。20 世纪 30 年代,美国首先研制出相位差法超声波流量计。20 世纪 70 年代以后,集成电路技术促进了超声波流量计迅速发展。超声波流量计是利用超声波在流体中的传播速度会随被测流体流速而变化的特点而于近代发展起来的一种新型测量流量的仪表。超声波流量计由换能器与转换器组成。

假定流体静止时的声速为 c,流体速度为 u,顺流时传播速度为 $c+u$,逆流时则为 $c-u$。在流体中设置两个超声波发生器(换能器)T_1 和 T_2,两个接收器 R_1 和 R_2,发生器与接收器的间距为 l(图 7.7.1)。声波从 T_1 到 R_1 和从 T_2 到 R_2 的时间分别为 t_1 和 t_2

$$t_1 = \frac{l}{c+u}$$
$$t_2 = \frac{l}{c-u}$$
(7.7.1)

一般情况下,$c \gg u$,亦即 $c^2 \gg u^2$,则

$$\Delta t = t_2 - t_1 = \frac{2lu}{c^2}$$
(7.7.2)

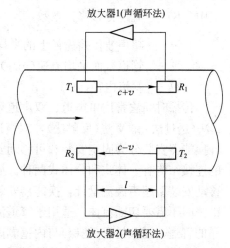

放大器1(声循环法)

T_1 $\quad c+v \quad$ R_1

R_2 $\quad c-v \quad$ T_2

l

放大器2(声循环法)

图 7.7.1 超声波传播时间法原理图
注:时差法不设置放大器 1 及放大器 2

若已知 l 和 c，只要测得 Δt，便可知流速 u。此种测量方法称为时差法。

由于流速带给声波的变化量为 10^{-3} 数量级，而要得到 1‰ 的流量测量精度，对声速的测量要求为 $10^{-5} \sim 10^{-6}$ 数量级，检测很困难。

为了提高检测灵敏度，早期采用相位差法，即测相位差 $\Delta \phi$ 而非 Δt，$\Delta \phi$ 与 Δt 关系如式(7.7.3)所示

$$\Delta \phi = 2\pi f_t \Delta t \tag{7.7.3}$$

式中　f_t——超声波的频率(Hz)。

以上方法存在的问题是，必须已知声速 c，而声速要随温度而变化。因此只有进行声速修正，才能提高测量精度。

若采用声循环法(图 7.7.1)，可不需要进行声速修正。系统中接入两个反馈放大器，首先从 T_1 发射超声波，R_1 接收到的信号经放大器放大后加到 T_1 上，再从 T_1 发射，如此重复进行，重复周期为式(7.7.1)中的 t_1，重复频率(声循环频率) f_1 为

$$f_1 = \frac{1}{t_1} = \frac{c + u}{l}$$

同理，逆向从 $T_2 \rightarrow R_2$ 循环的声循环频率 f_2 为

$$f_2 = \frac{1}{t_2} = \frac{c - u}{l}$$

声循环频率差 Δf 为

$$\Delta f = f_2 - f_1 = \frac{2u}{l} \tag{7.7.4}$$

由式(7.7.4)可知，流速只与顺逆流的频率差有关，与声速无关，从而消除了声速的影响。目前超声波流量计多采用此法。

以上三种方法称为传播时间法(速度法)。此外还有多普勒法和波速偏移法等。由传播时间法测得的流速 u 是超声波传播途径上的平均流速，这与计算管道流量所需的管道截面平均流速是不同的，截面平均流速和测量值之间的关系取决于截面上的流速分布是层流还是紊流流态。因此在计算流体流量时，需对流速进行修正。

$$q_v = \frac{\pi D^2}{4} \cdot \frac{\bar{u}}{K} \tag{7.7.5}$$

式中　K——流速分布修正系数，$K = \dfrac{u}{\bar{u}}$；

　　　u——超声波传播途径上的平均流速(m/s)；

　　　$\bar{u}$——管道截面平均流速(m/s)；

　　　D——管道内径(m)。

传播时间法常用单声道、双声道等几种声道，最多达到六声道。单声道换能器布置有 Z 法(透过法)和 V 法(反射法)，双声道有 X 法、2V 法和平行法(图 7.7.2)。超声波流量计换能器安装分为固定安装和可移动安装。固定安装有短管型和插入型。换能器与转换器的连接结构有一体式和分体式两种。插入型适用于大型管道，测量精度远低于短管型。可移动安装型超声波流量计，换能器安装在测量管道的外表面上，安装时不需要切割管道，维修时不需要切断流体，适用于管道流量分配状况的评估测定。但不能用于衬里或结垢太厚的管道，以及衬里(锈层)与内壁剥离(若夹层夹有气体会严重衰减超声波信号)或锈蚀严重(会改变超声波传播路径)的管道。

超声波流量计，结构简单、无相对运动部件、阻力损失小。可测量污水、天然气、空

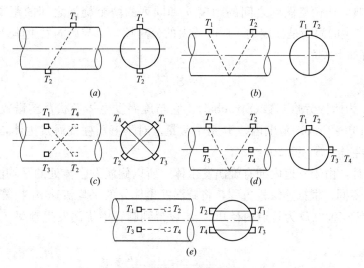

图 7.7.2 声道布置图

(*a*)Z法(透过法)；(*b*) V 法(反射法)；(*c*)X法(2Z法)；(*d*)2V法；(*e*)平行法

气、甲烷、氮气、汽油等清洁液体和气体，可测量非导电性液体，油水混合物等。不能用于测量固体粒子的体积含量大于 5％的液体和气泡的体积含量大于 1％的液体。

超声波流量计对管道尺寸及流量测量范围的变化有很大的适应能力（量程比为 40：1～200：1），其结构形式与造价同被测管道的直径关系不大，且直径越大经济优势越显著。超声波流量计适用于管径 20～5000mm 的各种介质的流量测量，并具有较高的测量精度（双声道相对误差可达 0.5％，五声道相对误差可达 0.15％）。超声波流量计上游侧局阻构件形式对流体流态有影响，这些影响会导致超声波流量计产生较大的误差。超声波流量计应尽可能在远离泵、阀等流动紊乱的地方安装。泵应在被测管上游侧 50D(变送器公称直径)处，流量控制阀应远离 12D 以上。一般情况下，上游侧应有 20D(变送器公称直径)的直管段；下游侧需 5D 的直管段。

7.8 涡街流量计[10]

涡街流体震动现象用于测量研究，始于 20 世纪 50 年代，70 年代末开始研制涡街流量计。涡街流量计是根据流体力学中的"卡门涡街"原理制作的一种流量测量仪表。涡街流量计由传感器和转换器组成。

在流动的流体中放置一根其轴与流向垂直的、有对称形状的非流线形状柱体(如圆柱、三角柱等)，该柱体称为旋涡发生体。当流体绕过旋涡发生体时，出现了附面层分离，在旋涡发生体下游产生两列不对称、但有规律的旋涡列，这就是卡门涡街(图 7.8.1)。

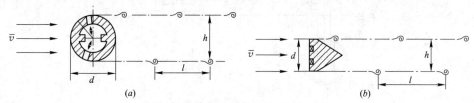

图 7.8.1 等边三角形体的涡街发生情况

(*a*)圆柱体；(*b*)三角柱体

经研究发现，当两旋涡列之间的距离 h 和同列的两个旋涡之间的距离 l 满足 $h/l=0.281$ 时，所产生的涡街是稳定的。此时旋涡的分离频率 f 与旋涡发生体处流体平均流速 $\bar{u}_1$ 及柱宽 d 有如下关系

$$f=S_r\frac{\bar{u}_1}{d} \tag{7.8.1}$$

式中的 S_r 为斯特劳哈尔数(Strouhal)，它与旋涡发生体形状及雷诺数有关。在雷诺数 Re_D 为 $3\times10^2\sim2\times10^5$ 范围内，S_r 是个常量。对于三角柱旋涡发生体，$S_r=0.16$；对于圆柱旋涡发生体，$S_r=0.20$。

涡街流量计，由于管道内插有旋涡发生体，所以旋涡发生体处的平均流速 $\bar{u}_1$ 与管道的平均流速 $\bar{u}$ 不同。根据连续性方程，将旋涡发生体处的平均流速 $\bar{u}_1$ 换算为管道的平均流速 $\bar{u}$。当 $d/D<0.3$(D 为管道内径)时，可以得到圆管中旋涡发生频率 f 与管内平均流速 $\bar{u}$ 的关系如下

$$f=\frac{S_r}{\left(1-1.25\dfrac{d}{D}\right)}\frac{\bar{u}}{d} \tag{7.8.2}$$

由此可以得到流过管道的体积流量 q_V 为

$$q_V=\frac{\pi D^2}{4}\bar{u}=\frac{\pi D^2}{4}\left(1-1.25\frac{d}{D}\right)\frac{d}{S_r}f \tag{7.8.3}$$

由式(7.8.3)可知，流量 q_V 与旋涡发生频率 f 在一定雷诺数范围内呈线性关系，因此也将这种流量计称为线性流量计。旋涡发生体形状不同，测量旋涡发生频率 f 所采用的检测元件及方法也不一样。常用的检测方法有热敏式、超声式、应力式、应变式、电容式、光电式和电磁式等几种。图 7.8.2 为用热敏电阻作为检出元件的三角柱涡街流量计的原理图。在三角柱的迎流面中间对称地嵌入两个热敏电阻，因三角柱表面涂有陶瓷层，所以热敏电阻与柱体是绝缘的。在热敏电阻中通以恒定电流，使其温度在流体静止的情况下，比被测流体高 10℃ 左右。在三角柱两侧未发生旋涡时，两只热敏电阻温度一致，阻值相等。当三角柱两侧交替发生旋涡时，在发生旋涡的一侧因旋涡耗损能量，流速低于未发生旋涡的另一侧，其换热条件变差，故这一侧热敏电阻温度升高，阻值变小。用这两个热敏电阻作为电桥的相邻臂，电桥对角线上便输出一列与旋涡发生频率相对应的电脉冲。经放大、整形后得到与流量相应的脉冲数字输出，或用转换电路转换为模拟量输出。

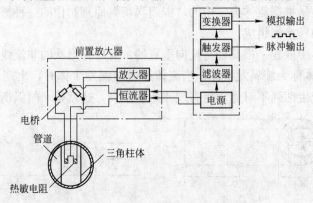

图 7.8.2　三角柱涡街流量计原理图

涡街流量计转换器包括前置放大器、滤波整形电路、D/A 转换电路、输出接口电路等。

涡街流量计在选用时，要使测量的流量与流量计的测量范围相符合。测量介质温度变化时，应对流量公式进行修正。管内流速分布畸变、旋转流等对卡门涡街的稳定分离有影响，为保证测量的正确，应提供必要的上、下游直管段。一般情况下，涡街流量计上游侧应有(20~40)D(变送器公称直径)的直管段，下游侧需不小于 5D 的直管段；流量计两侧的管路应用减振架加以固定，以减小管路振动噪声的影响。当需要测量流体的压力、温度时，测压孔的位置应设在流量计下游(4~5)D 处，测温孔的位置应设在流量计下游(6~8)D 处。涡街流量计可以水平、垂直或任意角度安装。测液体时若垂直安装，流体应自下而上流动。安装旋涡发生体时，应使其轴线与管道轴线相互垂直。

涡街流量计量程比较宽(线性测量范围宽达 30∶1)，结构简单，无运动部件，检测元件不接触流体，阻力损失小，输出的频率信号便于实现数字化测量及与微机连接，具有测量精度高(±1%)、应用范围广的特点，可用于气体、液体及蒸汽的流量测量。

7.9 容 积 流 量 计[7],[8]

容积流量计又称定排量流量计。定排量测量方法可以追溯到 18 世纪，20 世纪 30 年代进入普通商业应用。

容积流量计的工作原理是：在一定容积的空间里充满的液体，随流量计内部的运动元件的移动而被送出出口，测量这种送出流体的次数就可以求出通过流量计的流体体积，如果运动元件每循环动作一次从流量计内(有固定容积并充满液体)送出的体积为 U，流体流过时，运动元件动作次数为 N。则 N 次动作的时间内通过流量计的流体体积 V 为

$$V=NU \tag{7.9.1}$$

运动元件送出流体的动作次数 N，通过齿轮机构传到指示部，使刻度盘上的指针走动，由此显示通过流量计的体积。如果要将测量的流体的体积换算成其他状态值，必须相应地测量流体的温度、压力。测量温度、压力变化大的流体或精密地测量流量时，也有采用自动补偿温度和压力的方法，直接指示质量流量或标准状态值。

容积流量计种类很多，常用的有腰轮流量计、转式气体流量计和薄膜式气体流量计。

7.9.1 腰轮流量计

腰轮流量计也称为罗茨流量计。是容积流量计中较典型的工业仪表。其工作原理如图7.9.1 所示。

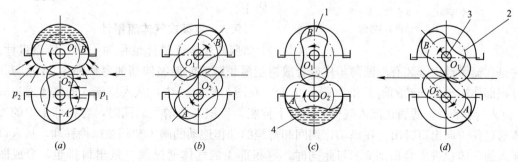

图 7.9.1 腰轮流量计工作原理

1—腰轮；2—驱动齿轮；3—腰轮轴；4—计量腔

当流体按箭头方向流入时，静压力 p_1 均匀地作用在腰轮转子 A 的一侧上，转子 A 因力矩平衡而不转动；此时，腰轮转子 B 由于出入口的压力差（$\Delta p = p_1 - p_2$），而受到旋转力矩，如图中所示按逆时针方向旋转，同时带动固定在同一轴上的驱动齿轮旋转，通过一对驱动齿轮的啮合关系，使转子 A 按图中所示顺时针方向旋转到 (b) 的位置。此时，(a) 中阴影部分（为转子与壳体之间所构成的具有一定容积的计量腔）所示的液体被送到流量计的出口端。随着转子旋转位置的变化，转子 B 上力矩逐渐减少，而转子 A 上则产生转动力矩，并逐渐增大。当两个转子都旋转 90°，达到 (c) 的位置时，转子 A 产生的转动力矩到最大，而转子 B 上则无转动力矩。这时，两个驱动齿轮相互改变主从动关系，两转子交替地把经计量腔计量过的流体连续不断地由流量计的入口端排出到出口端，从而达到计量目的。一对转子转一周，则有四倍于计量腔容积的流体从入口端到出口端。

腰轮流量计精度高（0.1%～0.5%），量程比为 10：1，结构简单可靠且寿命长，对流量计前后的直管段或整流器无严格要求，容易做到就地指示和远传。适用于水、油和其他液体的测量，也可用于各中高低压气体的测量。

7.9.2　转式气体流量计

转式气体流量计也叫湿式煤气表。它是在流量计的内部注入一半左右的水或低黏度油，转筒则有一半浸在液体中。而转筒又分为几个空间部分（图 7.9.2），转子绕其中心轴旋转。气体通过进口处送气管流入转筒内的一个空间部分，转筒则在气体压力推动下按箭头所示的方向旋转。转筒再继续旋转时，其内的另外空间部分没入液体中，此时，该空间部分的气体被排出转筒之外而经出口流走，转筒旋转一周从入口进来而从出口排走的气体量等于转筒内部的空间部分的体积。转筒的旋转数通过与转筒旋转轴联动的齿轮系统传送至指示部分。

转式气体流量计精度高（0.2%～0.5%），量程比为 20：1，常用作量值传递用表或标准表，主要用于城市气体和丙烷气体的流量测量，也可用于测量常压下的其他气体。由于很难加快旋转速度，故只能用于小流量的气体测量。要注意所测气体不能溶于流量计内部的液体和与液体发生反应，如果密封液体是水，则通过流量计的气体中若含有水蒸气，在测量时要进行修正。

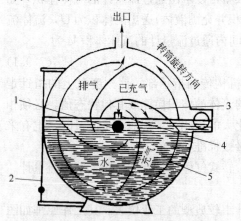

图 7.9.2　转式气体流量计结构
1—转筒轴；2—垂直线；3—进气隔室；
4—进口；5—转筒

7.9.3　薄膜式气体流量计

薄膜式气体流量计也称为干式气体流量计。它是在流量计内部装有浸油薄羊皮或合成树脂薄膜制成的能够伸缩的容积部 2、3 及与其容积部伸缩动作连动的阀 1 和 2（图 7.9.3）。在图 7.9.3 (a) 中，从入口流入的气体通过阀 1 流入容积部 2，薄膜在流入气体的压力下伸胀，容积部 2 增大的同时，容积部 1 中的气体通过阀 1 向出口排出。在该动作期间和薄膜的动作连动的阀 1 和阀 2 徐徐移动，从入口流入的气体也进入容积部 3，与此同时，容积部 4 的气体通过阀 2 从出口排走，变成图 (b) 状态。在图 (b) 中，容积部 2 充满气体，且从入口进入的气体继续流入。因向容积部 3

进入气体时，薄膜将伸胀，与此连动的阀 1 和 2 也移动，而变成图(c)的状态。在图(c)中，从入口流入的气体进入容积部 1，在该气体压力下，薄膜收缩，使容积部 2 中气体向出口排出。继续动作后，将变成图(d)的状态，待循环一次后回到最初的图(a)状态，开始第二次循环动作。这样在进入气体的压力下，由于薄膜的伸缩及与此连动阀的作用，连续地将气体从入口送至出口，测得这种动作的循环次数，即可测量所通过的体积。动作的循环次数是通过与薄膜的伸缩连动的齿轮系统传送至指示部分。

薄膜式气体流量计测量范围宽（量程比 100：1），测量准确度一般为±（2%～3%），主要用于城市气体和丙烷气体的流量测量，也可用于测量常压下的其他气体。

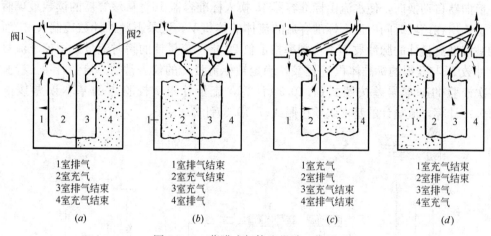

图 7.9.3　薄膜式气体流量计工作原理

7.9.4　容积式流量计的安装及应用

容积式流量计如果安装不当，运动部件在转动时将严重磨损，缩短使用寿命。容积式流量计所测流体中不允许混有微粒，特别是高精度测量用的容积式流量计，运动件和外壳间的间隙等较狭窄，要用于测量含有微粒等流体的流量时，必须在流量计的上游设置合适的过滤装置。当流量计测量混有气泡或产生空洞的油等的流量时，应在其上游部分安装气泡分离器。

7.10　流量计的校准[9]、[14]

目前所应用的流量计，除标准节流装置不必进行实验检定外，其余的流量计出厂时几乎都要进行检定。在流量计使用的过程中，也应经常进行校准。流量计的检定和校准是根据国家计量局颁布的各种流量计的检定规程进行的。

液体流量计的校准方法主要有容积法、质量法、标准体积管法和标准流量计比较法。气体流量计的校准方法主要有音速喷嘴法、伺服式标准流量计比较法和钟罩法。本节仅对液体流量计的校准方法作简要介绍，有需要了解气体流量计的校准方法的读者，可参考相关资料。

7.10.1　容积法

容积法应用的最普遍。这是一种计量在测量时间内流入定容容器的流体体积，以求得流量的方法。该法的系统精度可达 0.2%。图 7.10.1 为静态容积法水流量检定装置典型结构示意图(检定脉冲输出的流量计,检定其他输出流量计原理相同,采集信号不同)。换向器 13 用来改变流体的流向,使水流入标准容器中(可根据流量大小,选择标准容器 15 或 16),换向器 13 启动时触发脉冲计数控制仪 21,以保证水和脉冲信号计数的同步测量。校准时用泵从贮液容器中抽出的试验流体打到高位水箱中,然后通过被校流量计,若选择标准容器 15,则关闭放水阀 17,打开放水阀 18,并将换向器 13 置于使水流流向标准容器 16 的位置。待流量稳定后,启动换向器 13,将水流由标准容器 16 换入标准容器 15,同时触发脉冲计数器累计被校准流量计的脉冲数,当达到预定的水量或预置脉冲数时,换向器自动换向,使水流由标准容器 15 换入标准容器 16,从该容器的读数玻璃管的刻度上读出在该段时间内进入标准容器的流体的体积 V,记录下脉冲计数控制仪 21 所显示的被校准流量计的脉冲数 N。由频率指示仪 20 指示流量计的瞬时流量。用校准流量计的脉冲数 N 与获得的标准体积 V 比较,确定被标流量计的仪表常数。流量计第 i 校验点第 j 次校验的基本误差按照式(7.10.1)计算,流量计第 i 校验点的基本误差按照式(7.10.2)计算,流量计的基本误差按照式(7.10.3)计算。

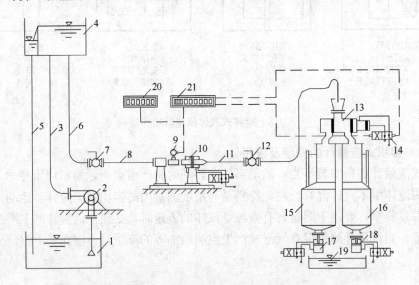

图 7.10.1 静态容积法水流量校准装置典型结构示意图

1—水池;2—水泵;3—上水管;4—水塔或稳压容器;5—溢流管;
6—校准管路;7—截止阀;8—上游直管段;9—被校准流量计;10—气动夹表器;
11—下游直管段;12—流量调节阀;13—气动换向器;14—气、电转换阀;15、16—标准容器;
17、18—气动放水阀;19—回水槽;20—频率指示仪;21—脉冲计数控制仪

$$\gamma_{ij} = \frac{V_{ij} - V_{0ij}}{V_{0ij}} \times 100\% \tag{7.10.1}$$

$$\gamma_i = \frac{1}{n} \sum_{j=1}^{n} \gamma_{ij} \tag{7.10.2}$$

$$\gamma = (\gamma_i)_{max} \tag{7.10.3}$$

式中 γ_{ij}——流量计第 i 校验点第 j 次校验的基本误差(%);

γ_i——流量计第 i 校验点的基本误差(%);

　　γ——流量计的基本误差(%)；

　　$(\gamma_i)_{max}$——各校验点误差中的最大值(%)；

　　V_{ij}——被校流量计第 i 校验点第 j 次校验的体积流量读值(m^3)；

　　V_{0ij}——流量计第 i 校验点第 j 次校验标准器测得的体积流量读值(m^3)；

　　n——校验次数。

7.10.2　质量法

　　质量法是一种称量在测量时间内流入容器的流体质量以求得流量的方法。校准时用泵从贮液容器中抽出试验流体通过被校流量计后进入盛液体的容器，在称出重量的同时测定流体的温度，用来确定所测流体在该温度下的密度值。用所测流体的重量除以所测温度下的流体的密度，即可求得流体的体积。将其同仪表的体积示值进行比较，即可确定被校流量计的仪表常数和精度，此法系统精度可达 0.1%。

7.10.3　标准体积管法

　　标准体积管法校验流量计是用体积管的标准体积值与被校流量计的累积值进行比较的一种校验方法。该方法将标准体积管作为安装流量计的配管的一部分，用被测流体在使用状态下来校验流量计。该方法可实现在线校验，校验效率高，易于操作自动化。

7.10.4　标准流量计法

　　标准流量计法流量标准装置主要由流体源、试验管路、标准流量计和控制设备等部分组成(图 7.10.2)。该法是将被校流量计和标准流量计串联接在流过试验流体的管道上，通过比较两者的测量值求出误差。标准流量计的精度要比被校流量计的精度高 2~3 倍。在水流量装置上常选用涡轮流量计、电磁流量计做标准流量计；在气体流量装置上常选用涡轮流量计、音

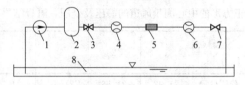

图 7.10.2　标准流量计法流量校准
装置典型结构示意图

1—水泵；2—稳压罐；3—闸阀；4—被检流量计；
5—整流器；6—标准流量计；6—流量调节阀；8—水池

速喷嘴做标准流量计；在油流量装置上常选用腰轮流量计、刮板流量计做标准流量计。

思 考 题 与 习 题[13]

　　1. 常用的流体流速测量方法有哪几种？工作原理是什么？

　　2. 简述热线风速仪的工作原理。热线风速仪有哪两种形式，有什么差别？影响测量精度的因素有哪些？

　　3. 用动力测压法测量不可压缩流体与可压缩流体的流速的基本公式有什么差别？

　　4. 激光测速仪基本组件有哪些？各组件的主要功能是什么？

　　5. 测量流体的总压及静压有哪些方法？

　　6. 工业上常用的流量测量方法有哪几种？工作原理是什么？

　　7. 简述差压式流量计的基本构成及使用特点，常用的差压式流量计有哪几种？

　　8. 简述叶轮式流量计的工作原理、流量特性及使用要求。

　　9. 在你学习到的各种流量检测方法中，请指出哪些测量结果受被测流体的密度影响？为什么？

　　10. 有一台用来测量液体流量的转子流量计，其转子材料是耐酸不锈钢(密度 $\rho_f = 7900kg/m^3$)，用于测量密度为 $750kg/m^3$ 的介质，当仪表读数为 $5.0m^3/h$ 时，被测介质的实际流量为多少？

　　11. 什么是流量和累积流量？有哪几种表示方法？相互之间的关系是什么？

12. V 形锥流量计与差压流量计测量原理有何异同?

13. 超声流量计的特点是什么? 声循环法与时差法有哪些差别?

14. 涡轮流量计、涡街流量计、电磁流量计、容积式流量计在使用中有何要求?

15. 涡街流量计将流量的测量转换成旋涡频率的测量。请简介涡街流量计是如何实现旋涡频率信号检测的。

16. 采用标准节流装置测流量时, 叙述节流原理并推导流量公式; 分析流体应满足的测量条件。

17. 用差压变速器与标准节流装置配套测介质流量。若差压变送器量程是 $0\sim10^4$ Pa, 对应输出电信号是 $4\sim20$ mA DC, 相应被测流量为 $0\sim320$ m³/h。求差压变送器输出信号为 10mA 时对应的差压值及流量值各为多少?

18. 用电磁流量计测某导电介质流量, 已知测量管直径 $D=240$ mm, 容积流量 $q_v=450$ m³/h, 磁极的磁感应强度 $B=0.01$T, 求检测电极上产生的电动势是多少?

19. 已知某流量计的最大可测流量(标尺上限)为 40m³/h, 流量计的量程比为 10∶1, 则该流量计的最小可测流量为多少?

20. 检定一台涡轮流量计, 当流过 16.05m³/s 流体时, 测得输出脉冲为 41701 个。求其仪表流量系数 K 值。

21. 简述校准流速测量仪表及流量测量仪表的原理。

22. 已知一正方形送风道的内边长为 252mm, 将风道分为 9 个面积相等的正方形, 用毕托管在每个正方形的中心测量风道的静压及全压, 测量结果见下表。试求管道的送风量。

测点 压力	1	2	3	4	5	6	7	8	9
静压(Pa)	21.98	21.86	21.67	21.73	21.86	21.73	21.86	21.71	21.86
全压(Pa)	22.3	22.36	22.62	22.43	22.74	22.49	22.3	22.11	22.36

23. 用标准孔板测量流体的流量, 已知孔板截流孔与管道内直径比为 0.45, 管道直径为 500mm。孔板上游侧有一个 90°弯头和一个闸阀, 闸阀靠近孔板, 孔板厚度为 50mm。试确定孔板安装的最小长度 L。

24. 涡街流量计的三角锥的漩涡发生体的结构同图 7.8.2, 若管道内径 $D=51$ mm, 漩涡发生体宽度 $d=0.28D$, 当被测介质流速为 6.8m/s 时, 所产生的漩涡频率为多少?

25. 对于下列的流量测量要求, 请选择最合适的流量测量仪表。

(1) 含杂质的导电液体流量;

(2) 流速较低的清洁汽油流量;

(3) 最大流量和最小流量变化为 1∶9 的水测量;

(4) 流量变化不大, Re 较大的蒸汽流量;

(5) 在现场测量冷却水系统不允许停运的空调用冷却水流量。

主要参考文献

[1]　西安建筑学院, 同济大学编. 热工测量与自动调节. 北京: 中国建筑工业出版社, 1983.

[2]　盛森芝, 徐月亭, 袁辉靖编著. 热线热膜流速计. 北京: 中国科学技术出版社, 2003.

[3]　张子慧主编. 热工测量与自动控制. 西安: 西北工业大学出版社, 1993.

[4]　周庆, 王磊, R. Haag 编著. 实用流量仪表的原理及其应用. 北京: 国防工业出版社, 2003.

[5]　詹志杰编著. 水表技术手册. 北京: 中国计量出版社, 2004.

[6]　纪纲编著. 流量测量仪表应用技巧. 北京: 化学工业出版社, 2005.

[7]　蔡武昌, 孙淮清, 纪纲编著. 流量测量方法和仪表的选用. 北京: 化学工业出版社, 2003.

［8］ 川田裕郎，小宫勤一，山崎弘郎编著. 流量测量手册. 北京：计量出版社，1982.

［9］ 朱得祥主编. 流量仪表原理和应用. 上海：华东化工出版社，1992.

［10］ 王子延主编. 热能与动力工程测试技术. 西安：西安交通大学出版社，1998.

［11］ 刘耀浩主编. 建筑环境设备测试技术. 天津：天津大学出版社，2005.

［12］ 杜维，乐嘉华编著. 化工检测技术及显示仪表. 杭州：浙江大学出版社，1988.

［13］ 厉玉明，孙自强，张广新主编. 化工仪表及自动化例题习题集. 北京：化学工业出版社，2006.

［14］ 王池，王自和，张宝珠，孙淮清编著. 流量测量技术全书. 北京：化学工业出版社，2012.

第8章 热 流 测 量

凡是有温差的地方，就有传热的现象发生。单位面积上传热的强弱，称为热流密度。在同一传热过程中，往往同时存在传导、对流和辐射几种传热方式，在流体输送等传质现象中，也有热量随着流体而输送。广义的热流是上述几种方式及其全部组合情况下的热流。测量热流的仪表，称为热流计。热流计有多种形式，如测量传导热流的热阻式热流计，测量辐射热流的辐射式热流计，测量流体输送热流的热流计。流体输送测量除瞬时热量——即用"W"表示的热流外，还测量累计热量——即用"J"表示，因此测量流体输送热流的仪表既可以称为热流计，又可以称为热量计或者热能计。习惯上称为热量计。本章主要介绍测量传导热流的热阻式热流计和热量计。

8.1　热阻式热流计[1],[2]

热阻式热流计简称为热流计，它由热流传感器、连接导线和显示仪表组成。应用于现场直接测试的热流计最早出现在 1914 年。德国慕尼黑的 Henky 教授用 10cm 厚的软木板覆盖地板，通过测量木板上下温差来测量啤酒厂地面的热流。如今热阻式热流计已经成为测量建筑物、管道或各种保温材料的传热量及物性参数的主要仪表。

8.1.1　热阻式热流传感器的工作原理

当热流通过平板状的热流传感器时，传感器热阻层上产生温度梯度，根据傅立叶定律可以得到通过热流传感器的热流密度（W/m²）为

$$q = -\lambda \frac{\partial t}{\partial x} \tag{8.1.1}$$

式中　$\frac{\partial t}{\partial x}$——垂直于等温面方向的温度梯度（℃）；

λ——热流传感器材料的导热系数［W/(m·℃)］。

式中负号表示热流密度方向与温度梯度方向相反。若热流传感器的两侧平行壁面各保持均匀稳定的温度 t 和 $t+\Delta t$，热流传感器的高度与宽度远大于其厚度，则可以认为沿高与宽两个方向温度没有变化，而仅沿厚度方向变化，对于一维稳定导热，可将上式写为

$$q = -\lambda \frac{\Delta t}{\Delta x} \tag{8.1.2}$$

式中　Δt——两等温面温差（℃）；

Δx——两等温面之间的距离（m）。

由式(8.1.2)可知，如果热流传感器材料和几何尺寸确定，那么只要测出热流传感器两侧的温差，即可得到热流密度。根据使用条件，选择不同的材料做热阻层，以不同的方式测量温差，就能做成各种不同结构的热阻式热流传感器。

如果用热电偶测量上述温差 Δt，并且所用热电偶在被测温度变化范围内，其热电势与温度呈线性关系时，其输出热电势与温差成正比，这样通过热流传感器的热流为

$$q=\frac{\lambda E}{C'\delta}=CE \tag{8.1.3}$$

$$E=C'\Delta t \tag{8.1.4}$$

式中　C——热流传感器系数，$C=\frac{\lambda}{C'\delta}$ $[\text{W}/(\text{m}^2\cdot\text{mV})]$；

　　　C'——热电偶系数；

　　　δ——热流传感器厚度(m)；

　　　E——热电势(mV)。

热流传感器有高热阻型和低热阻型之分。δ/λ 值大的是高热阻型，δ/λ 值小的是低热阻型。高热阻型的 C 值小于低热阻型。在所测传热工况非常稳定的情况下，高热阻型热流传感器易于提高测量精度及用于小热流量测量。但是由于高热阻型热流传感器比低热阻型热流传感器热惰性大，这使得热流传感器的反应时间增加。如果在传热工况波动较大的场合测定，就会造成较大的测量误差。

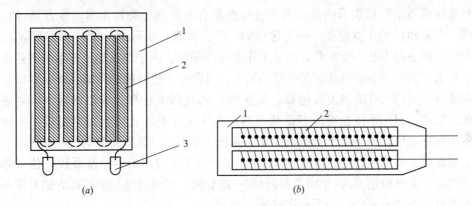

图 8.1.1　热流传感器的结构图
(a)平板热流传感器；(b)可挠式热流传感器
1—骨架；2—热电堆片；3—引线柱

热流传感器的种类很多，早期的热量传感器采用的是绕线式结构(图 8.1.1)。常用的有用于测量平壁面的板式(WYP 型)和用于测量管道的可挠式(WYR 型)两种。平板热流传感器是由骨架、热电堆片及引线柱等组成。外形尺寸一般为 $130\times130\times1(\text{mm})$。热电堆片是由很多对热电偶串联绕在芯板上组成(图 8.1.2)。由热电偶原理可知，总热电势等于各分电势叠加。因此当有微小热流通过热电堆片时，虽然芯板两面温差 Δt 很小，但也会产生足够大的热电势，以利于显示出热流量的数值，并达到一定的精度。热电堆的引出线相互串联，二端头焊于引线柱上，最后在表面贴上涤纶薄膜作为保护层。绕线式热量传感器由于手工制作，各传感器特性之间一致性差，分辨率较低，量程范围小。随着对高精度热流测量的需求，20 世纪 60 年代末开始出现利用半导体材料制作热流传感器；由于采用半导体制造工艺，使得各热流传感器的一致性和性能(如工作温度、量程、分辨率和响

应时间)得以大幅提高,量程范围增大。20 世纪 90 年代中开始,采用大规模集成电路制造工艺制造热流传感器,出现具有更高测量精度的薄膜热流传感器,以满足更高精度测量的需要,使对微小热量变化的测量成为可能。

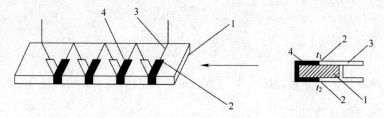

图 8.1.2　热电堆片示意图

1—芯板;2—热电偶接点;3—热电极材料 A;4—热电极材料 B

　　热流传感器产生的热电势 E,早期采用电位差计、动圈式毫伏表以及数字式电压表进行测量,利用式(8.1.3)求出热流。近些年出现的高精度数字式记录仪表或数据采集系统,不但可以直接显示测量的热流、显示数据曲线、打印报告等,还可以同时测量构件不同表面的温度,进而得出构件的热阻。

8.1.2　热流传感器的校准

　　热流传感器系数 C 表示的是:当热流传感器有单位热电势输出时,垂直通过它的热流密度。当 λ 和 C' 值不受温度影响为定值时,C 为常数。实际上热流传感器系数 C 对于给定的热流传感器不是一个常数,而是工作温度的函数。由于组成热流传感器的热电堆的材质、加工工艺等都会影响热流传感器系数 C,因此每个热流传感器都必须分别校准。

　　在常温范围内工作的热流传感器,校准的 C 值实际上可视为仪器常量,对测量不会造成很大误差。但用于测量冷库壁面热流时,由于工作温度远离标定时温度,实际的 C 值会低于原标定值;另外由于工作条件发生变化,将出现结露等复杂情况,如果不重新校准,会造成较大的测量误差。由式(8.1.3)可知,为了测定热流传感器系数 C 值,必须建立一个稳定的具有确定方向(单向或双向)的一维热流。热流传感器的校准方法有多种,常用的校准方法有平板直接法、平板比较法。

　　1. 绝对法

　　绝对法也称为平板直接法。绝对法校准装置由加热单元(包括中心计量板与用绝热材料制造的保护环)、冷却单元(冷板)和测量系统等组成(图 8.1.3)。被校准的热流传感器放置在加热单元与冷却单元之间,热流传感器周围放置一个与热流传感器厚度相同,由绝热材料制造的平均热阻接近的保护环。热流传感器与保护环组合的尺寸与加热单元相同。中心计量板用稳定的直流加热,冷板是一恒温水套。

　　根据不同的工况确定中心加热器的加热功率和恒温水的温度,调整保护环加热器的加热功率,使保护环表面的温度和中心计量板表面的温度一致,从而就在计量板和冷板之间建立起一个垂直于冷板和计量板(也垂直于热流计)的稳定的一维热流场。中心计量板的主加热器所发出的热流均匀垂直地通过热流传感器,热流密度可由下式求得

$$q=\frac{Q}{F}\tag{8.1.5}$$

式中　q——热流密度(W/m²);

Q——中心计量板平均发热功率(W);

F——中心热板面积(m^2)。

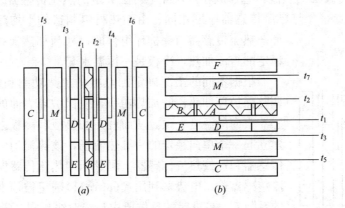

图 8.1.3 平板直接法原理图

(a) 双试件；(b) 单试件

A—中心计量板；B—保护环；C—冷板；D—热流传感器；E—传感器保护圈；
F—背保护板；M—保温板；t_1、t_2—热板表面热电偶；t_3、t_4—热流传感器
表面热电偶；t_5、t_6—冷板表面热电偶；t_7—背保护板表面热电偶

如果热流传感器两个复合板(热流传感器与保温层)的温差差异小于±2%，可以近似认为热流传感器两个复合板的温差相同，双试件中心计量板平均发热功率及热流传感器系数按照式(8.1.6)~式(8.1.8)计算。

$$Q = RI^2/2 \qquad (8.1.6)$$

$$C_1 = \frac{q}{E_1} \qquad (8.1.7)$$

$$C_2 = \frac{q}{E_2} \qquad (8.1.8)$$

式中　C_1、C_2——被校准的热流传感器的系数［$W/(m^2 \cdot mV)$］；

　　　R——中心计量板的加热电阻(Ω)；

　　　I——通过中心计量板的加热器的电流(A)；

　　E_1、E_2——分别为热流传感器 1 和 2 输出的热电势(mV)。

单试件中心计量板平均发热功率及热流传感器系数按照式(8.1.9)及式(8.1.10)计算。

$$Q = RI^2 \qquad (8.1.9)$$

$$C = \frac{q}{E} \qquad (8.1.10)$$

在校准时，应保证冷板、中心计量板之间的温差在 10~40℃ 之间。进入稳定状态后，每隔 30min 连续测量热流计和保温板两侧温差、输出电势及热流密度。4 次测量结果的偏差小于 1%，且不是单方向变化时，校准结束。

2. 比较法

比较法为平板比较法的简称。比较法的校准装置由加热板、冷板和测量系统等组成（图 8.1.4）。把待校准的热流传感器放在两块经绝对法标定的热流传感器之间，每块热流传感器的周围放置一个与热流传感器厚度相同、由绝热材料制造的平均热阻接近的保护环。热流传感器与保护环组合的尺寸与加热板相同。加热板用稳定的直流加热，冷板是一恒温水套。

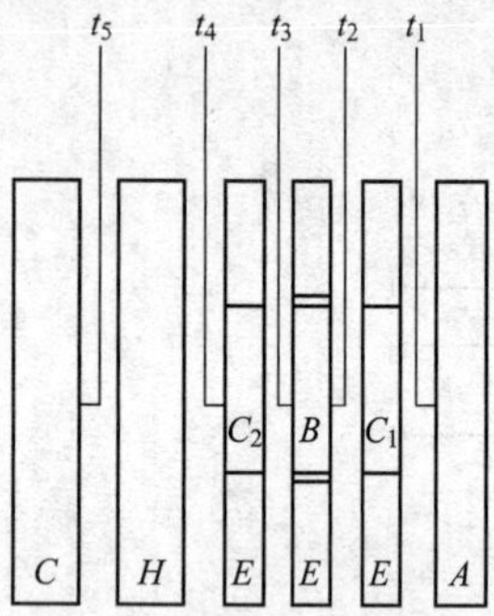

根据不同的工况确定加热板的加热功率和恒温水的温度，调整保护环加热器的加热功率，使保护环表面的温度和热流传感器表面的温度一致，从而就在加热板和冷板之间的中心区域建立起一个单向稳定的一维热流场，该热流均匀穿过标准热流传感器和被校热流传感器。测量标准热流传感器和被校准的热流传感器输出电势，利用式（8.1.11）确定被校准的热流传感器的系数 C。校准时的具体要求与绝对法相同。

图 8.1.4　平板比较法原理图
A—加热板；B—待标热流传感器；
C—冷板；C_1、C_2—标准
热流传感器；E—传感器保护环；
H—保温板；t—表面温度

$$C = \frac{q}{E} = \frac{C_1 E_1 + C_2 E_2}{2E} \tag{8.1.11}$$

式中　C、C_1、C_2——分别为被校准的热流传感器的系数和标准热流传感器的系数 $[\mathrm{W/(m^2 \cdot mV)}]$；

E_1、E_2——标准热流传感器输出电势（mV）；

E——被校准的热流传感器输出电势（mV）。

用绝对法校准，校准系数的不确定度优于 $\pm 3\%$，重复性优于 $\pm 2\%$。用比较法校准，校准系数的不确定度优于 $\pm 5\%$，重复性优于 $\pm 2\%$。用绝对法或比较法进行校准，若对校准结果有异议，以绝对法的校准结果为准。

【例 8.1.1】　用绝对法校准热流传感器，测定结果经整理后列在表 8.1.1 中。表中，t_1、t_2 为热流传感器的热面温度，t_3、t_4 为热流传感器的冷面温度。t_1 与 t_3，t_2 与 t_4 分别位于中心计量板两侧（图 8.1.3）。

测定记录　　　　　　　　　　　　　　　　　　表 8.1.1

t_1 (℃)	t_2 (℃)	t_3 (℃)	t_4 (℃)	$P = I^2 R$ (W)	$q = P/F$ (W/m²)	E_1 (mV)	E_2 (mV)
62.65	62.70	60.8	60.8	3.25	410.5	3.061	3.125

【解】　由式（8.1.2）可知：

$$q_1 = \frac{t_1 - t_3}{\dfrac{\delta_1}{\lambda_1}}$$

$$q_2 = \frac{t_2 - t_4}{\dfrac{\delta_2}{\lambda_2}}$$

当被标定的热流传感器是相同的材料制作时，$\lambda_1 = \lambda_2$，那么

$$\frac{q_1}{q_2}=\frac{\dfrac{t_1-t_3}{\delta_1}}{\dfrac{t_2-t_4}{\delta_2}}$$

一般情况下，可以认为 $q_1=q_2$（热流传感器两个复合板的温差差异小于±2％时）；但当 $q_1 \neq q_2$ 时，可以利用热流传感器两侧的温差来计算 q_1 和 q_2。

由于 $q=q_1+q_2$，当热流传感器的厚度相同时，有

$$q_1=\frac{q}{1+\dfrac{q_2}{q_1}}=\frac{q}{1+\dfrac{t_2-t_4}{t_1-t_3}}=\frac{410.5}{1+0.974}=207.95\mathrm{W/m^2}$$

由式(8.1.7)可知，

$$C_1=\frac{q_1}{E_1}=\frac{207.95}{3.061}=67.94\mathrm{W/(m^2 \cdot mV)}$$

同理可得：$q_2=202.55\mathrm{W/m^2}$；$C_2=64.82\mathrm{W/(m^2 \cdot mV)}$

8.1.3 热阻式热流计的安装

在使用热流时，除了合理地选用仪表的量程范围，允许使用温度、传感器的类型、尺寸、内阻等有关参数外，还要注意正确的使用方法，否则会引起较大的误差（附录5）。

热流传感器的安装有三种方法：埋入式、表面粘贴式和空间辐射式（图8.1.5）。埋入式和表面粘贴式是热阻式热流传感器常用的两种安装方法。

被测物体表面的放热状况与许多因素有关，被测物体的散热热流密度与热流测点的几何位置有关。对于水平安装有均匀保温层的圆形管道，保温层底部的热流密度最低，保温层侧面热流密度略高于底部，保温层上部热流密度比下部和侧面大得多（图8.1.6）。在这种情况下，测点应选在能反应管道截面上平均热流密度的位置，一般选在截面上与管道水平中心线夹角约为45°和135°处。最好在同截面上选几个有代表性位置进行测量，与所得到的平均值进行比较，从而得到合适的测试位置。对于垂直平壁面和立管也可作类似的考虑，通过测试找出合适的测点位置。

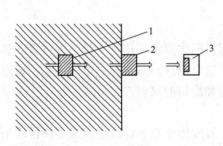

图 8.1.5 热流传感器的安装方法
1—埋入式；2—表面粘贴式；3—空间辐射式

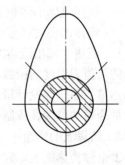

图 8.1.6 圆形截面管道保温层的
表面放热状况

热流传感器表面为等温面，安装时应尽量避开温度异常点。热流传感器表面应与所测壁面紧密接触，不得有空隙并尽可能与所测壁面平齐。为此常采用胶液、石膏、黄油、凡士林等粘贴热流传感器。对于硅橡胶可挠式热流传感器，可以采用双面胶纸。有条件时，应采用埋入式安装(图 8.1.7)。

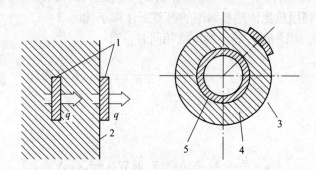

图 8.1.7　热流传感器在壁面和管道上的安装方法
1—平板热流传感器；2—被测物体表面；3—可挠型热流传感器；4—保温层；5—管道

8.2　热量及冷量的测量[3],[4]

热量表最早诞生于欧洲，早期的热量表全部为机械式的，20 世纪 90 年代开始进入中国。我国第一台热量表诞生于 20 世纪 80 年代初。蒸汽热量测量与热水测量原理相同，这里不再阐述。热水热量测量原理与冷冻水冷量的测量原理相同，这里主要介绍热水热量的测量方法。

8.2.1　热水热量测量原理

热水吸收或放出的热量，与热水流量和供回水焓差有关，它们之间的关系可用式(8.2.1)表示。

$$Q = \int \rho q_V (h_1 - h_2) \mathrm{d}\tau \tag{8.2.1}$$

式中　Q——流体吸收或放出的热量(W)；

　　　q_V——通过流体的体积流量($\mathrm{m^3/s}$)；

　　　ρ——流体的密度($\mathrm{kg/m^3}$)；

　h_1、h_2——流进、流出流体的焓(J/kg)。

热水的焓值为温度的函数，因此只要测得供回水温度和热水流量，即可得到热水吸收(放出)的热量。热水热量计量仪表，就是基于这个原理测量热水热量的。利用该原理也可以制造测量冷量的仪表，或制造同时测量热量和冷量的仪表。

8.2.2　热量表的构造

热量表也称为热能表，它由流量传感器、温度传感器和计算器组成。热量表采用计量特性一致或相近的铂电阻(配对铂电阻)测量供水温度和回水温度。为减少导线电阻对测量精度的影响，采用 $P_t 1000$ 或 $P_t 500$ 的铂电阻测量水温；流量传感器，主要采用超声波流量传感器、电磁流量传感器或机械式热水表等。流量传感器输出的流量信号及供回水温度信号分别送至计算器，计算器按照式(8.2.1)进行热量计算，并将计算结果进行存储和显示。

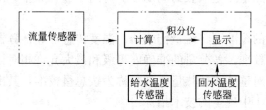

图 8.2.1 热量表工作原理图

目前生产的热量表，有整体式和组合式两种。整体式热量表的计算器、流量传感器和温度传感器组成不可分开的整体。组合式热量表的计算器、流量传感器和温度传感器相互独立。整体式热量表安装简单，但当管道密集或管道设在管井中时，读数不方便。组合式热量表安装工作量比整体式热量表的安装工作量有所增加，但计算器设置位置灵活，读数方便。

表 8.2.1 为我国生产的热量表的准确度等级和最大允许相对误差。热量表在最小允许温差 $\Delta t_{\min}$（一般为 3℃）或最小流量下工作，其误差不能超过最大允许相对误差。

热量表的准确度等级和最大允许相对误差 表 8.2.1

Ⅰ级	Ⅱ级	Ⅲ级
$\Delta = \pm \left(2 + 4\dfrac{\Delta t_{\min}}{\Delta t} + 0.01\dfrac{q_{p}}{q}\right)\%$ $\Delta_{q} = \pm\left(1 + 0.01\dfrac{q_{p}}{q}\right)\%$ 且 $\Delta_{q} \leqslant \pm 5\%$	$\Delta = \pm\left(3 + 4\dfrac{\Delta t_{\min}}{\Delta t} + 0.02\dfrac{q_{p}}{q}\right)\%$	$\Delta = \pm\left(4 + 4\dfrac{\Delta t_{\min}}{\Delta t} + 0.05\dfrac{q_{p}}{q}\right)\%$

注：q_{p} 为额定流量；对Ⅰ级表 $q_{p} \geqslant 100\text{m}^3/\text{h}$，$q$ 为实际流量，m^3/h；Δt 为流体的进出口温度之差；Δ_{q} 和 Δ 分别为流量传感器误差限和热量表的误差限。

各分量的准确度等级和最大允许相对误差 表 8.2.2

	流量传感器误差限 Δ_q	配对温度传感器误差限 Δ_t	计算器误差限 Δ_c
1级	$\pm\left(1 + 0.01\dfrac{q_{p}}{q}\right)\%$ 且 $\leqslant \pm 5\%$	配对温度传感器的温差误差应满足 $\pm\left(0.5 + 3\dfrac{\Delta t_{\min}}{\Delta t}\right)\%$ 对单支温度传感器的温度误差应满足 $\pm(0.30 + 0.005\lvert t\rvert)℃$	$\pm\left(0.5 + \dfrac{\Delta t_{\min}}{\Delta t}\right)\%$
2级	$\pm\left(2 + 0.02\dfrac{q_{p}}{q}\right)\%$ 且 $\leqslant \pm 5\%$		
3级	$\pm\left(3 + 0.05\dfrac{q_{p}}{q}\right)\%$ 且 $\leqslant \pm 5\%$		

8.2.3 热量表的标定及应用

热量表的安装要分别满足流量传感器和温度传感器的安装要求，积分仪要安在通风良好，便于观察的位置。热量测量仪表的周期维护时间一般为 5 年，即在使用 5 年后，需将仪表拆卸下来进行校准。

热水热量测量仪表的校准可将流量传感器、温度传感器和计算器分别进行校准，此种校准方法称为按照分量校准，各分量的准确度等级和最大允许相对误差应达到表 8.2.2 中规定的技术指标。也可对整体表按热量校准，称为按总量校准，其准确度等级和最大允许相对误差应达到表 8.2.1 中规定的技术指标。

分量校准所用的主要设备列于表 8.2.3 中。热水流量标准装置的扩展不确定度（覆盖因子为 2），应不大于热量表最大允许误差的 1/3，标准电阻箱的扩展不确定度（覆盖因子为 2），应不大于热量表最大允许误差的 1/5。按总量校准可采用标准热量表作为标准，标准热量表的扩展不确定度（覆盖因子为 2），应不大于热量表最大允许误差的 1/3。

校准所用的主要设备　　　　　　　　　　　　表 8.2.3

总量校准	分量校准		
	流量传感器	配对温度传感器	计算器
热水热量标准装置 耐压试验设备 恒温槽 二等标准铂电阻温度计	热水热量标准装置 耐压试验设备	恒温槽 二等标准铂电阻温度计	信号发生器 标准电阻箱

注：耐压试验设备用于检定热量表的最大允许工作压力。

思 考 题 与 习 题

1. 热阻式热流传感器的工作原理是什么？将热流传感器与热电势的关系看作线性关系的条件是什么？

2. 热流传感器系数的物理意义是什么？要提高热流计的灵敏度，需要采取哪些措施？

3. 高热阻型热流传感器和低热阻型热流传感器的区别是什么？高热阻型热流传感器有哪些特点。

4. 热流传感器的标定方法有哪几种？标定原理是什么？

5. 热流传感器的安装方法有哪几种？分析热流计采用埋入式和粘贴式安装方法测量墙体热阻，所带来的测量误差。

6. 用平板直接法标定热流传感器，测定记录整理后列在下表中。表中，t_1、t_2 为热流传感器的热面温度，t_3、t_4 为热流传感器的冷面温度。t_1 与 t_3，t_2 与 t_4 分别位于中心计量板两侧。

测 定 记 录

t_1 (℃)	t_2 (℃)	t_3 (℃)	t_4 (℃)	$P=I^2R$ (W)	$q=p/(F)$ (W/m²)	E_1 (mV)	E_2 (mV)
62.65	62.70	60.8	60.8	3.5	520.5	3.127	3.115

7. 画出热量表组成框图，简述热水热量表的工作原理。根据热水热量表各个组成部分，提出热量表的安装使用要求。

8. 热水热量的校准方法有哪几种？分析各种方法的优缺点。

9. 试设计一个热水热量表标定台，画出原理图，写清楚工作原理。

10. 已知 2 个采暖房间，面积分别为 $100m^2$ 和 $150m^2$，建筑物耗热量指标为 $50W/m^2$。选用 $DN20$ 的户用热量表(3 级表)，额定流量 $q_{vn}=2500kg/h$，分界流量 $q_{vt}=200kg/h$。试分析户内采暖系统为下述系统时，所选用的户用热量表的最大流量测量误差及热量测量误差。

(1) 采用散热器采暖，采暖供水温度为 $55\sim95℃$，回水温度为 $45\sim70℃$；

(2) 采用地板辐射供暖，采暖供水温度为 $40\sim60℃$，回水温度为 $35\sim50℃$。

11. 用在图 1 所示的热流计测量厚度为 δ 的混凝土板的导热系数，请给出计算导热系数的公式，并分析测量原理。已知图 1 中，1—热板，2—被检试样，3—热流传感器，4—护圈，5—冷板。

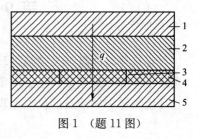

图 1 (题 11 图)

主要参考文献

[1] 张子慧主编. 热工测量与自动控制. 西安：西北工业大学出版社，1993.

[2] 戴自祝，刘震涛，韩礼钟编著. 热流测量与热流计. 北京：计量出版社，1986.

[3] 中华人民共和国行业标准. CJ 128—2007. 热量表. 北京：中国建筑工业出版社，2008.

[4] 中华人民共和国国家计量检定规程. JJG 225—2001. 热能表. 北京：中国计量出版社，2002.

第9章 建筑环境测量

建筑环境测量涉及建筑外环境、室内空气质量、室内热湿与气流环境、建筑声环境及光环境等部分的测量问题。本章仅对空气中有害物测量、环境放射性测量、建筑声环境及光环境测量中所涉及的仪器原理及使用方法作相应的介绍。

9.1 空气中气体污染物的测量

室内环境污染包括一氧化碳、二氧化碳、二氧化硫、氮氧化物、甲醛、苯及苯系物、挥发性有机化合物、可吸入颗粒物及生物微粒、放射性污染等。国家对环境质量要求见附录6。对室内环境污染物测定分析，有利于制定改善室内空气质量的方案，减少有害气体对人的危害。

9.1.1 一氧化碳和二氧化碳的测量[1],[2]

测定空气中所含的一氧化碳和二氧化碳的方法有不分光红外吸收法、电导法、气相色谱法和间接冷原子吸收法等。由于篇幅所限，这里仅介绍常用的不分光吸收式红外线气体分析器。

物质对光的吸收是物质与辐射能相互作用的一种形式。射入物质的光子能量与物质的基态和激发态能量差相等时才会被吸收。由于吸光物质的分子（离子）只有有限数量的离子化的能级，物质对光的吸收在波长上具有选择性。能被某种物质吸收的波长，称为该物质的特征吸收波长。

红外线气体分析器利用被测气体对红外光的特征吸收来进行定量分析。当被测气体通过受特征波长光照射的气室时，被测组分（即一氧化碳或二氧化碳）吸收特征波长的光。吸收光能的多少，与样品中被测组分浓度有关。透射光强度与入射光强度、对特征波长光辐射的吸收及吸光组分浓度之间的关系遵守比尔定律

$$I = I_0 e^{-klc} \tag{9.1.1}$$

式中 I——透射的特征波长红外光强度 [cd(坎德拉)]；

      I_0——入射的特征波长红外光强度(cd)；

      k——被测组分对特征波长的吸收系数 [L/(g·cm)]；

      l——入射光透过被测样品的光程(cm)；

      c——样品中被测组分的浓度(g/L)。

在红外线气体分析器中，红外辐射光源的入射光强度不变，红外线透过被测样品的光程不变，且对于特定的被测组分，吸收系数也不变，因此透射的特征波长红外光强度仅是被测组分的函数，故通过测定透射特征波长红外光的强度即可确定被测组分的浓度。

红外线气体分析器由红外光源、切光器、气室、光检测器及相应的供电、放大、显示

和记录用的电子线路和部件组成(图 9.1.1)。一氧化碳和二氧化碳红外线分析器的光源是直径约 0.5mm 的镍铬丝。镍铬丝被加热到 600~1000℃时,光源辐射出的红外线波长范围约为 2~10μm。红外线辐射光经反射抛物状面汇聚成平行光射出,射出的能量相等的两束平行光,被同步电机带动的切光片切割成断续的交变光,从而获得交变信号,以减少信号漂移。两路平行光中,一路通过滤波室、参比气室(内充不吸收红外线的气体,如氮气),射入接收室。另一束光称为测量光束,通过滤波室射入测量气室。由于测量气室中有气样通过,则气样中的待测量吸收了部分特征波长的红外光,使射入接收室的光束强度减弱,待测量含量越高,光强减弱越多。

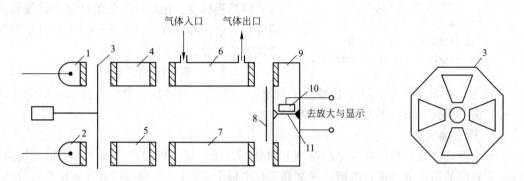

图 9.1.1　红外线气体分析器的基本组成
1、2—红外光源;3—切光片;4、5—滤光镜(气室);6—测量室;7—参比气室;
8—使两光路平衡的遮光板;9—薄膜电容微音器;10—固定金属片;11—金属薄膜

一氧化碳和二氧化碳红外线分析器的光检测器是薄膜电容微音器。它是利用待测组分的变化引起电容量变化来测量待测组分的浓度的。电容的金属薄膜(动片)将接收室的空腔分成容积相等的两个接收室,接收室内充满等浓度的 CO 气体。在铝箔的一侧还固定一圆形金属片(定片),距薄膜 0.05~0.08mm,二者组成一个电容器。红外光束射入接收室后,被其中的 CO 吸收,使气体温度升高,从而导致内部压力升高,测量光束与参比光束平衡时,两边压力相等,动片薄膜维持在平衡位置。当测量气室中有待测组分时,通过参比气室的红外光辐射保持不变,而通过测量气室进入接收室的红外光由于待测组分的吸收而减弱,使这一边的温度降低,压力减小,金属薄膜偏向固定金属片一方,从而改变了电容器两极间的距离,也就改变了电容量。这个电容量的变化就可指示气样中待测组分的浓度,见式(9.1.2)。采用电子技术,将电容量变化转变成电流变化,经放大及信号处理后,进行记录和显示。

$$C = K \frac{\varepsilon F}{D} \tag{9.1.2}$$

式中　F——电容极板面积;

　　　D——薄膜动极与固定电极间距离;

　　　K——比例系数;

　　　ε——气体介电常数。

监测大气中一氧化碳或二氧化碳的红外线分析器的使用应与取样技术结合起来。取

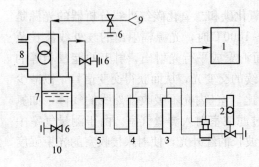

图 9.1.2　正压取样系统

1—气体分析器；2—流量控制器；3—干燥器；

4—化学过滤器；5—机械过滤器；6—阀；

7—气水分离器；8—冷却器；9—烟道气入口；

10—冷凝水出口

样系统一般包括杂质过滤、干燥、压力控制和流量控制等（图 9.1.2）。对于高温烟气还需有冷却装置。红外线分析器投入正常工作以后，每周至少要用标准气样校准刻度一次，以保证仪器分析的准确性。所用的标准气样可以是标准混合气制造部门提供的钢瓶标准气，也可以是临时制备的标准气样。校正零点用的标准零点气是纯氮。较正终点所用的终点气要尽量接近仪器的满量程标度。已知标准气的精度要比仪器的精度高 3 倍，即标准气的分析误差不超过仪器测量误差的三分之一。

9.1.2　二氧化硫的测量[1],[2]

测量 SO_2 常用的方法有库仑滴定法、紫外荧光法、电导法、分光光度法、火焰光度法等，由于篇幅所限，本处仅介绍前两种方法。

1. 库仑滴定法

库仑滴定法是一种建立在电解基础上的分析方法。其原理为在试液中加入适当物质，以一定强度的恒定电流进行电解，使之在工作电极上电解产生一种试剂（称滴定剂），该试剂与被测物质进行定量反应，反应终点可通过电化学方法指示。

恒电流库仑滴定式二氧化硫分析仪是根据库仑滴定法原理制造的二氧化硫分析仪。该分析仪由恒流电源、库仑池和测量显示部分所组成（图 9.1.3）。

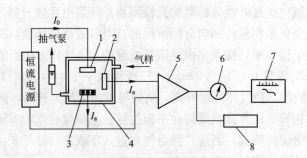

图 9.1.3　库仑滴定式二氧化硫分析仪工作原理图

1—铂丝阳极；2—活性炭参比电极；3—铂网阴极；4—库仑池；5—放大器；

6—微安表；7—记录仪；8—数据处理系统

库仑池是由铂丝阳极、铂网阴极、活性炭参比电极及 0.3mol/L 碱性碘化钾溶液（电解液）组成的。若将一恒流电源加于两电解电极上，则电流从阳极流入，经过阴极和参比电极流出。因参比电极通过负载电阻和阴极连接，故阳极电位是参比电极电位和负载上的电压降之和。在这样的电位差下，阳极只能氧化溶液中的碘离子得到碘分子：

$$2I^- \rightleftharpoons I_2 + 2e^-$$

抽入库仑池的气体带动电解液在池中循环，碘分子被带到阴极后还原。在上述电位差作用下，阴极只能还原碘分子，重新产生碘离子。

$$I_2 + 2e^- \rightleftharpoons 2I^-$$

如果进入库仑池的气样中不含有 SO_2，库仑池中又无其他化学反应，则当碘浓度达到动态平衡后，阳极氧化的碘和阴极还原的碘相等，即阳极电流和阴极电流相等，参比电极无电流输出。如果气样中含有 SO_2，则与溶液中的碘发生下列反应：

$$SO_2 + I_2 + 2H_2O \longrightarrow SO_4^{2-} + 2I^- + 4H^+$$

这个反应在库仑池中是定量进行的，每个二氧化硫分子反应后，消耗一个碘分子，少一个碘分子到达阴极，阴极将少给出两个电子，降低了流入阴极的电解液中碘的浓度，使阴极电流下降。为维持电极间氧化还原平衡，这两个电子由参比电极上的碳的还原作用给出，以维持电极间的氧化反应平衡。

$$C(氧化态) + ne^- \longrightarrow C(还原态)$$

气样中 SO_2 含量越大，消耗碘越多，导致阴极电流减小而通过参比电极流出的电流越大。当气样以固定流速连续地通入库仑池时，则参比电极电流和 SO_2 量间的关系为

$$P = \frac{I_R M}{96500n} = 0.000332 I_R \tag{9.1.3}$$

式中 P——每秒进入库仑池的 SO_2 量($\mu g/s$)；

$\quad\quad I_R$——参比电极电流(μA)；

$\quad\quad M$——SO_2 分子量，64；

$\quad\quad n$——参加反应的每个 SO_2 分子的电子变化数。

设通入库仑池的流量为 q_V(L/min)；气样中 SO_2 的浓度为 c($\mu g/L$)，则每秒进入库仑池的 SO_2 量为

$$P = \frac{c q_V}{60} \tag{9.1.4}$$

$$c = 60 \frac{0.000332 I_R}{q_V} \approx 0.02 \frac{I_R}{q_V} \tag{9.1.5}$$

若 $q_V = 0.25$L/min，则 SO_2 浓度 $c = 0.08 I_R$。

由此可见，参比电极增加 $1\mu A$ 电流，相当于气样中 0.08mg/m^3 的 SO_2 的浓度。将参比电极电流变化放大后，进行显示或记录被测气体的 SO_2 浓度。

仪器的零点调整，是用经过活性炭过滤器滤去全部氧化性和还原性气体的空气作为零点气来校验仪器的零点的。仪器使用时，每切换一次量程时，应重新校验零点。

2. 紫外荧光法

荧光分析法是利用测荧光波长和荧光强度建立起来的定性、定量分析方法。荧光通常是指某些物质受到紫外光照射时，各自吸收了一定波长的光之后，发射出比照射光波长长的光，而当紫外光停止照射后，这种光也随之很快消失。

二氧化硫分子被紫外光照射后发出荧光，荧光的强弱与二氧化硫的量有关。根据比尔定律，光透过物质后部分被物质吸收，则透射光强度 I 可以用式(9.1.1)得出

$$1 - \frac{I}{I_0} = 1 - e^{-klc}$$

即得到被吸收的光量

$$I_0 - I = I_0(1 - e^{-klc})$$

荧光的总强度与被吸收光量以及荧光效率 ϕ 成正比，因此总的荧光强度 F 可表示为

$$F = (I_0 - I)\phi = I_0\phi(1 - e^{-klc}) \tag{9.1.6}$$

若荧光物质的浓度很稀，被吸收的光不超过总量的 2%，且 klc 不大于 0.05，则式(9.1.6)可简化为

$$F = KI_0\phi(klc) \tag{9.1.7}$$

式中 K——测量荧光装置的几何结构因素。

由式(9.1.7)可知，荧光的强度与 SO_2 浓度成正比，只要测得荧光的强度，即可得知 SO_2 浓度。

荧光法测定 SO_2 的主要干扰物质是水分和芳香烃化合物。水的影响一方面是由于 SO_2 可溶于水造成损失，另一方面是由于 SO_2 遇水产生荧光猝灭而造成负误差，可用半透膜渗透法或反应室加热法除去水的干扰。芳香烃化合物在 $190\sim230\mathrm{mm}$ 紫外光激发下也能发射荧光造成正误差，可用装有特殊吸附剂的过滤器预先除去。

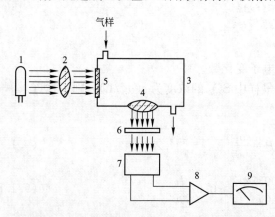

图 9.1.4　紫外荧光式二氧化硫分析仪工作原理图
1—紫外光源；2、4—透镜；3—反应室；5—激发光滤光片；
6—发射光滤光片；7—光电倍增管；8—放大器；9—指示表

用荧光法原理制造的分析仪器，称为荧光式分析仪。紫外荧光式二氧化硫分析仪由气路和荧光计两部分组成。气样经过除尘过滤器后通过采样阀进入渗透膜除水器、除烃器后到达荧光反应室 3（图 9.1.4），反应后的干燥气体经流量计测定流量后排出。荧光计紫外光源发射脉冲紫外光经激发光滤光片进入反应室，SO_2 分子在此被激发产生荧光，经发射光滤光片投射到光电倍增管上，将光信号转换成电信号，经电子放大系统等处理后直接显示浓度读数。

紫外荧光式二氧化硫分析仪使用前，要用标准 SO_2 气体校准。该仪器操作简便，对环境条件要求较高，应安装在温度变化不大，灰尘少，清洁干燥的地方。

9.1.3　氮氧化物的测量[1],[2]

大气中的氮氧化物主要以一氧化氮和二氧化氮形式存在，这两种物质可以分别测定，也可测定二者的总量。常用的测量方法为化学发光法、库仑滴定式法和盐酸萘乙二胺分光光度法。此处仅介绍化学发光法。

某些化合物分子吸收化学能后，被激发到激发态，再由激发态返回至基态时，以光量子的形式释放出能量，这种化学反应称为化学发光反应，利用测量化学发光强度对物质进行分析测定的方法称为化学发光分析法。

化学发光现象通常出现在放热化学反应中，包括激发和发光两个过程。一氧化氮和臭

氧反应可发射光，其反应机理为

$$NO+O_3 \longrightarrow NO_2^* +O_2$$

$$NO_2^* \longrightarrow NO_2+hf$$

$$I=K\frac{C_{NO}C_{O_3}}{C} \tag{9.1.8}$$

式中　NO_2^*——处于激发态的二氧化氮；

　　　I——化学发光强度；

　　　h——普朗克常数；

　　　f——发射光子的频率；

　　　K——与化学发光反应温度有关的常数；

C_{NO}、C_{O_3}、C——分别为NO、O_3和空气的浓度。

处于激发态的二氧化氮向基态跃迁的同时发射光子，发出的光波长带宽在600～3200nm范围内，最大发射波长为1200nm。当反应温度一定，而参加反应的臭氧分子过量时，样品中一氧化氮的浓度与化学发光强度成正比，即与接收这种发光的光电倍增管输出电流的大小成正比。若要分析二氧化氮则首先应将二氧化氮定量还原为一氧化氮。

根据化学发光法原理制造的分析仪表称为化学发光式分析仪。化学发光式氮氧化物分析仪由转换器、O_3发生器、过滤器和信号系统（放大、处理、显示）等组成。由图9.1.5可见，气体通道有两个。一个是被分析的气体气样经尘埃过滤器进入转换器，将NO_2转换成NO，再通过三通电磁阀、流量计到达反应室。另一个是氧气经电磁阀、膜片阀、流量计进入O_3发生器，在紫外光照射或无声放电等作用下，产生数百 ppm(10^{-6})的O_3送入反应室。在反应室中，气样中的NO与O_3发生化学发光反应，产生的光量子经反应室端面上的滤光片获得特征波长光射到光电倍增管上，将光信号转换成与气样中的NO_2浓度成正比的电信号，经放大和信号处理后，送入指示、记录仪表显示和记录测定结果。反应后的气体由泵抽出排放。

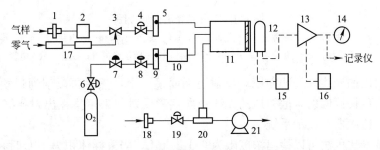

图9.1.5　化学发光式氮氧化物分析仪工作原理

1、18—尘埃过滤器；2—NO_2→NO转换器；3—三通阀；4、6、19—针形阀；

5、9—流量计；7—电磁阀；8—膜片阀；10—O_3发生器；11—反应室及滤光片；

12—光电倍增管；13—放大器；14—指示表；15—高压电源；16—稳压电源；

17—零气处理装置；20—三通管；21—抽气泵

仪器投入正常使用前,应对零点和刻度进行校准。投入使用之后,也要对仪器进行定期校准,以保证分析所得数据的正确性。校准周期按使用情况和所需的精度确定。该仪器对环境条件要求较高,应安装在温度变化不大,灰尘少,清洁干燥的地方。

9.1.4 甲醛的测量[3],[4],[6]

甲醛是一种挥发性有机化合物,对人体的呼吸系统和皮肤有刺激作用,是室内环境主要污染物之一。测量甲醛的方法很多,常用酚试剂比色法、乙酰丙酮分光度法。此处仅介绍酚试剂比色法。

甲醛与酚试剂反应生成嗪,在高铁离子存在下,嗪与酚试剂的氧化产物生成蓝绿色化合物,根据颜色深浅,用分光光度计测定。

依据比尔定律可知,当一束平行单色光通过均匀、非散射的稀溶液时,溶液对光的吸收程度与溶液的浓度及液层厚度的乘积成正比。这样式(9.1.1)可以表示为

$$A=klc \tag{9.1.9}$$

式中 A——吸光度;

其余符号同式 (9.1.1)。

图 9.1.6 所示的分光光度计,是依据比尔定律来测量吸光度的。分光光度计光源为钨丝灯和氢灯。它以石英棱镜作单色器,光电管作为光电转换元件,配以紫敏光电管和红敏光电管,前者适用于波长 $200\sim625nm$ 的吸光度,后者适用于波长 $625\sim1000nm$ 的吸光度。

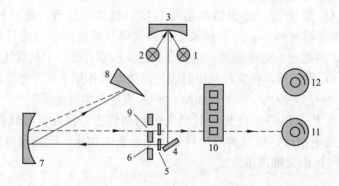

图 9.1.6 分光光度计原理图

1—钨灯;2—氢灯;3—凹面聚镜;4—平面反射镜;5—石英透镜;6—入射狭缝 S_1;7—准直镜;
8—石英棱镜;9—出射狭缝 S_2;10—样品池;11—紫敏光电管;12—红敏光电管

由光源射出的光线,经凹面镜 3 反射至平面镜 4 上,然后再反射通过狭缝 S_1,经准直镜反射至石英棱镜散射,散射后的光线经准直镜反射回来聚集在出射狭缝 S_2 上,最后经过样品池、检测器至显示系统。

利用酚试剂比色法可以检出浓度限为 $0.1\mu g/mL$,当采样体积为 10L 时,最低检测浓度为 $0.01mg/m^3$。

检测时先取 8 支 10mL 比色管,按不同比例配制标准色列❶。在各管中加入 1% 硫酸铁铵溶液 0.4mL 摇匀,放置 15min 后,用 1cm 比色皿,在波长 630mm 下,以水为参比,

---

❶ 多支盛有不同数量的标准液(由甲醛和水组成)和混合液(由酚试剂和水组成)的贝塞尔比色管。

用图 9.1.6 所示的光度计测定吸光度。以甲醛含量为横坐标，吸光度为纵坐标，绘制曲线，计算回归线斜率，以斜率作为样品测定的计算因子 B_g。

测量时用一个内装 5.0mL 吸收液的气泡吸收管，以 0.5L/min 流量，采气 $V_t = 10L$。采样后的样品移入比色皿中，用少量吸收液洗涤吸收管，洗涤液并入比色管中，使总体积为 5mL。按照测定计算因子的方法测定吸光度 A；在每批样品测定的同时，用 5mL 未采样的吸收液作试剂空白，测定试剂空白的吸光度，按照式(9.1.10)计算空气中的甲醛浓度。

$$C = \frac{(A - A_0) B_g}{V_0} \tag{9.1.10}$$

式中　C——空气中甲醛浓度(mg/m^3)；

A——样品溶液的吸光度(吸光度)；

A_0——空白溶液的吸光度(吸光度)；

B_g——用标准溶液制备标准曲线得到的计算因子(μg/吸光度)；

V_0——换算成标准状况下的采样体积，按照式(9.1.11)计算

$$V_0 = V_t \frac{T_0}{273 + t} \frac{P}{P_0} \tag{9.1.11}$$

式中　V_t——采样体积(L)；

T_0——标准状况下的绝对温度，$T_0 = 273K$；

t——采样点的温度(℃)；

P、P_0——分别为采样点和标准状态下的大气压力(kPa)。

9.1.5　苯及总挥发性有机化合物(TVOC)的测量[3],[4]

空气中的苯、总挥发性有机化合物以及建材胶粘剂中苯系物等测量，都用到气相色谱技术。当空气样品含量低，需经吸附富集后，再解析进入色谱分析，对于材料制品则常用适当的溶剂萃取稀释后，再进入色谱分析。

色谱法最早是由俄国植物学家茨维特(Tsweet)1906 年创立的，又称色层法或层析法，是一种用以分离、分析多组分混合物质的极有效的物理及物理化学方法。近几十年发展迅速，如今已成为现代科学实验室中应用最广泛的一类工具。

气相色谱仪由载气系统、进样系统、色谱柱、检测与记录系统组成。载气系统包括气源、气体净化、气体流速控制和测量气流的流量计、压力表等。进样系统包括进样器、汽化室，起到引入试样并使之汽化的作用。

色谱柱是色谱仪的关键部件，其作用是分离样品，主要有填充柱和毛细管柱。色谱柱为空心管，填充某种物质(称为固定相)。当汽化后的试样被连续流动气体(称为流动相或者载气，一般为 N_2、He 等)运载着进入色谱柱时，由于固定相对各组分的吸附或溶解能力不同，因此各组分在色谱柱中的运行速度就不同，经过一定的柱长后，各个组分便彼此分离，按顺序离开色谱柱进入检测器。检测与记录系统按各组分物理、化学特性将各组分按顺序转换成的电信号，经转化和放大后，进行存储及显示。

常用的检测器有火焰离子检测器、电子捕获检测器及热导检测器等几种。图 9.1.7 是配火焰离子检测器的气相色谱仪流程示意图。图 9.1.8 为氢火焰离子检测器原理图。待测样品在氢-空气火焰中燃烧，变成带电的离子。这些离子在由电极 4、5 产生的高压电场中做定向运动，到达收集电极从而形成离子流，通过测量这一电流大小，便可得知物质的浓度。

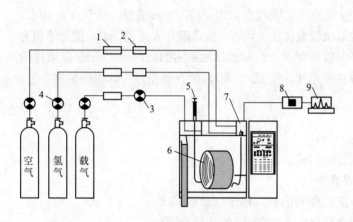
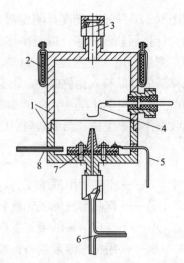

图 9.1.7　气相色谱仪流程示意图

1—分子筛脱水管；2—固定限流器；3—流量控制器；4—稳压器；

5—进样口；6—色谱柱；7—检测器；8—电子部件；9—计算机

图 9.1.8　氢火焰离子检测器原理图

1—壳体；2—加热器；3—燃烧产物排出口；

4—收集电极；5—供电电极；6—氢气

和待测样品入口；7—燃烧头；

8—助燃空气入口

利用气相色谱仪测量苯时，将已采样的活性炭管与 1000mL 注射器相连，置于热解析装置上，用氮气以 50～60mL/min 的速度于 350℃ 下解析，解析体积为 100mL。取 1mL 解析气进色谱柱，测量保留时间及峰高。每个样品做 3 次，求峰高的平均值。同时，取一个未采样的活性炭管，按样品管同样操作，测定空白管的平均峰高。采集空气样品中苯的浓度按照式(9.1.12)计算。

$$C = \frac{(h-h_0)B_g}{V_0 E_g} \times 100 \tag{9.1.12}$$

式中　C——空气中苯或甲苯、二甲苯浓度(mg/m^3)；

　　　h——样品峰高的平均值(mm)；

　　　h_0——空白管的峰高(mm)；

　　　B_g——用混合标准气体绘制标准曲线（分别以苯、甲苯和二甲苯的含量为横坐标，平均峰高为纵坐标）得到的计算因子（回归线斜率的倒数）$[\mu g/(mL \cdot mm)]$；

　　　V_0——换算成标准状况下的采样体积，按照式(9.1.11)计算(L)；

　　　E_g——由实验确定的热解吸收率。

利用气相色谱仪测量总挥发性有机化合物(TVOC)时，用吸附管采集一定体积的空气样品，空气中的挥发性有机化合物保留在吸附管中。将吸附管安装在热解析仪上加热，使有机蒸汽从吸附剂上解析下来，并被载气流带入冷阱，进行预浓缩，载气流方向与采样时的方向相反。然后再以低流速快速解析，经传输线进入毛细管气相色谱仪，用保留时间定性，峰面积定量。采集空气样品中苯的浓度按照式(9.1.13)计算。

$$c_m = \frac{F_i - B_i}{V_0} \times 1000 \tag{9.1.13}$$

式中　c_m——空气样品中待测 i 组分的浓度$(\mu g/m^3)$；

F_i——样品管中 i 组分的质量(μg);

B_i——空白管中 i 组分的质量(μg);

V_0——换算成标准状况下的采样体积,按照式(9.1.11)计算(L)。

总挥发性有机化合物含量按式(9.1.14)计算。

$$C_{\text{TVOC}} = \sum_{m=1}^{n} c_m \tag{9.1.14}$$

式中 C_{TVOC}——标准状态下所采空气样品中总挥发性有机化合物的浓度(μg/m³)。

9.2 空气含尘浓度及生物微粒的测量

大气尘是空气净化的直接处理对象。2016 年 1 月 1 日起实施的《环境空气质量标准》(GB 3095—2012)中所称的"总悬浮颗粒物"(TSP),是指环境空气中空气动力学当量直径小于等于 100μm 的颗粒物;PM10 是指环境空气中空气动力学当量直径小于等于 10μm 的颗粒物,也称为可吸入颗粒物;PM2.5 是指环境空气中空气动力学当量直径小于等于 2.5μm 的颗粒物,也称为细颗粒物。空气中存在许多微生物,如霉菌、细菌、病毒等,大多附着于固体或液体颗粒物上而悬浮在空气中。由于颗粒小、质量轻,在空气中滞留时间长,因此对健康影响大。测定大气尘的浓度、空气中微生物含量,对于保障人体健康和评价洁净空调及生物洁净室的性能有重要意义。

大气尘的浓度一般有三种表示方法:(1)计重浓度,以单位体积空气中含有的尘粒质量表示,计作 mg/m³;(2)计数浓度,以单位体积空气中含有的尘粒个数表示,计作粒/L;(3)沉降浓度,以单位时间单位面积上自然沉降下来的尘粒数或者质量表示,计作粒/(m²·h)。

从环境卫生、工业卫生和一般空调角度,大气尘的浓度均采用计重浓度或者辅助以沉降浓度。在空气洁净技术中,采用大气尘的计数浓度。

9.2.1 总悬浮颗粒的测量[1]

总悬浮颗粒测定一般采用图 9.2.1 所示 TSP 采样器,该采样器由采样夹、流量计、采样管及采样泵组成。采样前,旋开已经校准过流量的采样器的采样夹(图 9.2.2),用镊子将已称重过的滤膜安放在采样夹中。安放时滤膜的绒毛面向上,滤膜应经过光照检查,不允许有针孔、颗粒状异物或其他缺陷。滤膜不允许折叠。每张滤膜上要编号。采样时,采样器一般放置 1~1.5m 的高台上。启动采样泵,以稳定流量抽取一定体积的空气通过恒重滤膜,空气中的悬浮颗粒被阻留在滤膜上。采样结束后,取下滤膜。取下的滤膜可按照长方向对叠,使尘埃面朝里,放入滤膜册内保存。在与采样前相同的环境下,放置 24h,称量至恒重。利用采样前后滤膜重量之差及采样体积,即可计算总悬浮颗粒 TSP 的计重浓度。

$$TSP = \frac{W}{V_n \cdot t} \tag{9.2.1}$$

式中 TSP——总悬浮颗粒(mg/m³);

W——阻留在滤膜上的 TSP 重量(mg);

V_n——标准状态下的采样流量(m³/min);

t——采样时间(min)。

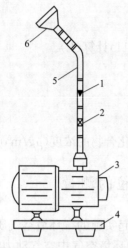

图 9.2.1 中流量 TSP 采样器

1—流量计；2—调节阀；3—采样泵；

4—消声器；5—采样管；6—采样头

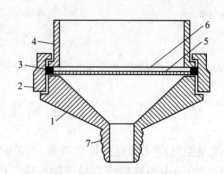

图 9.2.2 颗粒物采样夹

1—底座；2—紧箍圈；3—密封圈；

4—接座圈；5—支撑网；6—滤膜；7—抽气接口

9.2.2 可吸入颗粒物的测量[10]

可吸入颗粒物的测定可以采用称重法，也可以采用粒子计数器来测定。本处仅介绍常用的光散射式粒子计数器。

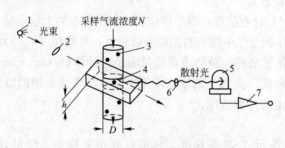

图 9.2.3 粒子计数器工作原理示意图

1—光源；2—透镜组；3—浮游微粒；4—检定空间 $V = \pi D^2 h/4$；

5—光电倍增管；6—透镜组；7—放大器

空气中微粒在光的照射下发生的光散射现象，和微粒大小、光波波长、微粒的折射率和对光的吸收特性等因素有关，微粒散射光的强度正比于微粒的表面积。光散射式粒子计数器就是通过测定散射光的强度而得知微粒的大小。图 9.2.3 是粒子计数器工作原理示意图。来自光源的光线被透镜组聚焦于测量区域，当被测空气中的每一个微粒快速地通过测量区时，便把入射光线散射一次，形成一个光脉冲信号，这一信号经透镜组被送到光电倍增管阴极，正比地转换成相应幅度的电脉冲信号，再经过放大，通过计数系统显示出来。电脉冲信号的高度反映微粒的大小，信号的数量反映微粒的个数。

粒径与输出电信号的关系是：

$$d_p^{-n} = ku \qquad (9.2.2)$$

式中　d_p——微粒直径(μm)；

k——转换系数；

u——信号电平(mV)；

n——仪器系数，$n = 1.8 \sim 2.0$。

粒子计数器在计数时显示的微粒粒径，称为名义粒径。它所代表的实际粒径范围，与标定时所选择的标准粒子粒径有关。以普通光源为入射光的粒子计数器，对 0.3μm

以下的微粒灵敏度很低，只适于测定 $0.3\mu m$ 以上的微粒，特别是 $0.5\mu m$ 以上的微粒。激光粒子计数器，能够测量的粒径很小，有的可以测定 $0.09\mu m$ 以上的微粒。白炽光计数器在采样的浓度超过 50000 粒/L，激光计数器在采样的浓度超过 10000 粒/cm³ 时，需要对采样气流加以稀释，图 9.2.4 为使用标准粒子标定计数器时所用的稀释系统原理图。

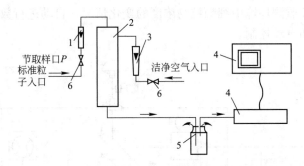

图 9.2.4　有混合器和缓冲器的稀释系统原理图
1—流量计；2—混合器；3—流量计；4—粒子计数器；5—缓冲器；6—阀门

9.2.3　细颗粒物测定[11]、[12]、[13]

细颗粒物测定需要分两步，第一步是将 PM2.5 与较大的颗粒物分离；第二步是测定分离出来的 PM2.5 的重量。目前采用的方法主要有重量法、微量振荡天平法和 β 射线法。这三种方法的第一步是一样的，区别在于第二步。

重量法是利用感量为 0.01mg 的天平称重截留在滤膜上的 PM2.5，根据式(9.2.3)计算 PM2.5 的质量浓度。

$$C=\frac{W_1-W_2}{V}\times 1000 \tag{9.2.3}$$

式中　C——PM2.5 的质量浓度(mg/m³)；
W_1、W_2——分别为采样前后的滤膜质量(g)；
　　V——换算成标准状态下(0℃、101.3kPa)的采样体积(m³)。

重量法是最直接最可靠的检测方法，可用于验证其他方法。但滤膜采样前后需要实验室烘干称重，人工换滤膜和取样等，不能实现远距离自动检测。远距离自动检测需要采用微量振荡天平法和 β 射线法，这里仅介绍 β 射线法。

β 射线法检测仪器由气体采样系统、滤膜传输系统、射线检测系统、控制系统和显示系统组成。环境空气由采样真空泵吸入采样管(图 9.2.5)，采样头加热器控制受测量气流的湿度相对稳定在合适测量水平(35%以下)，以减少环境湿度对颗粒物检测结果的影响；样品气体经过滤膜后排出，颗粒物沉淀在滤膜上。滤膜两侧分别设置了 β 射线源(^{14}C)和 β 射线检测器(闪烁体计数器，见 9.3)。当 β 射线通过沉积着颗粒物的滤膜时，β 射线的能量衰减，通过对衰减量的测定便可依据式(9.2.4)计算出颗粒物的浓度，对计算结果进行显示、存储、打印及远传。

$$C=\frac{A}{\mu_{\mathrm{m}}V}\ln\frac{I_0}{I_1} \tag{9.2.4}$$

式中　C——PM2.5 的质量浓度(mg/m³)；

I_0、I_1——分别为采样前后的滤膜质量(g);

A——探测面积(cm^2);

μ_m——质量吸收系数(mg/cm^2);

V——换算成标准状态下(0℃、101.3kPa)的采样体积(m^3)。

依据 β 射线法检测仪测量范围为 $0\sim10mg/m^3$,精确度为±2%,仪器操作简单,维护工作量小;可连续监测环境中细颗粒物浓度的变化情况,自动进行数据记录、存储和远传,利于远程监测和自动控制。

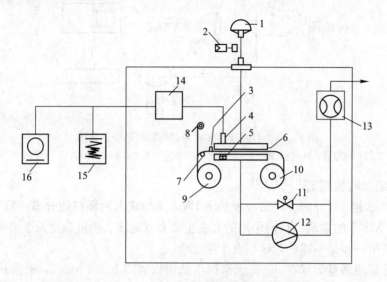

图 9.2.5 β 射线细颗粒物检测系统原理图

1—采样头、采样进气口;2—采样头加热器;3—过滤带打印器;4—计数管;5—^{14}C 射线源;
6—过滤纸带调节器;7—过滤纸带进带电机;8—薄片盖;9—装载轮;10—卷轮;11—旁通气阀;
12—真空泵;13—质量流量计;14—微处理器、控制、计算;15—记录仪;16—打印机

9.2.4 生物微粒测量[10]

生物微粒(主要是细菌)测定主要采用沉降法、撞击法和过滤法。

1. 沉降法

沉降法是测定沉降细菌最常用、最简单的方法。用盛有培养基的培养皿(直径一般为90mm),放在待测地点,按规定时间暴露和收回,暴露时间长短也可以通过试放确定。然后按照规定温度和时间培养(一般细菌和细菌总数测定可用 48h,31~32℃;真菌测定可用 96h,25℃),用肉眼计算菌落数目。

2. 撞击法

撞击法是测定浮游菌的方法,分干式和湿式两种。

常用干式分级法。采样风机抽引含菌气体进入设有多段孔板的采样器(图 9.2.6),气流由各孔喷出后撞击平板培养基,生物微粒在培养基上沉积下来。由于每段孔板的孔径都不同,在每段培养基上沉积的微粒大小也是不同的,因而可以求出生物微粒的粒径分布。安德逊采样器就是这种方法,国际上以它作为标准采样器。表 9.2.1 是安德逊采样器的特性。

安德逊采样器特性 表9.2.1

级	孔径 (μm)	孔口流速 (m/s)	捕集粒径下限 (μm)	100%捕集的粒径 (μm)	主要捕集范围 (μm)	平均捕集效率 (%)
1	1.181	1.08	3.73	11.2	7.7以上	—
2	0.914	1.79	2.76	8.29	5.5~7.7	60
3	0.711	2.97	1.44	4.32	3.5~5.5	63
4	0.533	5.28	1.17	3.50	2.3~3.5	63
5	0.343	12.79	0.61	1.84	1.4~2.3	66
6	0.254	23.30	0.35	1.06	0.75~1.4	66

常用湿式注入法。将含菌气体注入盛有培养液的器皿中(图9.2.6),以液体捕集生物微粒。捕集到细菌的培养液再经过滤膜过滤器过滤,然后对滤膜进行培养及计数。

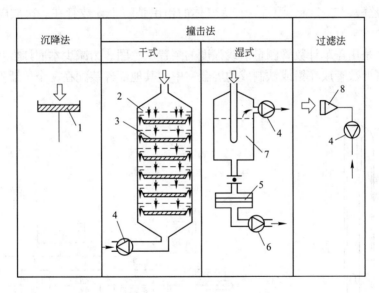

图9.2.6 空气中生物微粒测定方法
1—盛有培养基的培养皿;2—多段孔板;3—平板培养基;
4—风机;5—滤膜过滤器;6—水泵;7—盛有培养液的器皿;8—微孔滤膜

3. 过滤法

采样风机抽引含菌气体通过孔径为0.3μm或0.45μm的微孔滤膜(图9.2.6),微生物离子即被捕集在滤膜上,再将滤膜直接放在培养基上培养即可计数。

9.3 环境放射性测量

有些物质的原子核是不稳定的,能自发地改变核结构,这种现象称为核衰变。在核衰变过程中总是放射出具有一定动能的带电或不带电的粒子,即α、β和γ射线,这种现象称为放射性。环境中的放射性来源于天然的和人为的放射性核素。大多数天然的放射性核素均可出现在大气中，但主要是氡的同位素（特别是^{222}Rn），它是镭的衰变产物，能从含镭的岩石、土壤、水体和建筑材料中逸散到大气中。自然环境中的宇宙射线和天然的放射性物质构成的辐射称为天然放射性本底，它是判定环境是否受到放射性污染的基准，如在我国的《放射防护规定》中规定居民区空气中氡的最大允许浓度为 0.1～0.11 贝可/升（Bq/L）。放射性测量仪器检测放射性的基本原理基于射线与物质间相互作用所产生的各种效应，包括电离、发光、热效应和能产生次级粒子的核反应等。放射性测量仪器种类很多，本节介绍常用的电离型检测器和闪烁检测器。

9.3.1　电离型检测器[1],[9]

电离型检测器是利用射线通过介质时，使气体发生电离的原理制成的。应用气体电离原理的检测器有电流电离室、正比计数管和盖革计数管（GM管）三种。目前应用最广泛的是盖革计数管。

常见的盖革计数管如图9.3.1所示。在一密闭玻璃管中间固定一条细丝作为阳极，管内壁涂一层导电物质或另放进一金属筒作为阴极，管内充约 1/5 大气压的惰性气体和少量猝灭气体（如乙醇、二乙醚、溴等，猝灭气体的作用是防止计数管在一次放电后发生连续放电）。

图9.3.2是用盖革计数管测量射线强度的装置示意图。为减少本底计数和达到防护的目的，一般将计数管放在铅或铁制成的屏蔽室中，其他部件装配在一个仪器外壳内，合称为定标器。

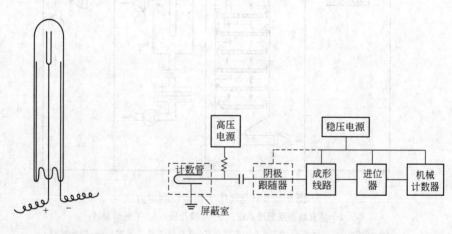

图9.3.1　盖革计数管　　　　　图9.3.2　射线强度测量装置示意图

盖革计数管是应用最广泛的放射性检测器，被普遍地用于检测 β 射线和 γ 射线强度。盖革计数管对进入灵敏区域的粒子有效计数率接近100%。由于对不同的射线都给出大小相同的脉冲，因此不能用于区别不同的射线。

9.3.2　闪烁检测器[3],[9]

闪烁检测器也称为闪烁瓶测量装置，是利用射线与物质作用发生闪光的仪器。该测量装置由探头、高压电源和电子学分析记录单元组成。探头由闪烁瓶、光电倍增管和前置单元电路组成。闪烁瓶由不锈钢、铜或有机玻璃等低本底材料制成，外形为圆柱形或钟形，内层涂以闪烁体材料（图9.3.3）。闪烁瓶收集含放射物质的短寿命的气体样品，当气体中放射物质射线照在闪烁瓶上时，闪烁体材料内部原子或分子被激发而发射出荧光光子，利用光导和反光材料等将大部分光子收集在光电倍增管的光阴极上，光子在灵敏阴极上打出光电子，经过倍增放大后在阳极上产生电压脉冲，脉冲经电子线路放大和处理后记录下来（图 9.3.4）。在确定时间内脉冲数与所收集空气中氡的浓度有关，根据刻度源测得的净计数率-氡浓度刻度曲线，可由所测脉冲计数率，得到待测空气中氡浓度

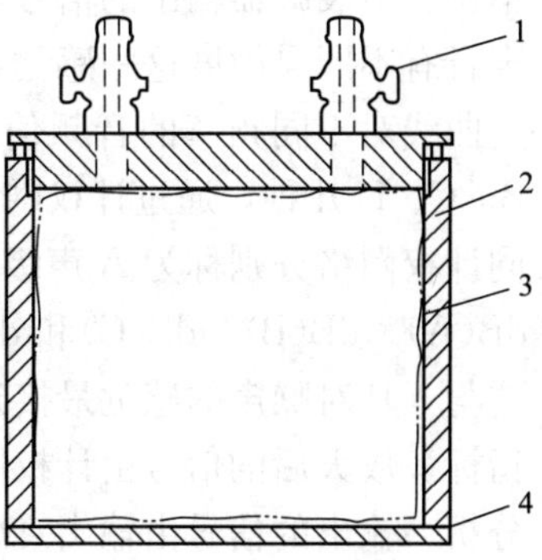

图 9.3.3 闪烁瓶简图
1—阀门；2—瓶体；3—ZnS(Ag)粉；
4—底板

$$Y = e^b x^a \tag{9.3.1}$$

式中 Y——空气中氡的含量（Bq/m^3）；

x——测定的净计数率（去掉本底后的计数率，cpm）；

a、b——刻度系数，取决于整个装置的性能。

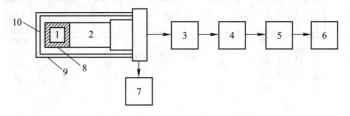

图 9.3.4 闪烁瓶测量装置
1—闪烁体；2—光电倍增管；3—前置放大器；4—主放大器；5—脉冲幅度分析器；
6—定标器；7—高压电源；8—光导材料；9—暗盒；10—反光材料

大气中 $^{222}R_n$ 为一种放射性惰性气体，它衰变时放出 α 粒子。探测 α 粒子时，闪烁体材料通常用 ZnS 粉末。测定时，按规定的程序将待测点的空气吸入已抽成真空态的闪烁瓶内。闪烁瓶密封避光 3h，待氡及其短寿命子体平衡后测量 $^{222}R_n$、^{218}Po 和 ^{214}Po 衰变时放射出的 α 粒子。

用不同材料的闪烁瓶，可以测量不同的放射性物质。探测 γ 射线时，闪烁体材料通常用 NaI 晶体；蒽等有机材料发光持续时间短，用于高速计数和测量短寿命核素的半衰期。闪烁检测器以其高灵敏度和高计数率的优点而被用于测量 α、γ、β 辐射强度。由于它对不同能量的射线具有很高的分辨率，所以可用测量能谱的方法鉴别放射性核素。这种仪器还可以测量照射量和吸收量。

9.4 环境噪声测量[1],[7]

室内噪声测量主要是为了检测噪声对室内的污染程度。室内环境中的噪声污染主要包括：交通运输噪声、工业机械噪声、城市建筑噪声、社会生活和公共场所噪声传入室内和室内家用电器等直接造成的噪声污染。室内噪声测量仪器主要有声级计、声频频谱仪、声级记录仪和噪声统计分析仪等。声级计是最基本的噪声测量仪器，本节主要介绍声级计。

声级计由传声器、放大器、衰减器、频率计权网路、RMS 检波器和指示表头等部分组成（图 9.4.1）。声压由传声器膜片接收后，将声压信号转换成电信号，经前置放大器作阻抗变换后送到输入衰减器，衰减器是用来控制量程的，通常以每级衰减 10dB 作为换挡

单位。由衰减器输出的信号，再输入放大器进行定量放大。为了模拟人耳听觉对不同频率声音有不同灵敏度这一感觉，于是在声级计中设计了特殊的滤波衰减器，它可以按照等响度曲线对不同频率的音频信号进行不同程度的衰减，称为计权网络。计权网络分为 A、B、C、D 几种，通过计权网络测得的声压级，被称为计权声压级或简称为声压级。对不同计权网络分别称为 A 声级(L_A)、B 声级(L_B)、C 声级(L_C)和 D 声级(L_D)，并分别记为dB(A)、dB(B)、dB(C)和 dB(D)。由于 A 网络对于高频声反应敏感，对低频声衰减强，这与人耳对噪声的感觉最接近，故在测定对人耳有害的噪声时，均采用 A 声级作为评定指标。放大后的信号由计权网络进行计权，在计权网络处可外接滤波器，这样可以作频谱分析。输出的信号由输出衰减器减到额定值，随即送到输出放大器放大。使信号达到相应的功率输出，输出信号经 RMS 检波后(均方根检波电路，其作用是将非正弦电压信号加以平方，并在 RC 电路中取平均值，最后给出平均电压的开方值)，送出有效值电压，推动电表，显示所测的声压级分贝值。

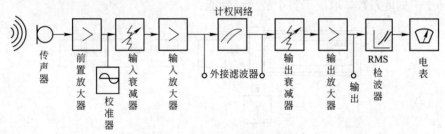

图 9.4.1　声级计工作方框图

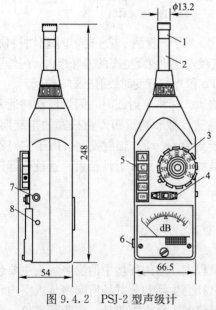

图 9.4.2　PSJ-2 型声级计

1—传声器；2—前置级；3—分贝拨盘；
4—快慢(F、S)开关；5—按键；6—输出插孔；
7—+10dB 按钮；8—灵敏度调节孔

声级计整机灵敏度是指在标准条件下测量1000Hz 纯声音所表现出的精度。根据该精度声级计可分为两类：一类是普通声级计(图 9.4.2)，它对传声器要求不高。动态范围和频响平直范围较狭窄，一般不与带通滤波器相联用；另一类是精密声级计，其传声器要求频响宽，灵敏度高，长期稳定性好，且能与各种带通滤波器配合使用，放大器输出可直接和电平记录器、声级记录仪连接，可将噪声讯号显示或贮存起来。如将声级计的传声器取下，换以输入转换器并接加速度计就成为震动计可作震动测量。

声级计分为四类，即 0 型、1 型、2 型、3 型。它们的精度分别为±0.4dB、±0.7dB、±1.0dB、±1.5dB。环境噪声测量应采用 2 型以上的声级计。

为了保证每次测量结果准确可靠，每次测量前后或测量进行中必须用声级计的校准器对仪器进行校准。声校准器是一个由干电池使之发出已知频率和作为标准声级声音的装置。校准时必须将它紧密地套在传声器上，并将声级计的滤波器频率拨到校准器指定的相应频率范围内，然后比较声级计上的显示数值，如果两者有差异，须将声级计上的灵敏度调节器作适当调节，使声级计上的显示数值与校准器标准值一致。

9.5 建筑光环境测量

良好的室内光环境可以减少人的视觉疲劳，有利于人的身体健康，可以提高劳动效率。室内光环境测量是为了检验采光/照明设施与所规定的标准或设计条件是否符合情况；确定维护和改善采光/照明设施的措施；以保障视觉工作要求及节约能源。光环境测量，主要采用照度计和亮度计。

9.5.1 照度计[5],[8]

照度是受照平面上接受的光通量❶的面密度。照度计是利用光敏半导体元件的光电现象制成的用于测量被照面上的光照度的仪器。照度计由光传感器〔又称受光探头，包括接收器、光谱光效率 $V(\lambda)$ 滤光器、余弦修正器〕、测量转换线路及显示仪表组成。当光照射到光传感器上面时，在界面上产生光电效应，光传感器将光能转换成电能，光电位差的大小与光电池受光表面的照度有一定比例关系。通过显示仪表显示出光的照度值(图 9.5.1)。

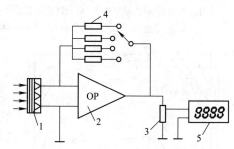

图 9.5.1　照度计原理图
1—光传感器；2—运算放大器；3—定标电阻；
4—换挡及反馈电阻；5—数字显示仪表

照度计精度分两个等级，一级精度允许误差为±4%，二级精度允许误差为±8%。照度测量宜采用二级以上的光电照度计，室内采光的照度测量应选在阴天、照度相对稳定的时间内进行，如上午 10 时至下午 2 时。测量时应熄灭人工照明，防止人影和其他各种因素对测量的影响。测量工作房间的照度时，应该在每个工作地点(如书桌、工作台)测量照度，然后加以平均。对于没有确定工作地点的空房间或非工作房间，如果单用一般照明，通常选 0.8m 高的水平面测量照度。将测量区域划分成大小相等的方格(或接近方形)，测量每个方格中心的照度 E_i，其平均照度等于各点照度的平均值，即

$$E_{av}=\frac{\Sigma E_i}{N}\qquad(9.5.1)$$

式中　E_{av}——测量区域的平均照度(lx)；

　　　E_i——每个测量网格中心的照度(lx)；

　　　N——测点数。

照度分布(均匀度)是指规定表面上的最小照度与平均照度之比，即：

$$\varepsilon=\frac{E_{min}}{E_{av}}\qquad(9.5.2)$$

式中　E_{min}——所测表面上的最小照度(lx)。

工作房间的照度测量房间划分方格的边长根据房间大小确定，小房间每个方格的边长

---

❶　光通量是指人眼能感觉到的辐射功率，为单位时间内某一波段的辐射能量和该波段的相对视见率的乘积。

可取为 1m，大房间可取 2～4m。走道、楼梯等狭长的交通地段沿长度方向中心线布置测点，间距 1～2m；测量平面为地平面或地面以上 150mm 水平面。室内采光的照度测量测点应位于建筑物典型剖面和工作面相交的位置。一般应选择两个以上的典型横剖面。顶部采光时，可增测两个以上典型纵剖面。工作房间的照度最少测点数目根据室形指数选择（表 9.5.1），若灯具数与表给出的测点数恰好相等，则必须增加测点，测点位置要正确地标注在平面图上。当以局部照明补充一般照明时，要按人的正常工作位置来测量工作点的照度，将照度计的光电池置于工作面上或进行视觉作业的操作表面上。测量时最好在平面位置上计下测量数据，在布置测点较多的情况下，可根据测量数据绘制等照度线（图 9.5.2）。

室形指数与测点数的关系   表 9.5.1

室形指数 K_r	最少测点数	室形指数 K_r	最少测点数
<1	4	2～3	16
1～2	9	≥3	25

注：1. 表中数据是根据 E_{av} 的允许测量误差为 ±10% 分析的。

2. 室形指数，$K_r = LW/[h_z(L+W)]$ 式中 L、W 为房间的长和宽，h_z 为由灯具至测量平面的高度。

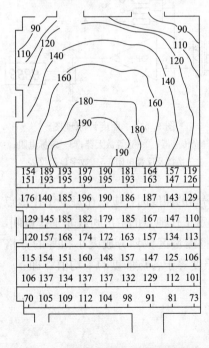

图 9.5.2　照度测量数据的表示方法

9.5.2　亮度计[5],[8]

亮度计是用于测量光源或物体表面亮度的仪器。亮度计有两种，一种是遮筒式亮度计，另一种是透镜式亮度计。

遮筒式亮度计工作原理如图 9.5.3 所示，由在端部设光电池 C 的圆筒组成。圆筒内壁是无光泽的黑色饰面，筒内设有若干光阑遮蔽杂散反射光。在筒的前端设有一个圆形窗口，通过窗口光电池可以接收到光源照射，光传感器将光能转换成电能，测量被测表面的像在光电池表面上产生的照度，从而得出窗口的亮度为

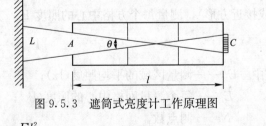

图 9.5.3　遮筒式亮度计工作原理图

$$L = \frac{El^2}{A} \tag{9.5.3}$$

式中　E——照度(lx)；

　　　L——亮度(cd/m²)；

　　　A——窗口面积(m²)；

　　　l——圆筒长度(m)。

如果窗口和光源距离不大，可以认为窗口亮度等于被测部分（θ 角所含面积）的亮度。当被测目标较远时，需要采用透镜式亮度计来测量亮度。这类亮度计设有目视系统，以便

于测量人员瞄准被测目标(图 9.5.4)。光源辐射由物镜接受并成像于带孔反射板，光辐射在带孔反射板上分成两路。一路经反射镜进入目视系统；另一路通过小孔、积分镜，经光电倍增管转换后，进行显示或存储。

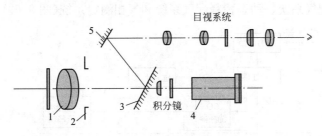

图 9.5.4 透镜式亮度计原理图
1—物镜；2—光阑；3—带孔反射镜；4—光电倍增管；5—反射镜

室内采光亮度测量是在实际工作条件下进行的。选一个工作地点作为测点位置，从这个位置测量各表面的亮度。亮度计的放置高度一般以观察者的高度为宜，通常站立时为 1.5m，坐下时为 1.2m。需要测量亮度的表面是人眼经常注视并且对室内亮度分布图式和人的视觉有影响的表面。测量数据直接标在同一位置、同一角度拍摄的室内照片上，或以测量位置为视点的透视图上(图 9.5.5)。

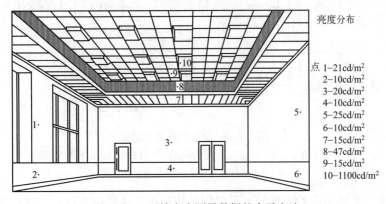

图 9.5.5 环境亮度测量数据的表示方法

9.6 环境测量仪器的校准

空气中有害物测量、环境放射性测量、建筑声环境及光环境测量中所涉及的仪器，在交付使用以前，都已做过检定。但在仪器使用过程中，特别是在检修之后，仍要对仪器的刻度、读数进行校准，以保证所测数据的正确性。

9.6.1 气体有害物测量仪器的校准[2]

气体有害物测量仪器零点和量程终点的校准，是经常性的。通常，零点是用不含被测组分和干扰组分的空气来校准的。对量程终点或仪器测量量程的某一刻度，则需要用含被测组分的标准气体来校准。标准气体可以是标准混合气生产和计量部门提供的钢瓶装标准气，也可以是按一定方法在现场配制的混合气。应用电化学方法的仪器，需要使用标准溶液来校准。

有条件的部门，气体成分分析仪器可以用动态校准器来校准。它除可以提供含二氧化硫、氮氧化物、臭氧等污染气体的标准气外，还可提供校准仪器零点的零点气，即净化空气。

一套完整的动态校准器由五个气路系统组成，即零点气供气系统、渗透管配气系统、标准臭氧发生和配气系统、动态稀释配气系统和气相滴定系统(图 9.6.1)。

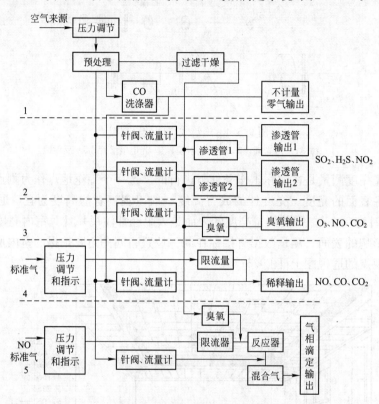

图 9.6.1　动态校准器的组成

1—零点气供气系统；2—渗透管配气系统；3—标准臭氧发生和配气系统；

4—动态稀释配气系统；5—气相滴定系统

零点气供气系统提供的零点气，不仅用于校验测量仪器的零点，同时还可以作为动态校准器的其他配气和稀释系统的稀释气。渗透管配气系统可提供不同浓度的二氧化硫、硫化氢和二氧化氮标准气体。动态稀释配气系统可以配制一氧化氮、一氧化碳和二氧化碳标准气体。标准臭氧发生和配气系统以及气相滴定系统也都用来获得一定浓度的臭氧、一氧化氮和二氧化氮标准气，供校验分析仪器用。

9.6.2　粒子计数器的校准[10]

粒子计数器的校准包括两个方面的内容，一是粒径的校准，二是粒数或浓度的校准。

粒子计数器的粒径校准是采用与被测微粒散射光量相等的标准粒子直径作为该被测粒子的直径。选用的标准粒子的特性与被测微粒的特性越接近，这种"等效"的可靠性越大。目前国内外都是选用物理性能接近大气尘的密度为 $1.059g/cm^3$，折射率为 1.595 (20℃)的聚苯乙烯小球作为标准粒子，这是由苯乙烯单体经乳液聚合而成的聚苯乙烯胶乳，再经稀释、喷雾和干燥而成的单分散气溶胶(图 9.6.2)。粒子计数器测定值的粒径校准，是当计数器引入已知粒径的标准粒子后，检验仪器测定结果是否都记录在这已知粒径范围之内。例如粒数平均直径为 $0.555\mu m$，粒径分布的标准差 σ 为 0.0186 的标准粒子，说明它的 95％以上(即 $\pm 2\sigma$)的粒子径都在 $0.52\sim 0.59\mu m$ 这一挡，即有一个如图9.6.3所示那样的突出峰值。

粒径的校准工作要定期进行，当粒子计数器较固定地测定某种微粒，而这种微粒的光的折射率和标准粒子有较大差别时，应事先用电子显微镜校准。

目前国外报道的浓度校准方法中，以振动孔法比较成熟。当气溶胶由图9.6.4所示的发生器小孔射出来后，由于发生器在压电陶瓷振动作用下也发生同步振动，而使射流液柱断裂成小滴，和经过高效过滤器从通气孔板出来的空气混合。每次断裂的液滴直径为

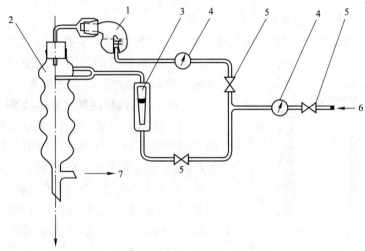

图9.6.2 气溶胶发生流程简图

1—喷雾器；2—螺旋式干燥器；3—流量计；4—压力表；
5—调节阀；6—压缩空气进口；7—气溶胶出口

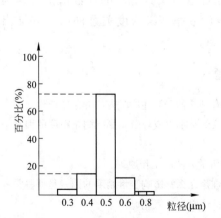

图9.6.3 平均粒径 $0.555\mu m$ 标准
粒子的粒径分布

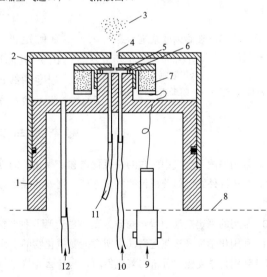

图9.6.4 振动孔发生器分散系统略图

1—支架；2—盖子；3—散开的小滴；4—分散孔；5—小孔板；
6—聚四氟乙烯O形圈；7—压电陶瓷；8—通气孔板；
9—电讯号源；10—供液管；11—排泄管；12—散布空气管

$$D_d = \left(\frac{6Q}{\pi f}\right)^{1/3} \tag{9.6.1}$$

式中 Q——通过小孔的液体流率(mL/s);

f——扰动频率(1/s)。

计算出来的液滴半径略比直径大一些。若是一种非挥发性(如氯化钠等)溶于挥发性溶液(如乙醇)中，则通过振动孔产生的液滴中的溶剂挥发后，即形成非挥发性溶质的气溶胶，其粒径由式(9.6.2)确定。由此可见 D_p 可降至 D_d 的几十分之一。

$$D_p = \left(\frac{6QC}{\pi f}\right)^{1/3} \tag{9.6.2}$$

式中 C——溶液中溶质的体积浓度。

由于射流的断裂与压电陶瓷的振动同步，所以气溶胶发生器的颗粒数由振动频率决定，而且是单分散的。因为振动频率可以准确地确定，所以个数浓度就是已知的了。

9.6.3 闪烁瓶测量装置的校准[3]

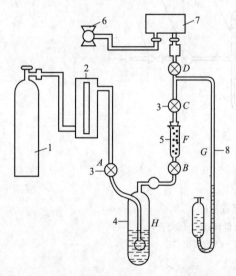

图9.6.5 玻璃刻度系统示意图
1—气瓶；2—流量计；3—无油真空阀门；
4—液体镭源容器(扩散瓶)；5—干燥剂；
6—机械真空泵；7—闪烁瓶；8—水银压力计

闪烁瓶测量装置可采用氡室或图9.6.5所示的玻璃刻度系统进行刻度。图中4所示的标准源容器内(扩散瓶)盛有 ^{226}Ra 液体。气瓶1中为无氡气体(如氮气、氩气)。关闭扩散瓶4两端的阀门A和B。^{226}Ra 衰变产生 ^{222}Rn，1Bq 的 ^{226}Ra 每秒产生 $2\times10^{-6}Bq$ 的 ^{222}Rn。累积氡浓度达到刻度范围内所需刻度点的标准氡浓度值。刻度点要覆盖整个刻度范围，一个区间(量度宽)至少有3个以上刻度点。按照规定顺序打开各阀门，用无氡气体把扩散瓶中累积的已知含量的氡气体赶入闪烁瓶中，在确定的测量条件下，避光3h，进行计数测量。由一组标准氡含量值及其对应的计数值拟合得到刻度曲线即净计数率—氡浓度关系曲线，并导出其函数相关公式。

思 考 题 与 习 题

1. 常用的测定空气中所含的一氧化碳和二氧化碳的方法有哪几种？简述所学方法的工作原理。

2. 简述红外式气体分析仪的测量原理，红外式气体分析仪的基本组成环节，影响测量精度的因素是什么？

3. 常用的测定空气中所含的 SO_2 的方法有哪几种？简述所学方法的工作原理。

4. 利用化学发光法测定空气中所含的氮氧化物的工作原理是什么？影响测量精度的因素是哪些？

5. 利用化学发光法分析二氧化氮时，为什么先将二氧化氮还原为一氧化氮？

6. 用库仑滴定法测量 SO_2，如果测得的参比电极电流为 $100\mu A$，求每秒进入库仑池的 SO_2 量。如果通入库仑池的流量为 $q_V = 0.25L/min$，求气样中 SO_2 的浓度 c 为多少。

7. 被测气体在进入气体成分分析仪的检测器之前要先要经过预处理，为什么？预处理一般包括哪些内容？

8. 放射性测量仪器检测环境中放射性物质的基本原理是什么?

9. 闪烁检测器除了检测大气中的氡以外,是否还可以检测其他放射性物质?

10. 盖革计数管都可以用来检测哪些放射性物质?

11. 大气尘的浓度表示方法有哪几种? 在建筑环境与设备专业范围内,在哪些场合应用这些方法?

12. 总悬浮颗粒采用什么方法测量? 测量原理是什么?

13. 细颗粒物测定方法有哪几种? 简述其测量原理。

14. 生物微粒测量有哪几种方法?

15. 光散射式粒子计数器工作原理是什么? 粒子计数器在计数时显示的微粒粒径是否与标准粒子粒径有关?

16. 声级计分为几类,环境噪声测量应采用哪种声级计?

17. 简述照度计及亮度计的工作原理。说明如何利用照度计及亮度计测量室内的照度及亮度。

18. 在气体成分测量中,标准气体有什么作用?

主要参考文献

[1] 奚旦立,孙裕生,刘秀英编. 环境监测. 北京:高等教育出版社,1998.

[2] 易洪佑,梁泽斌编著. 环境监测仪器使用与维护. 北京:冶金工业出版社,1999.

[3] 宋广生编. 室内环境质量评价及检测手册. 北京:机械工业出版社,2002.

[4] 王喜元,潘红,熊伟主编. 民用建筑工程室内环境污染控制规范辅导教材. 北京:中国计划出版社,2006.

[5] 陈刚主编. 建筑环境测量. 北京:机械工业出版社,2005.

[6] 金招芬,朱颖心主编. 建筑环境学. 北京:中国建筑工业出版社,2001.

[7] 郑长聚,洪宗辉等编. 环境噪声控制工程. 北京:高等教育出版社,1988.

[8] 丁力行,屈高林,郭卉编. 建筑热工及环境测试技术. 北京:机械工业出版社,2006.

[9] 吴慧山,梁树红等编著. 氡测量及实用数据. 北京:原子能出版社,2001.

[10] 许钟麟著. 空气洁净技术原理. 上海:同济大学出版社,1998.

[11] 中华人民共和国国家标准. GB 3095—2012 环境空气质量标准. 北京:中国环境科学出版社,2012.

[12] 中华人民共和国行业标准. HJ618—2011 环境空气 PM10 和 PM2.5 的测定重量法. 北京:中国环境科学出版社,2012.

[13] 赵鑫,潘晋孝,刘宾,陈平. 基于 β 射线吸收法的 PM2.5 测量技术的研究. 测控技术与仪器仪表,2013,39(9).

第 10 章　其他参数的测量

在工业锅炉的运行中，需要根据过剩空气次数调整锅炉的风量，经常对水质进行分析，以提高锅炉效率、节约燃料、防止事故，延长锅炉使用寿命。暖通空调系统中有很多用电设备，需要对其耗电量进行测量。本章主要介绍过剩空气系数测量、水中的含盐量和含氧量测量以及电量测量方法。

10.1　过剩空气系数测量

工业锅炉的燃烧过程与过剩空气系数有关，而过剩空气系数与烟气中的 CO_2 和 CO 有关。控制过剩空气系数的大小，可以节约燃料、提高锅炉的效率。由于 CO_2 与过剩空气系数的关系随着燃料品种变化较大，所以往往采用通过测定 O_2 的含量来确定过剩空气系数。目前常用的测量氧量的方法为热磁法和氧化锆法。

10.1.1　热磁法[1]

介质处于外磁场中，受到力和力矩的作用而显示出磁性的现象称为磁化。当气体处在外磁场中间时，如果能被磁场所吸引，则该种气体为顺磁性气体；如果能被磁场所排斥，则该种气体为逆磁性气体。在具有温度梯度和磁场梯度的环境中，当顺磁性气体存在时，由于气体局部温度升高，而使这些气体的磁化率下降，这种利用磁化率与温度间的关系测定气体中的某种成分含量的方法称为热磁法。

气体的磁化强度与外磁场强度之比称为磁化率。互不发生化学反应的多组分混合气体的体积磁化率 k_{mix} 等于各单独组分体积磁化率 k_i 的加权和

$$k_{mix} = \sum_{i=1}^{n} k_i q_i = qk + (1-q)k' \qquad (10.1.1)$$

式中　k——氧气体积磁化率；

$\quad q$——氧含量的体积百分比；

$\quad k_i$——混合气体中 i 组分的体积磁化率；

$\quad q_i$——混合气体中 i 组分含量的体积百分比；

$\quad k'$——混合气体中非氧组分的体积磁化率。

氧气是一种顺磁性气体，氧的体积磁化率很大（除氮氧化物外，氧的比磁化率是其他气体的 100 倍以上），因此 k_{mix} 主要由含氧量决定，即可根据混合气体体积磁化率的大小来间接确定气体中的含氧量。热磁式氧分析仪就利用在不均匀磁场中，含氧混合气体受热后的体积磁化率变化而产生的热磁对流进行间接测量。

热磁式氧分析仪由取样装置、传感器和显示仪表组成。热磁式氧分析仪根据结构差异，传感器分为外对流式和内对流式两种。内对流式热磁氧传感器主要用于测量小量程的场合（如 0%～1% O_2 或 98%～100% O_2），环境及烟气中氧分析，主要用外对流式热磁氧

传感器。

外对流式热磁氧传感器主要由分析室座和分析室盖组成的分析室以及磁钢构成。在四个气室内对称地设有四个特性一致的热敏元件（R_1、R_2、R_5、R_6，如图 10.1.1）。按顺序Ⅰ、Ⅱ两室的元件为一组，Ⅲ、Ⅳ两个室的元件为一组，分别与外电路组成参比和测量电桥。Ⅱ、Ⅲ两个元件周围没有磁场，Ⅰ、Ⅳ两个元件处于非均匀磁场中。传感器有两个气体通道，一个通道通入参比气体，另一个通道通入被分析气体。

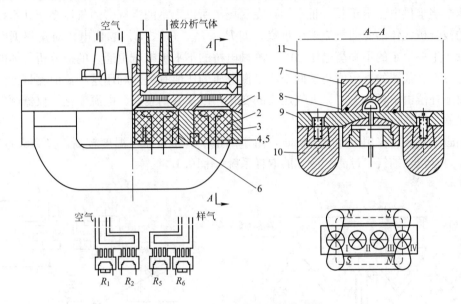

图 10.1.1　外对流式热磁氧传感器

1—敏感元件；2—元件支持器；3—密封垫圈；4—螺母；5—垫圈；
6—分析室座；7—分析室盖；8—密封垫圈；9—极靴；10—磁钢；11—分路器

热磁氧传感器将把被分析气体的含氧量转变为热敏元件的温度测量，即电阻测量。热敏元件的温度与含氧量之间的关系可近似地表示为

$$t = AqkI^2 \frac{P\rho C_p}{T^2 \eta \lambda} H \frac{dH}{dx} \tag{10.1.2}$$

式中　　　k——纯氧的体积磁化率；

　　　　　A——与仪器结构有关的常数；

　　　　　I——通过热敏元件的电流；

　　　　　q——氧含量体积百分比；

　　　　　H——磁场强度；

　　　　$\dfrac{dH}{dx}$——在给定方向上的磁场梯度；

　　　　P、T——大气压力、温度；

ρ、C_p、η、λ——混合气体的密度、热容、黏度和热导率。

被分析气体沿管道通入传感器。当气体中无氧时，四个元件均只受自然对流传热，温度相同，则仪器没有信号输出。当气体中含氧时，热敏元件Ⅳ周围形成热磁对流，温度降低，由电桥测得由此引起的电阻变化，即可得含氧量。传感器上部的磁分路用于校正仪器

的零点。需校正零点时，磁分路下移，和磁极靴紧贴，磁力线通过磁分路闭合，从而使敏感元件周围的磁场消失，消除热磁对流，只剩自然对流，元件间传热无差别，仪器指零。

分析烟气的热磁式氧分析仪测量系统采用交流双电桥测量电路，如图 10.1.2 所示。图中 R_1、R_2、R_5、R_6 为四个热敏元件，其中 R_1、R_6 为测量元件，处于非均匀磁场中。被分析气体沿 R_6 和 R_5 通过。作为参比气体的空气则通过参比元件 R_1 和 R_2。R_1、R_2 和电阻 R_3、R_4 构成参比电桥；R_5、R_6 和电阻 R_7、R_8 构成测量电桥。两个电桥由同一变压器的两个绕组供电。由于 Ⅱ、Ⅲ 室不存在磁场，所以 Ⅰ 室的空气旁通气流多于 Ⅱ 室，经过 Ⅳ 室的被分析气体的旁通气流多于 Ⅲ 室，即 $R_1 < R_2$、$R_6 < R_5$。参比电桥对角根据空气的含氧量产生一恒定的不平衡电压 ΔV_1。测量电桥的不平衡电压由通入的被分析气体的含氧量决定 ΔV_2。仪器的指示值与这两个不平衡电压的比值有关。利用这种比值测量方法，可以有效地补偿由于环境温度、大气压力的变化，以及磁钢衰退、电源变化、仪器倾斜等造成的误差，提高仪器分析精度。

热磁式氧分析仪用于烟气分析时，由于烟道气处于负压，温度较高，又有大量灰尘，因此需要有包含抽气、过滤和冷却的取样系统(图 10.1.3)。

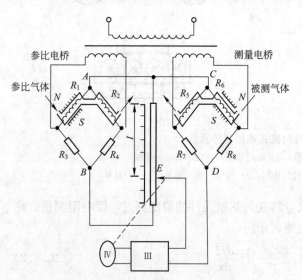

图 10.1.2　交流双电桥工作原理图

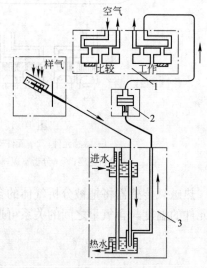

图 10.1.3　用于烟气分析的热磁式氧分析仪
1—热磁氧传感器；2—检查过滤器；3—水流抽气泵

10.1.2　氧化锆氧量计[3]

氧化锆(Z_rO_2)是一种金属氧化物陶瓷材料，纯净氧化锆晶体随温度的变化不稳定。在氧化锆中加入少量的氧化钙(CaO)或氧化钇(Y_2O_3)等稀土氧化物作稳定剂，经过高温处理，形成一种稳定的氧化锆材料。由于钙、钇化合价与锆不同，在晶体中将产生一些氧离子空穴。如一个氧化钙分子取代了一个氧化锆分子，由于一个钙离子只与一个氧离子结合，晶格中就会留下一个氧离子空穴(图 10.1.4)。这种有氧离子空穴的材料在 600～800℃ 温度时，具有导电特性，故被称之为固体电解质。

氧化锆氧量计由氧化锆传感器和显示仪表组成。采用氧化锆固体电解质的氧化锆传感器一般做成圆管状，在管的内、外壁表面各烧结一层长约 20mm 的多孔铂金属作电极，并用 0.5mm 的铂丝作内外电极的引线，其结构如图 10.1.5(a) 所示。

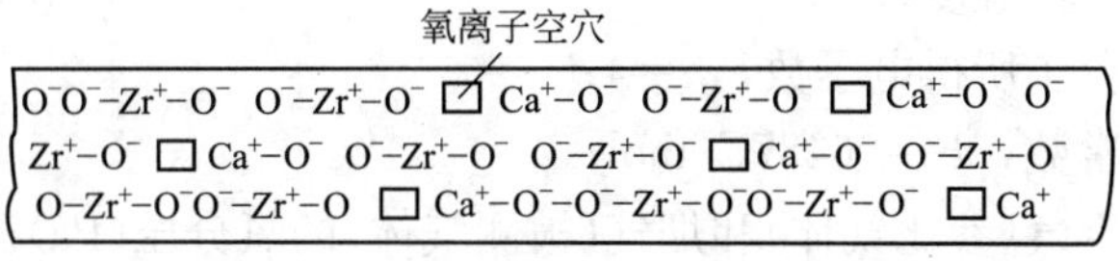

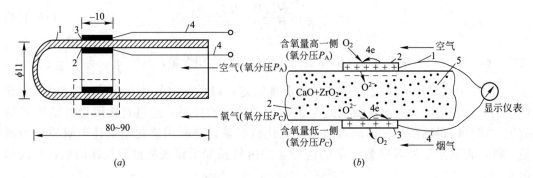

图 10.1.4　掺杂有氧化钙的氧化锆材料产生氧离子空穴的示意

图 10.1.5　氧浓差电池原理
(a) 氧化锆管结构；(b) 氧浓差电池原理
1—掺杂有氧化钙的氧化锆材料；2、3—铂电极；4—引线；5—氧离子

　　测量时管内通入空气（参比气体），管外走烟气。管内外两侧气体中的氧分子被金属铂吸附，并且在其催化作用下得到电子、成为氧离子 O^{2-} 进入氧化锆离子空穴中，而在金属铂表面上留下过剩的正电荷。同时，氧化锆中的氧离子 O^{2-} 也会失去电子成为氧分子回到空气或烟气中。当固体电解质中氧离子浓度一定时，气体中的氧分子浓度越大，这种转移越多。当这两种以相反方向进行转移的过程最后达到动态平衡时，金属铂带正电子而氧化锆带负电，两者之间具有静电吸引作用，这种作用不是均匀地分布在氧化锆固体电解质中，而是较多的氧离子聚集在铂金属表面附近，形成双电层（图 10.1.5b），金属铂与氧化锆之间产生电位差，该电位差称为电极电位。

　　电极电位的高低不仅取决于组成电极的物质性质，而且与物质温度、离子及分子浓度等因素有关。由于空气中的氧分压 P_A 高于烟气中的氧分压 P_C（即 $P_A > P_C$），所以空气侧铂电极电位高于烟气侧铂电极电位，两者之间便产生了电位差，构成氧浓差电池。由于大量的正电荷通过导线由正极流向负极，使正极正电荷减少，负极正电荷增多，即破坏了正负电极的正逆反应平衡，空气侧将有更多的氧分子变成离子进入氧化锆中，而氧化锆中将有更多的氧离子失去电子变成氧分子进入烟气中。只要氧化锆管内外存在氧浓度差，上述反应就将继续进行，从而维持两极之间的电位差，该电位差称作氧浓差电动势。

　　宏观上看，氧浓差电池总反应的效果是含氧量高一侧的氧气变为氧离子向含氧量低一侧移动，即具有的氧离子空穴的氧化锆材料可将氧气以氧离子的方式从空气侧传导至烟气侧。根据原电池原理，氧浓差电动势 E 可由能斯特（Nernst）公式计算

$$E = \frac{RT}{nF} \ln \frac{P_A}{P_C} \tag{10.1.3}$$

式中　E——氧浓差电动势(mV)；

R——理想气体常数，$R=8.314J/(mol \cdot K)$；

T——气体热力学温度(K)；

n——一个氧分子所得电子数，$n=4$；

F——法拉第常数，$F=96487C/mol$；

P_A、P_C——分别为空气(参比气体)和烟气(被测气体)的氧分压(Pa)。

若两侧气体的压力相同均为 P，则上式可写成

$$E=\frac{RT}{nF}\ln\frac{P_A/P}{P_C/P}=\frac{RT}{nF}\ln\frac{\phi_A}{\phi_C} \qquad (10.1.4)$$

式中 ϕ_A、ϕ_C——分别为参比气体和被测气体中氧的容积含量，$\phi_A=\dfrac{P_A}{P}$，$\phi_C=\dfrac{P_C}{P}$。

由式(10.1.4)可知，当氧浓差电池温度恒定，以及参比气体含量 ϕ_A 一定时，电池产生的氧浓差电动势将与被测气体含量 ϕ_C 成单值函数关系。通过直接测量电动势 E 的数值，就可以得出被测气体的含氧量。氧化锆氧量计是利用氧化锆固体电解质作为测量元件，将氧量信号转换为电量的信号，并由氧量显示仪表将被测气体的氧含量表示出来。

氧化锆氧量计工作温度为 600～800℃，安装位置的烟气温度应在此范围内。由于工作温度对测量有很大影响。组成测量系统时，要保证氧化锆管工作温度恒定或进行补偿。根据对工作温度处理方式的不同，氧化锆氧量计的测量系统分为定温式和补偿式两类。另外，根据氧化锆管安装方式不同，测量系统还可分为直插式和抽出式两种。抽出式测量系统带有抽气和净化装置，能除去气样中的杂质和二氧化硫等有害气体，有利于保护氧化锆管，测量准确度较高。但该系统结构复杂，且延迟较大，而直插式测量系统的反应速度快，因此在电厂中多采用直插式测量系统。

图 10.1.6 为直插补偿式测量系统图，它是在氧化锆管中，装一 K 分度号的热电偶，并将其输出电动势 E_K 与氧化锆输出的氧浓差电动势 E 反向串联，总输出送至显示仪表，当温度变化时，两者的变化量相互抵消，总输出电动势保持基本不变。上述测量系统虽然对温度的影响不能完全消除，但系统结构简单，反应速度快，工业应用较广。若要求更准确测量氧含量，则可采用恒温装置或更完善的测量电路。

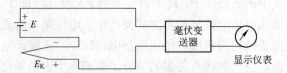

图 10.1.6 直插补偿式测量系统图

10.2 水中含盐量测量

电导率是以数字表示的溶液传导电流能力（西门子/米，即 S/m），是表征水中含盐量的一个综合性指标，水中含盐量可采用电导仪来测定。纯水的电导率很小，比如配置标准液用的蒸馏水，电导率常常在几个单位($\mu s/cm$)以下。当水中含有盐类物质时，水的电

导能力增加，电导率增大。

若在电解质溶液中插入一对电极，并在外电路接入电源，则电流由两极板间的溶液通过。若电极的面积为 F，两电极之间的距离为 L，则溶液的电导 G 可用下式表示：

$$G = r\frac{F}{L} \tag{10.2.1}$$

式中　r——溶液的电导率。

1 克当量[●]电解液全部放在相距 1cm 的两电极间所得的电导称为溶液的当量电导 λ。当量电导与电解质的性质有关，也与溶液浓度有关。浓溶液较稀溶液具有较大的当量电导。当量电导与溶液的电导率有如下关系

$$r = \lambda\frac{c}{1000} \tag{10.2.2}$$

式中　c——溶液的当量浓度。

将式(10.2.2)代入式(10.2.1)可以得到

$$G = c\frac{\lambda F}{1000L} \tag{10.2.3}$$

对于确定的电极体系，L 和 F 是固定不变的；在较窄的浓度范围内，λ 可以认为是一个常数。在上述条件下，设 $K = LF^{-1}$，K 称为电极常数。令：$m = \frac{\lambda}{1000}$，则 K、m 都为常数。这样，测得溶液的电导后，就可以确定溶液的浓度。在任一浓度附近，把 λ 看作常数时，浓度和电导之间的关系式可写为

$$G = c\frac{m}{K} + \frac{b}{K} \tag{10.2.4}$$

式中　b——与所选的电导值有关的常数。

由式(10.2.4)可知，测出了溶液的电导(电阻的倒数)，便可知道其浓度。常用的电导仪就是通过测定溶液的电阻而确定其浓度的。

电导仪由电导池系统和测量仪表组成。电导池是盛放或发送被测溶液的容器。在电导池中装有电导电极和感温元件等。根据测量电导的原理不同，电导仪可分为平衡电桥式电导仪、电阻分压式电导仪、电磁诱导式电导仪、电流测量式电导仪等。本节仅介绍前两种电导仪。

电导仪使用前，需测定电极常数。电导仪的电极常数常选用已知电导率的标准 KCl 溶液测定。不同浓度 KCl 溶液的电导率(25℃)列于表 10.2.1 中。当测定水样温度不是 25℃时，应将测定条件下水样的电导率换算成 25℃时的电导率。

不同浓度 KCl 溶液的电导率　　　　　　　　　　　　　　　　表 10.2.1

浓度(mol/L)	电导率($\mu s/cm$)	浓度（mol/L）	电导率($\mu s/cm$)
0.0001	14.94	0.01	1413
0.0005	73.9	0.02	2767
0.001	147.0	0.05	6668
0.005	717.8	0.1	12900

[●]　克当量、当量浓度的概念现已停止使用，但对当量电导尚未作出新的定义，故为讲清楚当量电导的概念，叙述时采用了克当量、当量浓度的概念。

10.2.1 平衡电桥式电导仪[1]

图 10.2.1 为平衡电桥式电导仪的原理图，图中 R_A、R_B 为固定电阻，R_C 为可变电阻（电位器），它们组成电桥的三个臂；另一个臂为 R_X（电导池），即被测溶液的电阻，E 为电源。当电极插入待测溶液后，调节 R_C，使电桥平衡，即接于电桥一对角线上的电流表的读数等于零。由式(10.2.5)可以得到待测溶液的电导，根据式(10.2.4)得出其浓度。

$$R_X = \frac{R_A R_C}{R_B} \tag{10.2.5}$$

10.2.2 电阻分压式电导仪[1]

图 10.2.2 为电阻分压式电导仪的原理图。图中 E 为高频电源，E_i 为输出信号，R_X 为被测溶液的电阻（电导池），R 为负载电阻。R_X 与 R 串联，当接通外加电源后，构成闭合回路，则 R 上的分压 E_i 可根据分压原理得到

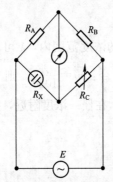 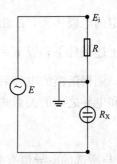

图 10.2.1 平衡电桥式电导仪的原理示意图　　　图 10.2.2 电阻分压式电导仪的原理示意图

$$E_i = E\frac{R}{R+R_X} = E\frac{R}{R+(K/G)} \tag{10.2.6}$$

因输入电压 E 和分压电阻 R 均为定值，而电导池常数 K 是已知的，故通过测定负载电阻 R 上的信号 E_i，便可以确定电导 G，然后由式(10.2.4)可得出其浓度。

10.3 水中含氧量测量[1][2]

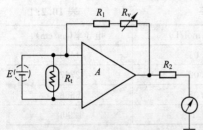

图 10.3.1 溶解氧测定仪结构图
A—放大器；E—电极系统；R_t—热敏电阻；
R_v—校正用电位器；R_1、R_2—电阻

氧在水中的溶解度与空气中氧的分压、大气压力、水温、水中含盐量等有关，常用的测定溶解氧的仪表是隔膜电极式溶解氧测定仪。

隔膜电极式溶解氧测定仪由电极和信号放大器及显示记录仪表组成（图 10.3.1）。电极根据其工作原理，可分为原电池型和极谱型。

原电池型如图 10.3.2(a)所示。它是由两支电极和溶液组成的全电池，阴极常用金、银、铂等贵重金属，阳极用铅、铝等金属。将两支电极装在一个圆筒内，

筒内灌有电解液（KOH、KCl），端部包有一层易透过氧的薄膜（如聚四氟乙烯），测定时，水中溶解氧透过薄膜进入电极，发生如下反应（用铅做阳极时）

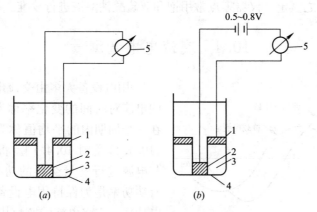

图 10.3.2　隔膜式电极法结构示意图

(a)原电池法；(b)极谱法

1—阳极；2—阴极；3—电解液；4—隔膜；5—电流表

阴极 $O_2 + 2H_2O + 4e^- \rightarrow 4OH^-$

阳极 $Pb + 4OH^- \rightarrow PbO_2^{2-} + 2H_2O + 2e^-$

这个电极系统产生的扩散电流为

$$i_s = nFAC_s(P_m/L) \tag{10.3.1}$$

式中　i_s——稳定状态下的扩散电流；

$\quad n$——与电极反应有关的电子数；

$\quad F$——法拉第常数；

$\quad A$——阴极的表面积；

$\quad L$——隔膜厚度；

$\quad C_s$——被测水中的溶解氧浓度；

$\quad P_m$——隔膜的透过系数。

由式(10.3.1)可知，当电极选定后，n、A、L、P_m 都为定值，扩散电流 i_s 只与溶解氧的浓度 C_s 有关，测出了 i_s 的大小，便可知溶解氧的大小。

极谱型如图 10.3.2(b)所示，其结构与原电池法基本相同，区别仅在于电极间外加有固定电压，一般为 0.5～0.8V。

隔膜电极式溶解氧测定仪的反应速度、透过系数等与温度有关，可用下式表示

$$P_m = P_0 e^{\frac{E_p}{RT}} \tag{10.3.2}$$

式中　P_m——透过系数；

$\quad P_0$——标准透过系数；

$\quad R$——气体常数；

$\quad T$——绝对温度；

$\quad E_p$——透过时活化能量。

由式(10.3.2)可知，随着温度的升高，透过系数呈指数增长，扩散电流将成比例地增

加，因而严重地影响了测量结果，故在仪器中采用热敏电阻进行温度补偿，以抵消温度对测量的影响。此外，被测水的压力、流速等对溶解氧的测定也有影响，故在测试过程中，必须采取措施，使之恒定。仪器零点常用饱和亚硫酸钠溶液进行校准。

10.4 交流电电量测量

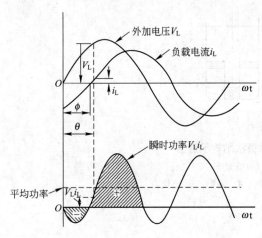

图 10.4.1 交流电压、电流和相位角

用电设备大多由交流电拖动，其所消耗的电能对时间的变化率称为功率。瞬时功率在一个周期内的平均值称为有功功率〔见式（10.4.1）及图 10.4.1〕。将不消耗能量，只与电源进行能量交换的功率称为无功功率。有功功率是为保持用电设备正常运行所需的电功率，它将电能转换为其他形式能量（机械能、光能、热能）。无功功率是用于电路内电场与磁场的交换，并用来在电气设备中建立和维持磁场的电功率。凡是有电磁线圈的电气设备，要建立磁场，就要消耗无功功率。有功功率和无功功率的幅值（电压有效值与电流有效值的乘积）称为视在功率 S（$S=UI$）。

$$P=\frac{1}{T}\int_0^T p\mathrm{d}t=\frac{1}{T}\int_0^T ui\mathrm{d}t=UI\cos\phi \qquad (10.4.1)$$

式中　P——有功功率（W）；

　　　U——电压有效值（V）；

　　　I——电流有效值（A）；

　　　i——电流瞬时值（A）；

　　　u——电压瞬时值（V）；

　　　ϕ——电压与电流的相位差；

　　$\cos\phi$——功率因数，为有功功率与视在功率之比；

　　　T——用电时间（h）。

由式（10.4.1）可知，电功率除了通过测得电压、电流和功率因数来求得外，还可以采用功率表来测量。

在时间 τ 内，系统消耗的总电能可表示为式（10.4.2）的形式。电能可以通过测得的功率来估算，也可以采用电能表来测量。

$$N=\int_0^T P\mathrm{d}\tau \qquad (10.4.2)$$

式中　N——电能（kWh）；

　　　P——功率（kW）；

　　　T——用电时间（h）。

10.4.1　电能估算[4],[6]

对既有系统进行能耗测定时，需要计量用电设备所消耗的总电量。然而常常遇到系统没有电能表，只能通过功率表或分别测量电压、电流和功率因数来计算有功功率的情况。

由式(10.4.3)可知，如果用电设备在使用时间内功率不变或电源电压及电流稳定，可由式(10.4.3)估算系统所消耗的电能。

$$N = PT \tag{10.4.3}$$

1. 通过分别测量电压、电流和功率因数来计算有功功率

（1）电流测量

用电设备的交流电流采用电流表（指针式或数字式）来测量时，常需要与电流互感器配套使用。当采用电流互感器时，电流值采用式(10.4.4)计算。

$$I = K_2 I_b \tag{10.4.4}$$

式中　I、I_b——分别为实测电流值和测量仪表所显示的电流值(A)；

　　　　K_2——电流互感器电流比系数。

400V 以下交流电流可采用钳形电流表测量。钳形电流表由手柄、电流表（指针式或数字式）、互感器铁芯等组成。互感器的二次线圈 S 与电流表连在一起（图 10.4.2）。使用时，收紧手柄 1，打开铁芯 3 的磁路，把需要测量的电线从铁芯的钳形开口处引进来，然后放松手柄，使钳口重新闭合。这时被测导线就相当于电流互感器的一次侧，通过导线的电流在电流互感器的二次侧线圈 S 中感应出和一次侧电流成一定比例的电流，电流表测出这个感应电流，根据比例关系（K_2）显示出被测电路的电流。

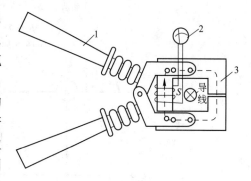

图 10.4.2　交流钳形电流表
1—手柄；2—电流表；3—互感器铁芯

（2）电压测量

用电设备电压可以采用指针式或数字式电压表测量。当测量高压电动机的电压时，应配备高压电压互感器。当采用电压互感器时，电压值采用式(10.4.5)计算。

$$U = K_3 U_b \tag{10.4.5}$$

式中　U、U_b——分别为实测电压值和测量仪表所显示的电压值(V)；

　　　　K_3——电压互感器电压比系数。

（3）功率因数测量

功率因数采用图 10.4.3 所示的功率因数表测量。图中 A 为固定线圈（电流线圈），分成两个绕制，以使可动线圈所在空间有比较均匀的磁场；B 和 C 是两个互成一定角度的活动线圈（电压线圈），它们固定在同一转轴上。线圈 B 和电阻值很大的电阻 R 串联，线圈 C 和感抗很大的线圈 L 串联（也可以串联电容），然后与负载并联。当负载电流 i 通过线圈 A 时，线圈 A 内产生了磁场。通过电压线圈的电流 I_1 和 I_2 在这磁场中受到电磁力 F_1 和 F_2 的作用。产生方向相反的的转矩 M_1、M_2。当两个线圈在磁场中处于某一位置，M_1 大于 M_2 时，转轴就会向逆时针方向偏转，于是 M_1 逐渐减小，M_2 逐渐增大，直到 $M_1 = M_2$，转轴停止不动——反过来也是这样——这时和轴连在一起的指针就指出一定的 $\cos\phi$。

当负载的功率因数变动时，F_1 和 F_2 的大小也要变化，线圈在原来的位置上，M_1 和 M_2 不再相等，转轴要偏转到另一位置才能重新达到平衡，于是指针指出一个新的 $\cos\phi$。单相功率因数表的接线方法如图 10.4.4 所示。

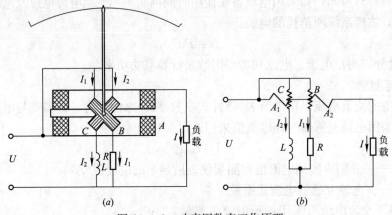

图 10.4.3 功率因数表工作原理

(a)结构原理图；(b)电路原理图

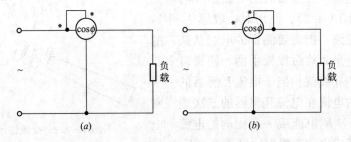

图 10.4.4 单相功率因数表的接线方法

(a)电流线圈的"＊"端接电源，电压线圈"＊"端也接电源；

(b)电流线圈的"＊"端接电源，电压线圈"＊"端接负载(以下各图相同)

(4) 三相交流电路的功率计算

在三相交流电路中，相线和中线之间的电压称为相电压，相线之间的电压称为线电压。如果三相电路对称，每相的电压 U_P 和电流 I_P 以及它们之间的相位角 $\cos\phi$ 均相等，每相电路的有功功率根据式(10.4.1)可以表示为：

$$P_p = U_p I_p \cos\phi$$

三相对称电路的总功率等于三个相等的相功率之和，即

$$P = 3P_P = 3U_p I_p \cos\phi \tag{10.4.6}$$

如果测量线电压 U_l 和线电流 I_l，则对称电路的三相总功率为

$$P = \sqrt{3} P_l = \sqrt{3} U_l I_l \cos\phi \tag{10.4.7}$$

2. 采用功率表测量有功功率

功率表也称为瓦特表。功率表有机械式和电子式两种，机械式功率表的电流线圈(固定线圈)串接在被测电路中，用于测量流经负载的电流(图 10.4.5)。电压线圈(活动线圈)

与附加电阻串联后和电路并联，用于测量负载电压。电功率按照式(10.4.1)计算，电量按照式(10.4.3)估算。

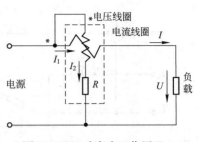

图 10.4.5　功率表工作原理

为避免由于电流线圈和电压线圈接线错误导致的功率表指针反转，在两个线圈的始端标以"±"或"＊"。接线时需要遵守下述规则：(1)电流线圈始端与电源端相连，电流线圈另一端与负载相连；(2)电压线圈的始端与电流线圈的任一端相连，电压线圈的另一端跨接在被测电路的另一端(与被测负载并联)。图 10.4.5 所示的功率表的电压线圈及电流线圈的始端(标示"＊"端)均连在电源端。当被测电路中电阻比较小时，也可以将电压线圈的始端接在电流线圈的另一端。

在对称的三相四线制线路中，用一个功率表测出对称负载中一相的功率，将其乘以 3，即得三相总功率(图 10.4.6)，即

$$P = 3P_P = 3U_p I_p \cos\phi \tag{10.4.8}$$

对于不对称的三相四线制电路，三个功率表测得的功率之和即为三相负载的总功率(图 10.4.7)，即

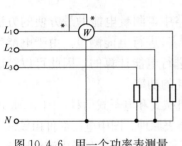

图 10.4.6　用一个功率表测量
对称三相负载的总功率

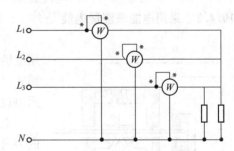

图 10.4.7　用三个功率表测量不对称
三相四线制电路的功率

$$P = P_{pa} + P_{pb} + P_{pc} \tag{10.4.9}$$

式中　P_{pa}、P_{pb}、P_{pc}——分别为 a、b、c 三个功率表测得的相功率(W)。

在三相三线制电路中，无论电源和负载是否对称，也不管负载接成星形还是接成三角形，都可以利用两表法测量三相总功率(图 10.4.8)，两个功率表测得的功率之和即为三相负载的总功率，即

$$P = P_{l1} + P_{l2} \tag{10.4.10}$$

式中　P_{l1}、P_{l2}——分别为两个功率表测得的线功率(W)。

为了便于测量三相功率，可以采用三相功率表测定。电子式功率表原理及应用与机械式相同，不再介绍。

3. 三相无功功率测量

在对称的三相四线制电路中，可以按照图 10.4.9 所示方法利用无功功率表进行测量，然后将测量结果乘以 $\sqrt{3}$，就可以得到三相电路的总无功功率，即

$$P_Q = \sqrt{3} U_l I_l \sin\phi_x \tag{10.4.11}$$

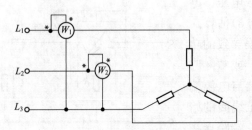

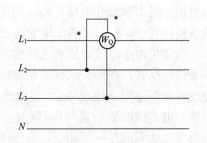

图 10.4.8 用两个功率表测量三相三线制电路的功率 图 10.4.9 测量对称三相无功功率接线法

式中 P_Q——总无功功率(W);

U_l——线电压(V);

I_l——电流(A);

ϕ_x——线电压 U_l 与线电流 I_l 的相位差。

在对称的三相三线制电路中,也可以按照图 10.4.8 所示的接线法测量三相无功功率

$$P_Q = \sqrt{3}(P_1 - P_2) = \sqrt{3}U_l I_l \sin\phi_x \qquad (10.4.12)$$

式中 $P_1 - P_2$——功率表 W_1 与 W_2 读数差(W)。

10.4.2 采用电能表测量电能[5],[6]

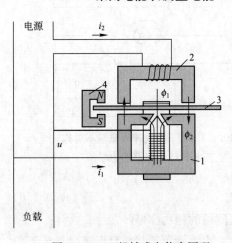

图 10.4.10 机械式电能表原理

1—电压部件;2—电流部件;

3—旋转铝盘;4—永久磁铁

在交流电路中,测量电能的最方便的方法是利用电能表(电度表)进行电能测量。由于电能表是按照式(10.4.2)进行电能计算的,因此可以精确测量用电设备所消耗的功率。

电能表有机械式和电子式两种。图 10.4.10 所示的为机械式电能表原理。图中电压部件由铁芯及电压线圈组成,电流部件由 п 型铁芯及电流线圈组成,旋转铝盘固定在转轴上。电压线圈与负载并联,电流线圈与负载串联。当电路接通时,电压线圈中通过电流 i_1,电流线圈中通过电流 i_2,它们在铁芯及气隙中分别产生了交变磁通 ϕ_1 和 ϕ_2,穿过铝盘的交变磁通在铝盘内产生感应电动势,引起感应电流,产生转动力矩,使得铝盘旋转起来。铝盘转速与负载功率成正比。则在时间 t 内消耗的电能为

$$N = Pt = K'nt \qquad (10.4.13)$$

式中 N——电能(kWh);

P——功率(kW);

n——铝盘转速(转/h);

t——时间(h);

K'——仪表常数(kW/转/h)。

安装电能表时,要使电流线圈与负载串联,电压线圈与负载并联。低电压(380V 或 220V)小电流(5A 或 10A 以下)的单相交流电路中,电能表可以直接接在线路上(图

10.4.11)，如果负载电流超过电能表电流线圈的额定值，则需要经过电流互感器接入电路。

　　在对称的三相四线制线路中，用一个电能表测出任一相负载所消耗的电能，将其乘以3，即得三相总电能(图 10.4.12)。对于不对称的三线四线制电路，可以采用三相四线电能表直接测出三相负载所消耗的总电能(图 10.4.13)。在三相三线制电路中，可采用三相三线电能表测量三相负载总电能(图 10.4.14)。

　　电子式电能表工作时(图 10.4.15)，用户消耗的电能转换为电压、电流信号，经取样电路分别取样后，由电能表专用集成电路处理成为与消耗功率成正比的脉冲信号，CPU记录电量脉冲并存储。根据时钟和时段的内容分别处理和记录对应时间段内的电量，LCD(液晶显示器)循环显示用户选择的参数，存储信息数据可通过红外抄表机或 RS485 通信接口进行信息数据传输。

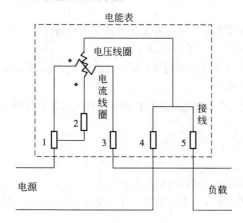

图 10.4.11　单相电能表接线原理图

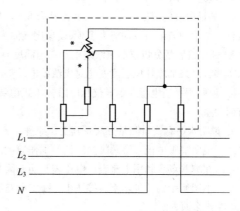

图 10.4.12　三相电能表接线原理图

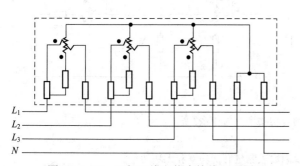

图 10.4.13　三相四线电能表接线原理图

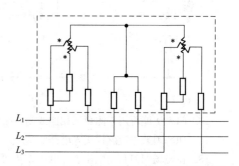

图 10.4.14　三相三线电能表接线原理图

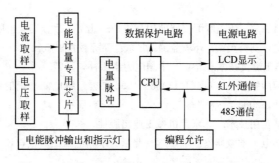

图 10.4.15　三相四线电子式电能表工作原理图

263

思 考 题 与 习 题

1. 简述外对流式热磁氧分析仪的工作原理。用热磁氧分析仪测量烟气中含氧量时,应采取哪些措施?

2. 简述氧化锆氧量分析仪的工作原理。

3. 氧化锆氧量分析仪在实际使用一段时间后发现指示值始终指示在最大位置(21%),你认为可能是什么原因引起的?

4. 氧化锆氧量分析仪的探头测量氧含量应满足什么条件?

5. 利用氧化锆氧量分析仪测烟气中氧含量,若用空气作为参比气体,其氧含量 $\phi_A=20.8\%$,如测量时温度控制在 700℃,并测得浓差电动势 $E=22.64\text{mV}$,此时参比气体与待测气体压力相等, $\frac{RT}{nF}=0.4691\times10^{-4}$。求待测气体的氧含量。

6. 某烟道气的温度为 650℃,氧含量为 6%,如果采用氧化锆氧量分析仪测量该烟道气的氧含量,则氧化锆产生的氧浓差电动势为多少(设参比气体为空气,氧含量为 20.8%)?

7. 氧化锆氧量分析仪的氧浓差电动势与温度有关,而实际使用时环境温度常会发生变化,你认为可采取哪些方法来消除环境温度变化对氧浓差电动势的影响?

8. 说明用平衡电桥式电导仪和电阻分压式电导仪测量水样电导率的原理。水样的电导率与其含盐量有何关系?

9. 说明水中含盐量测量方法及其工作原理。

10. 说明隔膜电极式溶解氧测定仪的工作原理。

11. 在哪些场合利用电流表、电压表及功率因数表计算电能,利用该方法的条件是什么?

12. 下图所示的几种功率表接法中,哪些电路的接法是正确的? 适用于什么情况? 哪些电路是错误的? 错在什么地方?

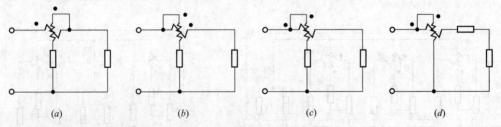

        (a)   (b)   (c)   (d)

13. 两表法能否用来测量三相四线制电路的有功功率? 为什么?

14. 功率因数表应怎样接入电路?

15. 在现场如何利用电流表、电压表及功率因数表测量有功功率和无功功率?

主要参考文献

[1] 易洪佑,梁泽斌编著. 环境监测仪器使用与维护. 北京:冶金工业出版社,1999.

[2] 奚旦立,孙裕生,刘秀英编. 环境监测. 北京:高等教育出版社,1998.

[3] 郭绍霞主编. 热工测量技术. 北京:中国电力出版社,1997.

[4] 中华人民共和国国家标准. GB/T 13468—1992 泵类系统电能平衡的测试与计算方法. 北京:中国物资出版社,2003.

[5] 郑梦海. 泵测试实用技术. 北京:机械工业出版社,2006.

[6] 哈尔滨工业大学电工学教研室. 电工学. 北京:水利电力出版社,1977.

第 11 章 电 动 显 示 仪 表

在工业过程中，为了监视、管理和控制生产，必须对生产过程中的工艺参数进行检测，并把检测数值及时准确地显示、记录出来，为生产提供所必需的信息，让操作者了解生产过程的全部情况，以便更好地管理、控制生产过程。

显示仪表直接接收检测元件或变送器传送来的信号，经过测量线路和显示装置，对被测变量予以显示或记录。随着生产的发展，生产规模的不断扩大，生产过程逐步由手工操作过渡到局部自动化或全盘自动化，故所测参数增多，精度要求也相应提高，检测信号必须远传实行集中显示和控制，这时单一指示型的显示仪表已不能满足需要，因此逐渐地发展为检测和显示功能分开的只接收传送信号的显示型仪表。现在显示仪表已逐步形成一个整体，由于非电量电测和非电量电转换技术的发展，电信号输送方便、迅速以及与计算机监控联用，所以在集中显示中电动显示仪表占有绝对突出的地位，本章只介绍电动显示仪表。在电动显示仪表中又分为模拟式、数字式和智能式三大类。

模拟式显示仪表是以指针或记录笔的偏转角或位移量来显示被测变量连续变化的仪表。就其测量线路而言，又分为直接变换式和平衡式两种。直接变换式线路简单、价格低廉，但精度较低、线性刻度较差、信息能量传递效率低、灵敏度不高。而平衡式线路结构复杂、价格贵、稳定性较差，但构成仪表精度、灵敏度以及信息能量传输效率都较高、线性度好。

数字式显示仪表是直接以数字形式显示被测变量，其测量速度快、测量精度高、读数直观、工作可靠，且有自动报警、自动打印和自动检测等功能。更适用于计算机集中监视和控制，近年来发展较快。

智能式显示仪表是指含有微处理器的仪表，它不仅能进行信号测量，还能够进行信号处理和数据存贮。有的智能仪表还具有专家推断、分析和决策的功能。智能仪表主要由硬件和软件两部分组成。

本章将对模拟式、数字式及智能式显示仪表分别予以介绍。模拟式显示仪表简单介绍其基本结构及原理。数字式显示仪表对其组成的三要素，模—数转换、非线性补偿、标度变换进行介绍。智能式显示仪表则对其仪表的结构原理，仪表的典型功能作以介绍。

11.1 概 述

电动显示仪表通常是由测量线路和显示装置(显示器)两部分组成，其中测量线路是用以接收检测元件或变送器送来的电势、电流、电阻、电容等信号。设计测量线路应合理，以便更好地接收变送器或转换部分送来的信息，然后传送给显示装置(显示器)显示。

11.1.1 模拟式显示仪表

1. 直接变换式仪表的组成与特点

(1) 直接变换式仪表的组成

由检测元件或传感器与直接变换式仪表组成的检测系统如图 11.1.1 所示。传感器负责测量各个参数的变化，并且由变送器将其信号转换成标准信号(电流、电压、脉冲等电信号)通过导线传输给显示仪表，再经过测量线路进行信号处理然后进行显示。图 11.1.1 中的 X 为被测变量，Y 为仪表显示值。传感器由温度、压力、流量等敏感元件构成，通常安装在现场设备上或附近。测量线路和显示器共同构成显示仪表，显示仪表安装在控制室的仪表盘上。

图 11.1.1　直接变换式仪表组成的检测系统框图

(2) 直接变换式仪表的特点

1) 直接变换式仪表线性刻度较困难，只有组成仪表的每个环节的灵敏度都是常数，或者几个环节的非线性正好互相补偿，才能使仪表的刻度为常数。这两种要求都是苛刻的，很难做到。

2) 很难获得较高精度，通过设法减少每个环节的误差并减少环节的数目来提高仪表精度是有限的。

3) 信息的转换效率低，但该类仪表结构简单可靠、重量轻、尺寸小、价格便宜，故目前仍有一定的应用。例如配接热电偶、热电阻使用的动圈式仪表即为直接变换式仪表。

2. 平衡式显示仪表的组成及特点

(1) 平衡式显示仪表的组成

平衡式仪表即由闭环结构的平衡式测量线路构成的仪表。例如自动平衡式电子电位差计即为闭环结构，其结构如图 11.1.2 所示。图中 T 为检测元件或传感器，C 为比较器，即电位差计的测量桥路的输出信号与检测元件输出信号在此比较。A 为放大器，M 为可逆电机，R 为记录机构，F 为传动装置及测量桥路，x 为被测变量，y 为仪表示值，u_i 为检测元件输出的电压信号，u_f 为反馈电压。

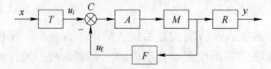

图 11.1.2　平衡式显示仪表结构方框图

(2) 平衡式显示仪表的特点

1) 平衡式显示仪表线性度好、测量精度高；

2) 平衡式显示仪表反应速度快；

3) 平衡式显示仪表较直接变换式仪表结构复杂、造价高。

3. 显示仪表的基本技术性能

在选择检测仪表时，要以它的技术性能作依据，因此需要详细了解仪表的基本技术性能。衡量仪表的技术性能指标有基本误差、精度等级、仪表的变差、仪表的灵敏度和分辨力等。

仪表的基本误差也叫做满度相对误差和引用误差，具体计算公式见式(2.1.8)。仪表的精度等级是按照国家统一规定的允许误差大小来划分的，我国仪表工业目前采用的精度等级序列见 2.1 节。工业用仪表的精度等级一般为 0.5 级以下。通常用专用符号表示在仪表的面板上。

(1) 仪表的变差

在规定的条件下，用同一仪表对被测量 x_i 进行正、反行程的测量，即采用单方向逐渐增大和逐渐减小被测量的方法，使仪表从不同的方向反映同一被测量的示值 y_i。对某一测量点所得到的正、反行程两次示值之差称为该测量点上的示值变差，即

$$\Delta y_{ib} = y_i' - y_i'' \tag{11.1.1}$$

式中　Δy_{ib}——被测量 x_i 测点的示值变差；

　　　y_i'，y_i''——被测量 x_i 测点的正、反行程示值。

在整个仪表量程范围内，各测点中最大示值的变差称为该仪表的变差，如图 11.1.3 所示。一般它也以引用相对误差的形式来表示，即

$$\delta_b = \frac{\Delta y_{bmax}}{y_{max}' - y_{min}''} \times 100\% \tag{11.1.2}$$

式中　Δy_{bmax}——仪表量程范围内各测点中最大示值变差；

　　　y_{max}'，y_{min}''——仪表量程范围内各测点中正、反行程最大和最小示值。

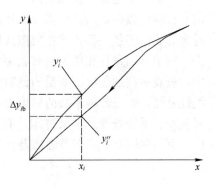

图 11.1.3　仪表的变差特性

仪表产生变差的原因很多，例如仪表运动系统的摩擦、间隙；弹性元件的弹性滞后以及电磁元件的磁滞影响等都是仪表变差的来源。

(2) 仪表的灵敏度

仪表输出信号的变化量 Δy 和引起这个输出变化量的被测量变化量 Δx 的比值，称为仪表的灵敏度 S，即

$$S = \frac{\Delta y}{\Delta x} \tag{11.1.3}$$

仪表输出信号的变化量 Δy，可以是指针直线位移或偏转角的模拟量变化。

仪表的灵敏度是表示仪表对被测量值反应能力的指标，仪表的灵敏度越高，其示值的位数越多，能反应的被测量值也越小。但是，仪表的灵敏度应与仪表的允许误差相适应，如果不适当地提高仪表的灵敏度，反而可能导致其精确度的下降。而且，把示值位数增多至小于仪表允许误差的精确程度也是毫无意义的。因此，通常规定仪表刻度标尺上的分格值不应小于仪表允许误差的绝对值。

(3) 仪表的分辨力

仪表响应输入量微小变化的能力称为仪表的分辨力，常用分辨率或灵敏度来表示。分辨力是指能引起仪表指示器发生可见变化的被测量的最小变化量。

仪表的分辨力不足将会引起分辨误差，即在被测量变化到某一数值时，仪表示值仍不变化，这个不能引起输出变化的输入信号的最大幅度，称为仪表的不灵敏区(或死区)。

分辨率与灵敏度都与仪表的量程有关，并和仪表的精度等级相适应。

11.1.2　数字式显示仪表

数字式显示仪表，就是把与被测量（例如温度、流量、液位、压力等）成一定函数关系的连续变化的模拟量，变换为断续的数字量进行显示的仪表。

数字显示仪表按输入信号的不同，可分为电压型和频率型两大类。电压型输入信号是连续的电压或电流信号，频率型仪表的输入信号，是连续可变的频率或脉冲序列信号。按使用场合不同，可分为实验室用和工业用两大类。实验室用的有数字式电压表、频率表、相位表、功率表等；工业现场用的有数字式温度表、流量表、压力表、转速表等。

1. 数字式显示仪表的构成

数字式显示仪表的构成如图 11.1.4 所示。它是由前置放大器、A/D 转换器（模拟量转换成数字量）、非线性补偿、标度变换以及显示装置等部分组成。由传感器传送来的信号，首先经变送器转换成电信号，再进行前置放大，然后经 A/D 转换器把连续输入的电信号转换成数码输出。被测变量经过检测元件及变送器转换后的电信号与被测变量之间有时为非线性函数关系，这在模拟式仪表中可以采用非等分刻度标尺的方法很方便地加以解决，对于不同量程和单位的转换系数可以使用相应的标尺来显示。但在数字式显示仪表中，所观察到的是被测变量的绝对数字值，因此对 A/D 输出的数码必须进行数字式的非线性补偿，以及各种系数的标度变换（转换系数及标度变换定义见 11.3.3）。最后进行数码显示、系统报警、记录打印，有输出要求时也可进行数码输出。此类仪表的应用面较广，可与单回路数字调节器以及计算机系统等配套使用。

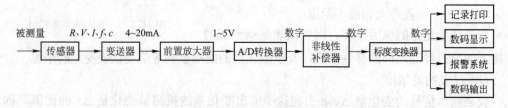

图 11.1.4　数字式显示仪表的构成框

由上所述可知，数字式显示仪表中的核心环节是模—数转换器，它将仪表分成模拟和数字两大组成部分；模—数转换、非线性补偿和系数的标度变换是数字式显示仪表应该具备的三大部分。这三部分又各有很多种类，三者相互巧妙的结合，可以组成适用于各种不同场合的数字式显示仪表。

2. 数字式显示仪表的技术指标

数字式显示仪表的技术指标有分辨率、精确度、输入阻抗和干扰抑制比。

（1）分辨率

仪表在最小量程时，最末一位数字跳变一个字所代表的量值，反映了仪表的灵敏度。

（2）精确度

在模拟量经 A/D 转换器变成数字量的过程中，放大器的漂移、电源波动、工作环境等变化，均会直接影响测量的精确度，至少要产生 ±1 个量化单位的误差，因此，数字仪表的误差由模拟误差和数字误差两部分构成。

数字仪表精确度的表示方法有两种：

$$\Delta = \pm a\% X \pm n X_{\min} \tag{11.1.4}$$
$$\Delta = \pm a\% X \pm b\% X_{\max} \tag{11.1.5}$$

式中　Δ——测量误差；

　　　X——被测参数的读数值；

　　　$X_{\min}$——被测参数的最小值(分辨率)；

　　　$X_{\max}$——被测参数的满度值；

　　　n——最末一位数的倍数；

　a、b——系数。

系数 a 取决于仪表内部的基准电源和测量线路的传递系数不稳定等因素；系数 b 则取决于数字仪表的量化误差、零漂及噪声等因素。

例如某五位数字电压表满量程 $U_m=5V$，分辨率为 0.0001V，被测值 $U=3.5V$，$a=0.02$，$n=2$，则最大测量误差为

$$\Delta = \pm(0.02\% \times 3.5 + 0.0001 \times 2) = \pm 0.9mV$$

实际使用时，上式中的 n 需要换算，不太方便。因此，第二种方法用得较多。如果将第二种方法用相对误差 δ 来表示，则可以写为

$$\delta = \frac{\Delta}{X} = \pm a\% \pm b\% \frac{X_m}{X} \tag{11.1.6}$$

再例如某数字电压表满量程 $U_m=2V$，$a=0.02$，$b=0.01$，如果被测电压 $U=0.2V$，则相对误差 $\delta=\pm0.12\%$；若 $U=1V$，则相对误差 $\delta=\pm0.04\%$；若 $U=2V$，则相对误差 $\delta=\pm0.03\%$。由此可见，数字仪表的相对误差随测量值的增大而减小。因此，在使用中必须正确选择量程。

(3) 输入阻抗

它是指仪表在工作状态下，仪表两个输入端子之间所呈现的等效阻抗。当测量小信号(小于 10V)时，一般将测量信号直接加在放大器的输入端。由于采用了深度负反馈放大器，使输入阻抗大为提高，一般在 $10^9 \sim 10^{12}\Omega$。当测量大信号(大于 10V)时，若采用输入分压器，则输入阻抗会降低(如 $10^7\Omega$)，输入阻抗降低将产生测量误差。因为仪表的输入回路中存在输入电流，当信号源内阻或测量线路电阻较大时，输入电流会在电阻上产生较大压降，从而导致测量误差。

(4) 干扰抑制比

工业现场存在很强的电磁场及各种高频干扰，因此对数字抗干扰性有一定的要求，通常用干扰抑制比来表示。干扰有串模干扰和共模干扰。串模干扰是指叠加在测量信号上的交流干扰，无论它是从信号源引入还是从输入线感应引入，都是串联在测量回路中的。共模干扰是指两个输入端和地之间的电压干扰。常见的共模干扰是由于不同的地电位所造成的电位差。一般共模干扰不会直接影响测量结果，但是在一定条件下(如输入回路两端不对称)，会使共模干扰转化为串模干扰，从而影响测量结果。

11.1.3　智能式显示仪表

智能式显示仪表，它的模拟—数字信号转换部分与数字式仪表相同。不同之处是数字式仪表可以直接显示转换后的数字，而智能式仪表要把转换后的数字信号送入到微处理器

中，进行处理后再显示。

智能式显示仪表按使用性质不同可分为专用型仪表和通用型仪表。专用型仪表是专门为固定参数的测量而设计的，它的专用性很强，故不在此处介绍。通用型仪表在设计时考虑的较为全面，它可以接受所有的标准电信号和部分非标准电信号的输入。它还可以将输入信号进行输出，输出信号可以是模拟信号输出，也可以是以通讯方式的数字信号输出。它的输入、输出信号类型的选择，是通过功能键的人机对话方式完成的。

1. 智能式显示仪表的构成

智能式显示仪表的构成如图 11.1.5 所示。它是由数据采集、微处理器和输出部分组成，核心部分是微处理器。传感器传送来的可以是多路信号，微处理器给多路模拟开关下达指令，模拟开关轮流接通各个传感器，将信号传入模拟—数字信号转换器（A/D 转换器）。经过 A/D 转换后的信号通过数据总线传送给微处理器（CPU），CPU 对信号进行数据滤波、线性处理、标度变换等处理后，再完成显示、存储、打印、输出等功能。

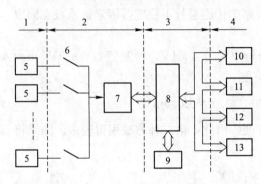

图 11.1.5　智能式显示仪表的结构框图
1—测量信号；2—数据采集；3—微处理器；
4—输出；5—传感器；6—模拟开关；
7—A/D 转换器；8—CPU；9—存储器；
10—打印；11—显示；12—键盘；13—通信

2. 智能式显示仪表的技术指标与特点

智能式显示仪表的技术指标与数字仪表基本相同，在测量误差功能上它增加了零点、满度误差软件修正和数据线性化处理的功能。在经过软件处理后，智能式显示仪表的测量精度要比数字仪表更高。

智能式显示仪表的主要特点是：

1）具有常规仪表相同的功能；

2）具有丰富的数据处理功能；

3）可以方便地与各种输入信号连接；

4）具有可编程功能；

5）可以存储历史数据，并能方便地输出；

6）具有数据通信功能；

7）与上位机配合可以构成分布式采集系统。

智能化仪表的发展极为迅速，目前正在朝着高精度、多功能、高可靠性、小型化、模块化、智能化的方向发展。

11.2　模拟式显示仪表

模拟式显示仪表是利用测量元件传送回来的模拟信号（电压或者是电流），直接显示或者经过转换电路处理后再进行显示；也可以将测量元件传送回来的模拟信号与标准信号比较调平衡后，经过计算后再得到测量值。模拟式显示仪表具有连续显示功能，但是它的测量值需要在仪表的刻度盘上读出。

11.2.1　动圈式显示仪表[1]

动圈仪表是一种发展较早的模拟式显示仪表，目前还有应用。它可以对直流毫伏信号进行显示，也可以对非电势信号但能转换成电势信号的参量进行显示。例如检测元件、传感器或变送器送来的直流毫伏信号，就可直接进行显示。否则须经过适当的转换电路后，方可进行显示。

1. 动圈式显示仪表的特点

动圈式仪表可以作参数指示显示，如 XCZ 型；也可作参数指示显示和控制，如 XCT型。它可与热电偶、热电阻等测温元件配合，作为温度显示、调节使用；也可与其他变送器配合，测量、控制其他参数。

动圈式仪表采用灵敏度较高的磁电系测量机构，易将微弱的被测信号转换为指针的角位移。具有指示清晰、连续、体积小、重量轻、结构简单、维修方便、价格低廉等特点。而且具有较强的抗干扰能力，信号噪声对其影响不大。但随着数字式仪表的发展，动圈式仪表的用量正在逐渐减少。

2. 动圈仪表的组成及测量线路

动圈式仪表由测量线路和测量机构两部分组成（图 11.2.1）。对于不同型号的仪表其测量线路各不相同，但其测量机构都是一样的，如图 11.2.2 所示。

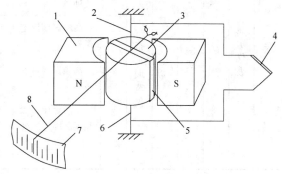

图 11.2.2　仪表测量机构图

1—永久磁铁；2、6—张丝；3—铁芯；4—测量热电偶；
5—动圈；7—刻度盘；8—指针

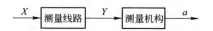

图 11.2.1　动圈式仪表原理框图

X—被测量；Y—过渡量；a—指针转换

动圈式仪表各部分作用如下：

永久磁铁（包括极靴）1 和圆柱形软铁心 3 形成辐射磁场，使两者之间气隙中各处的磁场均匀（即磁力线密度相等），且使动圈 5 在气隙中转动时，其有效边始终与磁场垂直。

上、下张丝 2、6 是用以支承动圈 5，并作传导电流的导线，且当动圈转动时会产生扭转，从而对动圈 5 产生反力矩，起平衡力矩的作用。

动圈 5 是用漆包线绕制的无骨架线框，由上、下张丝 2、6 支承，悬挂在永久磁铁和软铁心所组成的辐射磁场内的气隙中，当信号电流通过时，可以在气隙中转动。

刻度 7、指针 8 用于指示被测量的数值。动圈仪表是利用永久磁铁形成的磁场对通过信号电流的可动线圈所产生的作用力矩，和弹性支承机构的反作用力矩相互作用而工作的一种磁电系列仪表。

3. 动圈式仪表型号

工业仪表型号由三节组成：第一节以大写字母表示，一般不超过三位；第二节以阿拉伯数字表示，一般不超过三位，尾注以一位大写汉语拼音字母表示，普通型不加尾注；第三节以一位阿拉伯数字表示统一设计的序号，第一次统一设计不加第三节，详见

表 11.2.1 所示。

型号组成形式如下：

第一节	第二节	第三节
A B C	— 1 2 3	D — 1

型号示例：XCZ-101，动圈式显示仪表，配接热电偶。

动圈式仪表型号　　　　　　　　　　表 11.2.1

第一节							第二节			
第一位		第二位		第三位		第一位		第二位		第三位
代号	意义	代号	意义	代号	意义	代号	意义	代号	意义	代号	意义

第一位代号	意义	第二位代号	意义	第三位代号	意义	第一位代号	意义	第二位代号	意义	第三位代号	意义
X	显示仪表	C	动圈式	Z	指示仪	1	单标尺	0		1	配接热电偶
										2	配接热电阻
				T	指示调节仪		表示设计序列或种类		表示调节功能	3	配接霍尔变送器
						1	高频振荡固定参数	0	二位调节	4	配接压力变送器
								1	三位调节(狭中间带)		
								2	三位调节(宽中间带)		
						2	高频振荡可变参数	3	时间比例调节(脉冲式)		
								4	时间比例二位调节		
								5	时间比例加时间调节		
						3	时间程序式高频振荡固定参数	6	比例积分微分加二位调节		
								7	比例调节		
								8	比例积分微分调节		

11.2.2　自动平衡式显示仪表

自动平衡式显示仪表是一种用途广泛的自动显示记录仪表，它能测量、显示记录各种电信号(直流电压、电流或电阻)，若配用热电偶、热电阻或其他能转换成直流电压、电流或电阻的传感器、变送器，就可以连续指示和记录工业过程中的温度、压力、流量、物位以及成分等各种参数，并可附加调节器、报警器和积算器等，实现多种功能。且具有较高的精度、灵敏度和信息能量传递效率，性能稳定、可靠，线性好，响应速度快。该类仪表不仅可用于工业自动化方面，也可用于科学研究的实验室中。

1. 平衡式电子电位差计

电子电位差计工作原理是将被测电势与已知的电位差进行比较，当两者之差为零(即达到平衡)时，被测电势就等于已知的电位差，此时仪表达到平衡而停止工作，故称为平衡式电子电位差计。

(1) 手动平衡式电位差计

手动电位差计的原理线路如图 11.2.3 所示，图中 E_S 是标准电池，它具有准确的电势值和很好的电压稳定性；G 是灵敏度较高的检流计；R_K 是标准电

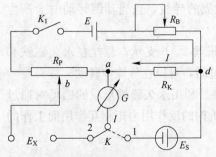

图 11.2.3　电位差计原理图

阻；R_P 是带有刻度的滑动电阻；R_B 是可调电阻；E 是直流电源；K 是单刀双掷开关；K_1 是电源开关；E_x 是被测电势。其工作步骤如下：

第一步调准工作电流。手动电位差计在进行测量之前，首先必须校准工作电流 I。具体步骤是先合上开关 K_1，然后再把单刀双掷开关 K 扳向位置"1"，此时观察检流计 G，并调节 R_B，直到检流计 G 指零停止，此时电流 I 经过 R_K 所产生的电压降与标准电池的电压 E_S 正好相等，但方向相反，所以 $a-l-d$ 回路内无电流流过，检流计 G 指零。故有

$$E_S = IR_K \tag{11.2.1}$$

$$I = \frac{E_S}{R_K} \tag{11.2.2}$$

标准电池电压 E_S 和标准电阻 R_K 都是准确的固定值，根据式(11.2.2)可以计算得到工作电流 I，并且保持固定值不变。工作电流 I 流过已知电阻 R_P 便可计算得到电压，对应于 R_P 的不同点便有不同的确定电压与之对应，这为下一步的测量准备了条件。

第二步对未知电势的测量：当工作电流 I 调准后，把 K 扳到位置"2"，然后观察检流计 G，并调节滑动电阻 R_P 的触点，当检流计 G 指零时就停止 R_P 的调节，此时有

$$E_x = IR_{Pab} = \frac{E_S}{R_K} \cdot R_{Pab} \tag{11.2.3}$$

滑线电阻 R_P 已知，对应于 R_{Pab} 点的电阻在滑动盘上可以读出，E_S、R_K 是固定值，被测电势 E_x 的大小，就可以通过式(11.2.3)计算出。

由上所述可知，电位差计的原理就是用已知的电位差 (U_{ab}) 去平衡(补偿)未知的被测电势 (E_x) 而进行工作的；这就如同天平称重时，用已知重量的砝码去平衡被称重物而工作的原理一样。

由上述的测量过程可知。当已知电位差 U_{ab} 与被测电势 E_x 达到平衡时，在被测量回路中无电流流过，因此被测量线路电阻的大小对测量没有影响，测量结果的准确性仅取决于工作电流 I 和回路电阻 R_P 的准确程度。但实际上由于检流计的灵敏度不可能无限制的高，即使检流计指零时，被测量的回路内，总还是有一微小电流存在，因此被测量线路电阻的大小对测量还是有一些影响，故应用的检流计灵敏度越高，则测量精度越高。

（2）自动平衡式电子电位差计

手动电位差计，一般是用于实验室测量，若用于生产过程中的连续自动测量，而又要求精度较高，则必须采用自动平衡电子电位差计。

由手动电位差计的工作原理可知，电位差计为了很好地工作，必须具备下列三个条件：第一工作电流必须稳定不变；第二必须有检测已知电位差与被测电势是否达到平衡的检流计 G；第三必须有根据检流计偏转去调节滑线电阻的人。这样，首先可在测量回路中由稳压电源提供稳定不变的工作电流；其次由放大器代替检流计去检测已知电位差与被测电势的差值，并进行放大；最后由可逆电机根据放大器输出信号的大小和相位做正转或反转，推动机械传动装置带动滑线电阻，以代替手动电位差计中人的调节动作，因而构成了自动平衡式电子电位差计。

自动平衡式电子电位差计的构成框图如图 11.2.4 所示，它是由测量电路、

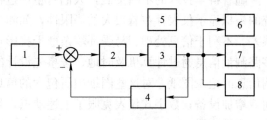

图 11.2.4　自动电位差计原理图

1—热电偶；2—放大器；3—可逆电机；4—测量桥路；
5—同步电机；6—记录机构；7—指示机构；8—调节机构

放大器、可逆电机、指示记录机构、机械传动装置以及稳压电源、同步电机等构成。由图 11.2.4可知自动平衡电位差计为无差随动平衡式。它的工作原理是：由热电偶传感器或变送器输入的直流电势（或由直流电流通过输入端的连接电阻而得的电压）与测量桥路的直流电压进行比较，比较后的电压差值（即不平衡电压）经过放大器放大后，输出足以驱动可逆电机的功率，推动可逆电机带动指示、记录机构，同时还带动测量电路的滑线电阻的滑触点，改变滑触点在滑线电阻中的位置，直到测量电路输入端的电压与测量桥路的反馈电势平衡为止。如果输入电势信号再度改变，则又产生新的不平衡电压，再重复上述调节过程，直至产生新的平衡为止。

2. 自动平衡电桥

电子自动平衡电桥可与热电阻配套使用测量温度，也可与其他能转换成电阻变化的检测元件配套使用，测量生产过程中的各种参数，因而在工业生产和科学实验中获得了广泛应用。自动平衡电桥的构成与自动平衡电位差计相同，差别仅在于接收信号不同，测量桥路有所区别，其他则完全一样。整个仪表的外壳、内部结构以及大部分零部件都是通用的，它们的产品也是相对应的。故此部分内容从略。

3. E 系列平衡记录仪

E 系列平衡记录仪是引进的国外产品，如 ER 系列记录仪、EH 系列中型记录仪、EL 系列小型记录仪等。这些记录仪都是采用自动平衡式原理，且具有外形美观、性能优良、可靠性高等优点，无故障时间高达 10 万 h。

该类仪表无论是在电路方面，还是在部件方面都采用了许多新技术，现将 ER 系列主要特点介绍如下：

1) 采用导电塑料滑线电阻：在芯棒上先用卡玛丝绕制成滑线电阻，然后再在其上涂敷一条导电塑料。它具有表面光滑、耐腐蚀、耐氧化、接触良好等优点，且可根据所配检测元件的特性，绕制成线性的或非线性的。

2) 仪表放大器使用的是低零漂、高输入阻抗的运算放大器。

3) 仪表测量电路中的量程电阻采用特殊的氮化钽薄膜电阻，用激光来修正其阻值，误差不大于 $\pm 0.1\%$；且长期稳定性极高，对提高仪表的稳定性和可靠性意义重大。

该类仪表的构成原理与自动平衡电位差计、自动平衡电桥类似。

11.3　数字式显示仪表

随着科学技术的不断发展，人们对生产过程的检测与控制提出了越来越高的要求。传统的模拟显示仪表存在着很大的局限性，如测量速度不够快、精度难以再提高、存在读数误差、不利于信息处理、易受环境杂散干扰影响等。特别是在现代化生产中，通常要求将多路测量信息通过计算机及时地、按事先设计的程序加以处理，而模拟式仪表只能给出被测信息的记录图纸，对这些图纸中所包含的信息进行分析、统计与处理，还要花费很多时间或增加设备；数字式仪表克服了上述缺点，且可与计算机进行连接。数字式仪表已经获得了广泛应用。

数字显示仪表通常是将检测元件、变送器或传感器送来的电阻、电流、电压等电信号进行转换处理，再经前置放大器放大，然后经 A/D 转换器转换成数字量信号，最后由数字显示器显示其数值。由于检测元件的输出信号与被测变量之间往往具有非线性关系,因此数字显示仪表要进行非线性补偿。在生产过程中的显示仪表需要直接显示参数值,例如温度、压力、流量、物位等,而 A/D 转换后的数字量与被测变量值往往并不相等,因此不能直接进行数字显示。为了显示测量参数的实际值,需要进行标度变换,将 A/D 转换后的数字量转换为被测变量值。数字显示仪表中,模数转换(A/D)、非线性补偿和标度变换是组成数字式仪表的三要素。除此之外,尚有前置放大器和数字显示器等。

11.3.1　模拟—数字转换(A/D 转换)

在数字式显示仪表中,为了实现数字显示,需要把连续变化的模拟量转换成数字量,因此必须用一定的量化单位使连续量的采样值整量化。模—数转换就是将连续的模拟量转换成整数的数字量,量化的单位越小,转换的数字量也就越接近于连续量本身的值。

工业生产过程参数连续变化的范围很宽,有各种各样的物理量与化学量,检测元件要把这些参数转变成电的模拟量,本节主要介绍电模拟量的模—数转换技术。

将模拟量转换为一定码制的数字量统称为模数转换。实际应用中所指的模—数转换多为直流(缓变)电压到数字量的转换。A/D 转换器实际上是一个编码器。一个理想的 A/D 转换器的输入、输出函数关系,可以精确地表示为

$$D \equiv [U_x/U_q] \tag{11.3.1}$$

式中　D——A/D 输出的数字信号;

　　　U_x—— A/D 输入的模拟电压;

　　　U_q——A/D 量化单位电压。

式(11.3.1)中的恒等号和括号的定义是 D 最接近比值 U_x/U_q(用四舍五入法取整),而比值 U_x/U_q 和 D 之间的差值即为量化误差。这是模—数转换中不可避免的误差。

表征模—数转换器性能的技术指标有多项,其中最重要的是转换器的精度与转换速度。

模拟(电压)—数字的转换方法很多,分类方法也不一致,若从其比较原理来看,可划分为直接比较型、间接比较型和复合型三大类。

1. 直接比较型 A/D 转换

直接比较型 A/D 转换的原理是基于电位差计的电压比较原理。即用一个作为标准的可调参考电压 U_R 与被测电压 U_x 进行比较,当两者达到平衡时偏差检出为零时,参考电压的大小就等于被测电压,其原理如图 11.3.1 所示。

逐次比较型 A/D 转换是最典型的直接比较型。它的工作过程是用标准电压与被测电压从高位到低位逐次进行比较,采用大者弃、小者留的原则,不断逼近、逐渐积累,即将被测电压转换成了数字量。为了具体了解这种转换原理,下面举例说明,将模拟电压 624mV 按 8、4、2、1 码转换为数字输出(分辨力 1mV)。

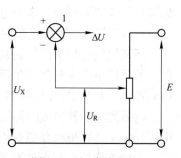

图 11.3.1　直接比较
A/D 转换原理图
1—偏差检出器

标准电压具有以下等级:800mV、400mV、200mV、100mV;80mV、40mV、20mV、10mV;8mV、4mV、2mV、1mV。标准电压共有三组,按高到低的顺序与被测

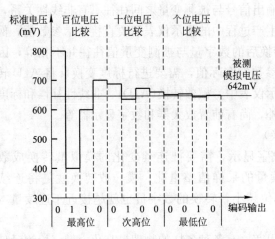

图 11.3.2　逐次逼近 A/D 转换编码过程示意图

电压 642mV 进行比较，从最高位开始，直至最低位比较结束，逐步实现模—数转换。比较过程和结果同时用波形图示出，如图 11.3.2 所示。比较过程如下：

第一步，用第一组的最大值 800mV 与 642mV 进行比较，800mV＞642mV，此值弃去，记作"0"（标在图 11.3.2 横坐标下方）；

第二步，用 400mV 与 642mV 比较，400mV＜642mV，此值留下，记作"1"；

第三步，用（200＋400）mV 与 642mV 比较，（200＋400）mV＜642mV，将（400＋200）mV 值留下，记作"1"；

第四步，用（100＋200＋400）mV 与 642mV 比较，（100＋200＋400）mV＞642mV，此值弃去，记作"0"。

百位比较完后，得到的是 600mV。600mV 再加上十位的标准电压进行比较。如此下去，直至第十二步，将最小电压值 1mV 用完，得到图 11.3.2 横坐标下方的三位二进制数码（0110 0100 0010），这个数码就是经比较后的转换结果，为模拟电压 642mV 的 8421 编码形式的数字输出。

要实现以上转换，必须具备以下条件：

（1）要有一套相邻关系为二进制的标准电压，产生这套电压的网络称为解码网络；

（2）要有一个比较鉴别器，通过它将被测电压和标准电压进行比较，并鉴别出大小，以决定是"弃"还是"留"；

（3）要有一个数码寄存器，每次的比较结果"1"或是"0"由它保存下来；

（4）要有一套控制线路，来完成下列两个任务：比较是由高位开始，由高位到低位逐位比较；根据每次的比较结果，使相应位数码寄存器记"1"或记"0"，并由此决定是否保留这位"解码网络"来的电压。

2. 间接比较型 A/D 转换

所谓间接比较型，就是被测电压不是直接转换成数字量，而是首先转换成某一中间量，然后再将中间量整量化转换成数字量。该中间量目前多数为时间间隔或频率两种，即 U-t 型或 U-F 型 A/D 转换器。

将被测电压转换成时间间隔的方法有：积分比较（双积分）法、积分脉冲调宽法和线性电压比较法，这里仅介绍双积分型 A/D 转换。

它的工作原理是将被测（输入）电压在一定时间间隔内的平均值转换成另一时间间隔，然后由脉冲发生器和计数器配合，测出此时间间隔内的脉冲数而得到数字量。设有一被测电压 $U_x(t)$ 随时间变化的规律如图 11.3.3 所示，按照一定的时间间隔 t_1，将其分成 n 等分，然后求出各段的平均值 $\overline{U}_{xj}$，再设法把 $\overline{U}_{xj}$ 转换成另一时间间隔 t_2^j，且满足正比关系，即

$$t_2^j \propto \overline{U}_{xj} \tag{11.3.2}$$

这样一段一段的 $\overline{U}_{x1}$、$\overline{U}_{x2}$……被转换成与其对应的一系列的时间间隔 t_2^1、t_2^2、…，最后由脉冲发生器和计数器配合而得数字值 N。

具体步骤如下：

第一步：完成被测电压 U_x 到平均值 $\overline{U}_{xj}$（在一定的时间间隔 t_1 内）的转换，图 11.3.4 中的采样积分阶段；

第二步：须完成被测电压平均值 $\overline{U}_{xj}$ 到另一时间间隔 t_2^j 的转换（$t_2^j < t_1$），图 11.3.4 中的反向积分阶段；

第三步：将时间间隔 t_2^j 整量化而成数字量 N。

这样就完成了被测电压到数字量的转换。

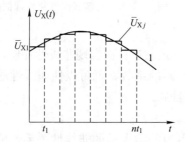

图 11.3.3 被测电压平均值求取图
1—被测电压

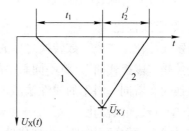

图 11.3.4 U－t 型 A/D 转换原理图
1—采样部分；2—反向积分

11.3.2 非线性补偿

在实际测量中，很多检测元件或传感器的输出信号与被测变量之间往往为非线性关系。例如热电偶的热电势与被测温度之间，流体流经节流元件的差压与流量之间，皆为非线性关系。这类非线性关系，对于模拟式显示仪表，只需将仪表刻度按对应的非线性关系划分就可以了。但在数字仪表中，A/D 为线性转换，故必须对转换后的数字量进行非线性补偿，以消除或减小非线性误差。

非线性补偿的方法很多，一类是用硬件的方式实现；一类是以软件的方式实现（常用在智能仪表中，在 11.4.4 中介绍）。数字式仪表一般采用硬件电路进行非线性补偿。

硬件非线性补偿，设在 A/D 转换之前的称为模拟式线性化；设在 A/D 转换之后的称为数字线性化；设在 A/D 转换器中进行非线性补偿的称为 A/D 转换线性化。采用模拟式线性化补偿的精度较低，但调整方便、成本低。采用数字线性化补偿的精度高，但成本也高。采用 A/D 转换线性化补偿的介于上面两者之间，补偿精度可达 $0.1\% \sim 0.3\%$，价格也适中。

1. 模拟式线性化

模拟式线性化元件称作线性化器。在仪表构成中，线性化器可用串联方式接入，也可用反馈方式接入。

（1）串联方式接入

图 11.3.5 示出串联式线性化的原理框图。由于检测元件或传感器的非线性，当被测变量 X 被转换成电压量 U_1 时，它们之间为非线性关系。放大器一般具有线性特性，经放

大后的 U_2 与 X 之间仍为非线性关系，因此应加入线性化器。利用线性化器的非线性静特性来补偿检测元件或传感器的非线性，使 A/D 转换之前的 U_0 与 X 之间具有线性关系。

（2）反馈式接入

反馈式线性化就是利用反馈补偿原理，引入非线性的负反馈环节，用负反馈环节本身的非线性特性来补偿检测元件或传感器的非线性，使 U_0 和 X 之间的关系具有线性特性（图 11.3.6）。

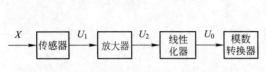

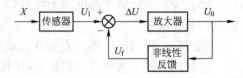

图 11.3.5　串联式线性化原理框图　　　　图 11.3.6　反馈式线性化原理框图

2. 数字线性化

数字线性化是在模—数转换之后的计数过程中进行系数运算而实现非线性补偿，基本原则仍然是"以折代曲"。将不同斜率的斜线段乘以不同的系数，就可以使非线性的输入信号转换为有着同一斜率的线性输出，达到线性化的目的。

3. A/D 转换线性化

通过 A/D 转换直接进行线性化处理。根据预先得到的输入量的非线性关系，确定出能够使其线性化的 A/D 转换比例系数。逻辑电路根据 A/D 转换输出量的范围，经过逻辑判断发出控制信号，选择合适的 A/D 转换比例系数，使 A/D 转换最后输出的数字量 N 与被测量 X 呈线性关系。

11.3.3　信号的标准化及标度变换

由检测元件或传感器送来信号的标准化或标度变换是数字信号处理的一项重要任务，也是数字显示仪表设计中必须解决的基本问题。

1. 信号标准化

一般情况下，由于测量和显示的过程参数（包括其他物理量）多种多样，因而仪表输入信号的类型、性质千差万别。即使是同一种参数或物理量，由于检测元件和装置的不同，输入信号的性质、电平的高低等也不相同。以测温为例，用热电偶作为测温元件，得到的是电势信号；以热电阻作为测温元件，得到的是电阻信号；而采用温度变送器时，得到的又是变换后的电流信号。不仅信号的类别不同，且电平的高低也相差极大，有的高达伏级，有的低至微伏级。输入信号的差别太大，使得数字仪表难以进行标准化，因此必须将这些不同性质的信号统一起来，实现输入信号标准化。

标准化的输出信号可以是电流、电压或其他形式的信号。标准化的电流信号有两种，一种是将测量信号转换成 4～20mA、DC（标准的Ⅲ型仪表输出信号）；另一种是将测量信号转换成 0～10mA、DC（标准的Ⅱ型仪表输出信号）。标准化的电压信号目前国内采用的统一直流电压传输信号有以下几种：0～10mV、0～30mV、0～40.95mV、0～50mV、0～5V、1～5V 等。标准化的测温元件主要有标准化热电偶、热电阻，标准化的热电偶主要有 S、B、K、T、E、J、R 等；标准化的热电阻主要有 Pt10、Pt100、Pt1000、Cu50、Cu100 等。这些标准化信号和标准化的测温元件都可以直接与标准的数字显示仪表连接。

2. 标度变换

对于过程参数测量用的数字仪表的显示，要求用被测变量的形式显示，例如：温度、压力、流量、物位等。这就存在一个量纲还原问题，通常称之为"标度变换"。图 11.3.7 为一般的测量环节的标度变换原理图。

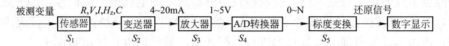

图 11.3.7　测量环节的标度变换原理图

数字仪表显示值与测量参数之间的关系可以用下式表示：

$$y = S_1 S_2 S_3 S_4 S_5 x = Sx \tag{11.3.3}$$

式中　　　　　　　y——数字仪表显示值；

x——测量参数值；

S——测量环节的总变换系数；

S_1、S_2、S_3、S_4、S_5——分别为传感器、变送器、放大器、A/D 转换器、标度变换的系数。

根据式(11.3.3)可知数字仪表的标度变换可以通过改变 S 来实现，使得显示数字值的单位和被测变量或物理量的单位相一致。通常当 A/D 转换器确定后，A/D 转换系数 S_4 和放大器的放大系数 S_3 就确定了，要进行标度变换只能改变标度变换系数 S_5 了。有的专用式数字仪表，要求在 A/D 转换之前进行标度变换，A/D 转换之后直接显示的数字量就是测量的实际变量值。前者称为数字量的标度变换，后者称为模拟量的标度变换。

11.3.4　数字式仪表的规格与型号

数字式仪表的型号基本沿袭了动圈式仪表的编号方法，下面列出部分数字式仪表的型号。

数字式仪表型号　　　　　　　　　　　　　　　　　表 11.3.1

第一节					第二节			
第一位		第二位		第三位		第一位		第二位
代号	意义	代号	意义	代号	意义	代号	意义	代号	意义

代号	意义	代号	意义	代号	意义	代号	意义	代号	意义
X	显示仪表	M	数字仪表	Z	指示仪			1 2 3 4	配接热电偶 配接热电阻 配接霍尔变送器 配接压力变送器
				T	指示调节仪	0 1	表示调节功能 二位调节 三位调节		

11.4　智能式显示仪表

随着科学技术的发展，人们对生产过程的检测与控制提出了更高的要求，模拟显示仪表和数字式显示仪表都难以满足其需求。尤其是随着计算机技术和网络技术的飞速发展，对测量与显示技术的要求越来越高，网络化、智能化也成了测量技术的发展方向，以微处理器为核心的智能式仪表迅速发展起来。它与数字式仪表的主要区别是用微处理器的软件技术取代了硬件电路的数据处理部分，而且其数据通信远传功能极为强大，并且可以与计算机构成分布式数据采集系统。

智能显示仪表是将检测元件、变送器或传感器送来的电流或电压信号，经前置放大器放大后，经 A/D 转换器转换成数字量信号。然后将数字量信号经过智能式仪表内部的数据总线，传送给仪表内部的微处理器进行数据处理，最后再进行显示和远传。

本节将对智能显示仪表的结构和典型的应用技术作以简单介绍。

11. 4. 1　智能式仪表的结构特点[2]

智能式仪表代表了现代化检测技术发展的趋势，因此它的结构也发生了很大的变化，其主要结构特点为：

(1) 微处理器化。仪表的核心部分使用微处理器，是测量仪表发展的一个飞跃。原来难以解决的问题，现在变得非常容易。原来需要构建复杂电路完成的功能，现在只需简单的功能化编程就能轻而易举的解决。随着微处理器的功能越来越强，人工智能化的功能也越来越强。

(2) 总线结构。仪表内部以微处理器为核心的芯片都是以总线方式相连接的，微处理器按照程序严格地控制每一个芯片的工作时序。每一个芯片都有着自己的地址总线、控制总线和数据总线。

(3) 标准化接口。仪表有着多种接口方式，并行总线接口可以和打印机之类的输出设备相连。RS232 串行接口可以近距离的和计算机之类的串行接口相连，进行编程等操作。RS485 接口可以远距离的与智能式仪表和计算机之类的设备相连接，传输数据或者传输操作指令。

(4) 灵活的面板结构。仪表使用功能键完成人机接口的简单操作功能，使用 LED(数码显示器)、LCD(液晶显示器)显示功能操作指令、测量数据及数据曲线等。所有的面板操作与显示均由微处理器控制与管理。

11. 4. 2　数字滤波技术

测量信号在传输过程中混入了各种随机干扰信号，在 A/D 转换之前可以采用硬件电路进行滤波。但是硬件滤波电路只能滤掉部分干扰信号，为了提高数据测量的精度在仪表内部还要使用软件滤波技术。这里介绍几种常用的软件滤波技术。

(1) 算术平均值法。算术平均值法就是对同一测量点的数据，连续采样 N 次，然后取其平均值。此种滤波技术对周期性波动信号具有良好的平滑作用，其平滑程度取决于 N 的数值。N 值取得太小，滤波效果不明显。N 值取得太大，测量的实时性差。因此 N 的取值要根据具体情况来决定，在温度测量中通常 N 值取 4～7 次。

算术平均值法是常用的、最简单的方法，但是如果在测量信号中混入了较大的脉冲干扰，则会给测量结果带来很大的误差。

(2) 中位值法。中位值法就是对同一测量点的数据，连续采样 3 次。将测量数据排队，取其中间值作为测量值，此种滤波技术可以有效地消除脉冲干扰信号。但是如果 3 次测量中，其中有 2 次采样的数据含有脉冲干扰信号，而且又都是同一方向的干扰，则滤波失效。

因此中位值法滤波的应用需要进一步完善。

（3）综合滤波法。结合上述的算术平均值法和中位值法滤波的特点，构成综合滤波法。滤波过程是对同一测量点的数据，连续采样 N 次，得到数据是 $x_i(i=1,2,\cdots,N)$。将测量数据按数值大小顺序排队，排队后将两端的数据各去除 m 个数据，剩下的数据为 $x_j(j=1,2,\cdots,N-2m)$，然后再取其平均值。此种滤波技术吸收了均值滤波和中值滤波的优点，具有较强的实用性。采用此种方法 N 值不能取得太小，通常 N 值取 $7\sim15$ 次。配合 N 的取值 m 值取 $1\sim3$ 次。具体的取值还要根据实际情况来决定。

11.4.3 标度变换

经过传感器、变送器和 A/D 转换后的测量信号，已经完全丢失了测量数据的量纲。要想显示它的实际测量数据的量纲，需要进行标度变换。信号传递过程的变化和最后的量纲转换过程与数字仪表相同（见 11.3.3）。本节介绍软件标度变换方法。

1. 线性信号的标度变换

智能仪表的标度变换，就是将 A/D 转换后的数字信息复原成传感器测量的实际数据。针对线性信号，假设传感器测量信号记为 Y，上限为 Y_m，下限为 Y_0。仪表转换的数字信息记为 N，上限为 N_m，下限为 N_0。传感器的实际测量信号为 Y_x，仪表 A/D 转换后的实际信息为 N_x。则根据线性比例关系可有如下的转换关系：

$$\frac{Y_m-Y_0}{N_m-N_0}=\frac{Y_x-Y_0}{N_x-N_0}$$

即
$$Y_x=Y_0+\frac{Y_m-Y_0}{N_m-N_n}(N_x-N_0) \tag{11.4.1}$$

式中　Y_m，Y_0，N_m，N_0——均为常数。

按照Ⅲ型仪表标准信号变换的电流信号为 $4\sim20mA$，对应于 $4\sim20mA$ 的信号转换成电压信号后为 $1\sim5V$。一般的 A/D 转换器是针对 $0\sim5V$ 的信号进行转换，也就是 $0\sim1V$ 之间的信号转换是无效的，因此对应于 A/D 转换后的数字信息要把 $0\sim1V$ 之间的无效信息屏蔽掉。

【例 11.4.1】 某温度测量系统，测量仪表的量程为 $200\sim800℃$，一体化变送器将 $200\sim800℃$ 的温度信号变换成 $4\sim20mA$ 传送到智能仪表的接口。智能仪表采用 8 位的 A/D 转换器，A/D 转换器输入端信号范围是 $0\sim5V$，转换后的输出数字信息是 $0\sim255$。问：1) 智能仪表的下限 N_0 是多少？2) 如果转换后的数字信息 N_x 是 205，进行标量变换后的测量值是多少？

【解】 （1）智能仪表在进行 A/D 转换前需要把 $4\sim20mA$ 信号转换成电压信号，电流信号转换成电压信号一般是接一只 250Ω 的标准电阻，那么转换后的电压值为 $1\sim5V$。A/D 转换器输入端电压是 $0\sim5V$，因此 $0\sim1V$ 间的信号就是无效位，即 A/D 转换器输入端信号的 $0\sim20\%$ 为无效位。A/D 转换器输出端信号为 $0\sim(2^8-1)$ 即 $0\sim255$。则无效位是 $255\times(0\sim20)\%=0\sim51$，即智能仪表的下限 $N_0=51$。

（2）已知本例题中的 $Y_m=800℃$，$Y_0=200℃$，$N_m=255$，$N_0=51$，$N_x=205$，将以上数据代入式（11.4.1）中，即可计算出标量变换后的测量值

$$Y_x=Y_0+\frac{Y_m-Y_0}{N_m-N_0}(N_x-N_0)=200+\frac{800-200}{255-51}(205-51)\approx652.9℃$$

2. 非线性信号的标度变换

测量信号与传输信号之间的关系有时是非线性关系，如果这种非线性关系是已知的，则可以采用数学计算的方法解决。而且也可以在标度变换的过程中加入非线性关系的计算，一次完成标度变换和非线性关系的数学计算。

以流量测量为例，采用差压流量计测量时，不考虑其液体密度的修正，流量与测量压差的关系为 $q_V = K\sqrt{\Delta P}$。K 为流量转换系数。按照式（11.4.1）的关系整理其标量变换关系式为：

$$q_{Vx} = q_{V0} + \frac{q_{Vm} - q_{V0}}{\sqrt{N_m} - \sqrt{N_0}}(\sqrt{N_x} - \sqrt{N_0}) \qquad (11.4.2)$$

式中，差压流量计测量信号的上限为 q_{Vm}，下限为 q_{V0}。仪表转换后数字信息的上限为 N_m，下限为 N_0。仪表 A/D 转换后的实际信息为 N_x，传感器的实际测量信号为 q_{Vx}（也是标量变换后的还原信号）。

11.4.4　非线性补偿技术

在信号变送、传输、转换过程中，即使是线性传感器也会发生非线性的变化。尤其是在高精度测量时，非线性变化的误差会直接影响测量精度。目前在线性化处理方法中，最常用的是线性插值法，而且此方法在智能仪表中也很容易实现。

1. 线性插值原理

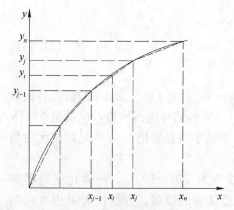

线性插值的思想就是以直代曲，将一个非线性的关系曲线，用分成若干的直线段来表示。分成的直线段越多，越接近于曲线，线性插值的误差也就越小。插值原理如图 11.4.1 所示，设非线性曲线共分成 n 段，插值输入量为 x_i 在 $x_{j-1} \sim x_j$ 之间，则对应插值输出量 y_i 也在 $y_{j-1} \sim y_j$ 之间，则有以下变换的关系：

$$y_i = y_{j-1} + \frac{y_j - y_{j-1}}{x_j - x_{j-1}}(x_i - x_{j-1}) \qquad (11.4.3)$$

图 11.4.1　分段线性插值法示意图

2. 线性插值分段法

目前主要有两种线性插值分段法。一种是等距分段法，另一种是变距分段法。

1）等距分段法

沿 x 轴等距分段。此种方法计算简单，但是各段的线性化误差不相等。要想提高误差，则必须细化线段的分段。

2）变距分段法

沿 x 轴非等距分段。此种方法根据非线性化误差的大小来进行分段，因此其计算较为复杂，但是各段的线性化误差相等。要求仪表要具有能够根据线性化误差进行分段的软件功能。

11.4.5　数据处理功能

智能仪表具有较强的数据处理功能，其内容非常丰富，综述如下：

1）求取测量值的平均值、方差值、标准差值和均方根值等。

2）按线性关系、对数关系即乘方关系求取测量值相对于基准值的各种比值。

3）进行各种随机量的统计规律的分析和处理。

4）进行曲线拟合和非线性的校正。

5）进行逻辑运算，实现极值判别和报警功能等。

6）进行加、减、乘、除、积分、微分等计算。

智能仪表将各种功能做成计算模块，供用户在使用中进行简单的编程调用，计算模块的编写过程与实现在此不作详细的叙述。

11.4.6 自校准功能

自动校准功能是为了消除测量过程中，智能仪表的使用环境发生变化而带来的测量误差。这种校准功能只能减小仪表本身的测量转换误差，而消除不了测量信号的传输误差。

在仪表进行测量信号放大、转换过程中，零点漂移误差最为常见。因此针对抑制零点漂移误差，是测量仪表最重要的性能指标之一。

在 2.5.5 中已经介绍了消除系统误差（零点漂移属于仪表的系统误差）的办法，这里介绍一下智能仪表的实现过程，其原理如图 11.4.2 所示。

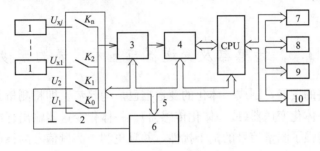

图 11.4.2　自校正程控电路原理图

1—传感器；2—模拟开关；3—程控放大器；4—A/D 转换器；
5—地址与控制总线；6—基准电压；7—打印；8—显示；9—键盘；10—通信

图中程控放大器的增益可以根据信号的幅度进行变化，选择合适的量程进行转换。在每次巡检测量前，从 K_0 开始依次闭合模拟开关。即先测量零点电压 U_1、对应 A/D 转换后的测量电压为 U_{sc1}，再测量满度电压 U_2、对应 A/D 转换后的测量电压为 U_{sc2}，并且记忆零点和满度电压值。然后再依次循环测量各路信号 U_{xj}，对应 A/D 转换后的测量电压为 U_{scj}。将校正和测量信号的测量值带入式(11.4.4)即可计算出校正后的测量值。此公式在第二章里已经介绍不再重复推导，在第二章里介绍的校正方法在智能仪表里都可以很方便地实现。

$$U_{xj} = \frac{U_{scj} - U_{sc1}}{U_{sc2} - U_{sc1}} \cdot U_2 \tag{11.4.4}$$

采用自动校准功能后，克服了环境因素的影响，具有如下特点：

1）仪表的零点发生偏移对测量结果不会发生影响；

2）仪表的满度量程可以变化，提高了测量的精确度；

3）仪表的自动校准可以灵活设定，可以定时进行，也可以按照巡检测量次数进行；

4）仪表的量程选择范围宽，可以按照测量信号的幅度自动调整。

11.4.7　其他功能

1. 自诊断功能

为了提高仪表的可靠性，要经常对仪表的输入、输出接口进行检查和诊断。诊断的方式一般采用查询方式，轮巡检查各个接口遇到故障自动显示部位与故障信息。

2. 定时功能

智能仪表中一般都设有硬件时钟。仪表可以将某些功能设成定时方式，定时进行各项工作。定时方式可以有软件定时和硬件定时。软件定时是利用软件进行编程定时，定时精度较低；硬件定时是利用硬件时钟上的时钟电路进行，定时精度高。

3. 通信功能

智能仪表中一般都设有通信接口，通信接口主要有 RS232、RS485。通信方式主要有有线和无线两种方式。有线方式可以采用通信电缆或者光纤缆，无线方式可以采用 GPRS 网络进行通信。

通信技术发展迅速，智能仪表的通信功能也是越来越强大，请参考有关资料，这里不再详述。

11.5　传感器及变送器与显示仪表的连接

随着测量电路的发展，制成一体化的变送器已成为趋势。即将测量元件与变送电路制成一体，通称为一体化变送器(或一体化传感器)。一体化变送器输出标准的电流、脉冲或者是数字信号，增强了测量信号的抗干扰性，并且更利于测量信号的标准化。

到目前为止，以 4～20mA 输出的两线制一体化变送器应用的最多。以数字式信息传送的一体化变送器也在逐渐增多，即现在称为现场总线式变送器或者称为一线制变送器的产品。以测量元件直接传送测量信号的目前还有应用，但是已经在逐渐减少。本节将以上几种形式传感器与变送器和测量仪表的连接方式作一简单介绍。

11.5.1　传感器与显示仪表直接相连接

在本书所介绍的传感器中，直接与显示仪表连接的主要有热电偶和热电阻。

1. 热电偶的连接

热电偶与显示仪表的连接不能使用普通导线直接相连，要用相同材质的导线或者是相近材质的补偿导线相连接。

显示仪表内有热电偶冰点补偿电路的可以与热电偶直接相连接，如图 11.5.1(a)所示。显示仪表内无补偿电路的要连接冷端补偿热电偶，并将冷端热电偶放置在恒温的冰点槽中，然后再与显示仪表相连接。接线原理如图 11.5.1(b)所示。图中用细线条和粗线条区分两种不同材质的导体。

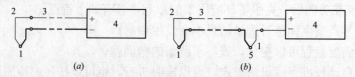

图 11.5.1　热电偶直接与显示仪表相连接

(a)显示仪表内有热电偶补偿电路；(b)显示仪表内无热电偶补偿电路

1—测量点；2—热电偶；3—补偿导线；4—显示仪表；5—冰点

2.热电阻的连接

热电阻与显示仪表连接一般都采用三线制，连接导线无特殊要求，选择标准的信号电缆线即可。仪表接线时要按照显示仪表接线端的提示符号连接热电阻，接线原理如图11.5.2所示。

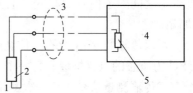

11.5.2　一体化变送器与显示仪表相连接

一体化变送器是将各种测量传感器的测量信号转换成标准信号传输，目前所用的标准信号主要有两种，一种是模拟信号，另一种是脉冲信号。长距离传输的模拟信号主要是电流信号，目前常用的电流信号是4~20mA。脉冲信号主要有两种，一种是变送器将测量信号转换成脉冲数量传送，显示仪表实际上是计数器(以下简称接收脉冲信号)；另一种是变送器将测量信号转

图 11.5.2　热电阻与显示仪表相连接
1—测温点；2—测温铂电阻；
3—连接导线；4—显示仪表；
5—仪表接线提示符号

换成数字量，利用串行通信技术传输测量信号，显示仪表接收信号后还要通过译码将测量信号转换过来(以下简称接收数字信号)。

1.接收电流信号

一体化变送器在进行信号转换时，是需要外部电源提供电能的。一体化变送器一般是需要外部提供24V的直流电源，提供电能的电源线同时又是一体化变送器向显示仪表传输信号的信号线。一体化变送器与显示仪表的连接方式如图11.5.3所示，这里的显示仪表可以是模拟仪表、数字仪表或智能仪表。图11.5.3(a)是显示仪表不提供变送器用24V直流电源时的连接方法，图11.5.3(b)是显示仪表提供变送器用24V直流电源时的连接方法。

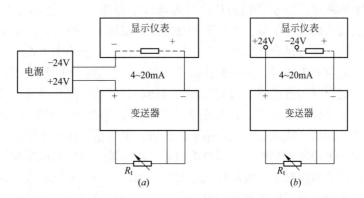

图 11.5.3　显示仪表接受电流信号时的连接方法
(a)显示仪表无直流24V电源；(b)显示仪表有直流24V电源

2.接收脉冲信号

显示仪表在接收脉冲信号传送时，实际是处于计数状态。显示仪表计数器接收端对于接收脉冲信号的要求，要与一体化变送器所传送脉冲信号的幅度、上升沿或下降沿的指标相一致。一般情况下选择的显示仪表最好是与一体化变送器相配套的产品，以免指标不一致产生较大的计数误差。

3. 接收数字信号

显示仪表在接收数字信号传送时，实际是处于数字通信状态。此时显示仪表与一体化变送器之间除了信号的幅度、上升沿或下降沿的指标要求之外，还要有相互一致的通信协议。

可以传输数字信号的一体化变送器实际上是一个智能型的变送器，它的内部是由CPU 为核心的电路构成。每一个一体化变送器都有一个固定的地址，因此它可以采取总线方式传输测量信号。每一次测量信号的传输过程，实际就是一次数据通信的过程。此类一体化变送器最好也选用与之配套的显示仪表，否则容易产生通信失败等问题。

以数字信号传输的变送器近些年来发展速度较快，新型产品逐渐增多。虽然有些产品也给出了通信协议、信号、供电电压等技术要求，但是在显示仪表与变送器的通信过程中，经常发生通信失败的故障。因此在使用此类变送器时，一定要按照产品的要求选择电源、导线及采取有效的抗干扰措施，才能保证其正常工作。

目前已将此类变送器归纳为现场总线式仪表。

11.6 现场总线仪表

现场总线仪表的产生主要来自两个方面：一是智能变送器出现，二是网络技术的发展。由于 CPU 的不断降价，在 20 世纪 80 年代初出现了带 CPU 的变送器，即智能变送器，这就是现场总线仪表的雏形。

11.6.1 概述

最早期的自动化仪表是基地式仪表，它安装在生产设备附近，所以也可以称为现场仪表。基地式仪表的测量、显示、控制和执行等部件组合成一个整体，并安装在一个表壳里。这种基地式仪表成套性很强，若有某一功能结构损坏，会使整套装置全部报废。为了克服这一缺点出现了单元组合式仪表，有人称单元组合式仪表为积木式仪表。在自动控制系统中，任一单元仪表损坏时，只需更换被损坏单元，其他单元照常使用。在这一阶段开始时，气动单元组合仪表占优势。因为气动信号传输速度的极限是声速，所以如果生产设备过于大型化，中央控制室所发出的控制指令抵达被控对象附近有较大的时间延迟。后来，出现了电动单元组合式仪表和组件组装式仪表。电气信号传输速度的极限是光速，这样一来，无论是中央控制室将信号送到被控对象，还是被控对象的被控参数送到中央控制室，都可以看成没有时间延迟。电动仪表存在两大问题：一是电噪声的问题比较严重，为克服噪声影响，不得不采用极为复杂的电子线路；二是监控困难问题，由于所有仪表单元几乎都安装在中央控制室，监控表盘可以长达几十米，使运行操作人员的监控发生困难，来回走动的时间将导致事故的发生。计算机直接控制系统的出现，可使中央控制室的监控面积大大缩小，一台计算机可以代替许多台仪表并能完成同样的控制任务。但是，由于一台计算机控制着几十个甚至几百个回路，一旦计算机发生故障，就会使整个生产陷于瘫痪。由于危险集中，又被淘汰。随着微处理机技术的高速发展，过去由一台大型计算机完成的控制功能可以由几十台甚至几百台微处理机来完成，各微处理机之间可以用计算机网络连接起来，从而构成一个完整的控制系统。这种结构形式，一台微处理机只控制少量的几个回路，危险比较分散，因而被称为分散控制系统(DCS)，DCS 还不是真正的分散控制系统，在很多设计中一台微处理机仍控制着一定数量的控制回路。DCS 的通信标准不统一，因而形成了一个个的自动化孤岛。DCS 的现场测量级或执行级仍采用 4～20mA(DC)信号传输，阻碍了信息的传递与共享，不但电缆消耗量巨大，安装维护费用高，远远满足不了对现场仪表状态监测和管理的深层次要求，而现场总线仪表正是为解决这些问题而产生的。

智能变送器不但需要把现场测量的过程变量和仪表本身的自诊断信息向中央控制室的上位机报告，而且还需要上位机对其进行量程、零点、线性、阻尼等参数的设定，由此产生了现场仪表与上位机的通信要求。因特网的出现，使得企业通过因特网将全世界的各个工厂与其总部连接在一起，生产与其他企业功能的协调已成为信息技术结构的一个有机部分。网络可以从工厂中收集更多的信息并使之广泛而远距离地传遍整个企业。然而因 DCS 的检测、变送和执行等现场仪表仍然采用模拟的 4～20mA 信号连接，无法满足网络系统对现场信息的需求，限制了网络的视野，因而产生了网络系统与现场仪表的通信要求。正是在上述两种因素的驱动下，要求建立一个现场仪表与上位机或网络系统的数字通信链路，这条通信链路就是现场总线，而挂接在现场总线上的电子设备，一般被称为现场总线设备或现场总线仪表。

现场总线是应用在生产现场的设备和在微机化测量控制设备之间实现双向串行多结点数字通信的系统，也被称为开放式、数字化、多点通信的底层控制网络。现场总线将专用微处理器置入传统的测量控制仪表等设备，使它们各自都具有了数字计算和数字通信能力，该技术采用可进行简单连接的双绞线等作为总线，把多个测量控制仪表等设备连接成网络系统，并按公开和规范的通信协议在位于现场的多个微机化测量控制设备之间以及现场仪表与远程监控计算机之间实现数据传输与信息交换，形成各种适应实际需要的自动控制系统。简而言之，现场总线把单个分散的测量控制设备变成网络结点，以现场总线为纽带，把它们连接成可以相互沟通信息、共同完成自控任务的网络系统与控制系统。

11.6.2　现场总线仪表结构[3]

现场总线仪表打破了传统模拟控制系统采用的一对一的设备连线模式而采用了总线通信方式，其控制功能可不依赖控制室计算机直接在现场完成，从而实现系统的分散控制。现场总线及其与上层网络的一般性连接的结构如图 11.6.1 所示。

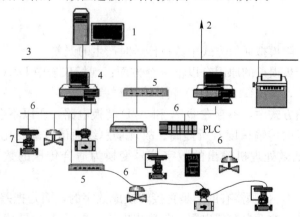

图 11.6.1　现场总线仪表系统结构

1—服务器；2—上层网络；3—工作总线；4—工作站；5—网关；6—现场总线；7—现场设备

现场总线由于采用了智能现场设备，能够把原先 DCS 系统中处于控制室的控制模块和各输入输出模块置入现场设备。另外，它采用数字信号替代模拟信号来实现通信，因而能在一对电线上传输多个信号（包括运行参数、故障信息、设备状态、控制指定等）。把数/模、模/数部件置入现场设备（现场设备的成本有所增加），这样就为简化系统结构、节约硬件设备、节约连接电缆与各种安装、维护费用创造了条件。

11.6.3　现场总线仪表特点[4]

现场总线仪表与以前的控制仪表相比，具有许多优点，现阐述如下。

1. 全数字性

模拟通信方式是用 4～20mA 直流模拟信号传送信息，即一对线只能接一台现场仪表，传送方向具有单向性。因此，接收现场仪表信息的信号线和发给现场仪表信息的信号线是分开的。

混合通信方式是在 4～20mA 模拟信号上，把现场仪表信息作为数字信号叠加的通信方式，加上模拟通信方式的功能，可以进行现场仪表量程的设定和零点调整的远程设定。

但是，混合通信方式是厂家个别开发的，厂家不同的仪表之间不能进行信息交换。HART 是一种典型的混合通信协议，采用 HART 协议的表称为 HART 表，即使 HART 协议已在混合通信方式中占统治地位，但它也不被 DCS 厂家所接受。因此，HART 表在与 DCS 的通信中，仍然以 4～20mA 模拟通信为主体，而且 HART 的通信速度比现场总线的通信速度低。

现场总线通信方式与模拟通信和混合通信方式不同，是完全的数字信号通信方式。

现场总线通信方式可以进行双向通信，因此与模拟通信方式和混合通信方式不同，可以传送多种数据。在现场总线通信方式中，从变送器的传感器到最后的控制阀，信号一直保持数字性，具有全数字性。

现场总线作为一种数字式通信网络，从控制室一直延伸到现场，使过去采用一对一式的模拟量信号传输变为多点一线的串行数字式传输。在现场总线仪表中，不论是传感器，还是转换器电路，都是数字的。不像表那样，既有数字电路，又有模拟电路。因而，现场总线仪表的全数字性使得仪表的硬件结构更加简单，其分辨力、测量速度、稳定性都高于 HART 表。

2. 精度高

现场总线可以消除模拟通信方式中数据传送时产生的误差。

模拟通信方式产生误差的原因有以下三个方面：现场仪表中 D/A 转换产生误差；模拟信号传递产生误差；系统仪表的 D/A 转换产生误差。

在现场总线通信方式中，不存在 D/A 和 A/D 转换电路，所以不会产生 D/A 和 A/D 转换误差，因而信号的传输精度有所提高。故现场总线通信方式要比模拟通信方式精度高。编码的作用是把微处理机输出的数字信号变换为适合传送的数字信号，反之就是解码。

在 HART 仪表中，传感器有的不是直接转换成数字的，而是把差压或压力作用在膜片上，使其产生位移，改变电容或电阻，先输出电压，再经过 A/D 转换变成数字信号后，送微处理机。若按模拟信号传送，还需经过 D/A 转换。这样，在 HART 仪表本身就经过了两次转换，再加上送到系统仪表去，就经过了三次转换，其信号传输精度在反复的 D/

A 和 A/D 转换中有所降低。

3. 抗干扰性强

在模拟通信方式中，还存在着模拟信号传递产生的误差。在模拟通信方式中，信号是以 4～20mA 的连续变化形式存在的，信号值的变化可以无限小，因此，噪声和信号畸变在模拟信号传输中是无法避免的。也就是说，现场仪表传输模拟信号时稳定性较差，信号误差只会将一个有效信号变为另一个有效信号，即使从最精确的模拟仪表送来的信号，当它到达控制器时也可能已变得完全不准确。而在现场总线仪表中，信号的有效值只有 0 或 1 两个，所以它非常坚实可靠，一般的噪声很难扭曲它。它可以直接传送或者以某种方式进行编码。因此，与模拟信号相比，其抗干扰或抗畸变的能力强。更为重要的是，检错机制可以检测数字信号失真，一旦发现失真，就可以废除相关报文，并可能要求再重新传送一次。在模拟通信方式内不可能检测到信号的畸变，这是因为一个畸变的信号看起来仍然像是一个有效的过程信号。例如，一个 19mA 的模拟信号，由于噪声干扰可以在 18.97～19.03mA 之间变化或者由于电源电压的下降而固定在 18mA。由于它仍然属于一个有效的信号，因此没有一种方法可告知操作员信号存在的误差。操作员可以怀疑信号受到了干扰或者限制，但是没有办法确定究竟是畸变还是过程发生了变化。然而，一个接收到的数字信号则忠实于起始被传送的信号。例如，若信号高电平为 5V，代表数字"1"；信号低电平为 0V，代表数字"0"。若因为干扰使高电平降到 4V 或使低电平升到 1V 时，4V 仍代表数字"1"，1V 仍代表数字"0"，数字信号并没有失真。数字信号优越的保真度正是它们被光盘和自动化领域采用的原因，它不但带来了较高的精度，而且带来了较高的置信度。

4. 内嵌控制功能

在每台现场总线仪表中都内嵌有 PID 控制、逻辑运算、算术运算、积算等模块，用户通过组态软件对这些功能模块进行任意调用，以实现过程参数的现场控制。

5. 高速通信

一般来说，HART 仪表通信速度不高，因此，不能有效地实现实时控制。现场总线仪表要像系统那样实现闭环实时控制需要更高的通信速度。由于高速需要高功率，即需要更大的电源功率消耗，这个要求与本质安全产生了矛盾，因而现场总线仪表的通信速度不能过高。这就要求现场总线的通信速度适中，并且尽量减少系统的通信负荷。

现场总线仪表采用通信调度系统来控制变量的采样、算法的执行和通信系统的优化。如把数据分为周期性和非周期性两部分：对周期性数据必须在系统所需的周期内处理完毕，而对非周期性数据可以在传输周期性数据空闲时传输。有了这样的通信调度，就使得现场总线仪表具有了与模拟控制系统一样的控制速度，因而也达到与模拟控制系统一样的高速闭环控制性能。

6. 多变量测量

所谓多变量测量，是指一台现场总线仪表可以同时测量多个过程变量。在过去的模拟通信方式中，测量一个变量就需要一对导线，因此每台变送器只能测量一个过程变量。采用了现场总线通信方式后，由于每台现场总线变送器内配有多个感测元件，它就可以同时测量多个过程变量，并通过现场总线传输出去，因此一台现场总线变送器可以当做多台变送器使用。例如现场总线差压变送器，除可用于测量流体流量以外，还可用于测量过程压力、温度等。再例如，在现场总线密度变送器中，除了测量密度外，还可测量过程温度。一台有两个独立输入的现场总线温度变送器可以取代两台变送器。

7. 多变量传送

一台带阀门定位器的调节阀。阀上有控制器的输出信号，即位置控制信号、阀位上限信号、阀位下限信号、阀门开度信号。模拟通信方式下的这台调节阀至少需要四对线连接，而现场总线只需要一对线即可替代。利用现场总线仪表的多变量传送特性，还可以实现一些特殊的系统功能，例如对变送器周围的环境温度和导压管的堵塞监测等。正是现场总线多变量的传送特性，才使电缆数量得到大大减少，电缆敷设的工作量也大大降低。

8. 系统综合成本低

在 4~20mA 通信方式下，变送器只能测量一个物理变量，如果要将这个测量变量转换为控制上必要的数据，还需要其他附属的仪表。例如，测量带有温度和压力补偿的蒸汽流量时，需要三台变送器分别测量温度、压力和差压（流量）。而在现场总线控制系统中，则只需要一台现场总线变送器就可以了，这不但使系统结构大大简化，而且还降低了系统的综合成本，减少了系统安装和调试费用。

由于现场总线仪表能直接执行传感、控制、报警和计算功能，因而可减少变送器的数量，已不再需要单独的调节器和计算单元等，也不再需要 DCS 系统的信号调理、转换、隔离等功能单元及复杂接线，还可以用工控机作为操作站，从而节省了大量的硬件投资，并可减少控制室的占地面积。

现场总线接线十分简单，一对双绞线或一条电缆通常可挂接多个设备，因而电缆、接线端子、槽盆、槽架的用量大大减少。当需要增加现场总线仪表时，无需增加新的电缆，可就近连接在原有的电缆上，既节省了投资，又减少了设计、安装的工作量。

9. 真正的互可操作性

数字通信的一个潜在问题是可以有许多不同的协议。表征编码与传输数据的方法称为协议。制造厂商已经制订了许多不同的协议，然而，根据一种协议所设计出的仪表是不能与按另一种协议所设计出的仪表一起工作的。标准化委员会的目的之一就是要定义出一种标准的协议，让各种仪表都能遵守，以使得不同制造厂商所生产的仪表能够互可操作，或者说可以在一起工作。关键一点在于系统的能力不应该靠系统中仪表各自的功能来确定，而应该由这些仪表相互通信的能力来决定。两台具备最好功能的仪表，如果不能无缝地集成在一起，其产生的效果还不如两台虽功能较差但却能无缝地集成在一起的仪表。

现场总线通信方式正在向国际标准化推进，标准化确保了互可操作性的实现。所谓互可操作性，是指来自不同厂家的仪表可以互相通信，并且可以在多厂家的环境中完成功能的能力。互可操作性使不同厂家的仪表可以互相使用，其控制系统的组成是自由的。凡是符合现场总线国际通信标准的现场总线仪表，不论是哪一个厂家制造的，都可以互相交换信息。这样，用户就不必围绕着某一仪表制造厂选择仪表，控制系统构成的自由度大大增加，用户能够以最优的性能/价格比构成符合自己要求的控制系统。互可操作性与互用性是有区别的，互可操作性是指实现互联仪表间、系统间的信息传送与沟通，而互用性是指不同制造厂家的性能类似的仪表，可实现相互替换。

10. 真正的分散控制

现场总线控制系统，能够把原先 DCS 中处于控制室的控制模块和各类输入输出模块置入现场总线仪表，再加上现场总线仪表具有通信能力，现场总线变送器可与现场总线执行器直接传送信号，因而控制系统功能能够不依赖控制室的计算机或控制仪表而直接在现场完成，实现了真正的分散控制。

11. 组态操作一致

现场总线仪表的组态操作很简单，操作员只需按按键或点点鼠标即可完成。然而，为实现这按按点点操作的幕后工作量（软件制作）是巨大的，它是几代科技人员不懈努力的结果。由于现场总线仪表的组态操作是规范和标准的，所以不会因为仪表的制造厂家不同而重新进行学习和培训。

12. 采用预测维护技术

在控制领域采用预测维护技术，而不是在问题发生后再做出反应，能够使现场总线仪表和控制系统更好地工作。当今现场总线仪表的强大功能，不仅局限于闭环回路控制、先进的连续控制和间断性控制，而且还能实现预测诊断维护功能。例如，对于具有多变量输出的现场总线气动执行器，当阀门的行程超过一定的距离（如 2km）时，当腐蚀性介质流过阀门到一定的数量（如 2000m³）时，当运行的时间超过一定年限（如 2 年）时，当阀门已经损坏时，中央控制室只要得到上述四个信息中的任何一个，就要采取措施修理阀门了。

预测维护的好处是很多的。预测维护能够延长仪表的运行寿命，允许预先校正，减少由于仪表和程序问题而发生的停机（工）时间，减少部件和人工上所花的费用，提高运行的安全性和经济性。火力发电厂状态检修的实现，在很大程度上要依赖于控制仪表的预测维护功能。现场总线仪表能够准确地检测整个工厂内生产或制造过程的状态，这种检测是可重复的。通过检测漂移、偏差、噪声等信号，再将这些信号与过程控制信息相结合，就能更为广泛地对生产或制造设备和过程状态进行检测。现场总线仪表提供的重要信息，不仅包括整个生产过程的状况，而且还包括仪表本身的状况。把这些信息与先进的控制结合起来，可以大大降低过程偏差，增强过程可用率。

11.6.4 现场总线与局域网的区别[5]

（1）按功能比较，现场总线连接自动化最底层的现场控制器和现场智能仪表设备，网络上传输的是小批量数据信息，如检测信息、状态信息、控制信息等，传输速率低，但实时性高。简而言之，现场总线是一种实时控制网络。局域网用于连接局域区域的各台计算机，网络上传输的是大批量的数字信息，如文本、声音、图像等，传输速率高，但不要求实时性。从这个意义而言，局域网是一种高速信息网络。

（2）按实现方式比较，现场总线可采用各种通信介质，如双绞线、电力线、光纤、无线射频、远红外等，实现成本低。局域网需要专用电缆，如同轴电缆、光纤等，实现成本高。

11.6.5 现场总线仪表产品

不少检测仪表虽然在习惯上未被称做变送器，但是，就其功能来说仍有变送器的功能，例如氧量分析仪、电磁流量计、涡街流量计、超声流量计等。如果它们输出的也是现场总线数字信号，那么，这些表计也可称为现场总线仪表。

目前，世界各大仪表厂都相继推出了现场总线变送器、现场总线执行器或阀门定位器。通过 FF（现场总线基金会）认证的现场总线仪表已经有了 100 多种。

思 考 题 与 习 题

1. 模拟仪表分为几类？特点是什么？

2. 模拟仪表的基本误差怎样表示？

3. 简述仪表的灵敏度和分辨力。

4. 简述构成数字式仪表的三要素。

5. 简述数字式仪表的精确度的表示方法。

6. 要实现逐次比较型 A/D 转换，必须具备哪些条件？

7. 试说明数字波的概念及实现方法。

8. 在测量仪表中为什么要进行测量信号的非线性补偿？

9. 在仪表中为什么要进行标度变换，如何进行标度变换。

10. 模拟滤波和数字滤波的作用是否相同？在实现上的区别如何？

11. 什么叫智能仪表？它有什么特点？它与一般数字仪表的主要区别是什么？

12. 为什么要进行零点漂移和增益漂移的校正，如何校正？

13. 零值法自校零的基本原理是什么？具体如何实现？

14. 替代法的自校准的基本原理是什么？具体如何实现？

15. 什么是数字传感器？它与一般的传感器有什么区别？

16. 在智能式仪表中怎样进行测量信号的非线性补偿？

17. 数字式仪表与智能式仪表进行标度变换时有何不同，各有哪些标度变换的方法？

18. 一体化变送器的特点是什么？

19. 图 11.5.3 中显示仪表内与变送器信号线连接的电阻是做什么用的？应该选择什么样的电阻？电阻的阻值应该是多少？

20. 在 11.3.1 中介绍的逐次比较型 A/D 转换器它的分辨率是多少？转换精度能达到多少？

21. 某生产过程要求测量温度，温度测量范围为 0～100℃，选择一只测量范围为 0～100℃，传输信号为 4～20mA 的一体化线性温度变送器。智能仪表采用 12 位的 A/D 转换器，A/D 转换器输入端信号范围是 0～5V。问：1)应该怎样将 4～20mA 的传输信号转换为 0～5V？2)A/D 转换后的数字信息范围是多少？3)A/D 转换后有效位的范围是多少？4)传输信号是 12mA 时，A/D 转换后的数字量是多少？5)智能仪表进行标度变换后的实际测量温度值是多少？（解题提示：变送器传输的 4～20mA 信号对应的是 0～100℃，而 A/D 转换器输入端信号范围是 0～5V，A/D 转换器转换信号之前要将电流信号转换成电压信号(一般通过取样电阻完成)，转换之后变送器零点信号 4mA 会转换成 1V，而 A/D 转换器转换后的数字信号对应的是 0～5V，那么 0～1V 对应的数字信号实际是无效的。)

22. 现场总线仪表的主要特点是什么？

主要参考文献

[1] 王玲生主编. 热工检测仪表. 北京：冶金工业出版社，2006.

[2] 陈润泰主编. 检测技术与智能仪表. 湖南：中南工业大学出版社，1995.

[3] 杨卫华主编. 现场总线网络. 北京：高等教育出版社，2004.

[4] 杨庆柏编. 现场总线仪表. 北京：国防工业大学出版社，2005.

[5] 凌志浩主编. DCS 与现场总线控制系统. 上海：华东理工大学出版社，2008.

第3篇 测 试 技 术

测试技术是一门综合性技术，用于产品质量的鉴定、设备运行过程的监视或控制，有目的地测取系统或设备的数据，获得条件与结果之间的规律性认识等。测试之前，测试人员需要根据对测量任务的具体要求和现场实际情况，设计或选用测试仪表，组成测量系统；试验中及试验后，正确地获取试验数据，合理地进行数据处理，最终得到可信的结果。

现代传感器技术、电子技术、计算机技术、通信技术及信息处理技术的发展促进了建筑环境测试技术的发展；日益庞大的工程系统和人类对居住环境及舒适度需求，对建筑环境与能源应用工程专业的测试技术提出了更高的要求。本篇根据建筑环境与能源应用工程专业的特点，主要介绍了基于计算机技术和现代通信技术的集中式、分布式自动化测量系统以及基于现代传感器技术和存储技术的数据采集系统构成、组建方法及相关技术。通过大量的专业应用实例，介绍了如何根据所学知识，针对现场实际情况和所要求的测试目标，采用可行测量方法，合理进行误差分配，正确选用测量仪表或建立相应的测试装置，组建起具有获取某种信息之功能的测试系统，最终获得满意的测量数据。

第 12 章　自动化测量系统

以现代科技为特征的传感器技术、计算机测量技术和通信技术为基础的现代测试技术发展迅速，丰富了建筑环境测量的方法和手段，促进了建筑环境测试技术的发展。随着生产的发展和科技进步，对测量的要求也逐渐增加，已经由对一个具体物体的参数测量，发展到对一个工程系统甚至一个城市的多参数、多工况的连续、长期测量。单个仪表的测量已经满足不了测量要求，需要摆脱传统的模式，采用新的技术及方法。本章重点对集中式、分布式自动化测量系统以及数据采集系统的构成、组建方法及相关技术加以介绍。

12.1　自动化测量系统概述

测试是较复杂的测量，测试系统也可以称为测量系统。严格来讲，测量系统的概念不只局限于测量仪器、测量设备的范畴，而是指用来对被测量赋值的操作程序、评价人、量具、设备、环境及软件等要素的综合，是获得测量结果的整个过程。一个完整的测量过程，引起测量不确定度的因素有很多，包括被测量的定义不完整、被测量的定义值实现不理想，被测量的样本不能完全代表定义的被测量、对环境条件的影响认识不足或环境条件的不完善测量、人员对模拟式仪器的读数偏差、测量仪器的分辨率或鉴别域的限制、测量标准和标准物质的给定值或标定值不准确、测量方法、测量系统和测量程序不完善、数据处理时所引起的常数和其他参数不准确、修正系统误差的不完善以及各种随机因素的影响等等。在不同的测量系统，因系统的组成要素不同，上述因素的影响程度会有所差异；对上述因素影响的分析，在本书第 2 章已作介绍。这里仅介绍测量仪器、测量设备范畴的测量系统。

构建一个理想的测量系统要考虑诸多方面的因素，如测量的目的、被测对象的特性、测量精度要求、系统实时性要求、地理位置分布、现场条件等。

在测量的目的方面：通过测量系统完成复杂量的间接测量；通过测量系统来实时监测系统的主要状态参数；通过测量系统测量一段时间内的数据来辨识系统的数学模型、系统设备的故障诊断等等。

在被测对象的特性方面：被测对象是定常系统还是时变系统；是线性系统还是非线性系统等等。

在测量精度要求方面：要考虑被测系统总的测量精度要求及各分项测量的误差分配。

在系统实时性要求方面：某些系统要求动态测量，实时性要求很高；另一些系统要求静态测量，实时性要求较低。

在被测系统的地理位置分布方面：某些被测系统是一台设备、一个小的空间；而另一些被测系统可能覆盖较大的空间半径。

在现场条件方面：有些被测系统的现场有合适的温度、湿度等工作条件，有需要的外部电源；而另一些被测系统有可能现场的工作条件极差，如现场无电源、工作温度湿度超标或雨水可能淹没测量仪表等等。

一个测量系统一定是由多台仪表构成的，但这种构成是有条件的，而不是随意的；通过一个测量系统所得到的数据是大量的，这些数据是有序的，每一个数据都必须带有时间与空间的定位信息，而不是杂乱无章的数据堆集。因此，构建一个测量系统的基本的要求就是系统整体时间的同步，如具有相同的采样周期、具有同步的采样时刻。另一个基本的要求是系统数据传输要有序，以保证每一个数据都必须带有时间与空间的定位信息。

时间同步和时空定位是构建一个测量系统的最基本的要求。时空定位是必须的，对于一个测量数据如果不知道它是什么时刻，哪一测量点的测量数据，这个数据是毫无意义的。对于一个测量系统的时间同步要求是可以区别对待的，这里的"时间同步"是指一个测量系统各测点同时测量的程度。同步程度的高低是根据被测系统本身的特性及测量的目的要求而定的。对于有些系统同步程度要求可以达到毫秒（ms）级别，而对于另一些系统同步程度要求达到分钟级别、小时级别即可。对于一个动态系统，测量系统的同步性要求较高，只有较高的同步性，才能对各个测点的测量数据进行对比分析及综合数据处理，除此之外采样周期的确定要严格遵循采样定理的要求。对于一个稳态测量系统，当被测系统达到稳定状态后，其系统参数的波动范围较小，因此，对此测量系统的同步性要求较低，即使不是同步的数据，只要在系统稳定状态时间内，同步性不是差得很大，还是可以对各个测点的测量数据进行对比分析及综合数据处理的。

两个或两个以上的仪表只要能满足时间同步、所测数据带有时空定位信息就可以构成一个测量系统，这里所说的仪表是广义的仪表，它可以是模拟仪表、数字仪表、智能仪表（包括智能传感器），只要它能满足时间同步及时空定位要求即可，不管它是人工实现的人工测量系统还是自动实现的自动化测量系统，但一般我们所讨论的还是以自动化测量系统为主，这样构成自动化测量系统的仪表一定是智能仪表，因为只有智能仪表才具备标准的通信接口和动态修改仪表工作参数（如复位、修改采样周期等）的能力。

既然称为测量系统，就一定要有一台功能强大的计算机作为主机，其他分布在测点附近的仪表称为从机。主机负责下达测量命令，收集从机上传的数据及对数据的分析、处理、存储，从机按主机下达的测量命令进行数据采集和数据上传。

主机与从机通过通信信道和标准的通信接口实现系统的连接，构成自动化测量系统。通信信道可以是有线的，也可以是无线的。在系统的构成上，可以构成主从式自动化测量系统，即系统间的通信都必须通过主机才能完成，分机之间不能直接通信；也可以构成多主式系统，主机与从机、从机与从机之间都可以直接通信，在系统通信功能上它们具有相同的地位。

自动化测量系统也可以采用由 PC 机、数据采集卡、信号调理、接线板及各类传感器来构成，称为基于 PC 机的自动化采集系统，也称集中式自动化测量系统。由于系统的数据采集功能都集中在 PC 机内，因此只适宜在小空间范围内应用，如实验室内的设备、相对集中的设备。由于系统具有 4～20mA 标准接口，因此在传感器的选择上除精度要求外，只要具有 4～20mA 标准接口即可。

分布式自动化测量系统是由主机及若干台分别在测量现场的智能仪表及通信系统构成，由于其本身的构成特点，更适合在大系统中应用，如高层建筑内的空调自动化测量系统、管网的自动化测量系统等。

近些年来随着数据采集器(Data Logger)研制开发及自身具有的特点，使其得到了广泛应用。采集器具有超低功耗、电池供电、可长时间连续工作、可大量采集存储数据、具有标准通信接口、工作参数可灵活设定、可构建离线测量系统等特点。特别适合应用于被测系统作用半径大、测点数量大、现场无电源的场合。

自动化测量系统的构成形式很多，由于篇幅所限，本章主要讨论分布式自动化测量系统；数据采集器及离线式数据采集系统。

12.2 集中式及分布式自动化测量系统

在一个规模较大的工业测控系统中，常常有几十个、几百个甚至更多的测量对象，只有及时准确地掌握这些对象的运行状态，才能对整个工业过程实施有效地控制，保证生产的安全，提高产品的质量，使设备安全可靠地运行。工业化过程自动化测量系统，大致可分为两种形式：集中式自动化测量系统及分布式自动化测量系统。

12.2.1 集中式自动化测量系统

集中式自动化测量系统是对工业过程实施监控的初期形成的一种自动化测量的形式，得到过广泛应用。集中式自动化测量系统的核心是一台微型计算机，设置在监控中心。在微型计算机内扩展了一定数量的I/O接口板(数字式或模拟式)，以便与各种的测量仪表进行匹配连接。各种所需的测量仪表(模拟式或数字式，非智能式)被安装在工业测量与控制现场，通过传输导线将现场仪表的输出信号引至监控中心并与微型计算机内扩展的I/O接口板连接，形成一个集中式自动化测量系统。系统的结构框图如图12.2.1所示。

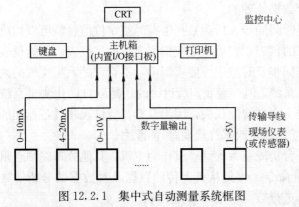

图 12.2.1 集中式自动测量系统框图

集中式自动化测量系统的计算机按设定的测量周期，定时的采集现场仪表或传感器送来的不同类型的信号(0~10mA 或 4~20mA；0~10V 或 1~5V；数字信号，高低电平等等)。数据集中在计算机中进行转换处理、显示、打印、上下限的报警及存储，一次的巡回测量就完成了一个测量周期。

集中式自动化测量有以下特点：

(1) 集中式自动化测量在监控中心可实时地观察到系统的全部测量数据，给系统管理者调控系统提供了实时、精确、完整的基础数据。

(2) 集中式自动化测量系统是以微型计算机为核心的，具有强大的数值计算、逻辑判断、信息存储等功能，为系统的运行现状分析、故障诊断、优化运行等提供了手段。

(3) 集中式自动化测量系统只适用于规模较小的工业过程，如一个车间内或一个生产线上等。这主要是因为：1)主机箱内 I/O 扩展板的数量限制了现场仪表或传感器的数量，使之测量规模不可能太大，一般测量点数应在 100 点以内；2)现场仪表或传感器到监控中心的距离也不能太大，传输导线的长度太长会使传输的信号损失太大，导线的成本太高，一般应在百米以内。

（4）由于集中式自动化测量系统中的现场仪表或传感器没有智能因素，所以所有的处理功能都集中在监控中心的主机上，当系统的规模较大时，主机的负担较重，实时性变差。

因此当测量点数较多、测量的地理范围较大时，不适合采用集中式自动化测量系统，而应采用分布式自动化测量系统。

12.2.2　主从分布式自动化测量系统

一个规模较大的工业过程测量系统，具有测量点数多、信号类型多样化、测量点地域分布广等特点。显然集中式自动化测量系统很难完成上述任务。随着计算机技术、数据通信技术及智能仪表技术的发展，为适应较大规模工业过程的自动测量与控制，产生了主从分布式自动化测量系统。

主从分布式自动化测量系统的结构框图如图 12.2.2 和图 12.2.3 所示。图 12.2.2 是以 RS-485 总线为通信信道的主从分布式自动测量系统，图 12.2.3 是以无线电为通信信道的主从分布式自动测量系统。主从分布式自动化测量系统主要由三部分构成：主计算机、通信信道及现场分机。主计算机可由一台带有 RS-232C 或 RS-485 总线接口的微型计算机担任。RS-485 接口总线是串行接口总线的一种形式。在许多工业环境中，要求用最少的信号线完成通信任务，RS-485 总线是一个比较好的解决方案。RS-485 总线是半双工工作方式，采用双绞线作为传输介质，在总线上任意时刻只能有一台分机占有总线，可进行分时双向数据通信。可以节省昂贵的信号线，同时可以高速远距离传递信号，许多智能仪表都配有 RS-485 总线接口，将它们联网可构成分布式系统。一般情况下，RS-485 总线可连接 32 台分机，最大传输距离可达到 1200m，数据传送速率可达 100kbit/s。一般情况下，分机都由智能仪表担任。

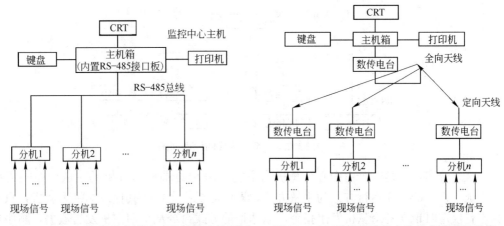

图 12.2.2　RS-485 主从分布式自动化测量系统框图　　图 12.2.3　无线信道的主从分布式测量系统

无线信道的主从分布式测量系统，主要是在通信方式上采用了超短波无线电数据通信方式。这样使数据的传送范围更大，一般可应用于几十公里的测量范围。

主从分布式测量系统的工作过程是：各个分机按各自的巡检周期完成所规定范围内的测量点的测量，并对测量点的数据进行处理（数字滤波、标度变换、A/D 转换、显示、存储等)，各个分机都有自己的地址号以便与主机之间进行数据交换。主机是整个测量系统的中心，但主机不参与现场测量点的测量，主机只负责整个系统的数据交换和对分机送来的数据进一步的加工处理。测量系统的数据交换完全由主机来控制，主机用分别寻址的方式来收集各分机的数据，定时地由 1 号机到 n 号机来完成一个通信周期。

主从分布式自动测量系统的特点：

1) 主从分布式自动测量系统具有负载分散、危险分散、功能分散、地域分散等特点。这样就提高了系统的可靠性和应用的灵活性。

2) 由于采用了 RS-485 总线或无线信道，使测量的作用半径加大，特别适用于集中供热、城市燃气、城市供水、排水的数据监测调度系统。

3) 由于功能的分散，使大部分的数据处理工作在分机已完成，使主机减轻了负担，提高了数据测量的实时性。

4) 由于主从分布式测量系统具有分散的结构形式，某一台分机出现故障并不影响整个系统的运行，因此提高了测量系统的可靠性。

12.2.3 无线信道主从分布式运行监测及调度系统的应用实例[1]

1. 集中供热系统运行监测及调度系统

(1) 系统简介

某城市热力公司共管辖 10 个热力站(1~10 号站)，负担 115 万 m^2 的供热任务，距公司调度中心最远的热力站有 9km，最近的只有 100m。为提高供热系统的管理水平、合理分配能源、节能降耗，采用了一套国内研制开发的集中供热计算机无线遥测、调度管理系统。整个系统的构成原理框图如图 12.2.4 所示。

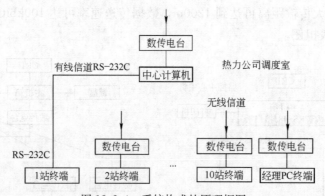

图 12.2.4 系统构成的原理框图

该系统实际上是一个由中心计算机为主机，10 台终端机为分机的主从分布式无线遥测系统。系统的工作运行方式为主从方式，即中心机为主机，其他终端机为从机，只有主机才有权定时地向各个从机发出指令，以选址的方式命令从机向主机发送数据，顺序选址完毕也就完成了一个通信周期。通信周期可人为设定，集中供热系统一般把通信周期设定为 5min、10min 或 15min 即可满足要求。一个通信周期完成后主机还要对这 10 个热力站的数据进一步处理，以指导调度人员对整个供热网进行全面的调度管理。

(2) 主机系统

1) 硬件构成。主机系统设在公司的调度中心室。主机系统由工业计算机 IPC-160

（486）、汉字打印机（LQ1600K）、UPS 电源、数传电台、全向天线等构成，构成框图如图 12.2.5 所示。主机内设有两个光电隔离的 RS-232 串行接口，形成有线、无线两个信道。有线信道与 1 号机终端相关联，设置有线信道的原因主要是，1 号站终端距调度中心较近（只有 100m），在 RS-232 的有效通信范围内，且架设通信线方便。无线信道与其他 9 个供热站终端关联。主机系统配有功率为 10W 的数传电台，可覆盖市区十几公里供热半径的区域。分机配有功率为 5W 的数传电台。

　　2）软件功能。软件可实现：①实时数据遥测；②测量数据的实时处理；③画面的实时刷新显示；④市区供热系统分布图显示；⑤参数报警处理和报警参数的在线设定；⑥通信周期的在线设定；⑦历史数据的形成及数据库管理；⑧报表打印管理。

　　（3）供热站终端系统

　　供热站终端系统的主要任务是实时地采集本供热站的现场模拟信号（温度、压力、流量等），并将模拟信号转换成数字信号，同时进行标度变换，将处理后的数据在 LCD 显示器上切换显示。当终端机接收到中心机的指令后，把本站的定时数据形成数据包，从 RS-232 串行接口由数传电台发往中心机。

　　1）供热站终端系统构成。供热站终端系统主要有单片机数据采集系统、数传电台、UPS 电源、现场传感器、变送器等构成，构成框图如图 12.2.6 所示。

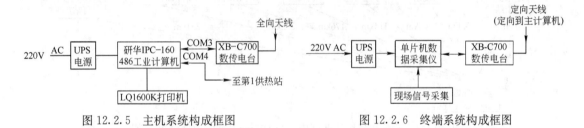

图 12.2.5　主机系统构成框图　　　　图 12.2.6　终端系统构成框图

　　数据采集系统的功能配置为：①24 路模拟量光电隔离输入通道，用于压力、温度等的测量。②1 路光电隔离的数字信号输入通道，用于电能的测量。③1 路光电隔离的开关量输入通道，用于设备状态的测量。④1 路 RS-232C 光电隔离串行口，用于与数传电台的串行口连接。⑤设置 LCD 现场显示器。⑥设置小键盘，进行现场参数的设定。

　　2）供热站终端系统的可靠性设计。供热站终端系统工作在条件恶劣的工业现场，长期、连续、可靠的工作能力是非常重要的。因此在系统的设计过程中，除系统的功能设计外，系统的可靠性设计尤为重要。该系统在可靠性设计方面，采取了以下几方面的措施：

　　①选用工业级的 80C552 单片机作为核心部件。80C552 单片机是符合工业机标准的 8 位高性能的单片机，同时还附加有 8 路 10 位 A/D 转换器，看门狗定时器等，非常适合应用于实时过程参数的测量与控制。

　　②全部采用 CMOS 芯片，以减少功耗，提高系统的抗干扰能力。

　　③模拟通道的光电隔离。

　　④模拟通道的上下限保护。

　　⑤开关量、数字量的光电隔离。

　　⑥设置软件的看门狗、电压检测电路。

（4）无线通信系统

无线通信系统的数传电台工作在国家无线电管理委员会指定的 230MHz 数传专用频段，该系统的一对频点为 225.700MHz 和 232.700MHz，主电台为高频发送低频接收；从电台为低频发送高频接收。

通信特性指标为：①波特率：600bps；②误码率：低于 10^{-5}；③通信方式：差频半双工；④数据调制制度：一次调制为 FSK，二次调制为 FM；⑤通信接口：RS-232C；⑥差错控制：三次重发方式；⑦通信协议：参照 GB 3453 数据通信基本型控制规程中的"编码独立的信息传输控制规程"。

2. 燃气长输管线运行监测及调度系统

（1）系统简介

哈依燃气长输管线全长 250 多千米，东起依兰县达连河镇西至哈尔滨市。哈尔滨市设有运行监测调度中心，沿长输管线设有七个燃气分输站（达连河站、高楞站、方正站、胜利站、宾县站、阿城站、哈尔滨站）。监测调度中心与七个分输站的地理分布示意图如图 12.2.7 所示。

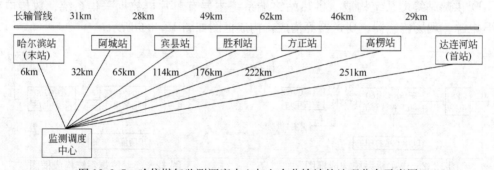

图 12.2.7　哈依燃气监测调度中心与七个分输站的地理分布示意图

（2）多主中继式无线数据传输方式

监测调度中心与七个分输站具有主从式结构。监测调度中心的计算机作为主机定时发出命令（上传数据命令、调度命令）；七个分输站的计算机作为从机，实时等待接收主机发出命令，并按命令的要求执行相应的操作；完成一个监测调度周期。一个具有主从式结构的系统无线数据传输问题，采用同频点主从式无线数据传输方式来解决最为简单。主从式无线数据传输方式保证了在任一时间段只有一个无线数传电台向空间发送信号，避免了各个无线数传电台所发出的信号在空间的相互叠加，具有编程结构简单及开发周期短的特点。

哈依燃气长输管线监测调度系统虽然具有主从式结构，但无法采用主从式无线数据传输方式，原因在于以监测调度中心为中心的作用半径太大，配置的无线数传电台（5-25W）无法覆盖这么大的作用半径。根据监测调度中心及七个分输站的地理分布情况，采用以下无线数据传输方式：①监测调度中心与哈尔滨分输站采用主从式无线数据传输方式；②监测调度中心与阿城、宾县、胜利、方正、高楞及达连河六个分输站采用多主中继式无线数据传输方式。哈依燃气长输管线监测调度系统无线数据传输方式如图 12.2.8 所示。

所谓多主是指上一级分输站与本分输站构成主从式结构，本分输站又与下一级分输站构成主从式结构。即在某一时段监测调度中心与阿城分输站构成主从式结构，监测调度中

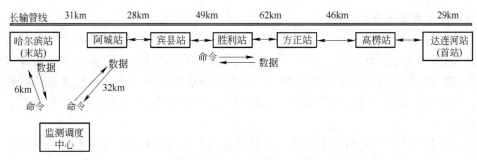

图 12.2.8　哈依燃气长输管线监测调度系统无线数据传输方式

心为主机,阿城分输站为从机;在另一时段阿城分输站与宾县分输站构成主从式结构,阿城分输站为主机,宾县分输站为从机;以此类推。所谓中继是指上一级分输站的命令只发给本分输站,本分输站根据收到的命令再生成向下一级分输站发出的命令向下一级分输站发出,本分输站只接收下一级分输站形成的数据包(包括下一级分输站及再以下各级分输站的数据),同样上一级分输站只接收本分输站形成的数据包(包括本分输站及以下各级分输站的数据),由此可见,监测调度中心收到的是阿城分输站、宾县分输站等六个分输站的全部数据。再加上单独收到的哈尔滨分输站的数据包,则监测调度中心就可以收到长输管线在一个调度周期内的全部运行数据。

（3）系统构成

监测调度中心由监测调度计算机、打印机、大屏幕显示屏及无线数据传输系统等构成;七个分输站的现场监控系统由现场工业控制计算机、A/D 卡、D/A 卡、开关量输入输出卡、压力变送器、温度变送器、流量计变送器及无线数据传输系统等构成;无线数据传输系统由 MDS2710B 型数传电台、全向天线、定向天线等构成。MDS2710B 型数传电台工作于 220~240MHz,传输速率为 4800bps,误码率低于 10^{-6},发射功率 0.5~25W 可调节,提供标准 RS232 与工业控制计算机接口。考虑到各分输站之间的距离、自然地理条件及信号的传输状况,为保证数据传输的可靠性,胜利分输站、方正分输站及哈尔滨分输站配置的是定向天线,其他配置的是全向天线。监测调度中心及七个分输站配置的天线类型如图 12.2.9 所示。

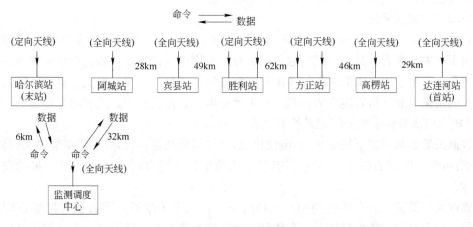

图 12.2.9　监测调度中心及七个分输站配置的天线类型

监测调度系统的基本功能：

长输管线上七个燃气分输站的本地计算机监控系统实时地采集、存储本站的运行数据（压力、温度、流量、设备状态等），完成加溴装置的自动控制（只有首站和末站设有加溴装置），接收运行监测调度中心的指令，按指令的要求上传本站的运行数据或执行相应的操作。各分站上传的主要运行参数有：入站压力、出站压力、管线流量、汇管温度、出管温度等。

运行监测调度中心定时向七个燃气分输站发送上传数据指令；收集整个长输管线及相关设备的运行数据；对所有运行数据进行处理、显示、存储、报警及确定优化调度方案；实施调度。

12.3 数 据 采 集 器

数据采集和记录是一种常见的测量应用。大多数情况下，数据采集都是指针对一定时间范围内对某些电量或非电量的测量和记录。这些被测量可以是温度、湿度、流量、压力、电压、电流、电阻、电能等等。在实际应用中，数据采集不只是对信号的获取和记录，还包括对数据的在线分析、离线分析、数据显示、数据共享等等。并且，现在很多的数据采集的应用，开始包括获取和记录其他形式的数据，例如视频数据。数据采集也被广泛地应用于频谱分析、能耗、环境评价等领域。

最早的数据采集是手工记录模拟设备的运行数据，例如采用温度计和压力计。这些随时间变化的数据都被记录在手写的记录本上。要想看一下数据的整体趋势，人们必须将这些数据制表、绘图。在 19 世纪末，出现了模拟自动记录仪。这种自动记录仪是一个可以将模拟数据转化为电信号并且驱动移动的机械手臂，在卷纸上画出随时间变化的测量参数的曲线。自动记录仪对于人工记录数据是一个巨大的飞跃，但存在将曲线转化为数据困难，浪费纸张的问题。随着 20 世纪末 70～80 年代的个人电脑的发展，人们开始使用计算机来分析储存数据和生成报表。将数据导入到 PC 机中的要求，促使数据采集器的发展。数据采集器是一种独立的，用来测量信号并将信号转化为数字在内部保存数据的设备。设备中的数据须转移到 PC 中分析、保存和生成报表。

12.3.1 数据采集器

数据采集器（Data Logger）是一种新型的数据采集记录仪表，从它的结构、功能、设计、应用等方面来看，具有自己的独特的特点，有别于其他智能仪表。近年来得到了人们的关注和广泛地应用。人们从不同角度对数据采集器进行了定义，但到目前为止还没有一个统一的定义。此处将其定义为：是一种电池供电的、便携式的、具有海量存储的、具有与 PC 机接口的数据采集分时记录智能仪表。

数据采集器具有如下特点：（1）电池供电；（2）超低功耗；（3）有大容量非易失存储器；（4）具有可变分时记录功能；（5）不具有复杂的数据处理能力；（6）具有与 PC 机的数据交换功能。

数据采集器基本上有两种类型，一种为一体式数据采集器，即数据采集器自带传感器；另一种为组合式数据采集器，即传感器和数据采集器是分离的。组合式数据采集器可以分为单通道和多通道的。单通道的一次只能从一个输入端采集数据。多通道的可以一次同时从多个输入端采集数据，例如一个四通道的数据采集器可以一次采集四个不同点的温度，或者一次采集四个不同参数数据，如温度、湿度、压力、压差。

数据采集器的结构及功能如图 12.3.1 所示。数据采集器的设计采用了超低功耗设计技术，由电池供电，可长时间工作。非常适合测点分散、现场无电源(例如采集室外管网多个给定点分时压力数据)情况下的数据采集记录。

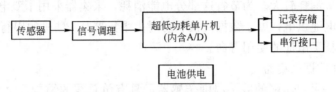

图 12.3.1　数据采集器的结构及功能框图

如果数据采集器的传感器采用数字传感器，可以取消信号调理电路，数字传感器直接与单片机接口，可以使数据采集器体积更小、结构更紧凑。采用数字传感器的数据采集器的结构及功能框图如图 12.3.2 所示。

图 12.3.2　采用数字传感器的数据采集器的结构及功能框图

12.3.2　采用数字传感器的数据采集器

数据采集器可以采用多种数字传感器，此处仅介绍由数字温度传感器 DS18B20(见3.7.2 节)和数字温湿度传感器 SHT11 组成的三种体积小、结构紧凑、超低功耗的数据采集器：(1)单路温度数据采集器；(2)多点温度数据采集器；(3)温度、湿度一体化数据采集器。

1. 单路温度数据采集器

图 12.3.3 给出了一个实际的温度数据采集器的硬件构成框图。

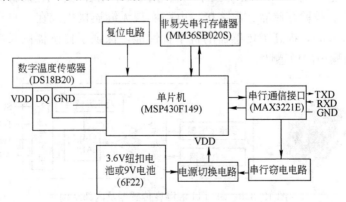

图 12.3.3　温度数据采集器的硬件构成框图

VDD—电源线；DQ—数据线；GND—地线；TXD—输出线；RXD—输入线

采集器选用的温度传感器为数字温度传感器 DS18B20。被测温度变化通过温度传感器转换为数字信号，直接送至单片机进行存储。采集器具有 RS232 接口，存储的数据通过串行接口传给计算机。

采集器大部分时间处于测量状态，测量状态电能消耗非常小；采集器只有在需要与 PC 机进行数据交换时，才处于数据交换状态，虽然处于此状态下的采集器占用的时间段不长，但它的能量消耗较大。为节省这部分电能消耗，采集器采用了双电源供电模式，处于测量状态时由电池供电，处于数据交换状态时由采集器从 PC 机的串行接口窃来的电能供电，这样就延长了电池的使用寿命。

2. 多点温度数据采集器

DS18B20 是一种可组网的数字温度传感器，具有单总线的结构，每个 DS18B20 都有一个区别于其他 DS18B20 的 64 位的地址码，利用这一地址，通过软件编程可以设计出单总线多点温度数据采集器。一个 8 点温度数据采集器的结构及功能框图如图 12.3.4 所示。从图中可以看出，与单点温度数据采集器相比，区别只是在单总线上多挂了几个 DS18B20 以及软件上的变化，其他部分的结构相同。

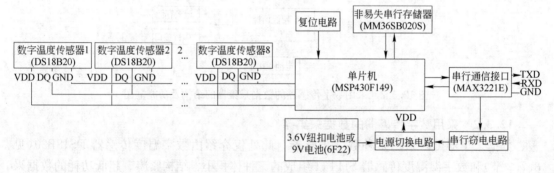

图 12.3.4 8 点温度数据采集器的结构及功能框图

3. 温度、湿度一体化数据采集器

温度、湿度一体化数据采集器利用数字温湿度传感器 SHT11 作为检测元件。SHT11 温湿度传感器将 CMOS 芯片技术与传感器技术结合，将敏感元件、信号放大器、14 位模数转换器、校验存储器、数字接口电路实现无缝连接集成在一只仅有火柴头大小的芯片上（图 12.3.5），提高了传感器的抗干扰性能，保证了传感器的长期稳定性，降低了传感器对干扰噪声的敏感性。

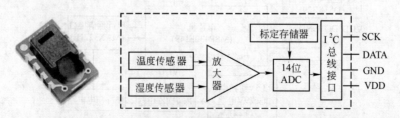

图 12.3.5 SHT11 温湿度传感器及内部结构

ADC—A/D 转换器；SCK—同步信号线；DATA—数据线；VDD—电源线；GND—地线

SHT11 的湿度检测运用电容式结构，并采用具有不同保护的"微型结构"检测电极系统与聚合物覆盖层来组成传感器芯片的电容，除保持电容式湿敏器件的原有特性外，还可抵御来自外界的干扰。由于它将温度传感器与湿度传感器有机地结合成了一个整体，因而测量精度较高（湿度精度为±3.0%，温度精度为±0.4℃）且可精确得出露点，同时不会产生由于温度与湿度传感器之间随温度梯度变化引起的误差。

SHT11 具有两条信号线，因此称为两线制数字传感器。温度、湿度一体化数据采集器的结构及功能框图如图 12.3.6 所示。从图中也可以看出，与单点温度数据采集器相比，区别只是在数字传感器与单片机的接口部分以及软件上的区别。

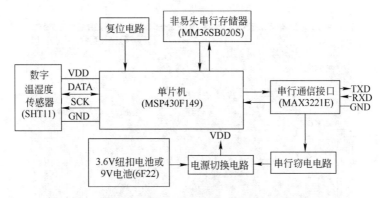

图 12.3.6　温度、湿度一体化数据采集器结构及功能框图
DATA—数据线；SCK—同步信号线；其余符号同图 12.3.3

12.3.3　上位机软件 HTDCommunicator

HTDCommunicator 软件是与采集器配套使用，完成采集数据的导入，实现数据管理功能的软件。

HTDCommunicator 数据采集软件界面上有仪表设置、读取数据和帮助信息三个按钮（图 12.3.7）。进入仪表设置界面，可对采集器的编号、通信端口、采样周期（1～60min）、采集起止时间等参数进行设置（图 12.3.8）；进入读取数据界面，可以选择性读取部分数据或读取全部数据，可以根据采集器的校准数据进行标度变换（图 12.3.9）。数据可以直观显示（图 12.3.10），并可以缩放；也可以将数据导入 EXCEL 表中，以便进一步分析处理。

图 12.3.7　软件界面

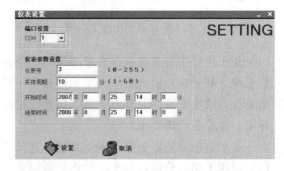

图 12.3.8　采集器参数设置界面

图 12.3.9　读取数据界面

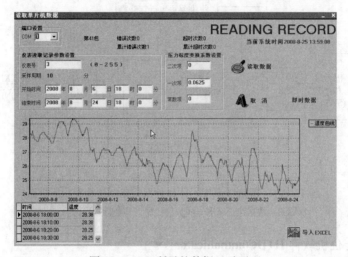

图 12.3.10　所示的数据显示画面

12.4　数 据 采 集 系 统

数据采集系统一般具有数据获取、在线分析、数据记录、离线分析和显示及数据共享五个功能。它们之间的关系如图 12.4.1 所示。获取

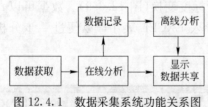

图 12.4.1　数据采集系统功能关系图

数据是测量物理参数的过程，测量结果以数字量的形式送入系统；在线分析是在线处理获取的数据的过程；数据记录是每一个数据采集系统的基本功能；离线分析是获取数据之后，从数据中分析出有用信息的过程；显示、数据共享构成了最后的功能。

对于数据采集系统来说有很多不同的硬件平台可以选择使用，有基于 PC 机的数据采集系统，基于单片机的数据采集系统和基于数据采集器的数据采集系统。选取何种数据采集系统，取决于数据采集点数量、精度、是在线分析还是离线分析、设备尺寸大小、工作环境、安装条件等要求。

基于数据采集器的数据采集系统，它的主要功能集中在数据采集和记录，其他功能很弱，适用于离线分析；基于单片机的数据采集系统除数据采集和记录外还具有一定的其他数据处理功能，适用于规模较小的系统；基于 PC 机的数据采集系统是目前应用最为广泛的一类，具有灵活的功能组合，可以构成规模较大的系统，可以构成移动式、桌面式、工

业用的、分布式的数据采集系统。基于 PC 机的数据采集系统的最大优势是它的强大的软件功能，利用组态软件可快速地组态一个数据采集系统应用程序。

12.4.1　基于 PC 机的数据采集系统

基于 PC 机的数据采集系统的结构及功能框图如图 12.4.2。

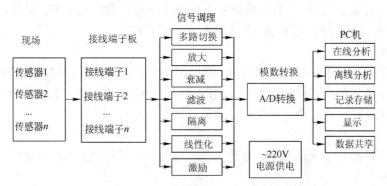

图 12.4.2　基于 PC 数据采集系统的结构及功能框图

（1）传感器

用于实际物理参数到电信号的转换，如温度传感器（热电偶、RTD 热电阻）、流量传感器、压力传感器、应力传感器、加速度传感器等。

（2）接线端子

用于传感器到数据采集系统的连接。

（3）信号的调理

是在进行模拟电信号到数字量转换之前，对模拟信号的处理。热电偶产生的信号很微弱，需要放大、滤波及线性化处理；RTD 热电阻需要电激励，将电阻信号变成电压信号，此外也需要放大和滤波；为保护数据采集系统的安全，有些来自现场的信号需要与系统隔离；为降低设备造价，需要在多路数据采集系统中一般采用多路切换技术，共用 A/D 转换器。

大多数的传感器都需要信号处理后，才能进行 A/D 转换。热电偶就是一个典型的例子，在 A/D 转换之前需要放大、滤波、线性化、隔离等处理。对于某类物理参数的数据采集系统，具体需要什么样的信号处理，需要根据传感器的选择、测量现场的干扰情况、测量的精度要求等情况而定。

（4）A/D 转换

通过传感器已经将物理参数转换成电信号，且已经过必要的信号调理处理，就可以进入 A/D 转换器，将模拟输入信号转换成数字信号，送入 PC 机。将接线端子、信号调理电路、A/D 转换器集成在一块电路板上，可以构成数据采集卡（DAQ），数据采集卡可分为内置式（如 PCI 总线数据采集卡）和外置式（具有 RS232 接口或 USB 接口）。

（5）在线分析

在线分析是数据采集系统的重要功能之一。在基于 PC 机的数据采集系统中，在线分析是由软件来完成的。在线分析就是对采集到的测量数据的实时处理，最普通的在线分析包括坏数据的剔除、数据的软件滤波、数据的标度变换（如将采集到的热电偶的电压信号的二进制形式变换为实际物理量温度的二进制形式）等。复杂的在线分析则包含实际应用需求的各个方面，在线分析的复杂程度取决于实际问题的复杂程度。在基于 PC 机的数据采集系统中，PC 机的软件为在线分析提供了强大的支持。

（6）记录或存储

记录（或存储）功能是每一个数据采集系统所必备的，记录功能的实现是多种多样的，可以用将数据打印在纸带上来记录，也可以采用系统内的非易失的存储器来存储及其他数据存储介质来存储。基于 PC 机的数据采集系统是采用 U 盘、硬盘来存储的，数据存储可以采用 ASCII 文本文件、二进制文件及数据库格式存储。

（7）离线分析

离线分析是相对于在线分析而言的，离线分析是对已记录或存储的数据的事后处理和分析，典型的应用包括，统计学分析、频谱分析、经验公式拟合、系统模型辨识等，实际上无论在应用面还是在复杂程度上，已远远超过在线分析。

（8）显示

大部分的数据采集系统都具有显示功能，可以显示当前数据和历史数据。

（9）供电

基于 PC 机的数据采集系统的供电电源采用交流 220V 电源。

12.4.2 基于单片机的数据采集系统

基于单片机的数据采集系统的结构及功能框图如图 12.4.3 所示。与基于 PC 机的数据采集系统比较，可以看出两者具有大致相同的结构及功能，不同的是两者的核心部件不同，一个是单片机另一个是 PC 机。由于基于单片机的数据采集系统的核心部件是单片机，与基于 PC 机的数据采集系统相比，具有它自己的特点。

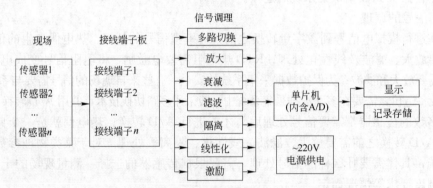

图 12.4.3 基于单片机的数据采集系统的结构及功能框图

（1）数据处理能力有限，只能进行简单的在线分析，如标度变换、软件滤波等，且所有的分析是固定的，用户是无法修改的。

（2）由于单片机内集成了 A/D 转换器，且基于单片机的数据采集系统是为某一类应用设计的，输入通道的数量有限，其他功能有限，结构紧凑，适于较小系统的应用。

（3）基于单片机的数据采集系统一般采用非易失的存储器来存储数据，数据的存储量有限，系统的自成体系，不与 PC 机交换数据，因此不用于离线分析。

（4）采用交流 220V 电源供电。

12.4.3 基于数据采集器的数据采集系统

数据采集器的主要功能是数据采集和记录，有的具有当前数据的显示功能，一般不对数据进行在线处理。数据采集器具有串行接口，可以与 PC 机进行数据交换，在 PC 机上实现离线数据处理。多个数据采集器安装在现场，进行同步数据采集和记录，达到需要的数据采集量后，可以将安装在现场的各数据采集器取回，分别将采集记录的数据导入 PC 机，实际在 PC 机中已形成了整个现场的分时数据，可以对整体分时数据进行离线分析。因此由若干个安装在现场的数据采集器和办公室中的 PC 机可构成离线式数据采集系统。

1. 离线式数据采集系统的构成[2],[3]

离线式数据采集系统由若干个数据采集器和一台上位机组成。采集器可以是温度数据采集器、温湿度数据采集器、压力数据采集器、压差数据采集器、流量数据采集器等；上位机可以是掌上电脑、笔记本电脑或台式 PC 机。

离线式数据采集系统有三种构成方式。

(1) PC 机＋采集器，数据集中处理

首先根据所要采集数据点的数量确定数据采集器的个数，在台式 PC 机上分别设置好数据采集器的编号、相同的采样周期及相同的开始和结束测量时间；然后将数据采集器安装在数据采集现场(图 12.4.4)。各个采集器按设置的开始时间开始工作，在结束测量时间后将各个数据采集器从数据采集现场取回，在台式 PC 机上分别读取各采集器采集记录的数据，此时的数据就是被采集系统完整的分时测量数据。根据这些分时数据就可以对系统进行所需要的离线分析。

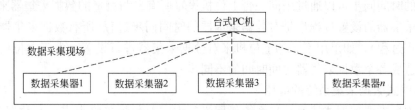

图 12.4.4　离线式数据采集系统的构成 1

(2) 笔记本电脑＋采集器，数据分批处理

图 12.4.5 的构成方式与图 12.4.4 的构成方式差别是：现场数据不是测试结束时，将数据采集器从采集现场取回后再读取，而是工作人员每隔一定的时间(几天、几个星期或几个月)带着笔记本电脑到现场读取数据一次，然后进行离线分析。数据读取后，各个数据采集器继续在现场工作，直到整个采集任务完成再将数据采集器取回。

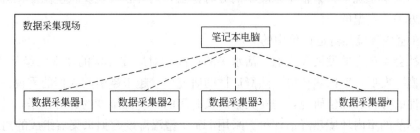

图 12.4.5　离线式数据采集系统的构成 2

(3) PC 机＋掌上电脑＋采集器，数据分批处理

图 12.4.6 的构成方式与图 12.4.5 的构成方式差别是：工作人员定期采用体积小、方便灵活的掌上电脑代替笔记本电脑到现场收集各个数据采集器的数据，然后将掌上电脑的数据导入办公室的台式 PC 机或笔记本电脑进行离线分析。

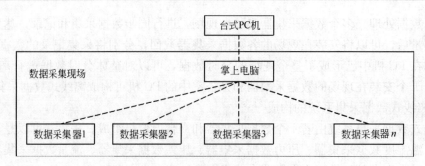

图 12.4.6　离线式数据采集系统的构成 3

2. 离线式数据采集系统的采样周期及时间同步

在对某一具体系统进行分析时，往往需要同时采集该系统各关键点的分时数据。同时采集的程度也就是各个采集器在时间上的同步程度，其要求根据系统特性的不同而不同。对于惰性比较大的系统（如供热系统）同步要求较低，对于惰性比较小的系统同步要求较高（如电力系统）。系统的采样周期的确定要满足采样定理的要求，惰性大的系统（如供热系统、给水系统）采样周期按照分钟划分（如 1min、10min、15min、20min）即可满足要求。系统的同步要求当然是越同时越好。

系统的时间同步可以通过用同一台上位机设置所有参与测量的数据采集器来实现，因为对数据采集器的设置过程也是对数据采集器的时间同步过程（所有数据采集器与上位机的时间同步过程），如果用不同的上位机来对数据采集器进行设置，由于上位机之间时间的差异会造成各个数据采集器之间时间的不同步。

3. 离线式数据采集系统的应用

现场测量常遇到下述情况：1）系统作用半径大；2）数据采集点多；3）数据采集量大；4）测量现场无电源；5）数据需要分时记录；6）采集的数据主要用于事后分析（离线分析）。此时往往无法采用在线式数据采集系统，而需要采用离线式数据采集系统。

（1）在冬季供热效果检验中的应用

我国北方地区，冬季供热部门，需要了解供暖效果。目前采用的随机抽查用户，利用玻璃温度计或数字温度计短期测量的方法是有局限性的。采用温度数据采集器组成的离线式温度数据采集系统来采集整个采暖季的分时室温，则可客观地反映室温变化规律，减少供用热双方关于室温的争议。

（2）在室内环境热舒适评价中的应用

随着社会生产力的发展和人们生活水平的提高，对居住环境的要求已经从"功能型"向"舒适型"发展，室内热环境、热舒适性的研究要求越来越引起人们的重视。热环境中人体舒适性的分析和评价研究，需要大量的长时间的环境温湿度的分时数据，进行不同时段、不同季节的室内环境热舒适评价。采用 HT-1 型温湿度数据采集器组成的离线式温湿度数据采集系统，可以满足室内环境热舒适的评价研究的要求。

（3）在复杂管网系统建模中的应用

供燃气、给水、供热系统是由源（气源、水源、热源）、管网及用户组成的复杂系统，其复杂性主要表现在：1）源可以是单个源也可以是多个源；2）管网的拓扑结构极其复杂，而且管道的阻力特性、阀门特性、水泵特性随时间的推移和腐蚀程度而变化；3）用户用气量、用水量、用热量、用冷量具有随机性。

　　建立管网的分析模型，研究管网的变化规律，需要测量管网的节点压力、管段流量、用户用气量、用户用热量、用水量等参数。管网节点压力的测量存在着数量大、测点分散、测点环境差无法提供电源等困难。用户用气量、用水量、用热量、用冷量虽然具有随机不确定性，但不同类别、不同时段、不同季节有其各自的统计规律。获取用户用气量、用水量、用热量、用冷量的统计规律，需要大量的分时数据，利用现有的普通仪表是无法实现的。采用 SQL-1 型水量、气量数据采集器组成离线式数据采集系统，可以方便地获取所需要的数据。

思 考 题 与 习 题

　　1. 什么叫在线测量？什么叫离线测量？简述两者的区别与联系。

　　2. 什么叫 Data logger？它要完成的主要任务是什么？它与一般智能仪表有什么区别？

　　3. 什么是集中式自动测量系统？

　　4. 什么是分布式自动测量系统？

　　5. 集中式自动测量系统与分布式自动测量系统的主要区别在哪？

　　6. 简述有线分布式自动测量系统和无线分布式自动测量系统的构成特点及工作过程，分析各自适合的应用领域。

　　7. 什么叫在线分析？什么叫离线分析？举例说明哪些应用需要在线分析、哪些应用需要离线分析。

　　8. 找出信号调理有哪些种类，分析各种类信号调理的作用。

　　9. 简述基于 PC 机的数据采集系统、基于单片机的数据采集系统、基于数据采集器(Data Logger)的数据采集系统三者各自的特点及适用的应用领域。

　　10. 什么是在线式数据采集系统？什么是离线式数据采集系统？哪些应用适合采用在线式数据采集系统，哪些应用适合采用离线式数据采集系统。

　　11. 简述数据采集器(Data Logger)适用的应用领域。

　　12. 简述离线式数据采集系统的构成原理及如何实现各个数据采集器(Data Logger)采集时间的同步。

主要参考文献

［1］　方修睦，姜永成，张建利编. 建筑环境测试. 北京：中国建筑工业出版社，2002.

［2］　张建利，刘青荣. 超低功耗温度采集分时记录仪的研制与应用［J］. 哈尔滨建筑大学学报，2002，35(2)：88-91.

［3］　张建利，卢振. 离线式超低功耗压力数据采集系统［J］. 哈尔滨工业大学学报，2003，35(7)：853-855.

第 13 章　建筑环境测试技术

建筑环境与能源应用工程专业面对着各种各样的设备和复杂的系统，每一道工序，每一个环节都与数据有千丝万缕的联系。而这些数据的获得，必须通过测量途径。本章介绍如何根据测试对象，依据前面各章介绍的内容，正确构思测试系统，选择使用测试装置，对测试对象进行具体测量，对测量结果进行正确处理分析。本章重点介绍建筑能耗测量技术、通风空调系统风量测量技术、一般通风用空气过滤器性能测量技术、空气冷却器与空气加热器性能测量技术、散热器热工性能测量技术、空调机组性能测量技术、洁净室测量技术、工业企业噪声测量技术和除尘器基本性能测量技术。

13.1　建筑能耗测量技术

建筑物为维护室内舒适度所消耗的能量与通过围护结构的传热耗能量、空气渗透耗热量和建筑物内部得热三部分有关，是通过采暖或空调设备来提供的。建筑物能耗测试，主要测量室内外温度、围护结构的热工性能以及建筑物所消耗的热量(冷量)。

13.1.1　建筑物平均室温测量[1]

建筑物平均室温是建筑环境与能源应用工程专业的一个重要参数。由于建筑物内房间数量多，在测量整栋建筑的平均室温时，一般选择有代表性的房间进行测量，以代表性房间室温的逐时测量值 $t_{i,j}$ 为基础，先计算检测持续时间内房间的平均温度 t_{rm}；再计算检测持续时间内户内平均室温 t_{hh}；最后计算检测持续时间内建筑物平均室温 t_{ia}(图 13.1.1)。上述各个平均温度，分别按下列公式计算：

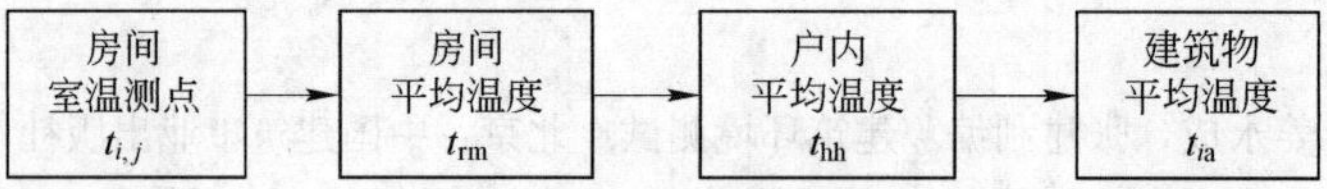

图 13.1.1　室温计算流程

$$t_{rm} = \frac{\sum\limits_{i=1}^{p} \left(\sum\limits_{j=1}^{n} t_{i,j} \right)}{p \cdot n} \tag{13.1.1}$$

$$t_{hh} = \frac{\sum\limits_{k=1}^{m} t_{rm,k} \cdot A_{rm,k}}{\sum\limits_{k=1}^{m} A_{rm,k}} \tag{13.1.2}$$

$$t_{ia} = \frac{\sum\limits_{l=1}^{M} t_{hh,l} \cdot A_{hh,l}}{\sum\limits_{l=1}^{M} A_{hh,l}} \tag{13.1.3}$$

式中　$t_{\text{hh},l}$——检测持续时间内第 l 户的户内平均室温(℃)；

$\quad\quad t_{\text{rm},k}$——检测持续时间内第 k 间的房间平均室温(℃)；

$\quad\quad n$、p——分别为检测持续时间内某一房间某一测点温度仪表记录的有效检测温度值的个数及某一房间布置的温度仪表的数量(℃)；

$\quad\quad m$、M——分别为某一住户内测量的房间的个数及建筑内测量住户的户数；

$A_{\text{rm},k}$、$A_{\text{hh},l}$——分别为第 k 个测量房间的建筑面积及第 l 个测量住户的建筑面积(m^2)；

$\quad\quad i$、j——分别为某被测量房间内布置的温度仪表的顺序号及某温度仪表记录的逐时温度检测值的顺序号；

$\quad\quad k$、l——分别为某被测量住户中被测检房间的顺序号及居住建筑中被测住户的顺序号。

1. 测量方案设计

建筑物平均室温测量有多个方案供选择，这里仅介绍两个方案。

方案一，采用数据采集器测量

根据室内温度的测量范围，选用 BES—01 温度采集记录器(图 13.1.2)。该温度采集记录器的传感器与采集电路组合在一起，电池供电，不需在传感器和仪表之间拉线。可自动存储 1000 个测量值。数据记录完毕后通过计算机的 USB 接口将记录数据读出。温度测量范围－30～50℃；温度测量准确度不大于 0.5℃。

方案二，采用数据采集系统测量

数据采集系统由测温敏感元件、管理监测计算机、通信线路以及数据采集与管理软件等组成(图 12.2.1 及图 13.1.13)。温度传感器采用 3.7 节所介绍的 DS18B20 单总线式集成温度传感器，在－10～＋85℃范围内，测量误差不超过±0.5℃。该方案温度传感器与计算机之间采用传输导线连接。

图 13.1.2　温度采集记录器

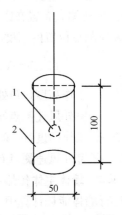

图 13.1.3　防护罩
1—温度传感器；2—铝箔

2. 测点设置及数据测量

建筑物内除厨房、设有浴盆或淋浴器的卫生间、储物间、封闭阳台和使用面积不足 5m^2 的自然间不需要布置测点外，其他每个自然间均应布置测点。单间使用面积不小于 30m^2 的宜设置两个测点。三层以下的居住建筑，应逐层布置室温测点；3 层和 3 层以上的居住建筑，首层、中间层和顶层均应布置室温测点，每层至少选取 3 个代表房间或代表户。所确定的代表房间(代表户)应位于建筑物的不同朝向及不同位置。

房间平均室温测点应设于室内距内墙内表面 300mm，距外墙内表面 600mm 的平面所围成的区域内，测点设置在距室内地面 700~1800mm 的范围内恰当的位置上。温度传感器不能靠近照明灯具、散热器、采暖立管、空调器，与这些设备的距离至少应该大于 600mm；不能放在易被阳光直接照射的地方，为防止测点受到太阳辐射或室内冷热源的影响，可采用图 13.1.3 所示的方法对温度传感器进行防护。

房间平均室温宜采用不需要布线的温度记录器(图 13.1.2)进行连续检测，数据记录时间间隔最长不得超过 60min。检测时段和持续时间应根据具体任务确定，一般不少于 72h。

13.1.2 室外空气温度测量[1]

室外空气温度可采用图 13.1.2 所示温度采集记录器，也可以采用 DS18B20 单总线式集成温度传感器，逐时采集和记录。室外温度传感器设置在百叶箱内(图 13.1.4)。百叶箱放置在距离建筑物 5~10m 范围内。在建筑物两个不同方向应同时设置室外空气温度测点，超过 10 层的建筑宜在屋顶加设 1~2 个测点。温度传感器距地面的设置高度为 1.5~2m，要避免阳光直接照射和室外固有冷热源的影响。在正式开始采集数据前，温度传感器在现场应有不少于 30min 的环境适应时间。室外空气温度的测量时间应和室内空气温度的测量时间同步，数据记录时间间隔不应长于 20min。室外空气温度逐时值取所有测点相应时刻检测结果的平均值。

图 13.1.4 百叶箱

13.1.3 室外风速测量[1]

室外风速采用旋杯式风速计(图 7.1.1)测量，测量风速 1~30m/s，测量精度小于 0.4m/s。风速测点布置在距离建筑物 5~10m，距地面 1.5~2.0m 的范围内。当工作高度和室外风速测点位置的高度不一致时，按式(13.1.4)进行修正。

$$V=V_0\left[0.85+0.0653\left(\frac{H}{H_0}\right)-0.0007\left(\frac{H}{H_0}\right)^2\right] \qquad (13.1.4)$$

式中　V——工作高度(H)处的室外风速(m/s)；

V_0——室外风速测点布置高度(H_0)处的室外风速(m/s)；

H——工作高度(m)；

H_0——室外风速测点布置的高度(m)。

13.1.4 墙体主体传热系数测量[1],[7],[10],[11]

在进行墙体能耗计算中采用的传热系数是墙体的平均传热系数，它包括墙体主体传热系数和由墙角、窗间墙、凸窗、阳台、屋顶、楼板、地板等结构性热桥所造成的附加传热系数(图 13.1.5)。墙体的平均传热系数按照式(13.1.5)进行计算。

$$K_m=K+\Delta K \qquad (13.1.5)$$

式中　K_m——墙体的平均传热系数 [W/(m²·K)]；

K——墙体主体传热系数 [W/(m²·K)]；

ΔK——结构性热桥引起的附加传热系数 [W/(m²·K)]。

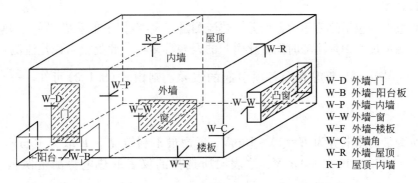

图 13.1.5　建筑外围护结构的结构性热桥示意图

墙体主体传热系数可以在现场通过测量来获得，而附加传热系数目前无法在现场通过测量来获得，只能通过理论分析来计算。由公式(13.1.6)可知，在内外表面换热阻一定的情况下，墙体主体传热系数主要与墙体结构热阻有关。只要测得了结构热阻，就可以求得墙体主体传热系数。

$$K = \frac{1}{R_i + R + R_e} \qquad (13.1.6)$$

式中　K——墙体主体传热系数 [W/(m² · K)]；

　　　R——墙体结构热阻(m² · K/W)；

　　　R_i——内表面换热阻，一般取 0.115(1/8.7)(m² · K/W)；

　　　R_e——外表面换热阻，一般取 0.043(1/23)(m² · K/W)。

1. 测量方案设计

均匀墙体结构热阻，在现场采用热阻式热流计进行测量。由墙体结构热阻 R 的计算式(13.1.7)可知，需要测得墙体内、外表面的温度(t_1、t_2)和热流密度 q。

$$R = \frac{t_1 - t_2}{q} \qquad (13.1.7)$$

式中　q——通过墙体的热流密度(W/m²)；

　　　t_1——墙体内表面的温度(℃)；

　　　t_2——墙体外表面的温度(℃)。

在制定测试方案时，需要根据测量误差要求，对测量参数进行测量误差分配，并依据误差分配结果选择测量仪表。

根据间接测量误差传递原理，可知热阻 R 测量的相对误差为

$$\frac{\delta R}{R} = \frac{\partial f}{\partial t_1}\frac{\delta t_1}{R} + \frac{\partial f}{\partial t_2}\frac{\delta t_2}{R} + \frac{\partial f}{\partial q}\frac{\delta q}{R} = \frac{\delta t_1 - \delta t_2}{t_1 - t_2} - \frac{\delta q}{q}$$

为可靠起见，取

$$\gamma_R = \left| \frac{\delta R}{R} \right| = \left| \frac{\delta t_1 - \delta t_2}{t_1 - t_2} \right| + \left| \frac{\delta q}{q} \right| \qquad (13.1.8)$$

(1) 热流测量误差的确定

如果取热阻测量的相对误差 $\gamma_R = 2.5\%$(一般根据测量任务确定)，分配给温度测量的相对误差 $\left| \frac{\delta t_1 - \delta t_2}{t_1 - t_2} \right| = 2\%$，则根据式(13.1.8)，分配给热流测量的相对误差 $\left| \frac{\delta q}{q} \right| = $

$2.5-2=0.5\%$。

热流测量误差包括热流传感器误差、热流测量仪表(数据采集系统)误差、热流传感器安装误差、测量过程中热流随时间变化引起的误差等多项，此处仅考虑热流测量仪表(数据采集系统)误差，不考虑其余各项引起的误差，则由式(8.1.3)可知，$\frac{\delta q}{q}=\frac{\delta E}{E}$，即 $\left|\frac{\delta E}{E}\right|=0.5\%$。

如果所测量的热电势为 $E=10\sim15\text{mV}$，考虑最不利情况下 E 取为 10mV，则 $\delta E=0.005\times E=0.005\times10=0.05\text{mV}$。这表明所选择的仪表的热电势测量误差应不大于 $\pm0.05\text{mV}$。

(2) 温度测量误差的确定

如果忽略温度传感器安装误差，$t_1=18\sim22℃$，$t_2=-20\sim-30℃$，取最小温差 $t_1-t_2=38℃$，根据 $\left|\frac{\delta t_1-\delta t_2}{t_1-t_2}\right|=2\%$，可得

$$|\delta t_1-\delta t_2|=0.76\sim1.04℃$$

由于 δt_1 和 δt_2 的符号不定，因此取 $|\delta t_1|+|\delta t_2|=0.76℃$，

按照误差等作用原则，取 $|\delta t_1|=|\delta t_2|=0.38℃$，

这表明所选择仪表的温度测量误差应不大于 $\pm0.38℃$。

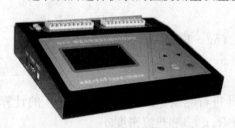

图 13.1.6　BES-G 智能多路
温度、热流检测仪

(3) 测量仪表选择

由于热电偶测量端体积小，对温度场分布影响小，所以内外表面温度选用热电偶测量。而热流密度采用热阻式热流传感器测量，选用 BES-G 智能多路温度、热流检测仪(图 13.1.6)。该采集器可同时测 16 路温度，量程范围 $-40\sim100℃$，准确度不大于 $0.3℃$；热流测量 8 路，量程范围 $0\sim\pm20\text{mV}$，测量准确度不大于 0.02mV。

2. 测点选择及测量仪表安装

新建建筑主体部位传热系数检测，应在被测部位自然干燥 30d 后进行。测量前应使用红外热像仪预选测试区域，所选择的检测区域要代表构件的典型部位，区域内表面温度分布温差不大于 0.5K，不应有裂纹等结构缺陷；为避免热桥及热工缺陷影响，检测区域应不小于 1.2m×1.2m。检测区域外表面应避免雨雪侵袭和阳光直射。被测围护结构朝向宜北向或东向，不应选择南向。如果选择进行测量的围护结构会受到太阳辐射影响时，应采取遮挡措施。

热流传感器可采用粘贴式安装或者埋入式安装。已建成的建筑物，多采用粘贴式安装。热流传感器一般安装在墙体内表面上，并注意使传感器表面的辐射系数应与被测表面基本相同。热流传感器安装部位应尽量避开温度异常点，不应靠近热桥、裂缝和有空气渗漏的部位，不应受加热、制冷装置和风扇的直接影响，且应避免阳光直射。

传热系数检测受环境影响较大，测量周期长，尽管在测点布置上采取了一些措施，但仍可能受一些意外因素的影响。为提高测量数据的质量，减少测量误差，在所检区域内应至少布置 3 个热流传感器。为使热流传感器与被测表面紧密接触，防止安装过程中形成空

气热阻，热流传感器采用胶液、石膏、黄油、凡士林等粘贴(图 13.1.7)。

每个热流计所在表面应布置不少于 1 个表面温度传感器，对应另一侧应布置与之数量等同的表面温度传感器，温度传感器的误差应同向。热电偶与被测表面的接触形式经常采用片接触或等温线接触(图 13.1.7)。片接触是先将热电偶的测量端与导热性能好的集热片(如薄铜片)焊在一起，然后再与被测表面接触。等温线接触是将热电偶的测量端与被测表面直接接触后，热电偶的导线要沿表面等温线敷设一段距离(不少于 0.1m)再引出。

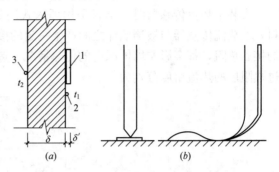

图 13.1.7　热流传感器及热电偶安装图
(a)热流传感器安装图；(b)热电偶安装图
1—热流传感器；2—测量内表面温度的热电偶；
3—测量外表面温度的热电偶
δ'—热流计厚度；δ—墙体厚度

热阻式热流传感器无论是采用粘贴式还是采用埋入式安装方式，均会破坏原有墙体的传热状态(图 13.1.7)，都将改变原有构造的热阻值。其主要原因是热流传感器材料的导热系数与被测墙体材料的导热系数不一致及被测墙体的厚度有所改变。

从图 13.1.8 可以看出，未安装热流传感器时等温面与被测墙体表面平行，不发生扭曲，而安装热流传感器后，原有的等温面发生了扭曲，改变了原有热传递情况。由于热流传感器本身是一块具有有限面积和一定厚度的物体，它引起的传热变化是一个很复杂的三维传热问题。但为了使问题简化，当被测墙体导热系数与热流传感器材料导热系数相差不大时，或者热流传感器的厚度相对被测墙体厚度很小时，可以用一维传热的计算方法来估计测量误差。

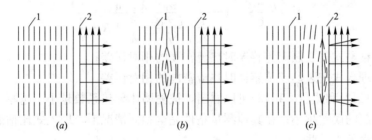

图 13.1.8　保温层的温度场
(a)没有热流传感器时的温度场；(b)埋入热流传感器后温度场；(c)粘贴在表面后的温度场
1—墙体等温面；2—对流空气层(垂直方向箭头表示气流方向，水平方向箭头表示热流方向)

未安装热流传感器时，通过墙体的热流密度为

$$q = \frac{t_1 - t_2}{\dfrac{1}{\alpha_1} + \dfrac{\delta}{\lambda} + \dfrac{1}{\alpha_2}} \qquad (13.1.9)$$

式中　q——通过墙体的热流密度(W/m²)；

t_1、t_2——分别为墙体内表面和外表面温度(K)；

α_1、α_2——墙体两侧的对流换热系数 [W/(m²·K)]；

λ——墙体的导热系数 [W/(m·K)]；

δ——墙体厚度(m)。

安装了热流传感器时，不管采用埋入式还是采用粘贴式，总要使用一些胶粘剂等材料，在热流传感器与被测墙体之间产生一定的接触热阻。这样热流传感器本身以及所产生的接触热阻，都会影响墙体原有的传热情况。热流传感器采用埋入式或粘贴式安装时，通过热阻层的热流密度分别为

$$q' = \frac{t_1 - t_2}{\frac{1}{\alpha_1} + \frac{\delta}{\lambda} + \frac{\delta'}{\lambda'} + R + \frac{1}{\alpha_2}} \tag{13.1.10}$$

$$q'' = \frac{t_1 - t_2}{\frac{1}{\alpha_1} + \frac{\delta - \delta'}{\lambda} + \frac{\delta'}{\lambda'} + R + \frac{1}{\alpha_2}} \tag{13.1.11}$$

式中　λ'——热流传感器的导热系数 $[W/(m \cdot K)]$；

δ'——热流传感器的厚度(m)；

R——接触热阻$(m^2 \cdot K/W)$；

q'——粘贴式安装热流传感器时通过墙体的热流密度(W/m^2)；

q''——埋入式安装热流传感器时通过墙体的热流密度(W/m^2)。

如果知道各参数的具体值，就可以根据式(13.1.10)、式(13.1.11)来计算粘贴式或埋入式安装热流传感器后的热流密度，根据式(13.1.12)和式(13.1.13)计算热流密度的相对误差。

$$\Delta' = \frac{q - q'}{q} = 1 - \frac{\frac{1}{\alpha_1} + \frac{\delta}{\lambda} + \frac{1}{\alpha_2}}{\frac{1}{\alpha_1} + \frac{\delta}{\lambda} + \frac{\delta'}{\lambda'} + R + \frac{1}{\alpha_2}} \tag{13.1.12}$$

$$\Delta'' = \frac{q - q''}{q} = 1 - \frac{\frac{1}{\alpha_1} + \frac{\delta}{\lambda} + \frac{1}{\alpha_2}}{\frac{1}{\alpha_1} + \frac{\delta - \delta'}{\lambda} + \frac{\delta'}{\lambda'} + R + \frac{1}{\alpha_2}} \tag{13.1.13}$$

式中　Δ'——粘贴式安装热流传感器时热流密度的相对误差；

Δ''——埋入式安装热流传感器时热流密度的相对误差。

由式(13.1.12)和式(13.1.13)可以看出，被测墙体导热系数越小、越厚，安装热流传感器时热阻引起的误差越小；在其他测量条件完全相同情况下，埋入式比粘贴式安装热流传感器引起的误差小一些。

3. 测量时间及数据处理

由于施工中水分及空气相对湿度的影响，建筑物围护结构一般需要 5 年甚至更长的时间才能实现湿稳定，以红砖为例，刚建成的建筑的传热系数，要比达到湿稳定状态下的传热系数高 20% 以上。新建建筑围护结构传热系数的测量，应至少在施工完成后 12 个月后进行。此时测量的数据，仅能表示测量状态下围护结构的传热系数，不可作为建筑围护结构达到湿稳定时的数据。

用热流计测量墙体热阻，其间，围护结构内外表面温差不宜小于 10℃，且检测过程中的任何时刻，墙体两侧表面温度的高低关系应保持一致。采暖地区，检测时间应在采暖系统正常运行后进行，宜选在最冷月且应避开气温剧烈变化的天气。在室内外温差较小的季节和非采暖地区，可采取人工加热或制冷的方式建立室内外温差。其方法是在热流计外

面扣一个保温箱体，箱内设置加热器或者冷却设备，根据测量要求，控制箱体内温度恒定，在箱体内创造一个满足测量要求的温差(图 13.1.9)。由于人工箱解决了热流计测量要求的最小室内外温差问题，因此测量日期可以不受气候限制。

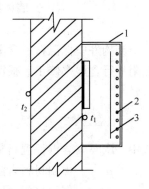

为了减小墙体热惰性影响，检测持续时间不应少于 96h。检测期间，室内空气温度逐时值的波动不应超过 2℃，应逐时记录热流密度和内、外表面温度。对记录值中偏差超过平均值15%的数据做剔除处理，重新计算算术平均值；若该组数据中偏差小于平均值 15%的数据少于 2 个，则该组数据无效。有效算术平均值为该时刻测量值。数据分析宜采用动态分析法。当满足下列条件时，可采用算术平均法。

图 13.1.9　利用人工箱
制造测量环境
1—箱体；2—加热器(加热)
或冷却盘管(制冷)；3—导流屏

1) 末次 R 计算值与 24h 之前的 R 计算值相差不大于 5%；

2) 检测期间内第一个 INT(2×DT/3) 天内与最后一个同样长的天数内的 R 计算值相差不大于 5%(DT 为检测持续天数，INT 表示取整数部分)。

采用算术平均法进行数据分析时，应使用全天数据(24h 的整数倍)按式(13.1.14)计算墙体的测量热阻。

$$R_{\mathrm{T}} = \dfrac{\sum\limits_{j=1}^{n}(t_{\mathrm{I}j} - t_{\mathrm{E}j})}{\sum\limits_{j=1}^{n} q_j} \qquad (13.1.14)$$

式中　R_{T}——墙体测量热阻($\mathrm{m^2 \cdot K/W}$)；

　　　$t_{\mathrm{I}j}$——围护结构内表面温度的第 j 次测量值(℃)；

　　　$t_{\mathrm{E}j}$——围护结构外表面温度的第 j 次测量值(℃)；

　　　q_j——热流密度的第 j 次测量值($\mathrm{W/m^2}$)。

采用算术平均值法处理检测数据时，对热阻值大于 $1.0\mathrm{m^2 \cdot K/W}$ 的构件或重质构件，当第一天和最后一天的室内外平均温度差大于第一天的室内外平均温度的 5%，则需要根据式(13.1.15)对检测的热流密度进行蓄热影响修正。当构件热阻小于 $0.3\mathrm{m^2 \cdot K/W}$，且表面温度传感器贴在热流传感器旁边时，要根据式(13.1.16)对墙体结构热阻进行热流传感器热阻的修正。根据式(13.1.6)计算墙体主体传热系数。

$$R_{\mathrm{T}} = \dfrac{\sum\limits_{j=1}^{n}(t_{ij} - t_{\mathrm{E}j})}{\sum\limits_{j=1}^{n} q_j - (C_i(\Delta t_{i1} + \Delta t_{i2} + \cdots + \Delta t_{id}) + C_E(\Delta \theta_{E1} + \Delta \theta_{E2} + \cdots + \Delta \theta_{Ed}))/\Delta t}$$

$$(13.1.15)$$

$$R = R_{\mathrm{T}} - R_{\mathrm{hfm}} \qquad (13.1.16)$$

式中　　　　　Δt——读数时间间隔(s)；

Δt_{i1}、$\Delta t_{i2} \cdots \Delta t_{id}$——第 2、3、$\cdots d$ 天内表面平均温度和第一天内表面平均温度之差(℃)；

Δt_{E1}、$\Delta t_{E2} \cdots \Delta t_{Ed}$——第 2、3、$\cdots d$ 天外表面平均温度和第一天外表面平均温度之差(℃)；

　　　C_i、C_E——分别为内蓄热修正热容和外蓄热修正热容；

R——墙体结构热阻($m^2 \cdot K/W$)；

R_{hfm}——热流传感器热阻($m^2 \cdot K/W$)。

当构件中保温材料含湿率对构件热阻的影响大于5％时，应根据式(13.1.17)对构件热阻进行含湿率修正，根据式(13.1.18)对墙体结构热阻进行含湿保温材料热阻的修正。

$$R_\lambda = \mu_2 \cdot \frac{d}{\lambda} \tag{13.1.17}$$

$$R = R_T + R_\lambda \tag{13.1.18}$$

式中 R_λ——含湿保温材料修正热阻($m^2 \cdot K/W$)；

μ_2——保温材料含湿率修正系数；

d——保温材料厚度(m)；

λ——保温材料导热系数设计值 [$W/(m \cdot K)$]。

4. 非均匀墙体传热系数测量

热流计的工作原理表明，热流计仅能用于均匀墙体的结构热阻测定，而对于非均匀墙体的结构热阻需要采用图13.1.10所示的热箱仪进行测定。热箱仪由热箱、室内加热器、热箱加热器及控制设备组成。热箱加热器用于在热箱内创造一个稳定的高于室外温度10℃以上的环境，使得被测部位的热流总是从室内向室外传递，形成一维传热。室内加热器用于保证室内空气温度和热箱内空气温度保持一致。当热箱内加热量与通过被测部位传递的热量达到平衡时，热箱的加热量就是被测部位的传热量。测量热箱内消耗的电能并进行积累，作为热箱的发热量，测量构件内外表面温度，根据式(13.1.14)计算构件的测量热阻；根据式(13.1.16)及式(13.1.18)计算墙体结构热阻，根据式(13.1.6)计算墙体主体传热系数。

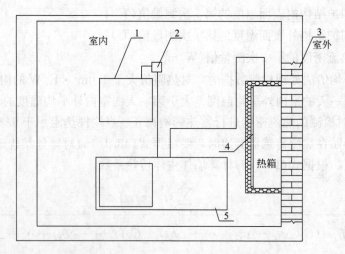

图 13.1.10 热箱仪工作原理示意图热箱法

1—室内加热器；2—室内加热控制器；3—被测围护结构；4—热箱加热器；5—控制仪

用热箱仪测量非均匀墙体的结构热阻时，在被测部位内外表面分别布置不少于3个温度传感器，温度传感器距热箱开口边缘不得小于200mm。热箱边缘距离热桥宜为围护结构厚度的1.7倍以上，安置热箱使热箱周边与被测表面紧密接触，必要时采用密封措施。传热稳定后测量时间应不少于72h。

13.1.5　建筑物单位耗能量测量[1],[12]~[14],[17],[18]

建筑物单位耗能量可按照面积计算，也可以按照体积进行计算。建筑物单位面积耗能量按式(13.1.19)计算，建筑物单位体积耗能量按照式(13.1.20)计算。体积耗能量更能反映建筑用能特点，便于建筑物之间的能耗评价。不同建筑物之间的能耗比较，只有当建筑物高度相同，室内外温差相同时，才可采用单位面积能量进行评价。

$$q_{ha} = \frac{Q_{ha}}{A_0} \cdot \frac{278}{H_r} \qquad (13.1.19)$$

$$q_{va} = \frac{Q_{ha}}{V_0(t_n - t_w)} \cdot \frac{278}{H_r} \qquad (13.1.20)$$

式中　q_{ha}——建筑物单位面积耗能量(W/m²)；

$\qquad q_{va}$——建筑物单位体积耗能量 [W/(m³·℃)]；

$\qquad Q_{ha}$——检测持续时间内建筑物累计耗能量(MJ)；

$\qquad A_0$——建筑物总建筑面积(m²)；

$\qquad V_0$——建筑物总建筑体积(m³)；

$\qquad H_r$——检测持续时间(h)；

t_n、t_w——检测持续时间内室内平均温度及室外平均温度(℃)。

空调建筑 Q_{ha} 取建筑物空调设备的总运行能耗，采暖建筑 Q_{ha} 取建筑物热力入口处测得的总供热量。

建筑物单位耗能量，与建筑构造、室内外环境、系统运行使用特点有关。应根据评价目标，选择不同的测量条件。如果评价建筑物的本体热工特性，应在室温稳定的条件下进行能耗测量；为消除室内得热量的影响，宜在建筑物无人时测量。如果评价建筑物的实际使用条件下的能耗，可在实际使用条件下进行能耗测量。

1. 空调建筑的建筑物耗能量

图 13.1.11 所示的集中空调系统的总运行能耗，由末端空调设备及终端的风机电耗、输配系统的一次泵及二次泵电耗以及冷热源的冷机及冷却水泵电耗等组成。

电量测量有两个测量方案供选择。

方案一，累积法测量

空调设备用电量集中设置的系统，可采用三相电能表集中计量，按照图 10.4.12 所示接线图进行接线。如果空调设备用电量分散设置，则需要分别对各个用电设备设置电能表，将对各用电设备计量结果相加，即为空调系统的总运行能耗。该方案简单，测量精度高，适用于定风量和变风量系统。

方案二，瞬时法测量

空调设备用电量无法集中测量的系统，选用图 13.1.12 所示的数字式钳形功率表，可测量电压、电流、电压/电流峰值、有功/无功/视在功率（单相或三相）、功率因数、无功率、相位角、频率、相位(三相)等，数据输出 RS-232C 接口通过光隔离耦合器输出，可测量 150~600V 电压。按照图 10.4.2 所示，将相线卡入钳形口内，然后将表夹分别夹在零线及相线上，即可测量单相功率。用同样方法分别测量其余两相，即可求出三相电功率 [仪表可直接按照式(10.4.9)给出结果]。根据式(10.4.3)即可估算测量设备所消耗的电能，进而估算集中空调系统的总运行能耗。该方案只适用于定风量系统。

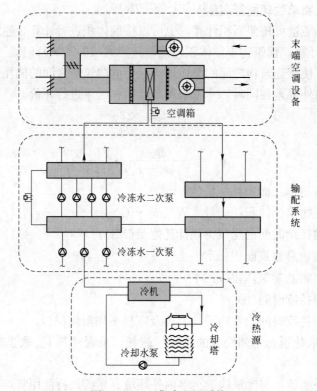

图 13.1.11　集中空调系统

　　根据获得的集中空调系统的总运行能耗，就可利用式(13.1.19)或式(13.1.20)求得建筑物单位耗能量。

　　2. 采暖建筑的建筑物耗能量

　　采暖建筑的耗热量测量方法与建筑物的供暖方式有关。集中供暖的建筑物和独立供暖建筑，应采用不同的测量方法。

　　(1) 集中供暖的建筑物耗能量测量

　　集中供暖建筑的总供热量，在建筑物热力入口处测量。假定要求热量测量误差为 6%，进入建筑物的流量为 $14m^3/h$，供水温度为 $60\sim95℃$，回水温度为 $50\sim70℃$。采暖系统设计供回水温差 $\Delta T = 25℃$，最小温差 $\Delta t_{min} = 10℃$。测得总供热量后，按式(13.1.19)或式(13.1.20)求得建筑物单位耗能量。

　　建筑物供热量的测量，有两种方案供选择。

　　方案一，采用组合式热量表。选用公称直径 $DN50$ 的超声波热量表(图 13.1.13)，额定流量 $15m^3/h$，温度范围：$10\sim110℃$，最大允许测量误差：$\pm3\%(10℃\leqslant\Delta T<20℃)\sim$ $\pm2\%(\Delta T\geqslant20℃)$。带有 RS-232 通信接口，以便与数据采集系统的计算机相连。该方案测量系统简单，但是需要切断管道，给运行带来不便。

　　热量表的基表为短管型超声波流量传感器，测量前需要将热量表安装在热力入口的管道上(图 13.1.14)，超声波上游侧直管段长度大于 $20D=20\times0.05=1.0m$，下游侧直管段长度大于 $10D=10\times0.05=0.5m$。积分仪设在建筑物内易于读数的位置。流量传感器的水流标志应与管道水流方向相一致。流量传感器水平安装时，表头要朝上；应防止传感

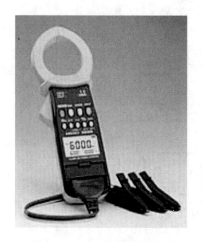

图 13.1.12　钳形功率表

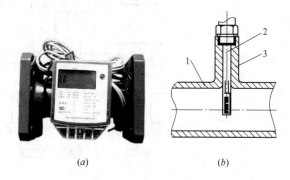

图 13.1.13　入口处热量表安装图
(a)超声波热量表；(b)温度传感器安装图；
1—管道；2—铂电阻；3—焊接接头

器中有沉积物或气泡积存。温度传感器应安装在规定的直管段外。供、回水温度传感器安装位置不得颠倒，与流量传感器处于同一根管道上的温度传感器，要安装在流量传感器的下游侧。温度传感器的敏感元件应位于管道中心偏下的位置(图 13.1.13)，传感器连线和接头应处于不易踩踏位置。

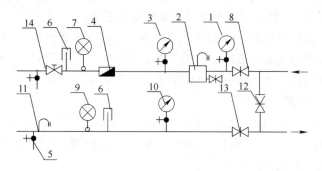

图 13.1.14　入口处热量表安装图

1、3、10—压力表；2—过滤器；4—流量传感器；5—泄水阀；6—温度计；7—供水温度传感器；
8、12、13—闸阀；9—回水温度传感器；11—放气阀；14—调节阀

　　方案二，分别选择流量仪表和温度传感器，利用图 13.1.15 所示的计算机数据采集系统进行测量。该采集系统可与室内外温度测量系统采用同一套系统。流量传感器选用 3 级超声波流量计，温度传感器选用铂电阻，测得的温度和流量信号送至计算机，由计算机根据式(8.2.1)进行热量计算。

　　为保证测量误差不大于 6%，需要根据测量误差要求对测量参数进行误差分配，并依据误差分配结果，选择测量仪表。

　　方案二测量误差分配：

　　热量测量误差由热量计算误差、流量测量误差和温度传感器误差组成。由表 8.2.2 可知

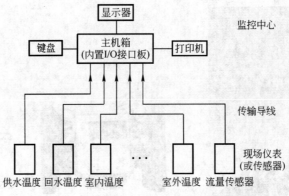

图 13.1.15　集中式温度热量自动测量系统

1）计算机的计算误差为：$\Delta E = \pm\left(0.5 + \dfrac{\Delta t_{\min}}{\Delta t}\right) = \pm\left(0.5 + \dfrac{10}{25}\right) = \pm 0.9\%$

2）DN50 的 3 级流量传感器，其额定流量 $q_p = 15\mathrm{m^3/h}$，$q_{vmax} = 30\mathrm{m^3/h}$，流量传感器误差为：$\Delta G = \pm\left(3 + 0.05\,\dfrac{q_p}{q}\right) = \pm\left(3 + 0.05\,\dfrac{15000}{14000}\right) = \pm 3.05\%$

式中　q_p——热水表的额定流量（kg/h）；

$\quad\quad q$——使用范围内的流量（kg/h）。

3）忽略仪表安装带来的误差，为安全起见，取上述误差的最大值。由测量任务规定的热量测量允许误差为 6%，可求得温差测量允许误差为：

$$|\Delta T| = |\Delta Q| - |\Delta E| - |\Delta G| = 6 - 0.9 - 3.05 = 2.05\%$$

根据表 8.2.2 对单支温度传感器的温度误差要求，选用二级 P_t100 的铂热电阻，在测量范围内，其温度允许偏差为 $\delta t = \pm(0.30 + 0.005\,|t|)$℃。在供回水温度为 95/60℃ 和 70/50℃ 时，其最大偏差分别为：

$$\delta t_{60} = |0.3 + 0.005 \times 60| = 0.6\text{℃} \quad \delta t_{50} = |0.3 + 0.005 \times 50| = 0.55\text{℃}$$

$$\delta t_{95} = |0.3 + 0.005 \times 95| = 0.78\text{℃} \quad \delta t_{70} = |0.3 + 0.005 \times 70| = 0.65\text{℃}$$

对应的相对误差分别为：

$$\gamma_{60} = \frac{\delta t_{60}}{t_{60}} = \frac{0.6}{60} = 1\% \quad \gamma_{50} = \frac{\delta t_{50}}{t_{50}} = \frac{0.55}{50} = 1.1\%$$

$$\gamma_{95} = \frac{\delta t_{95}}{t_{95}} = \frac{0.78}{95} = 0.82\% \quad \gamma_{70} = \frac{\delta t_{70}}{t_{70}} = \frac{0.65}{70} = 0.93\%$$

由式（2.6.11）可得，温差的相对误差为：

$$\Delta T_{60/50} = \frac{60}{60 - 50}1.0 + \frac{50}{60 - 50}1.1 = 11.5\%$$

$$\Delta T_{95/70} = \frac{95}{95 - 70}0.82 + \frac{70}{95 - 70}0.93 = 5.72\%$$

上述计算结果表明，温差的相对误差均大于测量系统所允许的温差测量误差，所拟采用的温度传感器，不能满足测量要求，需要采用配对的方法，使其在测量范围内，温差测量误差≤2.05%。校准过程不再介绍。

（2）独立供暖的建筑物耗能量测量

独立供暖的建筑物耗能量测量与独立供暖方式有关。在建筑物内采用集中的燃油或燃气小锅炉供暖的建筑物供热量，可以采用前述的方法进行测量。采用电加热设备供暖的建筑，可通过测量电加热设备的耗电量来确定建筑物的供热量。按式（13.1.19）或式（13.1.20）求得建筑物单位耗能量。

我国北方农村住宅建筑，多采用间歇运行的火炕或火墙供暖，房间的温度在一天内波动很大，无法保证检测时间内的温度稳定。对于电线及电能表容量大的农村住宅，可以采用电加热设备作为热源，通过测量电加热设备的耗电量，确定建筑物的供热量。对于电线及电能表容量小的农村住宅，需要将建筑物作为一个整体考虑，以农村住宅的火炕及其配套的炉灶作为基本热源，以电加热设备作为辅助热源。炉灶连续运行，以减小由于间接运行带来的室温波动和燃料波动，通过自动控制设备控制电加热设备，将室温控制在某一设定温度，为能耗测量创造一个稳定的室温条件。为防止电加热设备工作电流超过导线的允许电流，自动控制系统要自动调整每一组电加热设备的启动时间和工作电流。在保持农村住宅各个房间室温相同、热源运行稳定的状态下，进行建筑能耗测量。建筑物达到热稳定时，检测持续时间内农村住宅累计供热量按照式（13.1.21）计算，在检测时间内火炕（不包括炕连灶系统）向建筑物累计供热量按照式（13.1.22）计算。住宅建筑单位耗能量按照式（13.1.19）或式（13.1.20）计算。

$$Q_{ha} = Q_d + Q_k \tag{13.1.21}$$

$$Q_k = \eta_k \cdot B_k \cdot Q^y_{dw,k} \cdot 10^{-3} \tag{13.1.22}$$

式中　Q_{ha}——检测持续时间内农宅累计供热量（MJ）；

Q_d——检测持续时间内电表累计耗电量（MJ）；

Q_k——检测持续时间内火炕向建筑物累计供热量（MJ）；

η_k——火炕有效热效率（%）；

B_k——火炕在检测时间内消耗的燃料量（kg）；

$Q^y_{dw,k}$——火炕在检测时间内所消耗的燃料的应用基低位发热量（kJ/kg）。

3. 单位采暖耗热量及耗冷量测量数据的转换

按照式（13.1.19）或式（13.1.20）求得建筑物单位耗能量数据，仅表明被测建筑物在测量条件下的能耗量，由于测量周期内各建筑物室内外温度不同，因此各建筑的测量结果之间不可比较。在不考虑实际使用建筑的得热差别的情况下，为使同一类建筑实际使用条件下的测量结果之间具有可比性，可按照式（13.1.23）或式（13.1.24）将测量条件下的数据转换为基准气象条件下的数据。

$$q_{hma} = q_{ha}\frac{t_i - t_e}{t_{ia} - t_{ea}} \tag{13.1.23}$$

$$q_{vma} = q_{va}\frac{t_{ia} - t_{ea}}{t_i - t_e} \tag{13.1.24}$$

式中　q_{hma}——折算到基准气象条件下的建筑物单位面积耗能量（W/m²）；

q_{vma}——折算到基准气象条件下的建筑物单位体积耗能量指标［W/(m³·℃)］；

q_{ha}——测量条件下的建筑物单位面积耗能量（W/m²）；

q_{va}——测量条件下的建筑物单位体积耗能量指标［W/(m³·℃)］；

t_i——室内基准温度，空调建筑取 26℃，采暖建筑取 18℃；

t_e——室外基准温度(采暖建筑取节能设计标准规定的采暖室外平均温度，空调建筑取根据当地典型气象年的逐时数据确定的当地空调室外平均温度)(℃)；

t_{ia}、t_{ea}——分别为检测持续时间内建筑物平均室温及室外平均温度(℃)。

13.2 通风空调系统风量测量技术

通风、空调系统的风量测量方法，应根据实验目的、流体流动状态、参数范围、测量技术条件等进行选择和确定。根据空调系统的特点，可将风量测量位置设在管道上或设在风口处。

13.2.1 在管道上测量空气流量[5],[9]

风管内的空气流量的测量，有多种方法。

1. 用毕托管测量管道内空气流量

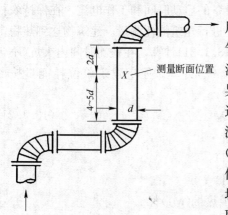

图 13.2.1 测量断面位置示意图

用毕托管测量管道内空气的流量，除了正确使用测量仪器外，尚需选择合理的测量断面，以减少气流扰动对测量结果的影响。测量断面应选择在气流平稳的直管段上，当测量断面设在弯头、三通等异形部件上游时，距这些部件的距离应大于 2 倍管道直径。当测量断面设在弯头、三通等异形部件下游时，距这些部件的距离应为 4～5 倍管道直径(图 13.2.1)。在现场测量条件允许时，离这些部件的距离越远，气流越平稳，对测量越有利。当现场测量条件难于完全满足时，只能根据上述原则选取适宜的测量断面，为减少测量误差可适当增加测点。但是，测量断面距异形部件的最小距离至少是管道直径的 1.5 倍。

在测量动压时如发现任何一个测点出现零值或负值，表明气流不稳定、有涡流，该断面不宜作为测量断面。如果气流方向偏出风管中心线 15°以上，该断面也不宜作为测量断面(可用毕托管端部正对气流方向，慢慢摆动毕托管使动压值最大，这时毕托管与风管外壁垂线的夹角即为气流方向与风管中心线的偏离角)。

微压计性能指标 表 13.2.1

型 号	压力测量范围	准确度等级	分辨率	适用范围
倾斜式微压计	0～10000Pa	1 级		现场测量
YJB2500 型补偿微压计	0～2500Pa	±0.13Pa	0.01mm	实验室测量
ZC-1000 数字微压计	0～±2000Pa	0.5 级、1 级	0.1Pa、1Pa	现场及实验室

测量断面在选择时，还要考虑测定操作的方便和安全。测量断面可选择在风机的吸入段或压出段，选在吸入段时微压计的连接方式与压出段时微压计的连接方式不同(图 13.2.2)。由于气流速度在管道断面的分布是不均匀的，因此，在同一断面上必须进行多点测量，然后求出该断面的平均流速。每个断面上测点的位置，可按照 7.4 节介绍的方法确定。测得同一断面上各点气体的总压和静压后，可根据式(7.1.12)进行计算。为了

便于应用，可将式(7.1.12)写为式(13.2.1)的形式。

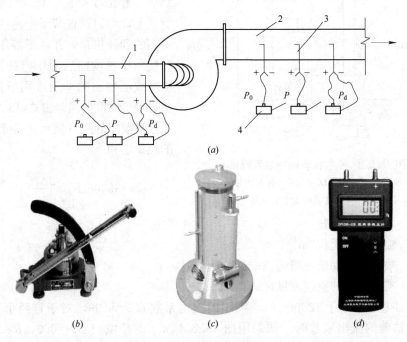

图 13.2.2　毕托管与倾斜式微压计的连接方法

(a)连接方法；(b)倾斜式微压计；(c)YJB2500 型补偿微压计；(d)ZC-1000 数字微压计

1—风机吸入段；2—风机压出段；3—毕托管；4—倾斜式微压计

"+"表示毕托管的总压 p_0 端；"−"表示毕托管的静压 p 端

$$\bar{u} = \sqrt{\frac{2}{\rho}\left[\frac{\sqrt{p_{d1}} + \sqrt{p_{d2}} + \cdots\cdots + \sqrt{p_{di}} + \cdots\cdots + \sqrt{p_{dn}}}{n}\right]} \qquad (13.2.1)$$

$$q_v = 3600\bar{u}F \qquad (13.2.2)$$

式中　$\bar{u}$——断面的平均流速(m/s)；

　　　p_{di}——某断面测点测得的动压，$p_{di} = (p_0 - p)_i$(Pa)；

　　　n——测点数；

　p、p_0——分别为管道内空气的静压及总压(Pa)；

　　　q_v——管道内空气的体积流量(m³/h)；

　　　F——管道截面积(m²)；

　　　ρ——管道内空气的密度(kg/m³)。

当动压差小于 10Pa 时，可采用热线风速仪或其他仪表测量风速，其断面划分与毕托管相同，此时断面上的平均风速可按照算术平均值计算，管道风量采用式(13.2.2)计算。如果测量风机的风量，则应在风机的吸入口和压出口分别测量管道的风量，取两个风量的平均值，作为风机的风量。

2. 用标准节流装置测定管道内的空气流量

管道内的空气流量也可采用孔板流量计或空气流量喷嘴装置测量(图 13.2.3)。空气流量喷嘴装置由接收室和排放室组成，两室之间由一隔板分开，在隔板上设一个或几个喷嘴。

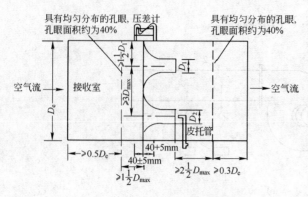

图 13.2.3 空气流量喷嘴装置测量

D_{max}—最大喷嘴直径；D_e—接收室断面当量直径；

D_1、D_2—喷嘴 1 及喷嘴 2 的直径

在隔板前后距离为 40mm±5mm(最大距离应不超出喷嘴出口处)的两个断面的管壁上，均匀设置若干个与内壁平齐无毛刺的静压接口，并联成静压环，用于连接测量喷嘴前后静压差的测量仪表。喷嘴或喷嘴组的动压可用毕托管测量。流过单个喷嘴的风量由式(13.2.3)计算。流过喷嘴组的空气流量是各个喷嘴测得的流量之和。

$$q_v = 3600 C_i F_i \sqrt{\frac{2\Delta p_i}{\rho_n}} \qquad (13.2.3)$$

式中 C——喷嘴流出系数；

F——喷嘴喉部面积(m^2)；

Δp——喷嘴喉部动压或喷嘴两端的静压差(Pa)；

ρ_n——喷嘴喉部的空气密度(kg/m^3)。

喷嘴喉部直径不小于 125mm 时，喷嘴的流出系数 C 为 0.99，对于直径小于 125mm 或要求更为精确的流出系数时，如采用图 13.2.4 所示的喷嘴($L/d = 0.6$，$Re > 12000$)，可按照式(13.2.4)计算流出系数。

$$C = 0.9986 - \frac{7.006}{\sqrt{Re}} + \frac{134.6}{Re} \qquad (13.2.4)$$

式中 Re——雷诺数。

测定条件下测得的空气的流量数据，可按式(13.2.5)换算为标准状态下流量。

$$q_{vn} = q_v \frac{\rho_n}{1.2} \qquad (13.2.5)$$

3. 用均压管测定风管道内空气流量

在经常需测定的通风系统中，为了能使测定简单及迅速，可在风管中安装测定平均全压的均压管(图 13.2.5)，测孔数及位置可根据风管的尺寸大小确定，在测定断面上再焊接一测静压短管，即可以用微压计等测定出平均动压，用式(13.2.6)计算出平均风速，利用式(13.2.2)计算出风管中的风量。

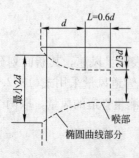

图 13.2.4 喷嘴

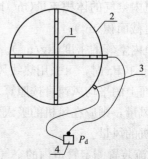

图 13.2.5 均压管

1—均压管；2—风道；3—静压管；4—微压计

$$\bar{u}=K\sqrt{\frac{2\bar{p}_{\mathrm{d}}}{\rho}} \tag{13.2.6}$$

式中 $\bar{u}$——风管的平均流速(m/s);

K——校正系数;

$\bar{p}_{\mathrm{d}}$——测得的流体的平均动压值(Pa),$\bar{p}_{\mathrm{d}}=\bar{p}_0-p$;

p、$\bar{p}_0$——分别为管道内空气的静压及总压(Pa);

ρ——管道内空气的密度(kg/m³)。

校正系数可采用标准毕托管确定,其大小可用式(13.2.7)计算。

$$K=\sqrt{\frac{p_{\mathrm{dn}}}{p_{\mathrm{d}}}} \tag{13.2.7}$$

式中 p_{dn}——在风管中用标准毕托管测得的平均动压值(Pa);

p_{d}——均压管测得的动压值(Pa)。

13.2.2 在送风口或回风口处测量空气流量[5],[9]

风口处的气流一般较复杂,风量很难准确测量。但在风管不具备测定条件时,可考虑在风口处测量风量。

当送风口装有格栅或网格时(图 13.2.6),可用 7.1.1 节所介绍的翼形机械式风速仪紧贴风口测定风量(由于送风口存在射流,用机械式风速仪测定比用热线风速仪好)。面积较大的风口,可划分为边长等于两倍风速仪直径的面积相等的小方块,在其中心逐个测量,按照算术平均法计算平均流速,按照式(13.2.2)计算风量。此法叫定点测量法,测点应不少于 5 个。也可采用匀速移动法,按照图 13.2.7 所示的路线慢慢地匀速移动,移动时风速仪不得离开测量平面,此时测得的结果为风口的平均风速。连续测定三次,取其平均值。按照式(13.2.8)计算风量。当送风口气流偏斜时,应临时安装长度为 0.5~1.0m,断面尺寸与风口相同的短管进行测定。

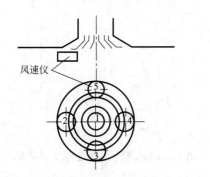

图 13.2.6 用风速仪测定散流器出口平均风速

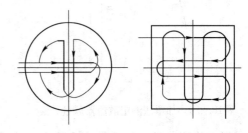

图 13.2.7 罩口平均风速测定路线

$$q_{\mathrm{v}}=1800C\bar{u}(F+f) \tag{13.2.8}$$

式中 C——修正系数,送风口 $C=0.96\sim1.0$,回风口 $C=1.0\sim1.08$;

F——风口的轮廓面积(m²);

f——风口的有效面积(m²)。

当有条件时,可事先在实验室对典型风口进行测定,找出管内测量与现场风口测量之间的关系,用式(13.2.9)确定散流器的送风量。

$$q_v = kF_h \overline{u} \qquad (13.2.9)$$

式中　k——修正系数，送风口 $k=\dfrac{\overline{u_h}}{\overline{u}}=0.96\sim1.0$；

　　　F_h——散流器的喉部面积（m^2）；

　　　$\overline{u_h}$——散流器喉部的平均风速（m/s）；

　　　$\overline{u}$——散流器出口的平均风速（m/s）。

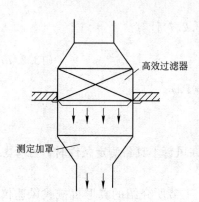

图 13.2.8　带高效过滤器的末端装置

当无条件测定修正系数时，可在散流器出口加罩直接测定风量。加罩后会因增加阻力而减少风量。风量减少的幅度取决于送风系统的阻力特性。对于原有阻力较大的系统(末端安装高效过滤器的送风口(图 13.2.8))，加罩后对风量的影响很小，可忽略不计。当送风系统原有阻力较小时，加罩后对风量的影响不可忽略。但在特定条件下(如图 13.2.9 所示的罩子尺寸)，加罩的影响可以忽略不计。为了克服加罩的影响，也可以在罩子出口处加一可调速的轴流风机(图 13.2.10)，以补偿罩子的阻力。调节轴流风机的转速，保持罩内静压与大气压力相等，此时测得的风量即为实际风量。

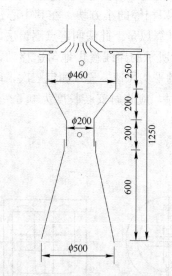

图 13.2.9　加罩法测定散流器风量

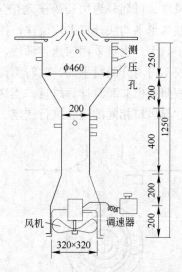

图 13.2.10　吸引法测定散流器风量

送风口为喷口时，由于出口断面规整，气流偏斜小，在出口直接测定并不困难。条缝型送风口，与灯具相结合的送风口，出口气流为扁平射流，在出口处很难将风量测准，应根据具体情况采用特定的方法测量。

回风口风量的测定，原则上也应预先在实验室确定测定条件的修正系数。由于吸气气流作用范围小，气流均匀，贴近回风口格栅测定风速较准确。确定平均风速后可按式(13.2.8)计算风量。

【例 13.2.1】 已知某空调系统管道内径为 1000mm，风管壁厚 2.0mm。试设计用毕托管测量风量的测量点的布置方案。

【解】

1. 确定测量断面

根据现场条件，将测量断面设在空调机组出口的风管上，沿气流方向，测点下游距离取为 $2D=2.0\text{m}$，测点上游距离取为 $4D=4.0\text{m}$。

2. 确定测点数量及位置

根据 7.4.1 节介绍的方法确定测点数量。

(1) 用等环面法

将风管分为 5 个面积相等的同心圆环，然后在环上的水平及垂直方向布置测点（图 13.2.11），按式(7.4.3)计算同心环的半径为

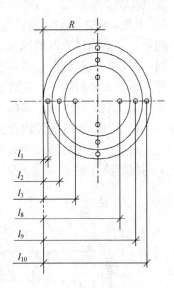

图 13.2.11　风管测点布置图

$$r_1=R\sqrt{\frac{1}{2\times 5}}=0.316R=0.158\text{m}$$

$$r_3=R\sqrt{\frac{3}{2\times 5}}=0.548R=0.274\text{m}$$

$$r_5=R\sqrt{\frac{5}{2\times 5}}=0.707R=0.354\text{m}$$

$$r_7=R\sqrt{\frac{7}{2\times 5}}=0.837R=0.418\text{m}$$

$$r_9=R\sqrt{\frac{9}{2\times 5}}=0.949R=0.475\text{m}$$

求出各测点至管内壁的距离，列于表 13.2.2 中。

各测点至管内壁的距离（m）　　　　　　表 13.2.2

l_1	l_2	l_3	l_4	l_5	l_6	l_7	l_8	l_9	l_{10}
$R-r_9$	$R-r_7$	$R-r_5$	$R-r_3$	$R-r_1$	$R+r_1$	$R+r_3$	$R+r_5$	$R+r_7$	$R+r_9$
0.025	0.082	0.146	0.226	0.342	0.658	0.774	0.854	0.918	0.975

(2) 对数-线性法

将风管分为 5 个面积相等的同心圆环，然后在环上的水平及垂直方向布置测点，由 7.4.1 节可知，各测点至管内壁的距离 $l_i=a_iD=a_i$。查表 7.4.2，将所得数据列于表 13.2.3 中。

各测点至管内壁的距离（m）　　　　　　表 13.2.3

l_1	l_2	l_3	l_4	l_5	l_6	l_7	l_8	l_9	l_{10}
0.019	0.076	0.153	0.217	0.361	0.639	0.783	0.847	0.924	0.981

将各测点至管外壁的距离 $L_i=l_i+0.002\text{m}$，标在毕托管上，用于测量时确定毕托管伸入风管的长度。

3. 选择毕托管

由于风道直径为 1000mm，考虑到测量条件及测定方便，毕托管的长度可取为 1400mm。

13.3 一般通风用空气过滤器性能测量技术[2]、[5]、[6]

空气过滤器按照过滤效率不同，一般分为粗效空气过滤器、中效空气过滤器和高效空气过滤器。粗效空气过滤器分为4个等级(粗效1~粗效4)，中效空气过滤器分为3个等级(中效1~中效3)，高效空气过滤器分为两个等级(亚高效、高中效)。空气过滤器性能测量，主要测过滤器的风量、阻力、效率和容尘量。不同空气过滤器的性能测量方法不同，高效空气过滤器、中效空气过滤器、粗效1和粗效2空气过滤器的特性采用气溶胶测量；粗效3和粗效4空气过滤器的特性采用人工尘(由道路尘、炭黑、短棉绒等三种粉尘按一定比例混合而成的模拟大气尘)测量。

13.3.1 用气溶胶测量空气过滤器的特性

高效空气过滤器、中效空气过滤器、粗效1和粗效2空气过滤器的风量、阻力和效率采用气溶胶在图13.3.1所示的测量装置进行测量。

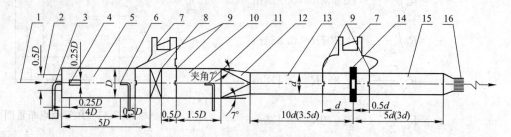

图 13.3.1 空气过滤器性能测量装置图(气溶胶法)

1—洁净空气进口；2—洁净空气进口风管；3—气溶胶发生装置；4—穿孔板；5—被试过滤器前风管；
6—过滤器前采样管；7—压力测量装置；8—被试过滤器安装段；9—静压环；10—被试过滤器后风管；
11—过滤器后采样管；12—天圆地方；13—流量测量装置前风管；14—流量测量装置；
15—流量测量装置后风管；16—风机进口风管

试验用空气应保证洁净，风道中粒子的背景浓度不应超过气溶胶发生浓度的1%。试验用空气的温度为10~30℃，相对湿度为30%~70%。

图 13.3.2 LPC-310
激光尘埃粒子计数器

1. 风量及阻力测量

风量采用7.4节所介绍的标准孔板或标准喷嘴连接微压计测量，测量方法在13.2节已作介绍。阻力采用图13.2.2所示的ZC-1000数字微压计测量，微压计分辨率为0.1Pa。未积尘的受试过滤器的阻力，至少应在额定风量的50%、75%、100%和125%四种风量下测量，然后绘出受试过滤器的风量与阻力关系曲线。

2. 粒径分组效率测量

受试过滤器的粒径分组计数效率为其上、下风侧计数浓度之差与上风侧浓度之比(式13.3.1)。测量大气尘计数效率的粒子计数器至少要有不小于0.3μm、不小于0.5μm、不小于1.0μm和不小于2.0μm的粒子计数浓度四个档。选用LPC-310激光尘埃粒子计数器，可测量粒径为：0.3μm，0.5μm，0.7μm，1.0μm，2.0μm，5.0μm，7.0μm，10μm，采样流量28.3L/min(图13.3.2)。

　　测量计数效率时，上、下风侧采样管(6)、(11)的下方用软管分别连接到粒子计数器上。当上风侧浓度高于粒子计数器量程范围时，应在采样管与粒子计数器之间附加稀释装置(用于将洁净空气与采样气体，按比例充分混合的设备)，以便于粒子计数器能有效地测取高浓度样气中尘埃粒子颗粒数和质量浓度。

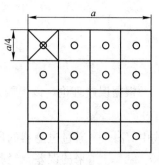

图 13.3.3　气溶胶测点布置图

　　正常运行情况下，过滤前气溶胶取样断面上各点之间(图 13.3.3)气溶胶浓度的误差应不大于 10%，30min 内过滤前气溶胶取样断面上的气溶胶浓度变化不超过 10%。

　　用两台粒子计数器测量时，对于测量的每一批过滤器，在测量开始前，2 台计数器应在下风侧采样点轮流采样各 10 次，各自测得的平均浓度 $\overline{N_1}$、$\overline{N_2}$，$\overline{N_1}$、$\overline{N_2}$ 分别和 $\dfrac{\overline{N_1}+\overline{N_2}}{2}$ 的差应在 20% 之内。在以后的测量中，对下风侧的每次测量值(设为 N_2)，皆乘以 $\dfrac{\overline{N_1}}{\overline{N_2}}$ 进行修正。待上、下风侧采样数字稳定后，各取连续 3 次读数的平均值，求一次粒径分组计数效率 η_1；再取连续 3 次读数的平均值，再求一次粒径分组计数效率 η_2。粒径分组计数效率按照式(13.3.1)计算。两次效率值应满足表 13.3.1 的规定。

计 数 效 率 值 表　　　　　　　　表 13.3.1

η_1	$\eta_2-\eta_1$	η_1	$\eta_2-\eta_1$
$<40\%$	$<0.3\eta_1$	$80\%\sim90\%$ *	$<0.04\eta_1$
$40\%\sim60\%$ *	$<0.15\eta_1$	$90\%\sim99\%$ *	$<0.02\eta_1$
$60\%\sim80\%$ *	$<0.08\eta_1$	$\geqslant99\%$	$<0.01\eta_1$

　　注：表中带"*"数字，表示不包含该数字，如 60%*，表示不包括 60%。

$$\eta_i=\left(1-\frac{N_{2i}}{N_{1i}}\right)\times100\%\qquad(13.3.1)$$

式中　η_i——粒径分组($\geqslant0.3\mu m$，$\geqslant0.5\mu m$，$\geqslant1\mu m$，$\geqslant2\mu m$)计数效率(%)；

　　　　N_{1i}——上风侧计数器正式采样后测取的不小于某粒径粒子计数浓度的平均值(粒/L)；

　　　　N_{2i}——下风侧不小于某粒径粒子计数浓度的平均值(粒/L)。

　　设过滤器上风侧与下风侧的测量误差分别为 σ_1 和 σ_2，过滤器效率的最大值 η_{max} 和最小值 η_{min} 可按照式(13.3.2)和式(13.3.3)计算。

$$\eta_{max}=1-\frac{(1-\sigma_2)N_2}{(1+\sigma_1)N_1}\qquad(13.3.2)$$

$$\eta_{min}=1-\frac{(1+\sigma_2)N_2}{(1-\sigma_1)N_1}\qquad(13.3.3)$$

式中　N_1——上风侧粒子计数浓度(粒/L)；

　　　　N_2——下风侧粒子计数浓度(粒/L)。

　　则效率测量正误差 $\Delta\eta$ 和负误差 $-\Delta\eta$ 可以表示为：

$$\Delta\eta=\eta_{max}-\eta=\frac{(1+\sigma_1)N_1-(1-\sigma_2)N_2-(1+\sigma_1)(N_1-N_2)}{(1+\sigma_1)N_1}$$

$$\Delta\eta=\frac{\sigma_1+\sigma_2}{1+\sigma_1}(1-\eta) \tag{13.3.4}$$

$$-\Delta\eta=\eta-\eta_{\min}=-\frac{\sigma_1+\sigma_2}{1-\sigma_1}(1-\eta) \tag{13.3.5}$$

根据误差理论，以上两式中的 σ_1 和 σ_2 可以表示为：

$$\sigma_1=\sigma_2=\sqrt{\sigma_a^2+\sigma_b^2+\sigma_c^2+\sigma_d^2} \tag{13.3.6}$$

式中　σ_a——通过过滤器的风量和含尘浓度随时间、气象条件或其他因素而发生变动所带
　　　　　来的误差，经验表明它给测量浓度带来的误差可达 20%，一般可取 10%；

　　　　σ_b——粒子计数器等仪器采样流量的误差，一般为 $2\%\sim3\%$；

　　　　σ_c——非等速采样引起的误差，平均可取为 5%；

　　　　σ_d——采样管中微粒损失引起的误差，一般不超过 3%。

【例 13.3.1】 已知过滤器检验效率 $\eta=0.999$，$\sigma_a=\pm10\%$，$\sigma_b=\pm3\%$，$\sigma_c=\pm5\%$，$\sigma_d=\pm3\%$，求过滤器的效率变化区间。

【解】 过滤器检验，可以认为 $\sigma_1=\sigma_2$，由式(13.3.6)可得

$$\sigma_1=\sigma_2=\sqrt{0.1^2+0.03^2+0.05^2+0.03^2}=0.12$$

将数据代入式(13.3.4)和式(13.3.5)可得

$$\Delta\eta=\frac{0.12+0.12}{1+0.12}(1-0.999)=0.00021$$

$$-\Delta\eta=\frac{0.12+0.12}{1-0.12}(1-0.999)=-0.00027$$

这表明，过滤器效率应在 $0.999-0.00027=0.99873\sim0.999+0.00021=0.99921$ 之间。

13.3.2　用人工尘测量空气过滤器的特性

粗效 3 和粗效 4 空气过滤器的风量、阻力、计重效率和容尘量采用人工尘在图 13.3.4 所示的测量装置进行测量。

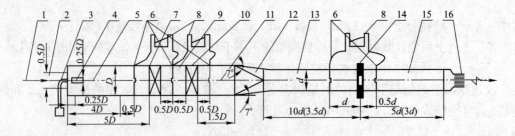

图 13.3.4　空气过滤器性能测量装置图（人工尘法）

1—空气进口；2—空气进口风管；3—人工发尘装置；4—穿孔板；5—被试过滤器前风管；6—静压环；

7—被试过滤器安装段；8—压力测量装置；9—被试过滤器后风管；10—末端过滤器；11—末端过滤器后风管；

12—天圆地方；13—流量测量装置前风管；14—流量测量装置；15—流量测量装置后风管；16—风机进口风管

测量空气过滤器时所用的空气应保持洁净，空气中的含尘量不应影响计重效率的测量结果。试验用空气的温度为 $10\sim30℃$，相对湿度为 $30\%\sim70\%$。过滤器风量及阻力测量方法同 13.3.1。

过滤器容尘量是和使用期限直接有关的指标。未积尘的受试过滤器通过额定风量时的空气阻力，称为过滤器的初阻力；在额定风量下由于过滤器积尘，而使其阻力上升到规定值时的空气阻力，称为过滤器的终阻力。受试过滤器达到终阻力时所施加的人工尘总质量与受试过滤器平均计重效率的乘积称为过滤器容尘量，可表示为

$$C = AW \tag{13.3.7}$$

式中　C——容尘量(g)；

　　　A——计重效率；

　　　W——发尘的总重量(g)。

测量所用人工尘由人工尘发尘装置(图13.3.5)均匀地送入测量风道。人工发尘装置的发尘盘由动力驱动，发尘盘中的转速可以调节，缓缓转动的发尘盘尘槽中的粉尘由引射器吸入，借助压缩空气喷射出来，通过发尘管进入测量风道。发尘量的大小还可以通过调节引射器吸尘口与粉尘面之间的距离以及压缩空气的压力和流量来控制。试验中在过滤器的额定风量下进行，试验空气中含尘浓度应保持在$(70\pm7)\mathrm{mg/m^3}$。

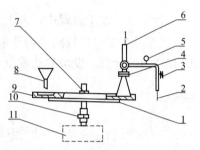

图 13.3.5　发尘装置示意图
1—托盘；2—引射气体；3—调压阀；
4—引射器；5—气压表；6—发尘管；
7—固定螺帽；8—尘料斗；9—发生圆盘；
10—联轴器；11—驱动装置

容尘量测量按照图13.3.6所示的流程进行。先将称量过的受试过滤器和末端过滤器(重量为W_{ci}，精确到0.1g)安装在风道系统中。称量一次发尘用的人工尘质量(重量为W_{1i}，精确到0.1g)，在额定风量下，启动发尘装置发尘。含尘空气穿过受试过滤器的粉尘被末端过滤器捕集。然后取出末端过滤器，重新称量(重量为W_{zi})，根据发尘量(W_{1i})和末端过滤器的集尘量(ΔW_{zi})与沉积尘(ΔW_i)计算受试过滤器的人工尘计重效率。这样的测量至少要进行四次，每次发尘量大致相等，直至达到终阻力。每个测量周期开始和终了都需要测量阻力、发尘量和末端过滤器的粉尘捕集量，将末端过滤器增加的质量与收集的受试过滤器和末端过滤器之间沉积的人工尘量相加，得出未被受试过滤器捕集到的人工尘质量(W_{2i})。依此确定受试过滤器的容尘量、阻力与积尘量的关系以及计重效率与积尘量的关系。

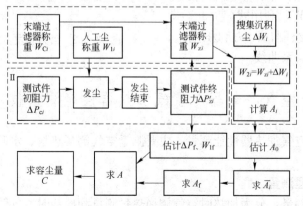

图 13.3.6　测量容尘量流程
W_z—末端过滤器重量；ΔW—搜集的沉积尘重量

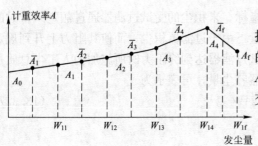

图 13.3.7　计重效率和发尘量关系

W_{1i}——发尘过程中，人工发尘量(g)。

任意一个发尘过程终了时的计重效率 A_i 按照式(13.3.8)计算。将每一次发尘终了时的计重效率表示在图 13.3.7 上，在图上将 A_2A_1 向 A_1 方向延长，延长线与纵坐标相交，交点数值作为 A_0。

$$A_i = 100 \times \left(1 - \frac{W_{2i}}{W_{1i}}\right) \qquad (13.3.8)$$

式中　W_{2i}——发尘过程中，未被受试过滤器捕集的人工尘质量(g)；

任意一个发尘过程的平均计重效率 $\overline{A_i}$ 按式(13.3.9)计算。人工尘平均计重效率 A 按式(13.3.10)计算。发尘的总重量 W 按式(13.3.11)计算。

$$\overline{A_i} = \frac{A_i + A_{i-1}}{2} \qquad (13.3.9)$$

$$A = \frac{1}{W}(W_{11}\overline{A_1} + W_{12}\overline{A_2} + \cdots + W_{1f}\overline{A_f}) \qquad (13.3.10)$$

$$W = W_{11} + W_{12} + \cdots + W_{1f} \qquad (13.3.11)$$

式中　　W——发尘的总重量(g)；

W_{1f}——最后一次发尘直至达到终阻力时发尘的重量(g)；

$\overline{A_1}$、$\overline{A_2}\cdots\overline{A_f}$——依次求出的各过程平均计重效率。

根据计算结果，绘制出阻力和发尘量关系曲线，按比例估计出 W'_{1f}(图 13.3.8)，待 W'_{1f} 全部发完后测出 $\Delta P'_f$，然后利用内插或者外延求出 ΔP_f 和 W_{1f}，利用公式(13.3.8)求出 A_f，点在图 13.3.7 上，即可求出 $\overline{A_f}$。

一般情况下，如果受试过滤器所增加的质量与未被受试过滤器捕集的人工尘质量之和与发尘总质量之间误差小于 3%，即可以认为数据合理。根据平均计重效率 A 和发尘的总重量 W，利用式(13.3.7)即可求得容尘量 C，绘制出阻力和积尘量、计重效率和积尘量关系曲线。

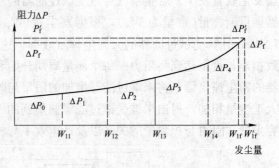

图 13.3.8　阻力和发尘量关系曲线图

13.4　空气冷却器与空气加热器性能测量技术[5],[9]

空气冷却器与空气加热器性能测量，主要测量空气侧换热量、水侧换热量、热交换效率系数和接触系数。

13.4.1　换热量测量

空气侧换热量测量，分为加热时空气侧换热量测量和冷却时空气侧换热量测量。加热时空气侧换热量按式(13.4.1)计算。冷却时空气侧换热量分为有去湿时空气侧换热量和无去湿时空气侧换热量。有去湿时空气侧换热量按式(13.4.2)计算，无去湿时空气侧换热量按式(13.4.3)计算。

$$Q_a = q_m c_{pa}(t_2 - t_1) \tag{13.4.1}$$

$$Q_a = q_m[(h_1 - h_2) - c_{pw} t_2' \Delta d] \tag{13.4.2}$$

$$Q_a = q_m c_{pa}(t_1 - t_2) \tag{13.4.3}$$

式中　Q_a——空气侧换热量(kW)；

　c_{pw}、c_{pa}——分别为水的比热及空气比热 $[kJ/(kg \cdot K)]$；

　h_1、h_2——分别为试件进口空气焓值和出口空气焓值(kJ/kg干空气)；

　Δd——通过试件的空气含湿量差值(kg/kg干空气)；

　t_2'——试件出口处空气湿球温度(℃)；

　q_m——空气的质量流量(kg干空气/s)；

　t_1、t_2——分别为试件进口和出口处空气干球温度(℃)。

介质侧换热量测量分为冷却时水侧换热量测量和加热时介质侧换热量测量。冷却时水侧换热量按式(13.4.4)计算。空气—水换热器加热时水侧换热量按式(13.4.5)计算；空气—蒸汽换热器加热时蒸汽侧换热量按式(13.4.6)计算。

$$Q_w = q_w c_{pw}(t_{w2} - t_{w1}) \tag{13.4.4}$$

$$Q_w = q_w c_{pw}(t_{w1} - t_{w2}) \tag{13.4.5}$$

$$Q_w = q_v(h_{v1} - h_{v2}) \tag{13.4.6}$$

式中　Q_w——介质(水)侧换热量(kW)；

　c_{pw}——水的比热 $[kJ/(kg \cdot K)]$；

　h_{v1}、h_{v2}——分别为蒸汽进口焓值和蒸汽出口焓值(kJ/kg)；

　q_w、q_v——分别为水的质量流量和蒸汽凝结水量(kg/s)；

　t_{w1}、t_{w2}——分别为水进口和出口温度(℃)。

每次测量分别采用两种方法计算换热量，两种方法计算出的换热量误差不得超过5%，试件平均换热量按式(13.4.7)计算。

$$Q = \frac{Q_a + Q_w}{2} \tag{13.4.7}$$

由此可知，要知道空气冷却器与空气加热器热量，需要测量水的质量流量 q_w 和蒸汽凝结水量 q_v、水进口温度 t_{w1} 和出口温度 t_{w2}、蒸汽进口压力 P_1 和出口压力 P_2、进口处空气干球温度 t_1 和出口处空气干球温度 t_2、含湿量 d 以及空气的质量流量 q_m。

13.4.2　热交换效率系数和接触系数

空气冷却器的热交换效率系数 ε_1 按式(13.4.8)计算；接触系数 ε_2 按式(13.4.9)计算。

$$\varepsilon_1 = \frac{t_1 - t_2}{t_1 - t_{w1}} \tag{13.4.8}$$

$$\varepsilon_2 = 1 - \frac{t_2 - t_{s2}}{t_1 - t_{s1}} \tag{13.4.9}$$

式中　t_{s1}、t_{s2}——分别为试件进口和出口处空气湿球温度(℃)。

由此可知，要知道空气冷却器的热交换效率系数，需要测量水进口温度 t_{w1}、进口处空气干、湿球温度 t_1、t_{s1}，出口处空气干、湿球温度 t_2、t_{s2}。

13.4.3 空气侧参数测量

空气冷却器与空气加热器在图 13.4.1 所示的测量装置上测量。

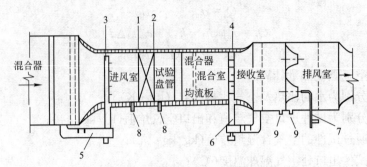

图 13.4.1 空气流量及温、湿度测量装置

1—换热器进口断面；2—换热器出口断面；3—试验装置进风室断面；
4—试验装置混合室断面；5、6—温湿度取样装置；7—毕托管；8、9—测压短管

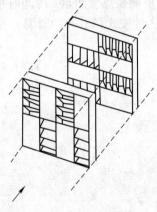

图 13.4.2 空气混合装置

装置的空气入口处要设空气混合装置(图 13.4.2)，风系统测量段需要保温，空气热损失不允许超过空气侧换热量的 2%。试件前后风管断面最大风速与最小风速之差不得超过最小风速的 20%，断面内各点空气温度相差不大于 0.6℃。

进入和流出换热器试件的空气干、湿球温度，采用图 13.4.3 所示的取样装置来测量。取样装置的设置不得引起风管中空气温度和风速的明显变化，外露部分要进行保温。取样风管测量断面直径不宜小于 75mm，测量点和取样点的压差不宜大于 500Pa。加热试验可以直接采用在测量断面上均匀布置测温元件的方法来测量断面上的干球温度。

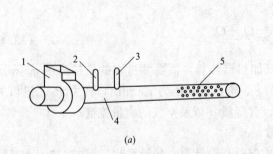

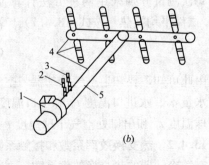

(a)

(b)

图 13.4.3 空气干、湿球温度取样装置

(a)入口空气取样装置；(b)出口空气取样装置

1—风机；2—干球温度计；3—湿球温度计；4—测量段(管)；5—取样段(管)

换热器试件的空气压力降，通过在风管四个侧壁上开设的静压接口测量口，静压接口开在试件的上风侧和下风侧，距试件至少 0.3m。做去湿试验时，底部静压接口应封死，以防止冷凝水进入静压接口，影响测量结果。风管底部应设置合适的带存水弯的排水管，

用以排出冷凝水。

干、湿球温度测量仪表的精度不小于 0.1℃（冷却）或 0.2℃（加热）。人工读数，可选用二等标准水银温度计，测量不确定度为 0.03～0.40℃（－30～＋600℃）；自动测量，可选用二等标准铂电阻，测量不确定度为 0.003～0.06℃（－200～＋630.74℃）。空气的温、湿度测定取样分别在进风室和混合室进行。空气流量测量准确度不应低于测定值的 1%，采用 13.2 节所介绍的喷嘴装置测量空气流量。选用 JYB-3151 型数字电容压力/差压变送器测量空气压力及压差，线性输出精度 ±0.075%～±0.1%（图 13.4.4）。

在冷却试验中，空气进口干球温度，其单个读数与其平均值相差不得超过 0.5℃。空气进口湿球温度，其单个读数与其平均值相差不得超过 0.3℃。在加热试验中空气进口干球温度，其单个读数与其平均值相差不得超过 1.0℃。

图 13.4.4　压力/差压变送器

热损失要导致空气焓发生变化，影响测量结果，需要对试件进口空气焓值及出口空气焓值进行修正。进口空气焓值及出口空气焓值分别按照式（13.4.10）和式（13.4.11）计算。

$$h_1 = h_3 + \frac{K_{13}(t_5 - t_3)}{q_m} \tag{13.4.10}$$

$$h_2 = h_4 - \frac{K_{24}(t_5 - t_4)}{q_m} \tag{13.4.11}$$

$$K_{13} = \frac{A_{13}\lambda}{\delta} \tag{13.4.12}$$

$$K_{24} = \frac{A_{24}\lambda}{\delta} \tag{13.4.13}$$

式中　h_1、h_3——分别为试件进口和进风室入口处空气焓值（kJ/kg$_{干空气}$）；

　　　h_2、h_4——分别为试件出口和混合室出口处空气焓值（kJ/kg$_{干空气}$）；

　　K_{13}、K_{24}——分别为进风室和混合室的热损失系数（kW/K）；

　　A_{13}、A_{24}——分别为进风室和混合室外表面积（m²）；

　　　t_3、t_4——分别为进风室入口处和混合室出口处空气干球温度（℃）；

　　　　t_5——进风室与混合室外周围空气干球平均温度（℃）；

　　　　λ——保温材料导热系数〔kW/(m·K)〕；

　　　　δ——保温材料厚度（m）。

13.4.4　水系统参数测量

为使水系统的流量测量不确定度不低于测量值的 1%，可选用液体流量计（如涡轮流量计，基本误差为±0.2%）测量或采用称重法测量（如采用 ES500K×5 电子天平，最大称重 500kg，最小读数 5g，图 13.4.5），盛水容器应至少能储存 2min 的水量（图 13.4.6）。

图 13.4.5 电子天平

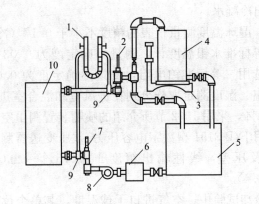

图 13.4.6 水参数测量装置

1—压差计；2—温度计；3—秤；4—称重容器；5—水箱（加热或冷却）；6—流量计；7—温度计；8—水泵；9—测压环；10—试件

温度测量采用与 13.4.3 中相同的仪表，精度不小于 0.1℃（冷却）或 0.2℃（加热）。水温测量仪表至试件进出口水管要保温。温度测量仪表的上游应安装混合器（图 13.4.7），当水流速大于 0.3m/s 时，可用两只紧密耦合的 90°弯头作为混合器使用（图 13.4.7）。换热器试件进出口压力可以采用传统的水银压力计也可以选用 JYB-3151 型数字电容压力/差压变送器（图 13.4.4）。压差变送器按照图 7.4.7 安装，测压环按照 13.4.8 的方式设置。水系统试验时，冷却试验的水温偏离规定值不得大于 0.1℃；加热试验的水温偏离规定值不得大于 0.5℃；水流量偏离规定值不得大于 1%。

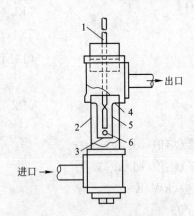

图 13.4.7 水温混合器

1—温度计；2—ϕ32 管；3—端板；
4—空气孔；5—ϕ20 管；6—ϕ6.5 孔 16 个

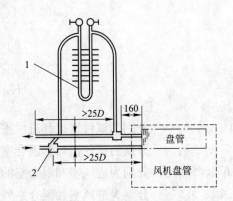

图 13.4.8 压力计及测压环

1—差压计；2—测压环

13.4.5 蒸汽系统参数测量

蒸汽压力及温度在试件进口处测量，并以此计算蒸汽的过热度，流入试件的蒸汽过热度至少为 3℃。凝结水的温度在试件出口处测量。凝结水量可用称重法测量。连接压力计的管路中要充满凝结水液柱（图 13.4.9），确定通过试件的蒸汽压力降时，要考虑水柱静压头差值的影响。为避免凝结水蒸发，在凝结水箱后要加设过冷器；为保证每次读数时，凝结水的水位相同,要配置凝结水控制阀。温度、流量测量仪表及要求与水系统相同。压力选用 JYB-3151 型数字化电容压力/差压变送器 3 块(图 13.4.4),一块用于测量压力,另一块用于测量压差,第 3 块用于液位控制(测量原理见 6.2 节)。试验中,要求蒸汽压力偏离规定值不得大于 1.7kPa。

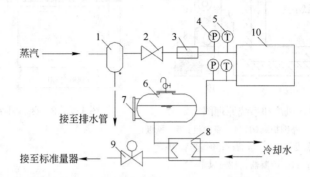

图 13.4.9　蒸汽参数和凝结水流量的测量装置
1—汽水分离器;2—节流阀;3—过热加热器;4—压力传感器;5—温度传感器;
6—凝结水箱或浮子式疏水器;7—液位计;8—过冷器;9—控制阀;10—试件

13.5　散热器热工性能测量技术

热媒通过散热器的散热量与热媒的平均流量和散热器进出口处热媒的焓差有关。由式(13.5.1)可知,要测量散热器的散热量,需要测定热媒的平均流量 G_P、散热器进出口处热媒的温度。

$$Q=G_P(h_1-h_2) \tag{13.5.1}$$

式中　Q——散热器的散热量(W);

G_P——热媒的平均流量(kg/s);

h_1——散热器进口处热媒的焓(J/kg);

h_2——散热器出口处热媒的焓(J/kg)。

散热器热工性能试验测量,是在由闭式小室组成的测试装置内进行的。

13.5.1　测试装置[5],[10],[20]

测试装置由安装散热器的闭式小室、热媒系统、冷却系统和控制系统组成。闭式小室六个面采用循环空气或者水进行冷却。被测散热器安装在测试小室内,测试小室给被测散热器造成一个特定的对流、辐射换热环境。冷却系统通过夹层送风(水)冷却测试小室的六个壁面,把散热器散出的热量及时带走,将小室内的温度场稳定在所需条件下。风冷却系统原理图及闭式小室的尺寸分别如图 13.5.1 及图 13.5.2 所示。小室为气密性的,换气次数不大于 0.5 次/h。被测散热器安装在一侧壁面上,散热器与壁面的距离应为 0.05±0.005m,散热器与地面之间的距离一般应在 0.10~0.12m 之间,对于带有足片的散热器可在地面上安装。

热水系统构成如图 13.5.3。低位水箱的水由循环水泵送至高位溢流水箱,水箱靠堰口维持水位恒定,多余的水流回低位水箱。系统中的水在锅炉中加热到所需要的温度后,

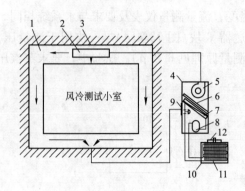

图 13.5.1 风冷却系统原理图

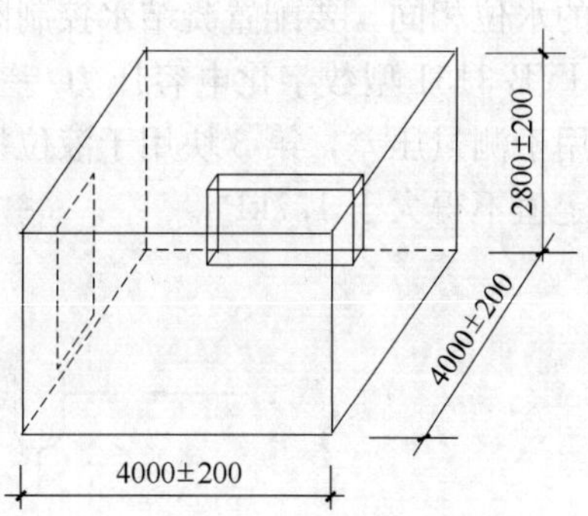

图 13.5.2 闭式小室(mm)

1—风道；2—进风口；3—外围护结构；4—室内机；5—风机；

6—电加热器；7—蒸发器；8—压缩机；9—膨胀阀；

10—室外机；11—冷凝器；12—风扇

送至散热器。散热器的回水通过浮子流量计、换向器，流回低位水箱。测量流量时，通过换向器将散热器的回水切换到取样容器中。取样容器中的水被冷却后，采用天平称量。热媒的平均流量按照式(13.5.2)计算。

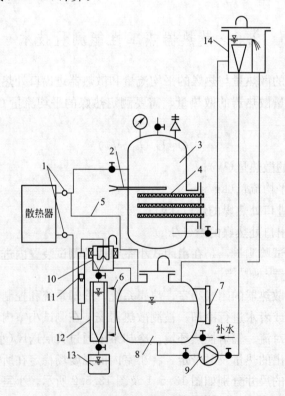

图 13.5.3 热水系统原理图

1、2—测温元件；3—电锅炉；4—电加热器；5—旁通管；6—冷却水；7—水位计；8—低位水箱；

9—水泵；10—换向器；11—浮子流量计；12—取样器；13—取样容器；14—高位水箱

$$G_P = \frac{G}{\tau} \tag{13.5.2}$$

式中　τ——接水时间（s）；

　　　G——容器中水的重量（kg）。

测试装置各测点的测量误差见表 13.5.1。风冷系统用标准铜—康铜热电偶测量空气的进风温度，水冷系统用工业铂电阻测量冷却水入口温度。为控制小室壁面温度冷却均匀，在闭式小室六个内表面的中心点设置温度测点，采用标准铜—康铜热电偶或膜片式工业铂电阻测量。安装被测散热器的墙壁内表面的垂直中心线上，距地面 0.3m 高处，设置温度测点，采用标准铜—康铜热电偶或膜片式工业铂电阻测量。

测点的测量误差　　　　　表 13.5.1

温　度　测　点		测量误差（℃）	温　度　测　点	测量误差（℃）
内表面的中心点		±0.2	夹层内空气温度	±0.5
安装散热器的墙壁内表面（0.3m 处）		±0.2	冷却水入口温度	±0.2
0.75m 处	中心轴线上	±0.1	热媒温度	±0.1
	垂直线上		大气压力	±0.0001MPa
0.05、0.50、1.50m 及距顶面 0.05m 处	中心轴线上	±0.2	流量	±0.5%
1.50m	垂直线上			

注：表中垂直线上是指距两面相邻外墙 1.0m 处的垂直线上。

测量小室内空气温度的传感器，要设置防护罩。测点设置在小室内部空间的中心垂直轴线上，离地面 0.75m 高的基准点，采用二等标准铂电阻测量（不确定度 0.003～0.06℃）；离地面 0.05m、0.50m、1.50m，距屋顶 0.05m 高的四点，每条距两表面相邻墙 1.0m 处的垂直线上离地面 0.75m、1.5m 高的两点（共 8 个点），采用标准铜—康铜热电偶测量。小室内空气的相对湿度采用电阻式湿度计测量（相对误差≤±5%RH）。大气压力采用标准压力传感器测量（测量误差≤±0.1kPa）。

热媒温度采用二等标准铂电阻测量。测点与散热器进出口之间的距离不大于 0.3m。散热器的连接管要进行保温，保温层延伸到测温点之外，长度不应小于 0.3m。在计算散热器散热量时，应减去这部分管道散热量。热媒为蒸汽时，用图 13.4.4 JYB-3151 型数字电容压力/差压变送器测量散热器进出口处的压力，用二等标准铂电阻测量散热器进出口处的温度。散热器进口处蒸汽过热度应在 2～

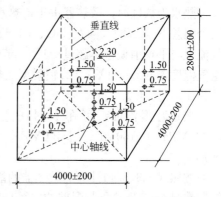

图 13.5.4　室内空气温度测点位置

5℃。蒸汽凝水温度与散热器进口处蒸汽压力下饱和温度之差不得超过 1℃。流量采用 DT1000 型电子天平称重，量程 1000g，精度 0.1g（图 13.5.5）。

图 13.5.5　电子天平

温度测点通过变送模块送到计算机，电子天平测得的流量测量信号，也送给计算机。计算机的控制命令，通过固态继电器送至被控的电加热器及换向器。测量结果通过屏幕显示(图 13.5.6)。

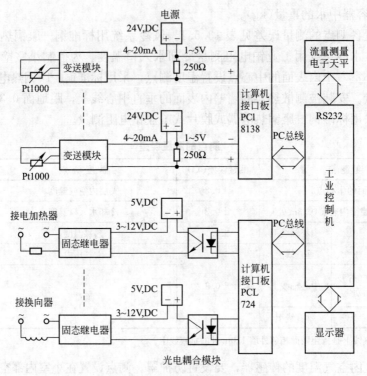

图 13.5.6 测量与控制系统原理框图

13.5.2 测量及数据处理[5],[20]

散热器热工性能测量应在稳态下进行，达到稳态的条件参见表 13.5.2。

热水为热媒时，散热器进出口热水的平均温度与基准点空气温度之差，至少要在下述三个温差下 32±3℃、47±3℃、64.5±1℃进行测量。每次测量均应在相同流量下进行，其流量与平均值偏差不超过±1%。流量确定条件为：(1)散热器进出口平均温度与基准点空气温度差 64.5±1℃；(2)辐射型散热器进出口温差为 25±1℃，对流型散热器进出口温差为 12.5±1℃。

热媒为蒸汽时，可在下列任意一个或三个连续压力下进行测试：0.005MPa、0.020MPa、0.100MPa、0.400MPa、0.800MPa；其允许波动范围为所采取的绝对压力的±10%。

按照式(13.5.1)计算的散热器的散热量，需要按照式(13.5.3)折算为基准大气压力下的散热量 Q_b。散热量与温差的关系整理成式(13.5.4)形式。

$$Q_b = Q\left(1 + \frac{\beta(p_0 - p)}{p_0}\right) \tag{13.5.3}$$

$$Q_b = A(t_{pj} - t_n)^B \tag{13.5.4}$$

式中 β——辐射器为 0.3，对流器为 0.5；

p——测试时的平均大气压力(kPa)；

p_0——标准大气压力(101.3kPa)；

t_{pj}——散热器进出口热媒平均温度，$t_{pj} = \dfrac{t_g + t_h}{2}$(℃)；

t_g——散热器进口处热媒温度(℃)；

t_h——散热器出口处热媒温度(℃)；

t_n——基准点空气温度；

A、B——系数，根据测量数据通过最小二乘法获得。

稳　态　条　件　　　　表 13.5.2

项　目	参　数	与平均值的最大偏差
热媒循环系统	流量	±1%
	温度	±0.1℃
闭式小室环境	各壁面中心温度	±0.3℃
	安装散热器墙壁内表面温度	±0.5℃
	基准点温度	±0.1℃

注：平均值应为等时间间隔上连续获得的 12 次测量数据的算术平均值。

【例 13.5.1】 散热器热工性能测试装置的试验条件同例 2.6.4，已知经过取样器冷却后，水温为 20℃，$\rho=998.23kg/m^3$，取样时间为 10s。分析本方案设计的测量装置的测量不确定度。

【解】

(1) 图 13.5.5 所示的 DT1000 型电子天平最大测量误差 $\Delta m_{max}=0.1g$。

(2) 由例 2.6.4 知道，流量 $V=50L/h$，由此可以求得 10s 中内，取样水的质量为

$$m=\frac{50\times998.23\times10^{-3}\times10^3}{3600}\times10=138g$$

(3) 流量测量相对误差 $\frac{\Delta m_{max}}{m}=\frac{0.1}{138}=0.072\%$

(4) 取温度测量最大误差为 0.1℃，由例 2.6.4 知道，温差测量相对误差

$$\sqrt{\frac{\Delta t_1^2+\Delta t_2^2}{(t_1-t_2)^2}}=\sqrt{\frac{(0.1)^2+(0.1)^2}{(25)^2}}=0.57\%$$

(5) 由例 2.6.4 知道，装置测量不确定度为

$$\frac{\Delta Q}{Q}=\sqrt{\left(\frac{\Delta m_{max}}{m}\right)^2+\frac{\Delta t_1^2+\Delta t_2^2}{(t_1-t_2)^2}}=\sqrt{(0.00072)^2+(0.0057)^2}=0.0057$$

本例与例 2.6.4 相比可知，由于测量仪表精度提高，散热器测试装置的不确定度由 9.8% 降为 0.57%。

13.6　空调机组性能测量技术

空调机组是空调系统中的主要设备之一，它承担着对空调系统中空气进行加热或冷却、加湿或去湿以及空气的一般净化处理的作用。空调系统中所配置的空调机组是否能满足对空气处理的要求，需要通过测试进行确定。目前常用的空调机组有喷水式和表面冷却式两类。在测量时，需要根据空调系统配置的具体情况，确定测量方法。测量内容为通过空调机组的风量测量、空调房间内正压测量、空调机组性能测量。对测量仪表的准确度要求见表 13.6.1。

13.6.1 通过空调机组风量的测量[5],[9]

通过空调系统机组风量测量，包括新风量测量、回风和排风量测量、通过喷水室（或表面冷却器）的风量测量以及空调系统总风量测量几部分。

1. 新风量测量

有新风道的系统，在新风道上打孔，采用毕托管测量（图13.2.2所示 ZC-1000 数字微压计），如果新风管短且又处于气流的涡流区时，可在进新风的进风口处用翼式风速仪（图7.1.1）测量，具体测量方法见13.2节。测量新风量时，要测两个工况。一个是新风阀全开，即全新风运行工况。另一个是将新风阀调到最小位置，即测量冬季和夏季两个极端季节运行时所需要的最小风量。

2. 回风量和排风量测量

如果回风口预留了风量测量孔，可根据具体情况采用毕托管或热线风速仪（图13.6.2a所示的407123型热线风速仪，风速0.4～20m/s，精度±3%）测量。如果回风口没有预留风量测量孔，且又不便在回风道上打孔时，可在空调机组内的回风口处和排风口处使用翼式风速仪测量。具体测量方法见13.2节。测量时要将回风量（包括一、二次回风量）和排风量调到夏季工况（或冬季工况）所需要的数值。

3. 通过喷水室（或表面冷却器）的风量测量

通过喷水室（或表面冷却器）的风量等于系统新风量和一次回风量之和。系统中设有风量测量装置的，利用测量装置测量。没有风量测量装置的，可将测量断面取在喷水室之前的分风板之前及挡水板之后（图13.6.1），利用翼式风速仪测量，最后取在分风板之前和挡水板之后所测风量的平均值，作为喷水室（或表面冷却器）的空气量。具体测量方法见13.2节。计算风量时，空气所通过的截面积应按照扣除方框的断面积后，再乘上一个挡水板厚度和横条的阻塞系数0.95而计算。

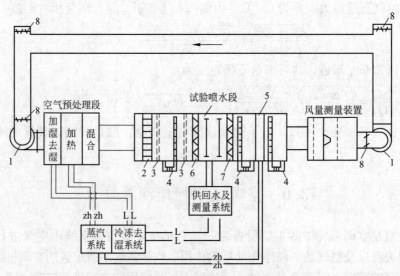

图13.6.1 喷水段试验系统示意图

1—系统风机；2—混合器；3—均流器；4—取样装置；5—加热器；

6—前挡水板（分风板）；7—后挡水板；8—风阀

4. 空调系统总风量的测量

吸入式空调机组(送风机设置在空气处理机组之后),系统的总风量可在送风机的入口设置风量测量仪表或利用翼式风速仪测量。对于压入式空调机组(送风机位于空气处理机的前部),系统的总风量测点最好设在系统的送风管道的平直段上,利用毕托管或热线风速仪测量。具体测量方法见 13.2 节。

13.6.2　空调房间内静压测量[9]

不同用途的空调房间对室内静压要求不同(有的要求正压、有的要求负压)。空调房间内测量静压采用倾斜式微压计这一最简单适用的仪器测量(图 13.2.2)。微压计置于室内时,如果室内静压大于零,将连接于微压计"一"接头上的乳胶管引至室外;如果室内静压小于零,将连接于微压计"+"接头上的乳胶管引至室外。微压计置于室外时,如果室内静压大于零,将连接于微压计"+"接头上的乳胶管引至室内;如果室内静压小于零,将连接于微压计"一"接头上的乳胶管引至室内。

13.6.3　空调机组性能测量[3],[9],[21]

空调机组性能测量包括喷水室性能测量、表面式换热器性能测量、空气加热器性能测量和空气过滤器阻力测量。

1. 喷水室性能测量

喷水室的测量是在空调设备的冷水系统正常运行条件下进行的。测量的项目有:水泵特性,露点温度场和分风板前的温度,喷水室前、后的空气参数,水的初、终温度和空气通过喷水室的阻力、喷水室的冷却能力、喷水系数和换热效率系数。

(1) 水泵特性测量

衡量水泵性能的参数有五个,即水泵扬程 H、流量 V、功率 N、转速 n 和效率 η。这里介绍前三种测量方法。

1) 水泵扬程

水泵扬程采用 1 级压力表(当泵为吸入式工作状态时,水泵进口采用真空表)测量进出口压力。测压部位最好选在泵进口法兰前、出口法兰后 $2D$ 的直管段上,进出口有测压孔的,可利用已有的测压孔。忽略水泵进出口阻力损失,水泵进口压力为正值时,按照式(13.6.1)计算

$$H=\frac{p_2-p_1}{\rho g}+\frac{u_2^2-u_1^2}{2g}+\Delta Z$$

当进口速度等于出口速度时,

$$H=0.102\times(p_2-p_1)+\Delta Z \tag{13.6.1}$$

式中　H——水泵扬程(m);

　p_2、p_1——水泵出口、入口压力表读数(kPa);

　ΔZ——出口与进口压力表高度差(m)。

水泵进口压力为负值时,按照式(13.6.2)计算。

$$H=0.102\times(p_2+p_1')+\Delta Z' \tag{13.6.2}$$

式中　p_1'——吸入口处真空表读数(kPa);

　$\Delta Z'$——出口与进口压力表高度差(出口表接管内充水,进口真空表接管充气)(m)。

测量仪表准确度 表 13.6.1

测量参数	测量仪表	测量项目	单位	仪表准确度
温度	玻璃水银温度计、电阻温度计、热电偶温度计	冷热性能试验时空气进出口干湿球温度和换热设备进出口温度	℃	0.1
		其他温度		0.3
压力	微压计(倾斜式、补偿式或传感器)	空气静压和动压	Pa	1①
	U形水银压力计或同等精度的压力计	水阻力,蒸汽压降	kPa	0.133
	蒸汽压力表	供蒸汽压力	%②	1
	压力表(真空压力表)	喷水段喷水压力 水泵进出口压力	%②	1
	大气压力计	大气压力	%②	0.1
水量	流量计、重量式或容积式液体定量计	换热设备水流量、蒸汽凝结水量,喷淋室水流量等	%②	1
	流量计	现场流量测量	%②	2
风量	标准喷嘴			
	孔板			
	毕托管			
风速	风速仪	断面风速均匀度等	m/s	0.25
电压	电压表	风机输入的电参数	%②	0.5
电流	电流表			
功率	功率表或电压电流表		%②	0.5
电能	电能表	机组电耗	%②	1
转速	转速表	风机转速	%②	1
噪声	声级计	机组噪声		GB 9068
振动	接触式测振仪	风机段振动速度	%②	1
时间	秒表	凝结水量等	%②	0.2

注:①动压测量时最小压差应为 25Pa;②指被测量值的百分数。

2) 水泵流量及轴功率测量

水泵流量等于喷水量 V,可以通过设在喷水总管或者设在喷水泵出口管道上的流量计来进行测量。现场测量选用 PF300 型便携式超声波流量计(图 13.6.2b),传感器采用 V 法安装,仪器测量精度 1%。选择流量测量方法和仪表的考虑因素及其相互关系见图 13.6.3。

管道内流体流态受到弯头、阀门、汇流管、过滤器或其他对流体有阻碍的部件的影响。通常产生漩涡、不对称或横向流(图 13.6.3)。漩涡通常由管道中两个不在同一个平面上的弯头引起,使流体在管道直径方向大范围地旋转。不对称流通常由部分关闭的闸阀或管道内异物引起,使流体的最大流速不在管道的中心线上。横向流通常是流体流经弯头,并产生两个相对旋转的漩涡。超声波流量计使用时,要充分考虑流体的这种扰动,将

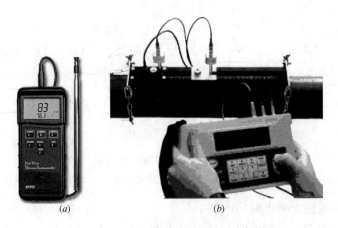

图 13.6.2　风速及流量测量仪表

(a) 407123 型热线风速仪；(b) 便携式超声波流量计

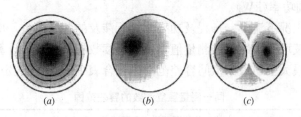

图 13.6.3　流体扰动

(a) 漩涡；(b) 不对称流；(c) 横向流

流量计设置在流体不受扰动的断面上，流量计前的直管段应为 20D，以避免由于流体扰动导致的计量误差。

超声波流量计一般可以安装于水平、倾斜或垂直管道。垂直管道最好选择自下而上流动的场所，若为自上而下，则其下游要有足够的背压，以防止测点出现非满管流。便携式超声波流量计应避免由于管道内表面沉积层产生声波不良传输和偏离预期声道路径和长度；换能器安装在管道和管壁反射处必须避开接口及焊缝(图 13.6.4a)；水平管道换能器应尽可能安装在图 13.6.4(b)所示与水平直径成 45°的范围内，避免在垂直直径位置附近安装；垂直管道换能器应尽可能安装在上游弯管的弯轴平面内，以获得弯管流场畸变后较接近的平均值(图 13.6.4c)。换能器安装处管道衬里和垢层不能太厚，衬里或锈蚀层与管壁之间不能有缝隙，对于锈蚀严重的管道，可用手锤振击管壁，以振掉内壁上锈层，保证声波正常传播。管道壁厚应采用超声波测厚仪确定。安装换能器处的管道外表面应用锉或砂纸将壁面打光，涂上耦合剂(短时间测量可用黄油或凡士林，长期测量可用硅脂或硅胶)，换能器处与管道外表面之间不能有空气及固体颗粒，以保证耦合良好。

水泵的轴功率测量，采用两块功率表测量时，按照图 10.4.8 接线，按照式(10.4.10)计算轴功率。也可以采用图 13.1.12 所示的数字式钳形功率表测量，直接给出轴功率。也可以分别测量电流和电压，根据式(10.4.6)或式(10.4.7)计算轴功率。

水泵效率根据式(13.6.3)计算。

$$\eta = \frac{VH\rho}{3600 \times 102 \times N} \tag{13.6.3}$$

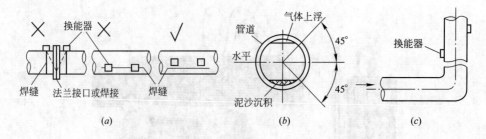

图 13.6.4 便携式超声波安装

(a) 避开接口与焊缝示意；(b) 垂直管道安装位置；(c) 水平管道安装位置

式中 V——水泵的最大喷水量(m^3/h)；

ρ——水的密度，一般可取 $1000kg/m^3$；

H——水泵扬程(m)；

N——水泵轴功率(kW)。

测量时，同一工况下流量、扬程及功率测量所涉及的各个参数，应同时进行读数。每种测量参数要重复读取三组以上的测量值，以各组读数的平均值作计算值。各组同一测量重复读数的变化及最大值与最小值间容差范围应符合表 13.6.2 的规定。

同一测量重复读数的容差范围   表 13.6.2

重复读数组数	流量、压力、电功率或电能容差范围(%)	重复读数组数	流量、压力、电功率或电能容差范围(%)
3	≤2	5	≤3.5

注：最大值与最小值间差值百分比＝[(最大值－最小值)/最大值]×100%。

(2) 露点温度场和分风板前的温度测量

露点温度场是指挡水板后距挡水板一定距离处的垂直断面上的温度分布情况。为避免由于温度分布不均匀导致的测量误差，需要在挡板前后的两个断面上，分别找出一个合适的温度测点。这个测点位置应该在气流速度和温度比较稳定区域，其温度值又接近于该断面上的温度平均值。由于露点温度的测点实际上又是自动调节和检测系统中，敏感元件安装的正确位置。如由于空调机组的具体条件不允许改变敏感元件的实际安装位置来适应已选择的测量点位置，那么可以在调节器或遥测仪表中扣除实际安装点与已选的测点间的温差，对于计算机控制系统则可以通过程序处理来消除调节和检测中的误差。

露点温度场和分风板前温度场的测量同时进行，要求露点温度保持稳定，在测量温度场前应先测出其气流速度场。速度场采用多点风速仪、温度可以采用 1/10 刻度温度计、热电偶温度计或热电阻温度计。如果采用热电偶测量温度，可选用图 13.6.5 所示的数据采集仪，可同时测量 40 路温度，测量精度为 0.3℃。

在分风板之前，距分风板 40～100mm 选择一垂直断面，并根据具体情况将该断面分为 6、9、12 个小矩形，在矩形的中心点上测出空气的速度及温度(图 13.6.1)。

在挡水板之后，将敏感元件所处的垂直断面划分为 9、12、16 个小矩形，在每个矩形的中心点处布置测点；同时在距挡水板 100～200mm 处选择另一个断面，按照同样方法布置测点。为了更好地分析各断面的温度变化情况，以便找出更加合适的接近设计露点温度的测点位置，而在分风板前的布点一般可以稍许粗略一点。对于这种采集点较多的情况，测量仪表宜采用多点巡检仪。每隔 10~15min 记录一次，一般可测 5~6 次，取其平均值。取这些测点上测量的温度平均值即为机组的"机器露点"。

在布置好的测点上测量各点的风速，同时应在同一个测点上测量三次，取其平均值（测量允许偏差见表 13.6.3）。

断面速度分布均匀时，断面的平均温度取各测点温度的算术平均值；断面速度分布不均匀时，断面的平均温度 t 按照式(13.6.4)计算。

$$t = \frac{\sum\limits_{i=1}^{n} t_i v_i}{\sum\limits_{i=1}^{n} v_i} \tag{13.6.4}$$

式中　t_i——测点的平均温度(℃)；

　　　v_i——测点的相对风速，即以测点中最小平均风速作为基准 1.0 而求出的相对值；

　　　n——测点数。

测 量 允 许 偏 差　　　　　　　　表 13.6.3

名称 允许偏差 参数		试验工况允差	试验操作允差
进口、出口的空气状态	干球温度(℃)	±0.3	±0.5
	湿球温度(℃)	±0.2	±0.3
供水状态	冷水进口温度(℃)	±0.1	±0.2
	热水进口温度(℃)	±0.5	±0.5
	水流量(%①)	±1	±2
	供水压力(表压，kPa)	±5	±5
供蒸汽状态	供蒸汽压力(kPa)	±1.7	±1.7
风量(%①)		±2	±2
空气全压(Pa)		±5	±12.5
电压(%①)		±1	±2

注：①表中%指额定值的百分数。

(3) 喷水室前、后的空气参数，水的初、终温度和空气通过喷水室的阻力测量

1) 喷水室前、后的空气参数测量

喷水室前、后的空气参数测量是在系统机器露点保持稳定的条件下进行的（如果是自动调节系统，在露点控制未调整之前，可先手动操作，控制露点达到稳定）。分别测出喷水前或喷水后空气的干球温度和湿球温度的平均值，即可在 h-d 图上确定空气处理前后的状态点，从而查出其余的状态参数。

工程上干湿球温度测量，常用水银温度计或者温度传感器配数据采集仪(图 13.6.5)来测量喷水室

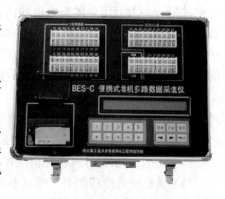

图 13.6.5　BES-C 便携式微机
多路数据采集仪

前、后的干、湿球温度(将其中的一支温度传感器用纱布包裹后放入纯水的玻璃杯中)。测温仪表分别布置在分风板前、挡水板后的位置上。一般 5~10min 记录一次，连续测量 1~1.5h，而后取其平均值。对于带有一次回风的系统，喷水室前的空气参数，除了在分风板前布点测量外，还可分别测出新风和一次回风的干、湿球温度，利用式(13.6.5)计算出分风板前空气的干、湿球温度，该值可用于分风板前实测数据的复核。

$$t_s = \frac{t_x G_x + t_h G_h}{G_x + G_h} \tag{13.6.5}$$

式中 t_x、t_h——分别为实测新风或回风干球(湿球)温度平均值(℃)；

G_x、G_h——分别为实测的新风量或回风量(kg/h)。

2) 水的初、终温度测量

水的初、终温度的测量应与空气参数的测量同时进行。可采用 1/10 刻度的水银温度计、热电偶或热电阻温度计配数据采集仪(图 13.6.5)。将热电偶插入喷嘴中测量初温，为防止喷水将传感器冲出来，要将传感器固定好；终温测量，需将热电偶放在底池中。如果用 1/10 刻度的水银温度计测量，可将温度计分别插入喷水泵压出端和回水泵吸入端的温度测量套管中，套管内要灌注机油，以保证测量的准确性。

如果回水泵吸入端没有设置温度测量套管，可测量回水箱内的水温或蒸发器边的水温，作为喷水终温的近似值。也可以采用四支 1/10 刻度量程相同的温度计，两支外包一层纱布，在其下面各悬挂一盛水的小杯作为湿球温度计，分别布置在分风板前、挡水板后的位置上，另外两支可以作为测干球温度使用，也布置在与前面两支温度计位置相同的地方。布置在挡水板后的那支温度计，在其温包外面设置一个铝箔的防护罩，一是防止透过挡水板的水滴落在温包上；二是防止二次加热器对温度计的辐射作用，以提高测温精度。

当遇到挡水板的过水量太大时，可用三、四层细铜丝网将湿球温度计的头部罩起来，防止冷水滴飞落到湿纱布上，造成较大的测温误差。

3) 空气通过喷水室的阻力测量

喷水室的空气阻力包括空气经过分风板、喷水支管、喷嘴及水苗和挡水板等阻力在内。由于空气通过喷水室的气流基本属于均匀流，而且喷水室的断面是不变的，因此，喷水室的阻力一般可用分风板之前和挡水板之后所测得的净压差来表示。可以采用两条乳胶管，使两条乳胶管的一头各连在图 13.2.2 所示的 ZC-1000 数字微压计的一个接头上，另一端分别置于喷水室的分风板之前和挡水板之后，同时注意位于分风板之前和挡水板之后的乳胶管的管口不得迎向气流。此时微压计测得的静压值为

$$\Delta p = p_1 - p_2 \tag{13.6.6}$$

式中 Δp——喷水室空气阻力(Pa)；

p_2——喷水室挡水板之后静压(Pa)；

p_1——喷水室分风板之前静压(Pa)。

(4) 喷水室的冷却能力、喷水系数和换热效率系数测量

1) 喷水室的冷却能力测量

空气经喷水处理后放出的热量按式(13.6.7)计算，喷淋水所吸收的热量按式(13.6.8)

计算。

$$Q_a = q_m(h_2 - h_1) \tag{13.6.7}$$

$$Q_w = q_w c_{pw}(t_{w2} - t_{w1}) \tag{13.6.8}$$

式中 Q_a，Q_w——分别为空气侧和水侧换热量(kW)；

c_{pw}——水的比热 $[kJ/(kg \cdot K)]$；

h_1，h_2——分别为喷水室前后空气焓值(kJ/kg干空气)；

q_m——空气的质量流量(kg干空气/s)；

q_w——水的质量流量(kg/s)；

t_{w1}，t_{w2}——分别为水的初温和终温(℃)。

2) 喷水系数

喷水系数 μ 按式(13.6.9)计算，空气通过喷水室的质量速度按式(13.6.10)计算。

$$\mu = \frac{q_w}{q_m} \tag{13.6.9}$$

$$v_f = \frac{q_m}{F} \tag{13.6.10}$$

式中 v_f——质量速度 $[kg/(m^2 \cdot s)]$；

F——喷水室的断面面积(m^2)。

3) 换热效率系数测量

空气冷却器的热交换效率系数又称为第一热效率系数 ε_1，按式(13.6.11)计算；接触系数又称为第二热效率系数 ε_2，按式(13.6.12)计算。

$$\varepsilon_1 = \frac{(t_{s1} - t_{w1}) - (t_{s2} - t_{w2})}{t_{s1} - t_{w1}} \tag{13.6.11}$$

$$\varepsilon_2 = 1 - \frac{t_2 - t_{s2}}{t_1 - t_{s1}} \tag{13.6.12}$$

式中 t_1、t_2——分别为空气初、终状态的干球温度(℃)；

t_{s1}、t_{s2}——分别为空气的初湿球温度和终湿球温度(℃)。

由式(13.6.7)～式(13.6.12)可知。需要测量的参数为：喷水室前后空气焓值(h_1、h_2)，空气初、终状态的干球温度(t_1、t_2)，空气的初、终湿球温度(t_{s1}、t_{s2})，水的初温和终温(t_{w1}、t_{w2})，空气的质量流量 q_m、水的质量流量 q_w，这些参数可以通过前面已经介绍的方法获得，这里不再介绍。

(5) 挡水板过水量测量

对于有二次回风的空调机组，将二次回风口封堵，在二次加热器前、后分别布置干湿球温度测点(布置方法和测量仪表与喷水室前、后的空气参数测量相同)，在设计风量下，测量二次加热器前、后干湿球温度(图 13.6.1)，通过 h-d 图，确定相应的状态点，利用式(13.6.13)计算挡水板过水量 Δd。

$$\Delta d = d_2 - d_1 \tag{13.6.13}$$

式中 d_1——挡水板前空气的含湿量(g/kg)；

d_2——挡水板后空气的含湿量(g/kg)。

2. 表面式换热器及空气加热器性能测量

表面式换热器及空气加热器性能测量的测点布置与 13.4 节相同，测量仪表选择与喷水室性能测量相同。测量结果按照 13.4.1 和 13.4.2 中的公式进行计算。

3. 空气过滤器阻力测量

空调系统在现场一般仅测量空气过滤器阻力。初阻力在额定风量下测量，空气过滤器用过一段时间后再测终阻力，终阻力一般取初阻力的 2 倍。使用毕托管和图 13.2.2 所示的 ZC-1000 数字微压计测量过滤器前、后的全压，计算出全压差即为过滤器的阻力。如果过滤器前后断面相同，则可用静压差表示过滤器的阻力。

13.7 洁净室测量技术

洁净室测量是为了查明洁净室的性能是否达到设计要求，或者研究洁净室的诸特性而进行的测定。洁净室的测量项目，一般为：(1)风量及风速；(2)气流流型；(3)室内空气温度和相对湿度；(4)静压；(5)室内噪声；(6)检漏；(7)室内洁净度；(8)室内浮游菌和沉降菌；(9)照度；(10)室内微振；(11)表面导电性；(12)流线平行性；(13)自净时间等。本节仅介绍前 9 项的测量方法。

13.7.1 风量及风速测量[15]、[18]

风量及风速检测是在检漏前进行。风量检测是在风入口或风管上有测定孔处进行测量。采用翼形风速仪、热球风速仪、毕托管、微压计等均可以。测量在设计风量及风速下进行，主要检测送风量、回风量、新风量和排风量，测量方法见 13.2 节。

单向流洁净室，不仅要求测出工作区的平面风速，还要求测出风速不均匀度。风速不均匀度按式(13.7.1)计算，结果不应大于 0.25。

$$\beta_v = \frac{\sqrt{\frac{\Sigma (v_i - \bar{v})^2}{n-1}}}{\bar{v}} \tag{13.7.1}$$

式中 β_v——风速不均匀度；

v_i——任一点实测风速(m/s)；

$\bar{v}$——平均风速(m/s)；

n——测点数。

单向流(层流)洁净室，风速仪表的最小刻度或读数不应大于 0.02m/s。可采用图 13.7.1 所示的 KA22 型热线风速仪(风速 0～4.99m/s，精度±2%FS)测量风速，用室截面平均风速和截面积乘积的方法确定送风量。垂直单向流洁净室(图 13.7.2)的测量截面取距地面 0.8m 的无阻隔面(孔板、格栅除外)的水平截面；如果有阻隔面，该测定截面应抬高至阻隔面之上 0.25m。水平单向流洁净室取距送风面 0.5m 的垂直截面。截面上测点间距不应大于 1m，一般取 0.3m。风速采用热线风速仪测定(图 13.7.1)。测点均匀布置，测点数不应少于 20 个。

图 13.7.1 热线风速仪

乱流洁净室采用 13.2 节所介绍的风口法或风管法测量风量。

风速测量宜用测定架固定风速仪,以免人体干扰,不得不手持测定时,手臂应伸直至最长位置,使人体远离测头。

13.7.2 气流流型测量[2]

气流流型常用的方法是在测杆上规定的不同位置系以若干根单丝线,观察时在丝线背后衬以黑底白线的角度板,逐点观察记下丝线飘动角度的方法(图 13.7.3),然后在纸板上逐点绘制流线方向。测绘剖面与速度场相同。

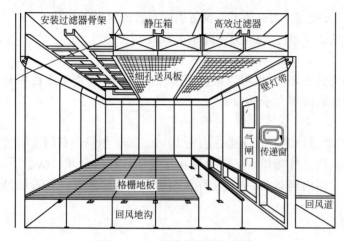

图 13.7.2　垂直单向流洁净室

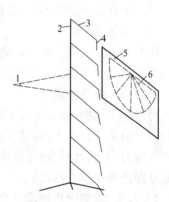

图 13.7.3　丝线法测流型
1—眼睛;2—测杆;3—细杆;4—丝线;
5—黑色底板;6—白色角度线

另一种测量气流流型的方法,是释放示踪粒子显示流线而加以摄影。示踪粒子是空气流动可见化技术中较普遍采用的,其中连续性示踪粒子可以采用烟和某些液体产生的雾;不连续性示踪粒子有某些动物的羽毛、植物种子,聚乙醛之类的化学结晶体、泡沫塑料颗粒,加热固体酒精所得的絮状物和一些发泡剂产生的泡。利用发烟法观察气流的流线和测量室内的气流速度可同时进行。

单向流洁净室一般是选择纵、横各一个剖面,以及距地面高度为 0.8m 和 1.5m 的水平面各布置测点,测点的间距为 0.2~1.0m 均匀布置,也可以侧重布置。水平单向洁净室则选择纵剖面和工作区高度水平面各一个,以及距送、回风墙面 0.5m 和房间中心等 3个横剖面布置测点,布法同单向垂直单向流。

非单向流洁净室,可选择通过有代表性送风口中心的纵、横剖面和工作区高度的水平面各一个进行布置测点,剖面上的测点间距为 0.2~0.5m,水平面上的测点间距为 0.5~1.0m,两个风口之间的中心线上,应布置测点。

13.7.3 室内空气温度和相对湿度[5],[15]

室内空气温度和相对湿度检测前,净化空调系统应连续运行至少 24h。对于有恒温要求的场所,根据对温度和相对湿度波动范围的要求,测量宜连续进行 8~48h,每次测量间隔不大于 30min。测量仪表可以采用 0.1 分度的水银温度计或者高分辨率及高精度的自计式温度计(如图 13.1.2 中温度采集记录器)。室内温度测点按照表 13.7.1 确定,测点一般布置在下列各处:

温、湿度测点数 表13.7.1

波动范围	室面积≤50m²	每增加20~50m²
±0.5~±2℃ ±5%~10%RH	5个	增加3~5个
≤|0.5|℃ ≤|0.5|%RH	点间距不应大于2m，点数不应少于5个	

(1) 送、回风口处；

(2) 恒温工作区内具有代表性的地点(如沿着工艺设备周围布置或等距离布置)；

(3) 室中心(没有恒温要求的系统，温、湿度只测此一点)；

(4) 敏感元件处。

所有测点宜在同一高度，离地面0.8m。也可以根据恒温区的大小，分别布置在离地不同高度的几个平面上。测点距外墙面应大于0.6m。

13.7.4 静压测量[5]

静压差采用图13.2.2所示的微压计测量，连接方法见13.6.2节。测量应在门关闭时进行，并应从平面最里面的房间依次向外测量。还要根据正压要求，在门全开启状态下，检查气流方向是否保持向外流动，门内侧0.6m处的工作区高度上的含尘浓度，是否超过该室洁净度等级要求的数值。

13.7.5 室内噪声测量[2],[6]

室内噪声测量采用图9.4.2所示的声级计测量。一般应在洁净室四角及中心布置测点，测点离地面1.1~1.2m。15m²以下的房间，可在房间中心设置一个测点；房间面积较大时，可多设置几个测点。测量方法及数据处理见13.8节。

13.7.6 检漏[2],[15]

对于过滤器单体及安装好的过滤器，采用扫描法进行过滤器安装边框和全断面检漏。扫描法有灯光和采样量最小为1L/min的粒子计数器法两种。扫描过滤器单体时，用灯光检查过滤器组合时，如果不便于在整个上风侧施放烟幕，则要在每只过滤器背面临时罩上发烟管(图13.7.4)，测定一个移动一次。

当用粒子计数器(图13.7.6)进行扫描时，上风侧浓度要求在3.5×10^4粒/L(≥0.5μm)以上。检漏时将采样口放在被检高效过滤器下风侧，距过滤器表面2~3cm处，沿整个表面、边框及其和框架接缝等处扫描。扫描速度宜取2~3cm/s，扫描路线如图13.7.5所示，行程之间可适当重合。

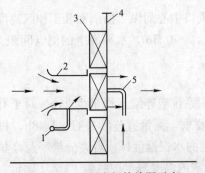

图13.7.4 用发烟管检漏示意

1—发烟器；2—套管；3—过滤器；4—框架；5—扫描采样管

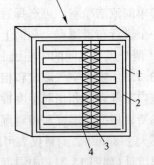

图13.7.5 扫描路线

1—外框；2—扫描路线；3—滤料；4—分隔板

13.7.7　室内洁净度测量[2]

测定洁净度可采用图 13.7.6 所示的 HLC100 型粒子计数器测定(粒径准确度 ≤10%)，最低限度采样点数按表 13.7.2 的规定确定。测点多于 5 点时可分层布置，但每层不少于 5 点。5 点及 5 点以下时，可布置在离地 0.8m 高平面的对角线上(图 13.7.7)或该平面上的两个过滤器之间的地点，也可以在认为需要布点的其他地方。

图 13.7.6　粒子计数器

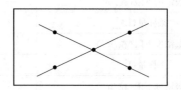

图 13.7.7　5 点布置

最低限度采样点数　　　　　　　　　表 13.7.2

面　　积	洁　净　度			
	5 级及高于 5 级	6 级	7 级	8～9 级
10	2～3	2	2	2
10	4	3	2	2
20	8	6	2	2
40	16	13	4	2
100	40	32	10	3
200	80	63	20	6
400	160	126	40	13
1000	400	316	100	32
2000	800	633	200	63

注：表中的面积的含义是：1. 单向流洁净室是指迎风面积；2. 乱流洁净室是指房间面积。

每次采样最小采样量　　　　　　　　　表 13.7.3

洁净度等级	不同等级下，大于等于所采粒径的最小采样量					
	$0.1\mu m$	$0.2\mu m$	$0.3\mu m$	$0.5\mu m$	$1\mu m$	$5\mu m$
1 级浓度下限(粒/m³)	1	0.24	—	—	—	—
采样量(L)	3000	12500	—	—	—	—
2 级浓度下限(粒/m³)	10	2.4	1	0.4	—	—
采样量(L)	300	1250	3000	7500	—	—

洁净度等级	不同等级下，大于等于所采粒径的最小采样量					
	$0.1\mu m$	$0.2\mu m$	$0.3\mu m$	$0.5\mu m$	$1\mu m$	$5\mu m$
3 级浓度下限(粒/m³)	100	24	10	4	—	—
采样量(L)	30	125	294	750	—	—
4 级浓度下限(粒/m³)	1000	237	102	35	8	—
采样量(L)	3	12.7	29.4	86	375	—
5 级浓度下限(粒/m³)	10000	2370	1020	352	83	—
采样量(L)	2	2	3	8.6	36	—
6 级浓度下限(粒/m³)	100000	23700	10200	3520	832	29
采样量(L)	2	2	2	2	3.6	102
7 级浓度下限(粒/m³)	—	—	—	35200	8320	293
采样量(L)				2	2	10.2
8 级浓度下限(粒/m³)	—	—	—	352000	83200	2930
采样量(L)				2	2	2
9 级浓度下限(粒/m³)	—	—	—	3520000	832000	29300
采样量(L)				2	2	2

　　每点采样次数不少于 3 次，各点采样次数可以不同，每次采样最小采样量按照表 13.7.3确定。单向流洁净室，采样口应对着气流方向；乱流洁净室采样口宜向上。采样速度均应尽可能接近室内气流速度。室平均含尘浓度 $\overline{N}$ 和各测点平均含尘浓度的标准差σ_N 按照式(13.7.2)和式(13.7.3)计算。

$$\overline{N} = \frac{\sum_{i=1}^{n} \overline{N_i}}{n} \tag{13.7.2}$$

$$\sigma_N = \sqrt{\frac{\sum_{i=1}^{n} (\overline{N_i} - \overline{N})^2}{n(n-1)}} \tag{13.7.3}$$

$$\overline{N_i} \leqslant 级别浓度上限 \tag{13.7.4}$$

$$\overline{N} + t\sigma_N \leqslant 级别浓度上限 \tag{13.7.5}$$

式中　n——测点数；

　　$\overline{N_i}$、$\overline{N}$——分别为每个采样点上的平均含尘浓度和室平均含尘浓度；

　　σ_N——平均含尘浓度标准差；

　　t——置信度是上限为 95% 时，单侧 t 分布的系数，见表13.7.4。

t 分布的系数 表 13.7.4

点数	2	3	4	5~6	7~9	10~16	17~29	>29
	6.3	2.9	2.4	2.1	1.9	1.8	1.7	1.65

13.7.8　室内浮游菌和沉降菌的测量[2]

室内浮游菌及沉降菌采用沉降法测量。室内浮游菌测点应按照空气洁净度测点布置规定布置测点。

室内浮游菌测量时，测量人员不得多于 2 人，测量人员必须穿上无菌工作服。测量前，要对所用仪器进行充分灭菌，净化空调系统至少运行 24h。用于测量的培养基、测量、培养全过程要符合无菌操作的要求。浮游菌浓度测量要在照明灯全开启下进行，测菌的最小采样量应符合表 13.7.5 规定。一般细菌在 31~32℃下培养 48h；真菌在 25℃条件下培养 96h。

沉降菌测量时，培养皿应布置在有代表性的地点和气流扰动极小的地点，培养皿数可以与表 13.7.2 确定的采样点数相同，但培养皿最少量应满足表 13.7.6 的规定。用于测量的培养皿必须进行空白对照试验，测量中还应布置空白对照平皿。

浮游菌最小采样量　　　　　　　　　　　　　　　　表 13.7.5

洁净等级	最小采样量［m³(L)］	洁净等级	最小采样量［m³(L)］
2	0.6(600)	4	0.03(30)
3	0.06(60)	5	0.006(6)

最 少 培 养 皿 数　　　　　　　　　　　　　　　　表 13.7.6

洁净等级	所需 φ90 培养皿数(以沉降 0.5h 计)	洁净等级	所需 φ90 培养皿数(以沉降 0.5h 计)
高于 2 级	44	4	2
2	14	5	2
3	5		

13.7.9　室内照度测量[9]

室内照度采用图 13.7.8 所示的 DT1300 照度计测量(测量分辨率为 0.1lx，测量范围从 0.1~50000lx)。测量时室温应趋于稳定，光源光输出趋于稳定(新安装日光灯必须已有 100h，白炽灯已有 10h 使用期；旧日光灯必须已点燃 15min，旧白炽灯必须已点燃 5min)。洁净室照度只测量除特殊局部照明之外的一般照明。最少测点数目应满足表 9.5.1 要求。测点离地面 0.8m，按 1~2m 间距布置，测点离墙面 1m(小房间为 0.5m)。测量结果按照式(9.5.1)和式(9.5.2)计算。

图 13.7.8　照度计

13.8　工业企业噪声测量技术

测量噪声方法随着测量目的和要求而异。环境噪声不论是空间分布还是随时间的变化都很复杂，要求检测和控制的目的也有很大程度的不同，对不同噪声和要求应采取不同的测量方法。工业企业噪声的测量，分为工业企业内部生产噪声的测量和对周围环境影响的噪声测量。生产车间内噪声的测量包括车间内部环境噪声和机器本身(噪声源)辐射噪声的测量。

13.8.1 测量环境[5],[7]

生产车间机器本身(噪声源)辐射噪声的测量多在现场进行,相同的声源在不同的环境中所形成的声场不同,现场环境对噪声影响很大。由于声源多,房间或空间又有一定限度,周围有许多反射面,使声源的直达声和反射声混在一起,形成混响场。图 13.8.1 为典型机器声源的声压级随测量的改变而波动的曲线图。在自由场的近场,靠近声源,波动大。在混响场中,也存在随着距离的增加,声压级出现波动,呈不稳定的声场。因此,应该尽可能把噪声测量点选择在自由场的远场区域内,该区域内声压级与测量距离的对数(lgr)成比例。在球面声波的自由场的远场中,声压级与声源中心的距离成反比,当距离增加一倍时,声压级减小 6dB。

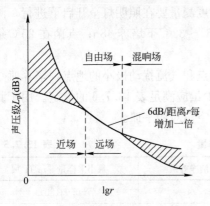

图 13.8.1 声压级随测量距离而变化的曲线

为了使噪声测量准确,对测量环境应考虑以下几个问题:

(1) 本底噪声

本底噪声亦称背景噪声,是指被测声源不发声时的环境噪声,噪声测量时声级计的示值,实际上是被测噪声与本底噪声的综合值,需要修正。表 13.8.1 为背景噪声修正值。

背景噪声修正值 表 13.8.1

测得的机组噪声声压与背景噪声声压级之差(dB)	从测得的声压级中减去的修正量(dB)	测得的机组噪声声压与背景噪声声压级之差(dB)	从测得的声压级中减去的修正量(dB)
<6	测量无效	9、10	0.5
6~8	1.0	>10	0

(2) 反射声

当被测声源附近有大的障碍物或在室内测试时,由于障碍物、室内壁面、地面的声反射,使测得结果中混有反射来的噪声。为避免上述影响,通常要求在被测声源附近2~3m内无大的障碍物,室内测量时应检验环境是否近似自由场(声波可以从声源向四周辐射,不受边界和其他物体反射的声场)。同时还应该注意测量人员及声级计本身的反射影响,这在测量高频噪声时更为重要。

(3) 其他环境因素

测量现场的风、磁场、振动与温度等都会给测量结果带来影响,要根据测量要求和具体情况采取必要的措施,以保证测量结果的准确性。

13.8.2 基准体和测量表面[5]

在噪声测量中,将由混凝土、沥青或其他类似的坚实材料构成的平整表面(其尺寸应大于测量表面及其上的投影)称为反射平面;将一个正好包络被测机组并终止于反射平面上的最小矩形六面体称为基准体。

测量表面分为半球测量表面和矩形六面体测量表面。

(1) 半球测量表面

对尺寸较小的机组,设想声源的包络面可采用半球测量表面,其测点布置如图 13.8.2 和表 13.8.2 所示。半球测量表面的中心是基准体几何中心在反射平面上的投影,半球测量表面的半径 r 应不小于特性距离 d_0 的两倍。

$$d_0 = [(0.5l_1)^2 + (0.5l_2)^2 + l_3^2]^{1/2} \quad (13.8.1)$$

式中　d_0——特性距离(m);

l_1、l_2、l_3——基准体的长、宽、高(m)。

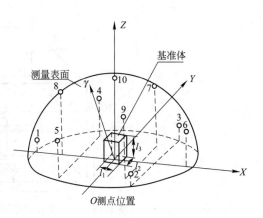

图 13.8.2　半球测量表面上的测点位置

半球测量表面的面积 S_1 按照式(13.8.2)计算。

$$S_1 = 2\pi r^2 \quad (13.8.2)$$

式中半球测量表面半径 r(m)优先选取 1m 或 2m。如果 $d_0 > 1m$,则应选用矩形六面体测量表面。

(2) 矩形六面体测量表面

矩形六面体测量表面是位于反射平面上,各面与基准体对应面平行且对应面间的距离为 1m 的巨型箱表面。

半球测量表面上的测点位置　　　表 13.8.2

测点号	X/r	Y/r	Z/r
1	−0.99	0	
2	0.5	−0.86	0.15
3		0.86	
4	−0.45	0.77	
5		−0.77	0.45
6	0.89	0	
7	0.33	0.57	
8	−0.66	0	0.75
9	0.33	−0.57	
10	0		1.0

1) 一个反射平面上测量表面面积

一个反射平面上测量表面及测点位置如图 13.8.3 和表 13.8.3。一个反射平面上测量表面面积由式(13.8.3)计算。

$$S_2 = 4(ab + bc + ca) \quad (13.8.3)$$

式中　S_2——测量表面面积(m^2);

a、b——测量表面长、宽的一半(m);

c——测量表面的高(m)。

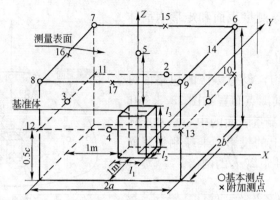

图13.8.3　一个反射平面上基准体、测量表面及测点位置

一个反射平面上基准体、测量表面及测点位置　　　　　表 13.8.3

测点号	X	Y	Z	测点号	X	Y	Z
1	a	0		10	a		
2	0	b		11		b	
3	$-a$	0		12	$-a$	$-b$	
4	0	$-b$	0.5c	13			0.5c
5	0			14	a	0	
6	a	b		15	0	b	
7	$-a$		c	16	$-a$	0	c
8		$-b$		17	0	$-b$	
9	a				—		

2）两个反射平面上测量表面面积

两个反射平面上测量表面为反射平面上的 1/4 空间，测点位置如图 13.8.4 和表 13.8.4 所示。两个反射平面上测量表面面积由式(13.8.4)计算。

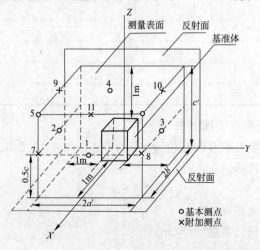

图13.8.4　两个反射平面上基准体、测量表面及测点位置

两个反射平面上基准体、测量表面及测点位置　　　表 13.8.4

基本测点				附加测点			
测点号	X	Y	Z	测点号	X	Y	Z
1	$2b'$	0	0.5c'	7	$2b'$	$-a'$	0.5c'
2		$-a'$		8		a'	
3	b'	a'		9	b'	$-a'$	c'
4		0		10		a'	
5	$2b'$	$-a'$	c'	11	$2b'$	0	
6		a'			—		

$$S_3=4(a'b'+b'c'+0.5c'a') \tag{13.8.4}$$

式中　S_3——测量表面面积(m^2)；

　　a'、b'——测量表面长、宽的一半(m)；

　　c'——测量表面的高(m)。

13.8.3　声压级的测量[5],[6]

声压是有声波时的压强与静压强之差，其强弱用声压级表示。

测量现场经常是多声源，空间大小有限度，很难达到自由声场的条件。为了减少周围反射的影响，对工业设备噪声的测量多采用近声场的测量方法，也就是传声器尽量靠近声源。一般对于放置在地面上的发声体，若轮廓尺寸大于 1m 的，传声器应距发声体外廓 1m；对轮廓尺寸小于 1m 的，则测量距离取 0.5m。

安装在地面或墙面上的空调机组测点位置按照图 13.8.5(a)确定，吊顶安装的机组测点位置按照图 13.8.5(b)确定。

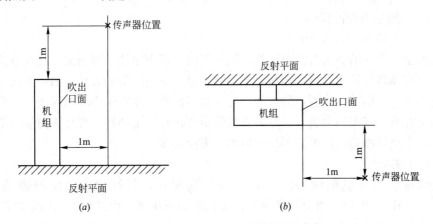

图 13.8.5　机组测点

(a)安装在地面或墙面上；(b)吊顶安装

当背景噪声声压级比机组噪声声压级低 10dB 以上，或者背景噪声远离试验场地，可以在一个测点位置上测量背景噪声。否则应在每一个测点位置上测量背景噪声。

测量时传声器应正对被测机组方向。声级计应采用"慢"时间计权特性测量。当声级计波动不大于±3dB 时，取平均值。当声级计波动大于±3dB 时，应使用数字积分式声级计进行测量，由式(13.8.5)求出测量表面平均声压级$\overline{L_p}$。

$$\overline{L_p} = 10\lg \frac{1}{N}\left(\sum_{i=1}^{N} 10^{0.1L_{pi}} \right) \tag{13.8.5}$$

式中　$\overline{L_p}$——测量表面平均 A 计权或频带声压级(dB，基准值为 $20\mu Pa$)；

　　　N——测点数；

　　　L_{pi}——按照表 13.8.5 对背景噪声修正后的第 i 点 A 计权或频带声压级(dB)。

背 景 噪 声 修 正　　　　　　表 13.8.5

测得的机组噪声声压级与背景噪声声压级之差(dB)	从测得的声压级中减去的修正量(dB)	测得的机组噪声声压级与背景噪声声压级之差(dB)	从测得的声压级中减去的修正量(dB)
<5	测量无效	6、7	1
5	2	≥8	0

13.8.4　声功率级的测量[7]、[16]

声源发声能力大小用声功率级表示。声源的声功率是衡量声源每秒辐射总能的量，它与测点距离以及外界条件无关，是噪声源的重要声学量。

为了克服声压级测量受到测量距离和测量环境影响较大的缺点，利用在一定条件下，噪声源辐射声功率是个恒定值的特点，提出了声功率的测量。到目前为止，声功率都不是直接测量的，只能在特定条件下由测得的声压级，按照式(13.8.6)计算而得到。

$$L_w = (\overline{L_p} - K) + 10\lg(S/S_0) \tag{13.8.6}$$

式中　L_w——声功率级(dB)；

　　　$\overline{L_p}$——测量表面平均 A 计权或频带声压级(dB，基准值为 $20\mu Pa$)；

　　　K——环境修正值，按照表 13.8.1 选取(dB)；

　　　S——测量表面面积(m^2)；

　　　S_0——基准面积，为 $1m^2$。

目前测量声功率的方法有混响室法、消声室或半消声室法及现场法。混响室法是将声源放置在房间体积比较大，墙和地面隔声很好的混响室内测量的方法；消声室法是将声源放置在消声室或半消声室内测量的方法，也可将声源放置在露天空旷地区进行。现场测量法，一般是在机房或车间内进行，分为直接测量和比较测量两种。现场法测量结果虽然不及实验室测量结果准确，但可以不搬运声源，方便得多。

（1）直接测量法

直接测量法测量空调设备或机器本身辐射噪声，是设想一包围声源的包络面(图 13.8.2～图 13.8.4)，测量包络面上各面积源的声压级，由式(13.8.5)求出测量表面平均声压级$\overline{L_p}$，然后由式(13.8.6)确定声功率级 L_w。

（2）比较法

比较法测量空调设备或机器本身辐射噪声，是采取利用经过实验室校准的声功率的任何噪声源作为标准噪声源(一般可用频带宽广的小型高声压级的风机)，在现场中将标准声源放在待测声源附近位置，对标准噪声源和待测声源各进行一次同一包络面上各点的测量，对比测量两者声压级而得出待测机器声功率。具体数值可利用式(13.8.7)进行计算。

$$L_{\rm w}=L_{\rm ws}+(\overline{L_{\rm p}}-\overline{L_{\rm ps}})\tag{13.8.7}$$

式中　$L_{\rm w}$——声源声功率级(dB);

　　　$L_{\rm ws}$——标准声源声功率级(dB);

　　　$\overline{L_{\rm p}}$——所测的平均声压级(dB);

　　　$\overline{L_{\rm ps}}$——标准声源的平均声压级(dB)。

13.8.5　生产车间环境噪声的测量[7]

对直接操作机器的工人健康影响的噪声测量,传声器应置于操作人员常在位置,高度约为人耳高处,但人需离开。如为稳态噪声,则测量 A 声级,记为 dB(A);如为不稳态噪声,则测量日等效连续 A 声级(是用一个相同时间内声能与之相等的连续稳定的 A 声级来表示该段时间内噪声的大小的方法)或测量不同 A 声级下的暴露时间,计算等效连续 A 声级。如果车间内各处 A 声级波动小于 3dB,则只需在车间内选择 1~3 个测点;若车间内各处声级波动大于 3dB,则应按声级大小,将车间分成若干区域,任意两区域的声级应不小于 3dB,而每个区域内的声级波动必须小于 3dB,每个区域取 1~3 个测点。这些区域必须包括所有工人为观察或管理生产过程而经常工作、活动的地点和范围。测量时使用慢挡,取平均数;要注意减少气流、电磁场、温度和湿度等环境因素对测量结果的影响。如果要观察噪声对工人长期工作的听力损失情况,则需做频谱的测量。

对周围环境影响的噪声测量,要沿生产车间和非生产性建筑物外侧选取测点。对于生产车间测点应距车间外侧 3~5m,对于非生产性建筑物测点应距建筑物外侧 1m,测量时传声器应离地面 1.2m,离窗口 1m。如果手持声级计,应使人体与传声器距离 0.5m 以上。测量应选在无雨、无雪时(特殊情况除外),测量时声级计应加风罩以避免风噪声干扰,同时也可保持传声器清洁。四级以上大风天气应停止测量。非生产场所室内噪声测量一般应在室内居中位置附近选 3 个测点取其平均值,测量时,室内声学环境(门与窗的启与闭,打字机、空调器等室内声源的运行状态)应符合正常使用条件。

13.9　除尘器基本性能测量技术

除尘器是从含尘气流中将粉尘分离、捕集的一种装置。除尘器的种类很多,如旋风除尘器、布袋除尘器、电除尘器等。评价每一种除尘器的性能参数不同,但除尘效率、除尘器阻力和处理风量是最基本的参数,本节仅介绍在实验室和现场测量基本性能参数的方法。

13.9.1　实验室测定除尘器性能[22]~[26]

在实验室一般采用重量法测量除尘器的性能。试验在常温、相对湿度低于 70% 的条件下进行。一般用于新型除尘器开发及产品性能鉴定,是在系统风量及单位时间内发灰量一定的条件下,对除尘器的性能进行测量。

1. 风量测量

旋风除尘器和电除尘器的风量测量是对整台除尘器进行测量,可以采用标定好的毕托管和微压计(图 13.9.1)或标准孔板测量。标准型毕托管要求其校正系数为 1 ± 0.01,S 型毕托管要求其校正系数为 0.84 ± 0.01。倾斜式微压计精度不低于 2%,电子式微压计精度不低于 1%,最小分辨率不大于 2Pa。测量断面见图 13.9.1,测点位置及测量方法同

13.2.1。布袋除尘器的风量测量是对组成布袋除尘器的一组滤料采用孔板测量（图 13.9.2）。风量采用环境气流直接进行测试，测量时如微压计读数跳动较大，读数时取其平均值。风量采用式(13.2.2)计算。

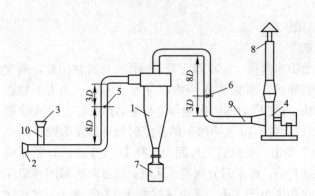 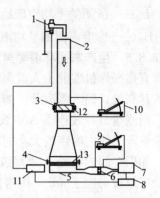

图 13.9.1　旋风除尘器性能试验装置系统图

1—除尘器；2—进气口；3—给料装置；4—风机；

5—进口取压孔；6—出口取压孔；7—集尘容器；

8—排风口；9、10—风阀

图 13.9.2　布袋除尘器

滤料性能试验装置系统图

1—发尘器；2—管道；3—滤料试验夹具；

4—高效滤料夹具；5—均压室；6—孔板；

7—引风机；8—调压器；9、10—微压计；

11—电源；12—滤料；13—高效滤膜

2. 阻力测量

旋风除尘器和电除尘器的阻力测量，测的是整台除尘器的阻力；布袋除尘器的阻力测量，测的是直径为 100mm 的滤料的阻力。阻力测量采用环境气流直接进行测量，除尘器（滤料）阻力按式(13.9.1)计算。

$$\Delta p = (p_1 - p_2) - \sum \Delta h \tag{13.9.1}$$

式中　Δp——除尘器（滤料）阻力(Pa)；

$\sum \Delta h$——除尘器前后两测定截面至除尘器（滤料）入口及出口法兰之间的管道阻力之

和(Pa)；

$p_1 - p_2$——除尘器前后两测定截面的平均全压差，角标 1、2 分别表示前、后测定截面

(Pa)。

调整风量，可以得到整台除尘器在不同风量下的阻力系数(式 13.9.2)。布袋除尘器需要测量 3 片滤料，先获得每片滤料在不同风量下的阻力系数(式 13.9.3)，再取 3 片滤料的平均值作为该种滤料的阻力系数。

$$\zeta = \frac{\Delta P}{P_d} = 2 \times \frac{\Delta P}{\rho \, \overline{u}^2} \tag{13.9.2}$$

$$C = \frac{1}{n} \sum_{i=1}^{n} \frac{\Delta P_i}{\overline{U}_i} \tag{13.9.3}$$

式中　ζ——除尘器的阻力系数；

P_d——入口动压(Pa)；

$\overline{u}$——入口平均流速(m/s)；

ρ——空气密度（kg/m³）；

C——滤料阻力系数 [Pa/(m·min)]；

$\overline{U_i}$——第 i 次测量时的平均滤速（m/min）；

Δp_i——滤速为 U_i 时洁净滤料的阻力（Pa）；

n——测量次数。

3. 除尘效率测量

除尘效率是在系统风量及单位时间内发尘量一定的条件下，通过称量进入除尘器的粉尘量和除尘器收集的粉尘量而得到。

测量所用粉尘，可采用电振式、圆盘式或其他给料机供给。对非指定用途的除尘器（滤料）试验粉尘，用中位径 d_{c50} 为 8～12μm、几何标准偏差 σ_g 在 2～3 范围内的 325 目医用滑石粉；对指定用途的除尘器（滤料），采用实际处理的粉尘为试验粉尘，并应测定其粒径分布和真密度。

旋风除尘器额定效率测定，应在额定风量下系统运转 2min 以上并清除收尘后，开始发尘（图 13.9.1）。发尘进口浓度为 3～5g/m³。变负荷除尘效率测试应按处理气体量由高到低进行。旋风除尘器和电除尘器效率按照式（13.9.4）计算。

布袋除尘器滤料效率测定，需先将经恒重后的高效滤膜称重后置于滤膜夹具处，启动引风机 7，调节流量（图 13.9.2），控制滤料滤速为(1.0±0.1)m/min；然后启动发尘器，控制粉尘浓度为(5±0.5)mg/m³，连续发尘 10g；停止测试后，再对高效滤膜和滤袋进行称重。布袋除尘器滤料效率按照式（13.9.5）计算。如果第二块滤料试样的除尘率与第一块滤料除尘率的误差小于 5%，取二者平均值作为滤料的除尘率；误差大于 5% 时，补做第三个滤料，取三者平均值作为滤料的除尘率。

$$\eta = \frac{q_{ms}}{q_{mi}} \times 100\% \qquad (13.9.4)$$

$$\eta = \frac{\Delta q_{ms}}{\Delta q_{ms} + \Delta q_{mg}} \times 100\% \qquad (13.9.5)$$

式中　q_{mi}——进口粉尘流量，$q_{mi}=G_1 \times 60/\tau$，(g/h)；

q_{ms}——单位时间的收尘量，$q_{ms}=G_2 \times 60/\tau$，(g/h)；

G_1、G_2——分别为发尘量和收尘量(g)；

τ——发尘时间(min)；

Δq_{ms}——受检滤料捕集的粉尘量(g)；

Δq_{mg}——高效滤膜捕集的粉尘量(g)。

13.9.2　现场测定除尘器性能[22]~[25]

在现场采用浓度法测量除尘器的性能。测量时，先同时测出除尘器进出口的风量和含尘浓度，然后再计算出除尘器的除尘效率。现场使用性能测定，一般测两次，必要时可增加。

1. 风量测量

除尘器的风量测量是在含尘浓度大的管道中采用 S 型毕托管测量，测量仪表要求、测点位置选取、测量方法同 13.9.1。

（1）风速测量

风速采用式（13.2.1）计算，公式中测点气体密度采用式（13.9.6a）计算；对一般除尘系统，可忽略气体含湿量的影响，公式中测点气体密度采用式(13.9.6b)计算。

$$\rho = 2.695\rho_N \times \frac{B_a + p_s}{273 + t_s} \qquad (13.9.6a)$$

$$\rho = 3.485 \times \frac{B_a + p_s}{273 + t_s} \qquad (13.9.6b)$$

式中　ρ——测点的气体密度(kg/m^3)；

p_s——测点的气体静压(kPa)；

B_a——当地当时大气压力(kPa)；

t_s——测点的气体温度(℃)；

ρ_N——标准状态下的测点气体密度(kg/m^3)，$\rho_N = 1.293kg/m^3$。

高湿系统，应测出气体湿度，公式中测点气体密度用式(13.9.7)计算

$$\rho = 2.695[\rho_{Nd}(1 - X_W) + 0.804 X_W]\frac{B_a + p_s}{273 + t_s} \qquad (13.9.7)$$

式中　ρ_{Nd}——标准状态下干气体密度(kg/m^3)；

X_W——气体中的水蒸气体积分数(%)。

(2) 管道内气体温、湿度测量

管道内常温气体的温度，可使用玻璃水银温度计或数字式温度计测量(需防止测孔漏风)。温度计精确度不低于 2.5%，最小分辨率应不大于 2℃。一般只需测管道中央部位的温度；当管道当量直径大于 500mm 时，插入深度不应小于 200mm。温度计插入管道后 5min 方可读数，且不可将玻璃温度计抽出管道外读数。对高温气体，一般使用铠装热电偶或热电阻温度计测量，其示值误差应不大于 ±3℃。当温度场比较均匀，管道中高低温度之差不大于 10℃时，可只测管道中央部分的温度，否则应至少测量一条轴线上各测点的温度，取其算术平均值。

气体温度在 100℃以下时，可使用干湿球温度计测定气体湿度。气体中水蒸气含量的体积分数按式(13.9.8)计算。

$$X_W = \frac{P_v - 0.00066(t - t_d)(B_a + p_b)}{B_a + \bar{p}_s} \times 100\% \qquad (13.9.8)$$

式中　P_v——温度为 t 时的饱和水蒸气压力(kPa)；

t——气体干球温度(℃)；

t_d——气体湿球温度(℃)；

p_b——气体通过湿球温度计表面时的气体静压(由干湿球温度计上的压力表读得)(kPa)；

$\bar{p}_s$——管道内的气体平均静压(kPa)。

气体在 100℃以上时，可采用冷凝法测定湿度。烟气中水蒸气含量的体积分数按式(13.9.9)计算。

$$X_W = \frac{461.4(273 + t_m)G_w + P_v V_c}{461.4(273 + t_m)G_w + (B_a + P_m)V_c} \times 100\% \qquad (13.9.9)$$

式中　t_m——流量计前烟气温度(℃)；

G_w——冷凝器的冷凝水量(g)；

V_c——抽取的烟气体积(测量状态下)(L);

B_a——当地当时大气压力(Pa);

P_v——通过冷凝器后,气体饱和水蒸气压力(可根据冷凝器出口烟气温度 t_m 查附录 7-1)(Pa);

P_m——流量计前指示压力(Pa)。

(3) 气体流量计算

测点气体流量按照式(13.9.10)或式(13.9.11)计算。

$$V = 9700A\left(\frac{B_a + \overline{p_s}}{273 + \overline{t_s}}\right)\overline{u} \tag{13.9.10}$$

$$V' = V(1 - X_w) \tag{13.9.11}$$

式中　V——气体流量(m^3/h);

V'——干气体流量(m^3/h);

$\overline{p_s}$——测定截面气体平均静压(kPa);

B_a——当地当时大气压力(kPa);

$\overline{t_s}$——测点截面气体平均温度(℃);

$\overline{u}$——各测点流速的平均值(m/s);

A——测定截面积(m^2)。

2. 含尘气体浓度测量

风管断面上含尘浓度分布不均匀,在垂直管中,含尘浓度由管中心向管壁逐渐增加;在水平管中,尘粒受重力影响,管道下部的含尘浓度比上部大,粒径也大。要取得风管中某一断面上的平均含尘浓度,必须在该断面上进行多点采样。常用的是按测量风量的方法布置测点,测点位置及测量方法同 13.2.1。

除尘器入口与出口管道内的粉尘浓度采用滤膜(筒)过滤计重法测定,测除尘效率时必须同时在这两处采样。测量断面的选择及测定位置同图 13.9.1。当除尘器出口管道内存在气流严重扰动,没有稳定流速的平直段时,可在通风机出口管道上设测孔。

滤筒集尘面积大,容尘量大,过滤效率高,多用于高浓度的含尘气流收集尘样。国产的玻璃纤维滤筒分加胶合剂和不加胶合剂两种。加胶合剂的滤筒用于 20℃ 以下,不加胶合剂的滤筒用于 400℃ 以下。国产的刚玉滤筒使用温度在 850℃ 以下。有胶合剂的玻璃纤维滤筒,其中含有少量的有机粘合剂,在高温时使用,由于粘合剂蒸发,滤筒质量会略有减轻。为使滤筒质量保持稳定,在使用前、后需做加热处理,除去有机物质。

对浓度大、有凝结水产生的高温含尘气体,为防止因高温烟气结露引起的采样管堵塞,需要将滤膜或滤筒和采样头一起直接插入管道内。如果采用管外采样,采样管必须保温或设置加热装置,保证采样器前的管路不结露。

管道内含尘浓度的测定应采用等速采样,即采样头进口处的采样速度应等于风管内该点的气流速度。由于在实际测定时,要做到完全等速采样是很困难的。研究结果表明,当采样速度与风管中的气流速度相差在 $-5\%\sim+10\%$ 以内时,引起的误差可以忽略不计,采样速度高于气流速度时所造成的误差比低于气流速度时小。

为了适应不同的气流速度下采样需要,一般都准备一套 6 种规格的采样嘴(进口内径

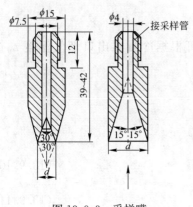

图 13.9.3 采样嘴

为 4～14mm)。采样嘴一般做成渐缩锐边圆形，锐边的锥角以 30°为宜，以避免产生涡流，影响测定结果（图 13.9.3）。与采样嘴相连的采样管内径通常为 4～8mm，以避免风管中的含尘气流受到干扰，并防止采样管内积尘。采样嘴和采样管一般用不锈钢或铜制作。

含尘浓度测量所用的采样嘴直径不得小于 4mm，为控制采样嘴与气流方向的偏斜角对采样结果造成的采样误差，要求采样嘴轴线与管内气流方向的偏差不大于±5°。一般用移动采样法在各测点以相同的采样时间进行等速采样。由于各测点的气流速度不同，在测定过程中，随滤膜上或滤筒内粉尘的积聚，阻力不断增加，要做到等速采样，每移动一个测点，必须迅速调整采样流量，保证各采样点的采样流量保持稳定。

对于工况不太稳定的工业烟气的测定，一般采用如图 13.9.4 所示的等速采样嘴。等速采样嘴加工精密，内、外壁上各有一根静压管。在测定过程中调节采样流量，保证采样嘴内、外静压相等，就可以做到等速采样。为避免瞬时流量波动的影响，采样流量要用具有累计功能的流量计。当不能使用移动采样法时，可使用代表点采样法，即根据在各测点测定的气流速度，求出平均流速，然后选定其速度接近平均流速的测点作为采样代表点进行粉尘采样。每个测定断面采样次数不少于 3 次，每个测点连续采样时间不少于 3min，取 3 次采样的算术平均值作为测量的含尘浓度值。

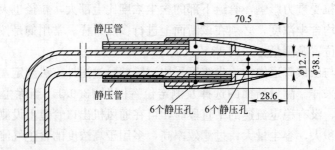

图 13.9.4 静压平衡型等速采样嘴

（1）湿度不大的除尘系统进行等速采样的抽气流量与采样体积

采样流量由转子流量计测量，测出的实际流量 q_m 按式(13.9.12)计算。由于转子流量计是在介质温度为 20℃、压力为 101.3kPa 的状态下标定的，因此当流量计前采样气体状态与标定时的气体状态相差较大，应对流量计读数进行修正，测定状态下流量计应指示的读数按式(13.9.13)计算。

$$q_m = 0.0357 d^2 K_u \sqrt{\frac{P_d(B_a+P_s)}{273+t_s}} \times \frac{273+t_m}{B_a+P_m} \tag{13.9.12}$$

$$q'_m = 0.0607 d^2 K_u \sqrt{\frac{P_d(B_a+P_s)}{273+t_s}} \times \sqrt{\frac{273+t_m}{B_a+P_m}} \tag{13.9.13}$$

式中 q_m——测定状态下通过转子流量计的实际流量(L/min)；

q'_m——当标定流量计的介质为 20℃，101.3kPa、湿度不大的空气时，根据实际流量 q_m 修正的流量计应指示读数(L/min)；

d——采样嘴入口直径(mm)；

K_u——毕托管校正系数；

P_d——采样点的气体动压(Pa)；

P_s——采样点的气体静压(kPa)；

t_s——采样点的气体温度(℃)；

P_m——流量计入口处气体静压(kPa)；

B_a——当地当时大气压(kPa)；

t_m——流量计入口处气体温度(℃)。

采样体积按式(13.9.14)~式(13.9.17)计算。

$$V_s = \sum_{i=1}^{n} q_i T_i \times 10^{-3} \tag{13.9.14}$$

$$V_{sN} = \sum_{i=1}^{n} q_{iN} T_i \times 10^{-3} \tag{13.9.15}$$

$$q_i = 0.0471 d^2 u \tag{13.9.16}$$

$$q_{iN} = 0.1269 d^2 u \left(\frac{B_a + P_s}{273 + t_s} \right) \tag{13.9.17}$$

式中　V_s——工况采样体积(m^3)；

V_{sN}——标准状态采样体积(m^3)；

q_i——在各采样点达到的工况采样流量(L/min)；

q_{iN}——在各采样点达到的标准状态采样流量(L/min)；

T_i——在各采样点的采样时间(min)；

u——在采样点的气体速度(m/s)；

P_s——在采样点的气体静压(kPa)；

t_s——在采样点的气体温度(℃)。

(2) 高湿除尘系统进行等速采样的抽气流量与采样体积

高温烟气是干烟气和水蒸气的混合气体，为了防止水蒸气出现凝结对流量计示值的影响，在流量计前要设置吸湿设备，以除去烟气中的水蒸气(图 13.9.5)。因此，要预先测定烟气的含湿量。

等速采样时采样嘴的抽气量按式(13.9.18)确定

$$q_m = 0.0471 d^2 u \tag{13.9.18}$$

在采样装置内，高温烟气的温度、压力和含湿量都会发生变化，要根据这些变化对流量计读数进行修正。具体做法如下。

取任一流量计读数 V'_c(一般可取 10~20L/min)，采样 10 余分钟或更长一些时间，量出冷凝器中产生的冷凝水量和冷凝器出口温度；根据冷凝器出口气体饱和温度 t_v 查出相对应的饱和水蒸气压力 P_v 值，用式(13.9.9)求出所采气体中所含水蒸气的体积分数 X_w 后，即可用式(13.9.19)、式(13.19.20)求等速采样的抽气实际流量和转子流量计应指示的读

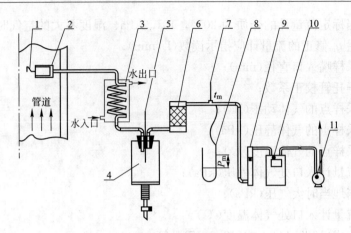

图13.9.5 冷凝法测定系统

1—采样嘴；2—滤筒；3—冷凝器；4—冷凝水瓶；5—温度计；6—干燥器；
7—温度计；8—压力计；9—转子流量计；10—累计流量计；11—抽气泵

数；如果通过流量计的气体相对分子质量与空气的相差不大，可按式(13.9.21)计算。

$$q_{m} = 0.0471d^{2}u(1-X_{w})\frac{B_{a}+P_{s}}{B_{a}+P_{m}}\times\frac{273+t_{m}}{273+t_{s}} \tag{13.9.19}$$

$$q'_{m} = 0.0428d^{2}u(1-X_{w})\frac{B_{a}+P_{s}}{273+t_{s}}\times\sqrt{\frac{273+t_{m}}{(B_{a}+P_{m})R_{m}}} \tag{13.9.20}$$

$$q'_{m} = 0.0799d^{2}u(1-X_{w})\frac{B_{a}+P_{s}}{273+t_{s}}\times\sqrt{\frac{273+t_{m}}{B_{a}+P_{m}}} \tag{13.9.21}$$

式中　q_{m}——测定状态下通过转子流量计的实际流量(L/min)；

q'_{m}——当标定流量计的介质为20℃，101.3kPa、湿度不大的空气时，根据实际流量 q_{m} 修正的流量计应指示读数(L/min)；

R_{m}——采样时通过流量计的气体的气体常数 [kJ/(kg·K)]；

其他符号同式(13.9.13)。

(3) 粉尘浓度计算

干含尘气体中的粉尘浓度按式(13.9.22)计算。

$$C' = \frac{\Delta W}{V_{sN}} \tag{13.9.22}$$

式中　C'——干含尘气体中的粉尘浓度(g/m³)；

ΔW——采样后的滤筒增重(g)；

V_{sN}——标准状态下的采样体积(m³)。

标准状态下的采样体积(干气体)可用具有累计功能的流量计的累计值按式(13.9.23)计算。

$$V_{sN} = 2.695(V_{s2}-V_{s1})\frac{B_{a}+P_{m}}{273+t_{m}} \tag{13.9.23}$$

式中　P_{m}——流量计入口处的气体静压(kPa)；

V_{s2}、V_{s1}——分别为流量计累计值终读数和初读数(m³)；

t_m——流量计入口处的气体温度($\degree$C)；

其余符号同式(13.9.15)及式(13.9.13)。

当采样系统接入的流量计不具备累计功能时，按式(13.9.24)计算标准状态下的采样体积。

$$V_{sN} = \sum_{i=1}^{n} 0.1269 d^2 u_i \frac{B_a + P_{si}}{273 + t_{si}} (1 - X_{wi}) T_i \times 10^{-3} \tag{13.9.24}$$

式中　d——采样嘴入口直径(mm)；

$\quad u$——采样点的气流速度(m/s)；

$\quad P_s$——采样点的气体静压(kPa)；

$\quad t_s$——采样点的气体温度($\degree$C)；

$\quad X_w$——气体中所含水蒸气的体积分数(%)；

$\quad T$——各采样点的采样时间(min)；

其余符号同式(13.9.13)。

(4) 除尘效率计算

吸入式除尘器的除尘效率按式(13.9.25)计算，压入式除尘器的除尘效率按式(13.9.26)计算。

$$\eta = \left(1 - \frac{c'_{out} V_{sN,out}}{c'_{in} V_{sN,in}}\right) \times 100\% \tag{13.9.25}$$

$$\eta = \frac{V_{sN,out}}{V_{sN,in}} \left(1 - \frac{c'_{out}}{c'_{in}}\right) \times 100\% \tag{13.9.26}$$

式中　c'_{in}、c'_{out}——分别为除尘器进口及出口的气体含尘浓度(g/m³)；

$\quad V_{sN,in}$、$V_{sN,out}$——分别为除尘器进口及出口的干气体流量(m³/h)。

3. 漏风率

漏风率在除尘器正常过滤条件下(不清灰)按下式计算：

$$\alpha = \frac{V_{sN,out} - V_{sN,in}}{V_{sN,in}} \times 100\% \tag{13.9.27}$$

式中　α——漏风率(%)；

$V_{sN,out}$、$V_{sN,in}$——分别为出口及进口处标准状态下的采样体积(m³)。

4. 阻力测量

除尘器阻力按式(13.9.28)计算。

$$\Delta p = (p_1 - p_2) - \sum \Delta h + P_h \tag{13.9.28}$$

式中　Δp——除尘器总阻力(Pa)；

$\quad \sum \Delta h$——除尘器前后两测定截面至除尘器(滤料)入口及出口法兰之间的管道阻力之和(Pa)；

$p_1 - p_2$——除尘器前后两测定截面的平均全压差，角标1、2分别表示前、后测定截面(Pa)；

$\quad P_h$——气体的浮力校正值，$P_h = gh(\rho_a - \rho_g)$ (Pa)；

$\quad \rho_a$——测定处的大气密度(kg/m³)；

$\quad \rho_g$——管道内气体密度(kg/m³)；

$\quad g$——重力加速度，9.8m/s²；

$\quad h$——除尘器前后管道内测定位置的高度差(m)。

【例 13.9.1】 已知烟道内烟气温度 $t_z=150℃$，烟气静压 $P_s=-1.5kPa$。进行采样时，流量计前烟气温度 $t_m=28℃$，压力计读数 $P_1=-4.5kPa$，当地大气压力 $B_a=101kPa$。采用内径 6mm 的采样头在烟气流速 $u=15m/s$ 的测点上等速采样，确定采样时的流量计读数。

【解】

(1) 先采用冷凝法测定烟气含湿量。经过流量计的实际干烟气体积 $V_c=20L$，压力计读数 $P_r=-5.18kPa$。冷凝器冷凝出来的水量 $G_w=1.445g$。

(2) 计算烟气中水蒸气含量的体积分数。根据冷凝器出口烟气温度 t_m 查附录 7-1，$P_v=3773Pa$，根据式(13.9.9)可得

$$X_w=\frac{461.4(273+t_m)G_w+P_vV_c}{461.4(273+t_m)G_w+(B_a+P_m)V_c}\times100\%$$

$$=\frac{461.4\times(273+28)\times1.445+3773\times20}{461.4\times(273+28)\times1.445+(101000-5180)\times20}\times100\%=13.04\%$$

(3) 计算等速采样时采样嘴的抽气量，根据式(13.9.16)可得

$$q_m=0.0471d^2u=0.0471\times6^2\times15=25.43L/min$$

(4) 求采样时流量计读数

可按式(13.9.19)求等速采样的抽气实际流量为

$$q_m=0.0471d^2u(1-X_w)\frac{B_a+P_s}{B_a+P_m}\times\frac{273+t_m}{273+t_s}$$

$$=0.0471\times6^2\times15\times(1-0.1304)\frac{101-1.5}{101-4.5}\times\frac{273+28}{273+150}=16.27L/min$$

按式(13.9.21)求出转子流量计应指示的读数为

$$q'_m=0.0799d^2u(1-X_w)\frac{B_a+P_s}{273+t_s}\times\sqrt{\frac{273+t_m}{B_a+P_m}}$$

$$=0.0799\times6^2\times15\times(1-0.1304)\frac{101-1.5}{273+150}\times\sqrt{\frac{273+28}{101-4.5}}=15.59L/min$$

思 考 题 与 习 题

1. 根据图 1 所示的锅炉房剖面图，完成炉膛温度、排烟温度、送风温度、鼓风量和引风量、炉膛负压的测量的方案设计，并在图上标出测点位置。图中：1-蒸汽锅炉 SZP10-1.3 型，蒸发量 10t/h，出口蒸汽压力 1.3MPa；2-引风机 Y9-35-1 型 No12，风量=29422m^3/h，风压=229mmH$_2$O；3-鼓风机 4-72-11 型 No8，风量=17920m^3/h，风压=252mmH$_2$O；4-送风道，0.8m×0.65m(宽×高)；5-排烟道，直径 1.5m，排烟温度 150℃；6-烟囱。炉膛温度 1100℃，炉膛负压=3mmH$_2$O。

2. 请设计测量一栋节能建筑耗能量指标的测量方案。已知建筑物采暖设计耗热量指标为 22W/m^2，采暖期室外平均温度为−10℃，采暖设计温度为−26℃。

3. 请设计测量图 2 所示空调系统耗电量，测量北部群房、北部主楼、南部群房、南部主楼和系统总冷冻水流量及供回水温度的方案。系统水泵参数见表 1。

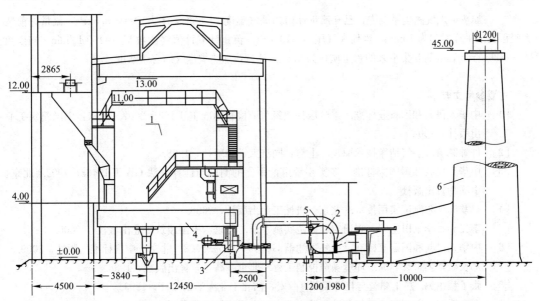

图 1　锅炉房剖面图

水泵参数表　　　　　　　　　　　　　　　　　　　　　　表 1

	型号	流量(t/h)	扬程(m)	功率(kW)	数量(台)	备注
冷冻一次泵	Spp150/31	396	20	37	3	
	Spp125/30	306	20	30	1	
二次泵	Spp100/38	105	30	18.5	3	北部群房
	Spp150/30	204	30	37	3	北部主楼
	Spp100/30	82	30	18.5	3	南部主楼
	Spp100/31	98	30	18.5	3	南部群房

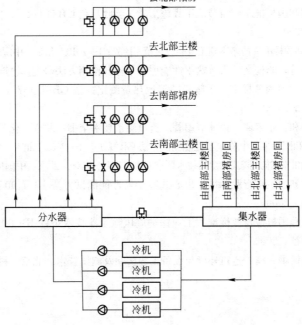

图 2　空调系统图

4. 一加热炉烟气测尘系统中，已知流量计前的烟气温度 $t=50℃$，压力 $P=-8.5\text{kPa}$，流量计前装有吸湿器。采样时间为 10min，当地大气压 $B=100\text{kPa}$。流量计累计值终读数 $V_{s2}=150\text{ L/min}$，初读数 $V_{s1}=120\text{L/min}$，滤筒收集下来的粉尘质量为 0.5g。计算该加热炉烟气的含尘浓度。

主要参考文献

[1] 中华人民共和国行业标准. 采暖居住建筑节能检验标准 JGJ 132－2007. 北京：中国建筑工业出版社，2008.

[2] 许钟麟著. 空气洁净技术原理. 上海：同济大学出版社，1998.

[3] 中华人民共和国国家标准. 泵类系统电能平衡的测试与计算方法 GB/T 13468—1992. 北京：中国物资出版社，2003.

[4] 郑梦海. 泵测试实用技术. 北京：机械工业出版社，2006.

[5] 李先洲，李景田主编. 暖通空调规范实施手册. 北京：中国建筑工业出版社，2000.

[6] 中华人民共和国国家标准. 空气过滤器 GB/T 14295—2008. 北京：中国标准出版社，2009.

[7] 郑长聚，洪宗辉等编. 环境噪声控制工程. 北京：高等教育出版社，1988.

[8] 张子慧主编. 热工测量与自动控制. 西安：西北工业大学出版社，1993.

[9] 李金川编. 空调制冷安装调试手册. 北京：中国建筑工业出版社，2006.

[10] 姜永成，韩厚本，范洪波，魏斌，逄秀峰. 研制空冷式散热器热工性能测试台的关键问题研究. 哈尔工业大学学报. 2003. 35(12).

[11] 王杨洋，方修睦，李延平，张宝利，李德英，王随林. 用红外热像仪测量建筑物表面温度的实验研究. 暖通空调. 2006. 36(2).

[12] 方修睦，王杨洋，李德英. 关于采暖居住建筑节能评价问题. 2006. 22(1).

[13] 涂逢祥主编. 建筑节能技术. 北京：中国建筑工业出版社，1996.

[14] 薛志峰. 既有建筑节能诊断与改造. 北京：中国建筑工业出版社，2007.

[15] 金练，欧阳耀，张洁，石荣君编著. 暖卫通风空调技术手册. 北京：中国建筑工业出版社，2001.

[16] 于永芳，郑仲民主编. 检测技术. 北京：机械工业出版社，1995.

[17] 中华人民共和国标准. 建筑节能工程施工质量验收规范 GB 50411—2007. 北京：中国建筑工业出版社，2007.

[18] 中华人民共和国标准. 洁净室施工及验收规范 GB 50591—2010. 北京：中国建筑工业出版社，2010.

[19] 方修睦，王芳，李桂文. 火炕热工性能评价指标及检测方法研究. 建筑科学. 2014. 30(6).

[20] 中华人民共和国国家标准. 采暖散热器散热量测定方法 GB/T 13754—2008. 北京：中国标准出版社，2009.

[21] 王池，王自和，张宝珠，孙淮清编著. 流量测量技术全书. 北京：化学工业出版社，2012.

[22] 中华人民共和国标准. 电除尘器性能测试方法 GB/T 13931—2002. 北京：中国标准出版社，2002.

[23] 中华人民共和国标准. 袋式除尘器技术要求 GB/T 6719—2009. 北京：中国标准出版社，2009.

[24] 中华人民共和国机械行业标准. 离心式除尘器性能测试方法 JB/T 9054—2000. 北京：机械科学研究院，2000.

[25] 中华人民共和国机械行业标准. 工业锅炉旋风除尘器技术条件 JB/T 8129—2002. 北京：机械工业出版社，2003.

[26] 王智伟，杨振耀主编. 建筑环境与设备工程实验及测试技术. 北京：科学出版社，2004.

附　录

附录1　计量检定系统框图

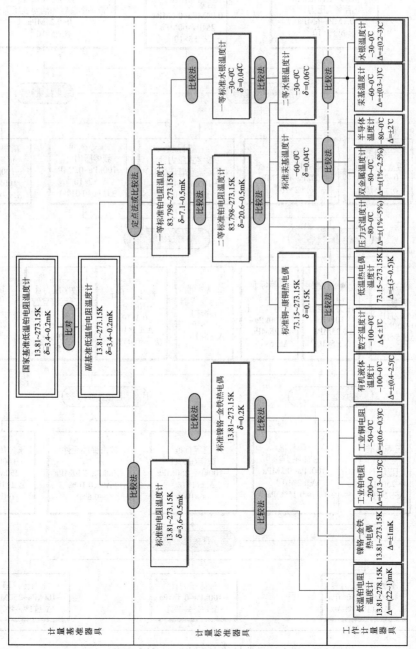

附图 1-1　13.81～273.15 温度计量器具检定系统框图 (JJG 2062—1990)

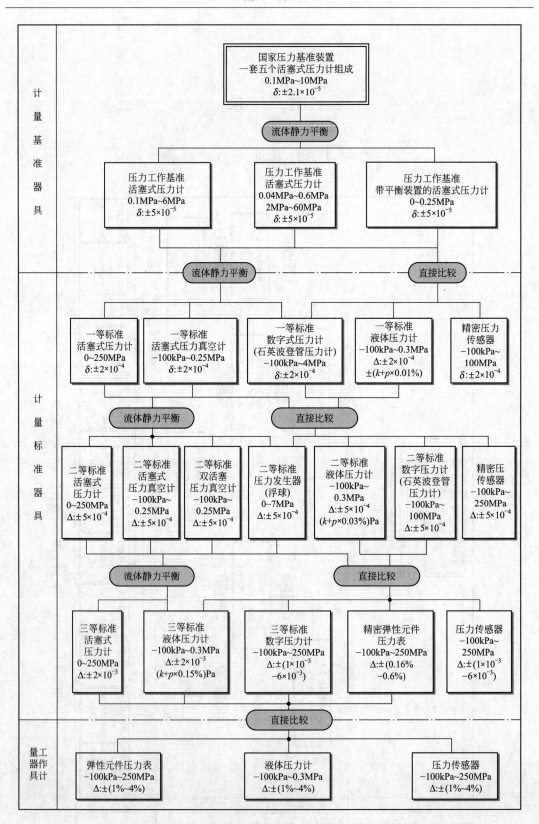

附图 1-2 压力计量器具检定系统框图(JJG 2023—1989)

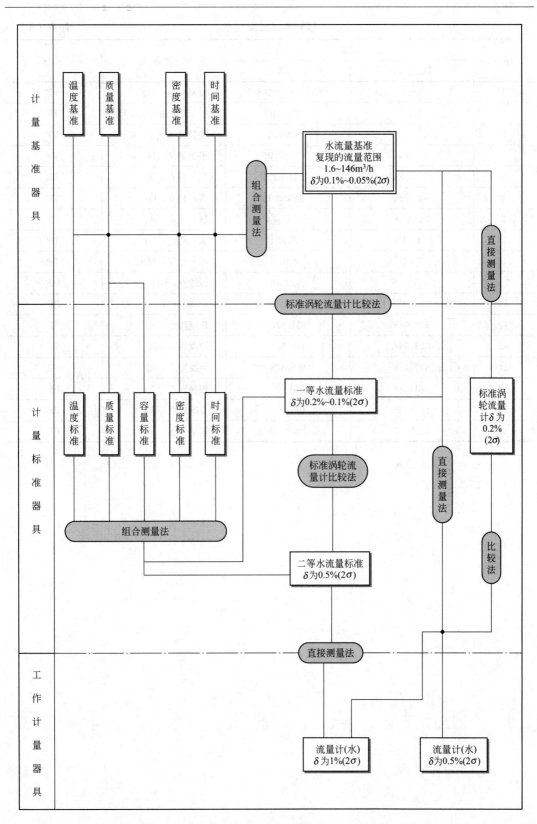

附图 1-3　水流量计量器具检定系统框图(JJG 2063—1990)

ITS-90 定义固定点

附表 1-1

序号	温度		物质	状态
	$T(90，K)$	$t(90，℃)$		
1	3~5	−270.15~−268.15	氦蒸气压，He	VP
2	13.8	−259.3467	平衡氢三相点，e-H_2	TP
3	~17	~−256.15	平衡氢蒸气压，e-H_2	VP
4	~20.3	~−252.85	平衡氢蒸气压，e-H_2	VP
5	24.5561	−248.5939	氖三相点，Ne	TP
6	54.3584	−218.7916	氧三相点，O_2	TP
7	83.8058	−189.3442	氩三相点，Ar	TP
8	234.3156	−38.8344	汞三相点，Hg	TP
9	273.16	0.01	水三相点，H_2O	TP
10	302.9146	29.7646	镓熔点，Ga	MP
11	429.7485	156.5985	铟凝固点，In	FP
12	505.078	231.928	锡凝固点，Sn	FP
13	692.677	419.527	锌凝固点，Zn	FP
14	933.473	660.323	铝凝固点，Al	FP
15	1234.93	961.78	银凝固点，Ag	FP
16	1337.33	1064.18	金凝固点，Au	FP
17	1357.77	1084.62	铜凝固点，Cu	FP

附录2　分布积分表和分布表

正态分布积分表 附表 2-1

$$\Phi(t) = \frac{1}{\sqrt{2\pi}} \int_0^t e^{-t^2/2} \mathrm{d}t$$

t	$\Phi(t)$	t	$\Phi(t)$	t	$\Phi(t)$	t	$\Phi(t)$
0.00	0.0000	0.75	0.2734	1.50	0.4332	2.50	0.4938
0.05	0.0199	0.80	0.2881	1.55	0.4394	2.60	0.4953
0.10	0.0398	0.85	0.3023	1.60	0.4452	2.70	0.4965
0.15	0.0596	0.90	0.3159	1.65	0.4505	2.80	0.4974
0.20	0.0793	0.95	0.3289	1.70	0.4554	2.90	0.4981
0.25	0.0987	1.00	0.3413	1.75	0.4599	3.00	0.49865
0.30	0.1179	1.05	0.3531	1.80	0.4641	3.20	0.49931
0.35	0.1368	1.10	0.3643	1.85	0.4678	3.40	0.49966
0.40	0.1554	1.15	0.3749	1.90	0.4713	3.60	0.499841
0.45	0.1736	1.20	0.3849	1.95	0.4744	3.80	0.499928
0.50	0.1915	1.25	0.3944	2.00	0.4772	4.00	0.499968
0.55	0.2088	1.30	0.4032	2.10	0.4821	4.50	0.499997
0.60	0.2257	1.35	0.4115	2.20	0.4861	5.00	0.49999997
0.65	0.2422	1.40	0.4192	2.30	0.4893		
0.70	0.2580	1.45	0.4265	2.40	0.4918		

t 分布表 附表 2-2

$$P(|t| \geqslant t_\alpha) = \alpha \text{ 的 } t_\alpha \text{ 值}$$

(γ：自由度　α：显著度)

γ	α			γ	α		
	0.05	0.01	0.0027		0.05	0.01	0.0027
1	12.71	63.66	235.80	12	2.18	3.05	3.76
2	4.30	9.92	19.21	13	2.16	3.01	3.69
3	3.18	5.84	9.21	14	2.14	2.98	3.64
4	2.78	4.60	6.62	15	2.13	2.95	3.59
5	2.57	4.03	5.51	16	2.12	2.92	3.54
6	2.45	3.71	4.90	17	2.11	2.90	3.51
7	2.36	3.50	4.53	18	2.10	2.88	3.48
8	2.31	3.36	4.28	19	2.09	2.86	3.45
9	2.26	3.25	4.09	20	2.09	2.85	3.42
10	2.23	3.17	3.96	21	2.08	2.83	3.40
11	2.20	3.11	3.85	22	2.07	2.82	3.38

γ	α			γ	α		
	0.05	0.01	0.0027		0.05	0.01	0.0027
23	2.07	2.81	3.36	40	2.02	2.70	3.20
24	2.06	2.80	3.34	50	2.01	2.68	3.16
25	2.06	2.79	3.33	60	2.00	2.66	3.13
26	2.06	2.78	3.32	70	1.99	2.65	3.11
27	2.05	2.77	3.30	80	1.99	2.64	3.10
28	2.05	2.76	3.29	90	1.99	2.63	3.09
29	2.05	2.76	3.28	100	1.98	2.63	3.08
30	2.04	2.75	3.27		1.96	2.58	3.00

附录 3　标准化热电偶分度表

下列分度表是依据国家标准 GB 2902—82、GB 3772—83、GB 2614—85、GB 4994—85、GB 2903—82、机械电子部标准 ZB-No5004—88 及日本工业技术标准 JIS C1602—81 选录的。

铂铑 30-铂铑 6 热电偶分度表

（参考端温度为 0℃）（单位：mV）

分度号：B

附表 3-1

温度(℃)	0	100	200	300	400	500	600	700	800	900	1000	1100	1200	1300	1400	1500	1600	1700	1800	温度(℃)
0	0.000	0.033	0.178	0.431	0.786	1.241	1.791	2.430	3.154	3.957	4.833	5.777	6.783	7.845	8.952	10.094	11.257	12.426	13.585	0
	2	10	21	31	41	51	60	69	77	84	91	98	104	108	113	116	117	117	114	
10	−0.002	0.043	0.199	0.462	0.827	1.292	1.851	2.499	3.231	4.041	4.924	5.875	6.887	7.953	9.065	10.210	11.374	12.543	13.699	10
	1	10	21	32	43	52	61	70	77	85	92	98	104	110	113	115	117	116	115	
20	−0.003	0.053	0.220	0.494	0.870	1.344	1.912	2.569	3.308	4.126	5.016	5.975	6.911	8.063	9.178	10.325	11.491	12.659	13.814	20
	1	12	23	33	43	53	62	70	79	86	93	100	105	109	113	116	117	117		
30	−0.002	0.065	0.243	0.527	0.913	1.397	1.974	2.639	3.387	4.212	5.109	6.073	7.096	8.172	9.291	10.441	11.608	12.776		30
	2	13	23	34	44	53	62	71	79	86	93	99	106	111	114	117	117	116		
40	0.000	0.078	0.266	0.561	0.957	1.450	2.036	2.710	3.466	4.298	5.202	6.172	7.202	8.283	9.405	10.558	11.725	12.892		40
	2	14	25	35	45	55	64	72	80	88	95	101	106	110	114	116	117	116		
50	0.002	0.092	0.291	0.596	1.002	1.505	2.100	2.782	3.546	4.386	5.297	6.273	7.308	8.393	9.519	10.674	11.842	13.008		50
	4	15	26	36	46	55	64	73	80	88	94	101	106	111	115	116	117	116		
60	0.006	0.107	0.317	0.632	1.048	1.560	2.164	2.855	3.626	4.474	5.391	6.374	7.414	8.504	9.634	10.790	11.959	13.124		60
	5	16	27	37	47	57	66	73	82	88	96	101	107	112	114	117	117	115		
70	0.011	0.123	0.344	0.669	1.095	1.617	2.230	2.928	3.708	4.562	5.487	6.475	7.521	8.616	9.748	10.907	12.076	13.239		70
	6	17	28	38	48	57	66	75	82	90	96	102	107	111	115	117	117	115		
80	0.017	0.140	0.372	0.707	1.143	1.674	2.296	3.003	3.790	4.652	5.583	6.577	7.628	8.727	9.863	11.024	12.193	13.354		80
	8	19	29	39	49	58	67	75	83	90	97	103	108	112	116	117	117	116		
90	0.025	0.159	0.401	0.746	1.192	1.732	2.363	3.078	3.873	4.742	5.680	6.680	7.736	8.839	9.979	11.141	12.310	13.470		90
	8	19	30	40	49	59	67	76	84	91	97	103	109	113	115	116	116	115		
100	0.033	0.178	0.431	0.786	1.241	1.791	2.430	3.154	3.957	4.833	5.777	6.783	7.845	8.952	10.094	11.257	12.426	13.585		100

附表3-2

铂铑10-铂热电偶分度表

（参考端温度为0℃）（单位：mV）

分度号：S

温度(℃)	0	100	200	300	400	500	600	700	800	900	1000	1100	1200	1300	1400	1500	1600	1700	温度(℃)
0	0.000 / 55	0.645 / 74	1.440 / 85	2.323 / 91	3.260 / 96	4.234 / 99	5.237 / 102	6.274 / 106	7.345 / 109	8.448 / 112	9.585 / 115	10.754 / 118	11.947 / 120	13.155 / 121	14.368 / 121	15.576 / 121	16.771 / 119	17.942 / 114	0
10	0.055 / 58	0.719 / 76	1.525 / 86	2.414 / 92	3.356 / 96	4.333 / 99	5.339 / 103	6.380 / 106	7.454 / 109	8.560 / 113	9.700 / 116	10.872 / 119	12.067 / 121	13.276 / 121	14.489 / 121	15.697 / 120	16.890 / 118	18.056 / 114	10
20	0.113 / 60	0.795 / 77	1.611 / 87	2.506 / 93	3.452 / 97	4.432 / 100	5.442 / 102	6.486 / 106	7.563 / 109	8.673 / 113	9.816 / 116	10.991 / 119	12.188 / 120	13.397 / 122	14.610 / 121	15.817 / 120	17.008 / 117	18.170 / 112	20
30	0.173 / 62	0.872 / 78	1.698 / 87	2.599 / 93	3.549 / 96	4.532 / 100	5.544 / 104	6.592 / 107	7.672 / 110	8.786 / 113	9.932 / 116	11.110 / 119	12.308 / 121	13.519 / 121	14.731 / 121	15.937 / 120	17.125 / 118	18.282 / 112	30
40	0.235 / 64	0.950 / 79	1.785 / 88	2.692 / 94	3.645 / 98	4.632 / 100	5.648 / 103	6.699 / 106	7.782 / 110	8.899 / 113	10.048 / 117	11.220 / 119	12.429 / 121	13.640 / 121	14.852 / 121	16.057 / 119	17.243 / 117	18.394 / 110	40
50	0.299 / 66	1.029 / 80	1.873 / 89	2.786 / 94	3.743 / 97	4.732 / 100	5.751 / 104	6.805 / 108	7.892 / 111	9.012 / 114	10.165 / 117	11.348 / 119	12.550 / 121	13.761 / 122	14.973 / 121	16.176 / 120	17.360 / 117	18.504 / 108	50
60	0.365 / 67	1.109 / 81	1.962 / 89	2.880 / 94	3.840 / 98	4.832 / 101	5.855 / 105	6.913 / 107	8.003 / 111	9.126 / 114	10.282 / 118	11.467 / 120	12.671 / 121	13.883 / 121	15.094 / 121	16.296 / 119	17.477 / 117	18.612	60
70	0.432 / 70	1.190 / 83	2.051 / 90	2.974 / 95	3.938 / 98	4.933 / 101	5.960 / 104	7.020 / 108	8.114 / 111	9.240 / 115	10.400 / 117	11.587 / 120	12.792 / 121	14.004 / 121	15.215 / 121	16.415 / 119	17.594 / 117		70
80	0.502 / 71	1.273 / 83	2.141 / 91	3.069 / 95	4.036 / 99	5.034 / 102	6.064 / 105	7.128 / 108	8.225 / 111	9.355 / 115	10.517 / 118	11.707 / 120	12.913 / 121	14.125 / 122	15.336 / 120	16.543 / 119	17.711 / 115		80
90	0.573 / 72	1.356 / 84	2.232 / 91	3.164 / 96	4.135 / 99	5.136 / 101	6.169 / 105	7.236 / 109	8.336 / 112	9.470 / 115	10.635 / 119	11.827 / 120	13.034 / 121	14.247 / 121	15.456 / 120	16.653 / 118	17.825 / 116		90
100	0.645	1.440	2.323	3.260	4.234	5.237	6.274	7.345	8.448	9.585	10.754	11.947	13.155	14.368	15.576	16.771	17.942		100

附表 3-3

铂铑13-铂热电偶分度表
（参考端温度为 0℃）（单位：mV）

分度号：R

温度（℃）	0	100	200	300	400	500	600	700	800	900	1000	1100	1200	1300	1400	1500	1600	1700	温度（℃）
0	0.000	0.647	1.468	2.400	3.407	4.471	5.582	6.741	7.949	9.203	10.503	11.846	13.224	14.624	16.035	17.445	18.842	20.215	0
(差)	54	76	89	98	104	109	114	119	123	128	133	137	139	141	141	140	139	135	
10	0.054	0.723	1.557	2.498	3.511	4.580	5.696	6.860	8.072	9.331	10.636	11.983	13.363	14.765	16.176	17.585	18.981	20.350	10
(差)	57	77	90	98	105	109	114	119	124	129	132	136	139	141	141	141	138	133	
20	0.111	0.800	1.647	2.596	3.616	4.689	5.810	6.979	8.196	9.460	10.768	12.119	13.502	14.906	16.317	17.726	19.119	20.483	20
(差)	60	79	91	99	105	110	115	119	124	129	134	138	140	141	141	140	138	133	
30	0.171	0.879	1.738	2.695	3.721	4.799	5.925	7.098	8.320	9.589	10.902	12.257	13.642	15.047	16.458	17.866	19.257	20.616	30
(差)	61	80	92	100	105	111	115	120	125	129	133	137	140	141	141	140	138	132	
40	0.232	0.959	1.830	2.795	3.826	4.910	6.040	7.218	8.445	9.718	11.035	12.394	13.782	15.188	16.599	18.006	19.395	20.748	40
(差)	64	82	93	101	107	111	115	121	125	130	135	138	140	141	142	140	138	130	
50	0.296	1.041	1.923	2.896	3.933	5.021	6.155	7.339	8.570	9.848	11.170	12.532	13.922	15.329	16.741	18.146	19.533	20.878	50
(差)	67	83	94	101	106	111	117	121	126	130	134	137	140	141	141	140	137	128	
60	0.363	1.124	2.017	2.997	4.039	5.132	6.272	7.460	8.696	9.978	11.304	12.669	14.062	15.470	16.882	18.286	19.670	21.006	60
(差)	68	84	94	102	107	112	116	122	126	131	135	139	140	141	140	139	137		
70	0.431	1.208	2.111	3.099	4.146	5.244	6.388	7.582	8.822	10.109	11.439	12.808	14.202	15.611	17.022	18.425	19.807		70
(差)	70	86	96	102	108	112	117	121	127	131	135	138	141	141	141	139	137		
80	0.501	1.294	2.207	3.201	4.254	5.356	6.505	7.703	8.949	10.240	11.574	12.946	14.343	15.752	17.163	18.564	19.944		80
(差)	72	86	96	103	108	113	118	123	127	131	136	139	140	141	141	139	136		
90	0.573	1.380	2.303	3.304	4.362	5.469	6.623	7.826	9.076	10.371	11.710	13.085	14.483	15.893	17.304	18.703	20.080		90
(差)	74	88	97	103	109	113	118	123	127	132	136	139	141	142	141	139	135		
100	0.647	1.468	2.400	3.407	4.471	5.582	6.741	7.949	9.203	10.503	11.846	13.224	14.624	16.035	17.445	18.842	20.215		100

附表 3-4

镍铬-镍硅（镍铬-镍铝）热电偶分度表
（参考端温度为0℃）（单位：mV）

分度号：K

（每格上数为热电势值，下数为相邻温差值）

温度/℃	0	10	20	30	40	50	60	70	80	90	100
0	0.000 / 397	0.397 / 401	0.798 / 405	1.203 / 408	1.611 / 411	2.022 / 414	2.436 / 414	2.850 / 416	3.266 / 415	3.681 / 414	4.098
100	4.095 / 413	4.508 / 411	4.919 / 408	5.327 / 406	5.733 / 404	6.137 / 402	6.530 / 400	6.939 / 399	7.338 / 390	7.737 / 400	8.137
200	8.137 / 400	8.537 / 401	8.938 / 403	9.341 / 404	9.745 / 406	10.151 / 409	10.560 / 409	10.969 / 412	11.381 / 412	11.793 / 414	12.207
300	12.207 / 416	12.623 / 416	13.039 / 417	13.456 / 418	13.874 / 418	14.292 / 420	14.712 / 420	15.132 / 420	15.552 / 422	15.974 / 421	16.395
400	16.395 / 423	16.818 / 423	17.241 / 423	17.664 / 424	18.088 / 425	18.513 / 425	18.938 / 425	19.363 / 425	19.788 / 426	20.214 / 426	20.640
500	20.640 / 426	21.066 / 427	21.493 / 426	21.919 / 427	22.346 / 426	22.772 / 426	23.198 / 426	23.624 / 426	24.050 / 426	24.476 / 426	24.902
600	24.902 / 425	25.327 / 424	25.751 / 425	26.176 / 423	26.599 / 423	27.022 / 423	27.445 / 422	27.867 / 421	28.288 / 421	28.700 / 419	29.128
700	29.128 / 419	29.547 / 418	29.965 / 418	30.383 / 416	30.799 / 415	31.214 / 410	31.629 / 413	32.042 / 413	32.455 / 411	32.866 / 411	33.277
800	33.277 / 409	33.686 / 409	34.095 / 407	34.502 / 407	34.909 / 405	35.314 / 404	35.718 / 403	36.121 / 403	36.524 / 401	36.925 / 400	37.325
900	37.325 / 399	37.724 / 398	38.122 / 397	38.519 / 396	38.915 / 395	39.310 / 393	39.703 / 393	40.096 / 392	40.488 / 391	40.879 / 390	41.269
1000	41.269 / 388	41.657 / 388	42.045 / 387	42.432 / 385	42.817 / 385	43.202 / 383	43.585 / 383	43.968 / 381	44.349 / 380	44.729 / 379	45.108
1100	45.108 / 378	45.486 / 377	45.863 / 375	46.238 / 374	46.612 / 373	46.985 / 371	47.356 / 370	47.726 / 369	48.095 / 367	48.462 / 366	48.828
1200	48.828 / 364	49.192 / 363	49.555 / 361	49.916 / 360	50.276 / 357	50.633 / 357	50.990 / 354	51.344 / 353	51.697 / 352	52.049 / 349	52.398
1300	52.393 / 349	52.747 / 346	53.093 / 346	53.439 / 343	53.782 / 343	54.125 / 341	54.466 / 341	54.807			

分度号：K（负温部分）

温度/℃	0	10	20	30	40	50	60	70	80	90	100
-0	0.000 / 392	-0.392 / 385	-0.777 / 379	-1.156 / 371	-1.527 / 362	-1.889 / 354	-2.243 / 343	-2.586 / 334	-2.920 / 322	-3.242 / 311	-3.553
-100	-3.553 / 299	-3.852 / 286	-4.138 / 272	-4.410 / 259	-4.669 / 243	-4.912 / 229	-5.141 / 213	-5.354 / 196	-5.550 / 180	-5.730 / 161	-5.891

分度号：E

镍铬-康铜热电偶分度表

(参考端温度为0℃)(单位：mV)

附表3-5

温度(℃)	-100	-0	温度(℃)	0	100	200	300	400	500	600	700	800	900	温度(℃)
-0	-5.237	0.000	0	0.000	6.317	13.419	21.033	28.943	36.999	45.085	53.110	61.022	68.783	0
	443	581		591	679	742	781	801	809	806	797	784	766	
-10	-5.680	-0.581	10	0.591	6.996	14.161	21.814	29.744	37.808	45.891	53.907	61.806	69.549	10
	427	570		601	687	748	783	802	809	806	796	782	764	
-20	-6.107	-1.151	20	1.192	7.683	14.909	22.597	30.546	38.617	46.697	54.703	62.588	70.313	20
	409	558		609	694	752	786	804	809	805	795	780	762	
-30	-6.516	-1.709	30	1.801	8.377	15.661	23.383	31.350	39.426	47.502	55.498	63.368	71.075	30
	391	545		618	701	756	788	805	810	804	793	779	760	
-40	-6.907	-2.245	40	2.419	9.078	16.417	24.171	32.155	40.236	48.306	56.291	64.147	71.835	40
	372	533		628	709	761	790	805	809	803	792	777	758	
-50	-7.279	-2.787	50	3.047	9.787	17.178	24.961	32.960	41.045	49.109	57.083	64.924	72.593	50
	352	519		636	714	764	793	807	808	802	790	776	757	
-60	-7.631	-3.306	60	3.683	10.501	17.942	25.754	33.767	41.853	49.911	57.873	65.700	73.350	60
	332	505		646	721	768	795	807	809	802	790	773	754	
-70	-7.963	-3.811	70	4.329	11.222	18.710	26.549	34.574	42.662	50.713	58.663	66.473	74.104	70
	310	490		654	727	771	795	808	808	800	788	772	753	
-80	-8.273	-4.301	80	4.983	11.949	19.481	27.345	35.382	43.470	51.513	59.451	67.245	74.857	80
	288	476		663	732	775	798	808	808	799	786	770	751	
-90	-8.561	-4.777	90	5.646	12.681	20.256	28.143	36.190	44.278	52.312	60.237	68.015	75.608	90
	263	460		671	738	777	800	809	807	798	785	768	750	
-100	-8.824	-5.237	100	6.317	13.419	21.033	28.943	36.999	45.085	53.110	68.022	68.783	76.358	100

附表 3-6

铁-康铜热电偶分度表

（参考端温度为 0℃）（单位：mV）

分度号：J

温度(℃)	−100	−0	温度(℃)	0	100	200	300	400	500	600	700	800	900	1000	1100	温度(℃)
−0	−4.632 (404)	0.000 (501)	0	0.000 (507)	5.268 (544)	10.777 (555)	16.325 (554)	21.846 (551)	27.388 (561)	33.096 (587)	39.130 (624)	45.498 (646)	51.875 (621)	57.942 (591)	63.777 (578)	0
−10	−5.036 (390)	−0.501 (494)	10	0.507 (512)	5.812 (547)	11.332 (555)	16.879 (553)	22.397 (552)	27.949 (562)	33.683 (590)	39.754 (628)	46.144 (646)	52.496 (619)	58.533 (588)	64.355 (578)	10
−20	−5.426 (375)	−0.995 (486)	20	1.019 (517)	6.359 (548)	11.887 (555)	17.432 (552)	22.949 (552)	28.511 (564)	34.273 (594)	40.382 (631)	46.790 (644)	53.115 (614)	59.121 (587)	64.933 (577)	20
−30	−5.801 (358)	−1.481 (479)	30	1.536 (522)	6.907 (550)	12.442 (556)	17.984 (553)	23.501 (553)	29.075 (567)	34.687 (597)	41.013 (634)	47.434 (642)	53.729 (612)	59.708 (585)	65.510 (577)	30
−40	−6.159 (340)	−1.960 (471)	40	2.058 (527)	7.457 (551)	12.998 (555)	18.537 (552)	24.054 (553)	29.642 (568)	35.464 (602)	41.647 (636)	48.076 (640)	54.431 (607)	60.293 (583)	66.087 (577)	40
−50	−6.499 (322)	−2.431 (461)	50	2.585 (530)	8.008 (552)	13.553 (555)	19.089 (551)	24.607 (554)	30.210 (572)	36.066 (605)	42.283 (639)	48.716 (638)	54.948 (605)	60.876 (583)	66.664 (576)	50
−60	−6.821 (301)	−2.892 (425)	60	3.115 (534)	8.560 (553)	14.108 (555)	19.640 (552)	25.161 (555)	30.782 (574)	36.671 (609)	42.922 (641)	49.354 (635)	55.553 (602)	61.459 (580)	67.240 (575)	60
−70	−7.122 (280)	−3.344 (441)	70	3.649 (537)	9.113 (554)	14.663 (554)	20.192 (551)	25.716 (556)	31.356 (577)	37.280 (613)	43.563 (644)	49.989 (632)	56.155 (598)	62.039 (580)	67.815 (575)	70
−80	−7.402 (257)	−3.785 (430)	80	4.186 (539)	9.667 (555)	15.217 (554)	20.743 (552)	26.272 (557)	31.933 (580)	37.893 (617)	44.207 (645)	50.621 (628)	56.753 (596)	62.619 (580)	68.390 (574)	80
−90	−7.659 (231)	−4.215 (417)	90	4.725 (543)	10.222 (555)	15.771 (554)	21.295 (551)	26.829 (559)	32.513 (583)	38.510 (620)	44.852 (646)	51.249 (626)	57.349 (593)	63.199 (578)	68.964 (572)	90
−100	−7.890	−4.632	100	5.268	10.777	16.325	21.846	27.388	33.096	39.130	45.498	51.875	57.942	63.777	69.586	100

附表 3-7

铜-康铜热电偶分度表

(参考端温度为 0℃)（单位：mV）

分度号：T

温度(℃)	−200	−100	−0	温度(℃)	0	100	200	300	温度(℃)
−0	−5.603 / 150	−3.378 / 278	0.000 / 363	0	0.000 / 391	4.277 / 472	9.286 / 534	14.360 / 583	0
−10	−5.753 / 136	−3.656 / 267	−0.383 / 374	10	0.391 / 398	4.749 / 478	9.820 / 540	15.443 / 587	10
−20	−5.889 / 118	−3.923 / 254	−0.757 / 364	20	0.789 / 407	5.227 / 485	10.360 / 545	16.030 / 591	20
−30	−6.007 / 98	−4.177 / 242	−1.121 / 354	20	1.196 / 415	5.712 / 492	10.905 / 551	16.621 / 596	30
−40	−6.105 / 76	−4.419 / 229	−1.475 / 344	40	1.611 / 424	6.204 / 498	11.456 / 555	17.217 / 599	40
−50	−6.181 / 51	−4.648 / 217	−1.819 / 333	50	2.035 / 432	6.702 / 505	12.011 / 561	17.816 / 604	50
−60	−6.232 / 26	−4.865 / 204	−2.152 / 323	60	2.467 / 441	7.207 / 511	12.572 / 565	18.420 / 607	60
−70	−6.258 /	−5.069 / 192	−2.475 / 313	70	2.908 / 449	7.718 / 517	13.137 / 570	19.027 / 611	70
−80		−5.261 / 178	−2.788 / 301	80	3.357 / 456	8.235 / 522	13.707 / 574	19.638 / 614	80
−90		−5.439 / 164	−3.089 / 289	90	3.813 / 464	8.757 / 529	14.281 / 579	20.252 / 617	90
−100		−5.603 /	−3.378 /	100	4.277 /	9.286 /	14.860 /	20.869 /	100

附录4　标准化热电阻分度表

分称电阻值为 10Ω 的铂热电阻分度表(ZB Y301—85)

附表 4-1

分度号：Pt10　　　　　　　　$R(0℃)=10.000Ω$(单位：Ω)

温度 (℃)	−100	−0	温度 (℃)	0	100	200	300	400	500	600	700	800	温度 (℃)
−0	6.025	10.000	0	10.000	13.850	17.584	21.202	24.704	28.090	31.359	34.513	37.551	0
−10	5.619	9.609	10	10.390	14.229	17.951	21.557	25.048	28.422	31.680	34.822	37.848	10
−20	5.211	9.216	20	10.779	14.606	18.317	21.912	25.390	28.733	31.999	35.130	38.145	20
−30	4.800	8.822	30	11.169	14.982	18.682	22.265	25.732	29.083	32.318	35.437	38.440	30
−40	4.387	8.427	40	11.554	15.358	19.045	22.617	26.072	29.411	32.635	35.742	38.734	40
−50	3.971	8.031	50	11.940	15.731	19.407	22.967	26.411	29.739	32.951	36.047	39.026	50
−60	3.553	7.633	60	12.324	16.104	19.769	23.317	26.749	30.065	33.266	36.350		60
−70	3.132	7.233	70	12.707	16.476	20.129	23.665	27.086	30.391	33.579	36.652		70
−80	2.708	6.833	80	13.089	16.846	20.488	24.013	27.422	30.715	33.892	36.953		80
−90	2.280	6.430	90	13.470	17.216	20.845	24.359	27.756	61.038	34.203	37.256		90
−100	1.849	6.025	100	13.850	17.584	21.202	24.704	28.090	31.359	34.513	37.551		100

公称电阻值为 100Ω 的铂热电阻分度表(ZBY 301—85)

附表 4-2

分度号：Pt100　　　　　　　　$R(0℃)=100.00Ω$(单位：Ω)

温度 (℃)	−100	−0	温度 (℃)	0	100	200	300	400	500	600	700	800	温度 (℃)
−0	60.25	100.00	0	100	138.50	175.84	212.02	247.04	280.90	313.59	345.13	375.51	0
−10	56.19	96.09	10	103.90	142.29	179.51	215.57	250.48	284.22	316.80	348.22	378.48	10
−20	52.11	92.16	20	107.79	146.06	183.17	219.12	253.90	287.53	319.99	351.30	381.45	20
−30	48.00	88.22	30	111.67	149.82	186.82	222.65	257.32	290.83	323.18	354.37	384.40	30
−40	43.87	84.27	40	115.54	153.58	190.45	226.17	260.72	294.11	326.35	357.42	387.34	40
−50	39.71	80.31	50	119.40	157.31	194.07	229.67	264.11	297.39	329.51	360.47	390.26	50
−60	35.53	76.33	60	123.24	161.04	197.69	233.17	267.49	300.65	332.66	363.50		60
−70	31.32	72.33	70	127.07	164.76	201.29	236.65	270.86	303.91	335.79	366.52		70
−80	27.08	68.33	80	130.89	168.46	204.88	240.13	247.22	307.15	338.92	369.53		80
−90	22.80	64.30	90	134.70	172.16	208.45	243.59	277.56	310.38	342.03	372.52		90
−100	18.49	60.25	100	138.50	175.84	212.02	247.04	280.90	313.59	345.13	375.51		100

铜热电阻分度表（JJG 229—87）　　　　　附表 4-3

分度号：Cu100　　　　　　　　$R_0 = 100.00\,\Omega$（单位：Ω）

℃	0	1	2	3	4	5	6	7	8	9
−50	78.49	—	—	—	—	—	—	—	—	—
−40	82.80	82.36	81.94	81.50	81.08	80.64	80.20	79.78	79.34	78.92
−30	87.10	86.68	86.24	85.82	85.38	84.96	84.54	84.10	83.66	83.22
−20	91.40	90.98	90.54	90.12	89.68	89.26	88.82	88.40	87.96	87.54
−10	95.70	95.28	94.84	94.42	93.98	93.56	93.12	92.70	92.26	91.84
−0	100.00	99.56	99.14	98.70	98.28	97.84	97.42	97.00	96.56	96.14
0	100.00	100.42	100.86	101.28	101.72	102.14	102.56	103.00	103.42	103.86
10	104.28	104.72	105.14	105.56	106.00	106.42	106.86	107.28	107.72	108.14
20	108.56	109.00	109.42	109.84	110.28	110.70	111.14	111.56	112.00	112.42
30	112.84	113.28	113.70	114.14	114.56	114.98	115.42	115.84	116.26	116.70
40	117.12	117.56	117.98	118.40	118.84	119.26	119.70	120.12	120.54	120.98
50	121.40	121.84	122.26	122.68	123.12	123.54	123.96	124.40	124.82	125.26
60	125.68	126.10	126.54	126.96	127.40	127.82	128.24	128.68	129.10	129.52
70	129.96	130.38	130.82	131.24	131.66	132.10	132.52	132.96	133.38	133.80
80	134.24	134.66	135.08	135.52	135.94	136.38	136.80	137.24	137.66	138.08
90	138.52	138.94	130.36	139.80	140.22	140.66	141.08	141.52	141.94	142.36
100	142.80	143.22	43.66	144.08	114.50	144.94	145.36	145.80	146.22	146.66
110	147.08	147.50	147.94	148.36	148.80	149.22	149.66	150.08	150.52	150.94
120	151.36	151.80	152.22	152.66	153.08	153.52	153.94	154.38	154.80	155.24
130	155.66	156.10	156.52	156.96	157.38	157.82	157.24	158.68	159.10	159.54
140	159.96	160.40	160.82	161.26	161.68	162.12	162.54	162.98	163.40	163.84
150	164.27	—	—	—	—	—	—	—	—	—

铜热电阻分度表（JJG 229—87）　　　　　附表 4-4

分度号：Gu50　　　　　　　　$R_0 = 50.00\,\Omega$（单位：Ω）

℃	0	1	2	3	4	5	6	7	8	9
−50	39.24	—	—	—	—	—	—	—	—	—
−40	41.40	41.18	40.07	40.75	40.54	40.32	40.10	39.89	39.67	39.46
−30	43.55	43.34	43.12	42.91	42.69	42.48	42.27	42.05	41.83	41.61
−20	45.70	45.49	45.27	45.06	44.84	44.63	44.41	44.20	43.93	43.77
−10	47.85	47.64	47.42	47.21	46.99	46.78	46.56	46.35	46.13	45.92
−0	50.00	49.78	49.57	49.35	49.14	48.92	48.71	48.50	48.28	48.07
0	50.00	50.21	50.43	50.64	50.86	51.07	51.28	51.50	51.71	51.93
10	52.14	52.36	52.57	52.78	53.00	53.21	53.43	53.64	53.86	54.07
20	54.28	54.50	54.71	54.92	55.14	55.35	55.57	55.73	56.00	56.21
30	56.24	56.64	56.85	57.07	57.28	57.49	57.71	57.92	58.14	58.35
40	58.56	58.78	58.99	59.20	59.42	59.63	59.85	60.06	60.27	60.49
50	60.70	60.92	61.13	61.34	61.56	61.77	61.98	62.20	62.41	62.62
60	62.84	63.05	63.27	63.48	63.70	63.91	64.12	64.34	64.55	64.76
70	64.98	65.19	65.41	65.62	65.83	66.05	66.26	66.48	66.69	66.90
80	67.12	67.33	67.54	67.76	67.97	68.19	68.40	68.62	68.83	69.04
90	69.26	69.47	69.68	69.90	70.11	70.33	70.54	70.76	70.97	71.18
100	71.40	71.61	71.83	72.04	72.25	72.47	72.68	72.90	73.11	73.33
110	73.54	73.75	73.97	74.19	74.40	74.61	74.83	75.04	75.26	75.47
120	75.68	75.90	76.11	76.33	76.54	76.76	76.97	77.19	77.40	77.62
130	77.83	78.05	78.26	78.48	78.69	78.91	79.12	79.34	79.55	79.77
140	79.98	80.20	80.41	80.63	80.84	81.06	81.27	81.49	81.70	81.92
150	82.13	—	—	—	—	—	—	—	—	—

附录5　热阻式热流计的参考精度

应用领域	测定对象或应用的仪器	使用温度(℃)	测量范围(W/m²)	参考精度(%)	备注
热工学、能源管理	一般保温保冷壁面	−80～80	0～500	5	旋转炉、水冷壁等 包括热分解炉等 包括空调设备
	工业炉壁面	20～600	50～1000	5	
	特殊高温炉壁面	100～800	1000～10000	10	
	化工厂	0～150	0～2000	5	
	建筑绝热壁面	−30～40	0～200	5	
	发动机壳	20～80	100～1000	5	
	农业、园艺设施	−40～50	0～1000	5	
环境工程	一般保温冷壁面	20～80	0～250	3	
	小型锅炉、发动机等	20～60	50～200	5	
	坑道、采掘面	20～70	200～1000	3	
	空调机器设备	0～80	0～1500	3	
	建筑壁面、装修、隐蔽材料	−40～150	0～1000	3	
	蓄热、蓄冷设备	0～80	0～1500	3	

附录6　环境质量指标

室内空气质量标准

附表 6-1

序号	参数类别	参　数	单位	标准值	备注
1	物理性	温度	℃	22～28	夏季空调
				16～24	冬季采暖
2		相对湿度	%	40～80	夏季空调
				30～60	冬季采暖
3		空气流速	m/s	0.3	夏季空调
				0.2	冬季采暖
4		新风量	$m^3/(h \cdot p)$	300	
5	化学性	二氧化硫 SO_2	mg/m^3	0.50	1小时均值
6		二氧化氮 NO_2	mg/m^3	0.24	1小时均值
7		一氧化碳 CO	mg/m^3	10	1小时均值
8		二氧化碳 CO_2	%	0.10	日平均值
9		氨 NH_3	mg/m^3	0.20	1小时均值
10		臭氧 O_3	mg/m^3	0.16	1小时均值
11		甲醛 HCHO	mg/m^3	0.10	1小时均值
12		苯 C_6H_6	mg/m^3	0.11	1小时均值
13		甲苯 GH_8	mg/m^3	0.20	1小时均值
14		二甲苯 C_8H_{10}	mg/m^3	0.20	1小时均值
15		苯并［a］芘 B(a)P	mg/m^3	1.0	日平均值
16		可吸入颗粒 PM10	mg/m^3	0.15	日平均值
17		总挥发性有机物 TVOC	mg/m^3	0.60	8小时均值
18	生物性	氡 222Rn	cfu/m^3	2500	依据仪器定
19	放射性	菌落总数	Bq/m^3	400	年平均值

注：1. 新风量要求不小于标准值，除温度、相对湿度外的其他参数要求不大于标准值；

　　2. 行动水平即达到此水平建议采取干涉行动以降低室内氡浓度；

　　3. 本表摘自《空气质量标准》GB/T 18883—2002。

环境空气各项污染物的质量浓度限值　　　　　　附表 6-2

污染物名称	取值时间	质量浓度限值			质量浓度单位
		一级标准	二级标准	三级标准	
二氧化硫 SO₂	年平均	0.02	0.06	0.10	mg/m³（标准状态）
	日平均	0.05	0.15	0.25	
	1 小时平均	0.15	0.50	0.70	
总悬浮颗粒物 TSP	年平均	0.08	0.20	0.30	
	日平均	0.12	0.30	0.50	
可吸入颗粒物 PM₁₀	年平均	0.04	0.10	0.15	
	日平均	0.05	0.15	0.25	
氮氧化物 NOₓ	年平均	0.05	0.05	0.10	
	日平均	0.10	0.10	0.15	
	1 小时平均	0.15	0.15	0.30	
二氧化氮 NO₂	年平均	0.04	0.04	0.08	
	日平均	0.08	0.08	0.12	
	1 小时平均	0.12	0.12	0.24	
一氧化碳 CO	日平均	4.00	4.00	6.00	
	1 小时平均	10.00	10.00	20.00	
臭氧 O₃	1 小时平均	0.12	0.16	0.20	
铅 Pb	季平均		1.50		ug/m³（标准状态）
	年平均		1.00		
苯并［a］芘 B［a］P	日平均		0.01		
氟化物 F	日平均		7①		
	1 小时平均		20①		
	月平均	1.8②	3.0③		μg/(dm²·d)
	植物生长季平均	1.2②	2.0③		

注：1. 表中①适用于城市地区；②适用于牧业区和以牧业为主的半农半牧区、蚕桑区；③适用于农业和林业区；
2. 本表摘自《空气质量标准》GB 18883—2002。

城市区域环境噪声限值　单位：dB(A)　　　　　附表 6-3

类别	适用区域	白天	夜间
0	疗养区、高级宾馆和别墅区等需特别安静的区域	50	40
1	居住、文教机关为主的区域	55	45
2	居住、商业、工业混杂区	60	50
3	工业区	65	55
4a	交通干线两侧区域	70	55
4b	铁路干线两侧区域	70	60

注：本表摘自《声环境质量标准》GB 3096—2008。

民用建筑室内允许噪声级　单位：dB(A)　　　　附表 6-4

建筑类别	房间名称	时间	特殊标准	较高标准	一般标准	最低标准
住宅	卧室、书房（或卧室兼起居室）	白天		≤40	≤45	≤50
		夜间		≤30	≤35	≤40
	起居室	白天		≤45	≤50	≤50
		夜间		≤35	≤40	≤40
学校	有特殊安静要求的房间			≤40	—	—
	一般教室			—	≤50	—
	无特殊安静要求的房间			—	—	≤55
医院	病房、医护人员休息室	白天		≤40	≤45	≤50
		夜间		≤30	≤35	≤40
	门诊室			≤55	≤55	≤60
	手术室			≤45	≤45	≤50
	听力测听室			≤25	≤25	30
旅馆	客房	白天	≤35	≤40	≤45	≤50
		夜间	≤25	≤30	≤35	40
	会议室		≤40	≤45	≤50	≤50
	多功能大堂		≤40	≤45	≤50	—
	办公室		≤45	≤50	≤55	≤55
	餐厅、宴会厅		≤50	≤55	≤60	—

注：本表摘自《民用建筑设计通则》GB 50352—2005。

附录7 饱和水蒸气压力和含湿量

空气饱和时水蒸气压力和含湿量(压力为 101.325Pa)　　　　附表 7-1

温度(℃)	干空气密度 (kg/m²)	饱和水蒸气 压力(Pa)	饱和时含湿量				
			湿气(g/m²)	标准干气(g/m²)	标准湿气(g/m²)	干气(g/kg)
0	1.293	613.3	4.9	4.8	4.8	3.8
5	1.270	866.6	6.8	7.0	6.9	5.4
6	1.265	913.3	7.3	7.5	7.4	5.8
7	1.261	999.9	7.8	8.1	8.0	6.2
8	1.256	1066.6	8.3	8.6	8.5	6.7
9	1.252	1146.6	8.8	9.2	9.1	7.1
10	1.248	1226.6	9.4	9.8	9.7	7.6
11	1.243	1303.6	10.0	10.5	10.4	8.1
12	1.239	1369.9	10.7	11.3	11.2	8.7
13	1.235	1493.2	11.4	12.1	11.9	9.3
14	1.230	1599.9	12.1	12.9	12.7	9.9
15	1.226	1706.5	12.8	13.7	13.5	10.6
16	1.222	1813.2	13.6	14.7	14.4	11.3
17	1.217	1933.2	14.5	15.7	15.4	12.1
18	1.213	2066.5	15.4	16.7	16.4	12.9
19	1.209	2199.8	16.3	17.9	17.5	13.8
20	1.205	2333.1	17.3	18.9	18.5	14.6
21	1.201	2493.1	18.3	20.3	19.8	15.6
22	1.197	2639.8	19.4	21.5	20.9	16.6
23	1.193	2813.1	20.6	22.9	22.3	17.7
24	1.189	2986.4	21.8	24.4	23.1	18.8
25	1.185	3173.1	23.0	26.0	25.2	20.0
26	1.181	3359.7	24.4	27.5	26.6	21.2
27	1.177	3559.7	25.8	29.3	28.2	22.6
28	1.173	3773.0	27.2	31.1	29.9	24.0
29	1.169	3999.7	28.7	33.0	31.7	25.5
30	1.165	4239.6	30.4	35.1	33.6	27.0
31	1.161	4493.0	32.0	37.3	36.6	28.7
32	1.157	4759.6	33.9	39.6	37.7	30.4
33	1.154	5026.2	35.6	41.9	39.9	32.3
34	1.150	5319.5	37.5	44.5	42.2	34.2
35	1.146	5626.2	39.6	47.3	44.6	36.4

续表

温度(℃)	干空气密度 (kg/m²)	饱和水蒸气 压力(Pa)	饱和时含湿量			
			湿气(g/m²)	标准干气(g/m²)	标准湿气(g/m²)	干气(g/kg)
36	1.142	5946.2	40.5	50.1	47.1	38.6
37	1.139	6279.6	43.9	53.1	49.8	40.9
38	1.135	6626.1	46.2	56.3	52.6	43.4
39	1.132	6986.1	48.5	59.5	55.4	45.9
40	1.128	7372.7	51.1	63.1	58.5	48.6
41	1.124	7772.7	53.6	66.8	61.6	51.2
42	1.121	8199.3	56.5	70.8	65.0	54.3
43	1.117	8639.3	59.2	74.9	68.6	57.6
44	1.114	9105.9	62.3	79.3	72.2	61.0
45	1.110	9585.9	65.4	80.4	76.0	64.8
46	1.107	10092.5	68.6	89.0	80.0	68.6
47	1.103	10612.4	71.8	94.1	84.3	72.7
48	1.100	11159.1	75.3	99.5	88.6	76.9
49	1.096	11732.3	79.0	105.3	93.1	81.5
50	1.093	12945.6	83.0	111.0	97.9	86.1
51	1.090	12958.9	86.7	118.0	103.0	91.3
52	1.086	13612.2	90.9	125.0	108.0	96.6
53	1.083	14292.1	95.0	132.0	113.0	102.0
54	1.080	14998.7	99.5	139.0	119.0	108.0
55	1.076	15732.0	104.3	148.0	125.0	114.0
56	1.073	16505.3	108.0	156.0	131.0	121.0
57	1.070	17305.2	113.0	165.0	137.0	128.0
58	1.067	18145.1	119.0	175.0	144.0	135.0
59	1.063	19011.7	124.0	185.0	151.0	143.0
60	1.060	19918.3	130.0	196.0	158.0	152.0
61	1.057	20851.6	136.0	209.0	166.0	161.0
62	1.054	21838.1	142.0	222.0	174.0	170.0
63	1.051	22851.4	148.0	235.0	182.0	181.0
64	1.048	23904.6	154.0	249.0	190.0	192.0
65	1.044	24997.9	161.0	265.0	199.0	204.0
66	1.041	26144.4	168.0	281.0	208.0	215.0
67	1.038	27331.0	175.0	299.0	218.0	229.0
68	1.035	28557.6	182.0	318.0	228.0	244.0
69	1.032	29824.1	190.0	338.0	238.0	259.0
70	1.029	31157.4	198.0	361.0	249.0	275.0

附　录

温度(℃)	干空气密度 (kg/m²)	饱和水蒸气 压力(Pa)	饱和时含湿量				
			湿气(g/m²)	标准干气(g/m²)	标准湿气(g/m²)	干气(g/kg)
75	1.014	38543.4	242.0	499.0	308.0	381.0
80	1.000	47342.6	293.0	716.0	379.0	544.0
85	0.986	57808.4	353.0	1092.0	463.0	824.0
90	0.973	70100.7	423.0	1877.0	563.0	1395.0
95	0.959	84512.8	504.0	4381.0	679.0	3110.0
100	0.947	101324.7	579.0	—	816.0	8000.0

专业名词索引

教育部高等学校建筑环境与能源应用工程专业教学指导分委员会规划推荐教材

征订号	书 名	作者	定价(元)	备 注
23163	高等学校建筑环境与能源应用工程本科指导性专业规范(2013年版)	本专业指导委员会	10.00	2013年3月出版
25633	建筑环境与能源应用工程专业概论	本专业指导委员会	20.00	
34437	工程热力学(第六版)	谭羽非 等	43.00	国家级"十二五"规划教材（可免费索取电子素材）
35779	传热学(第七版)	朱 彤 等	58.00	国家级"十二五"规划教材（可免费浏览电子素材）
32933	流体力学(第三版)	龙天渝 等	42.00	国家级"十二五"规划教材（附网络下载）
34436	建筑环境学(第四版)	朱颖心 等	49.00	国家级"十二五"规划教材（可免费索取电子素材）
31599	流体输配管网(第四版)	付祥钊 等	46.00	国家级"十二五"规划教材（可免费索取电子素材）
32005	热质交换原理与设备(第四版)	连之伟 等	39.00	国家级"十二五"规划教材（可免费索取电子素材）
28802	建筑环境测试技术(第三版)	方修睦 等	48.00	国家级"十二五"规划教材（可免费索取电子素材）
21927	自动控制原理	任庆昌 等	32.00	土建学科"十一五"规划教材（可免费索取电子素材）
29972	建筑设备自动化(第二版)	江 亿 等	29.00	国家级"十二五"规划教材（附网络下载）
34439	暖通空调系统自动化	安大伟 等	43.00	国家级"十二五"规划教材（可免费索取电子素材）
27729	暖通空调(第三版)	陆亚俊 等	49.00	国家级"十二五"规划教材（可免费索取电子素材）
27815	建筑冷热源(第二版)	陆亚俊 等	47.00	国家级"十二五"规划教材（可免费索取电子素材）
27640	燃气输配(第五版)	段常贵 等	38.00	国家级"十二五"规划教材（可免费索取电子素材）
34438	空气调节用制冷技术(第五版)	石文星 等	40.00	国家级"十二五"规划教材（可免费索取电子素材）
31637	供热工程(第二版)	李德英 等	46.00	国家级"十二五"规划教材（可免费索取电子素材）
29954	人工环境学(第二版)	李先庭 等	39.00	国家级"十二五"规划教材（可免费索取电子素材）
21022	暖通空调工程设计方法与系统分析	杨昌智 等	18.00	国家级"十二五"规划教材
21245	燃气供应(第二版)	詹淑慧 等	36.00	国家级"十二五"规划教材
34898	建筑设备安装工程经济与管理(第三版)	王智伟 等	49.00	国家级"十二五"规划教材
24287	建筑设备工程施工技术与管理(第二版)	丁云飞 等	48.00	国家级"十二五"规划教材（可免费索取电子素材）
20660	燃气燃烧与应用(第四版)	同济大学 等	49.00	土建学科"十一五"规划教材（可免费索取电子素材）
20678	锅炉与锅炉房工艺	同济大学 等	46.00	土建学科"十一五"规划教材

欲了解更多信息，请登录中国建筑工业出版社网站：www.cabp.com.cn查询。在使用本套教材的过程中，若有何意见或建议以及免费索取备注中提到的电子素材，可发Email至：jiangongshe@163.com。